“101 计划”核心教材
物理学领域

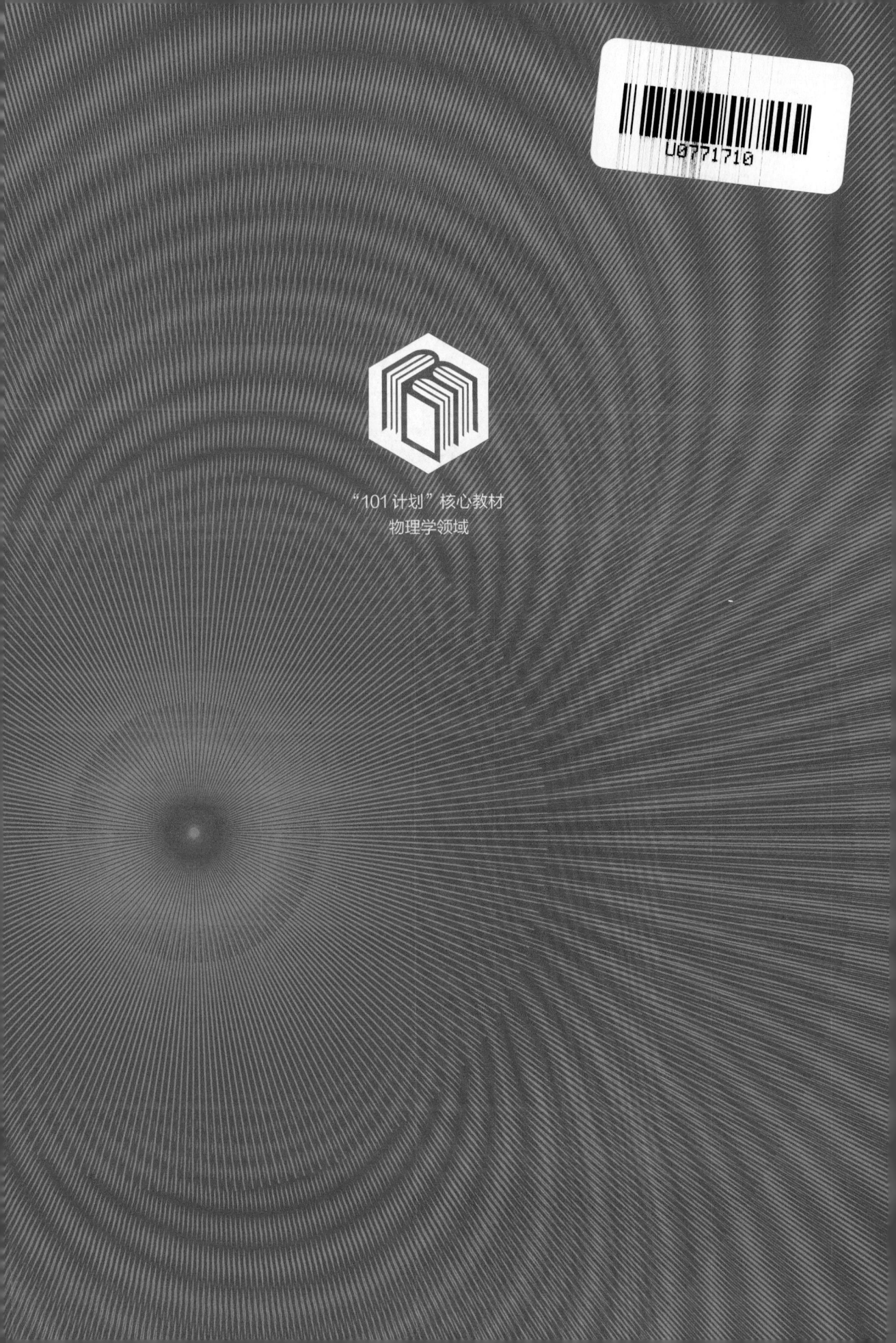

理论力学

主　编　刘文彪　管　靖

中国教育出版传媒集团
高等教育出版社·北京

内容提要

作为物理学领域“101 计划”核心教材，本书反映了北京师范大学物理与天文学院在理论力学这门比较成熟的课程中，在教学内容选取、先进教学技术与方法应用等方面所进行的努力和取得的进展。

理论力学是物理学专业理论物理的入门课程，是学习理论物理思维方式和研究方法的桥梁和纽带。本书首先系统地阐述了经典牛顿力学的理论、体系、方法及应用，突出它在现代科学技术中和创新人才培养方面所起的基础作用。然后，以现代的观点阐述了经典力学中更普遍、更重要的理论，即以拉格朗日和哈密顿为代表创建的理论体系，这是现代理论物理学发展的基础。

本书是作者和北京师范大学物理与天文学院教师在长期一线教学中不断钻研的结晶，同时努力吸收了国内外教材和著作中的优秀成果。本书体系上讲究循序渐进、前后呼应，内容阐述严谨、清晰，具有理论物理的特色；注重基础内容和基本思想，着眼于基本概念、基本规律和基本方法的介绍和讲解，例题、思考题和习题深浅配置恰当。本书可作为高等学校物理学类专业理论力学课程的教材或参考书，尤其适合师范类院校物理学专业教学使用。

图书在版编目(CIP)数据

理论力学 / 刘文彪，管靖主编. -- 北京 ：高等教育出版社，2024. 9. -- ISBN 978-7-04-063104-3

Ⅰ. O31

中国国家版本馆 CIP 数据核字第 2024HQ0786 号

LILUN LIXUE

策划编辑	吴　荻	责任编辑	吴　荻	封面设计	王　洋	版式设计	徐艳妮
责任绘图	马天驰	责任校对	张　然	责任印制	赵　佳		

出版发行	高等教育出版社	网　　址	http://www.hep.edu.cn
社　　址	北京市西城区德外大街 4 号		http://www.hep.com.cn
邮政编码	100120	网上订购	http://www.hepmall.com.cn
印　　刷	北京中科印刷有限公司		http://www.hepmall.com
开　　本	787 mm × 1092 mm　1/16		http://www.hepmall.cn
印　　张	18.5		
字　　数	400 千字	版　　次	2024 年 9 月第 1 版
购书热线	010-58581118	印　　次	2024 年 9 月第 1 次印刷
咨询电话	400-810-0598	定　　价	46.20 元

本书如有缺页、倒页、脱页等质量问题，请到所购图书销售部门联系调换

物 料 号　63104-00

出版说明

为深入实施科教兴国战略、人才强国战略、创新驱动发展战略，统筹推进教育科技人才体制机制一体化改革，教育部于 2023 年 4 月 19 日正式启动基础学科系列本科教育教学改革试点工作（下称“101 计划”）。物理学领域“101 计划”工作组邀请国内物理学界教学经验丰富、学术造诣深厚的优秀教师和顶尖专家，及 31 所基础学科拔尖学生培养计划 2.0 基地建设高校，从物理学专业教育教学的基本规律和基础要素出发，共同探索建设一流核心课程、一流核心教材、一流核心教师团队和一流核心实践项目。这一系列举措有效地提高了我国物理学专业本科教学质量和水平，引领带动相关专业本科教育教学改革和人才培养质量提升。

通过基础要素建设的“小切口”，牵引教育教学模式的“大改革”，让人才培养模式从“知识为主”转向“能力为先”，是基础学科系列“101 计划”的主要目标。物理学领域“101 计划”工作组遴选了力学、热学、电磁学、光学、原子物理学、理论力学、电动力学、量子力学、统计力学、固体物理、数学物理方法、计算物理、实验物理、物理学前沿与科学思想选讲等 14 门基础和前沿兼备、深度和广度兼顾的一流核心课程，由课程负责人牵头，组织调研并借鉴国际一流大学的先进经验，主动适应学科发展趋势和新一轮科技革命对拔尖人才培养的要求，力求将“世界一流”“中国特色”“101 风格”统一在配套的教材编写中。本教材系列在吸纳新知识、新理论、新技术、新方法、新进展的同时，注重推动弘扬科学家精神，推进教学理念更新和教学方法创新。

在教育部高等教育司的周密部署下，物理学领域“101 计划”工作组下设的课程建设组、教材建设组，联合参与的教师、专家和高校，以及北京大学出版社、高等教育出版社、科学出版社等，经过反复研讨、协商，确定了系列教材详尽的出版规划和方案。为保障系列教材质量，工作组还专门邀请多位院士和资深专家对每种教材的编写方案进行评审，并对内容进行把关。

在此，物理学领域“101 计划”工作组谨向教育部高等教育司的悉心指导、31 所参与高校的大力支持、各参与出版社的专业保障表示衷心的感谢；向北京大学郝平书记、龚旗煌校长，以及北京大学教师教学发展中心、教务部等相关部门在物理学领域“101 计划”酝酿、启动、建设过程中给予的亲切关怀、具体指导和帮助表示由衷的感谢；特别要向 14 位一流核心课程建设负责人及参与物理学领域“101 计划”一流核心教材编写的各位教师的辛勤付出，致以诚挚的谢意和崇高的敬意。

基础学科系列“101 计划”是我国本科教育教学改革的一项筑基性工程。改革，改到深处是课程，改到实处是教材。物理学领域“101 计划”立足世界科技前沿和国家重大战略需求，以兼具传承经典和探索新知的课程、教材建设为引擎，着力推进卓越人才自主培养，激发学生的科学志趣和创新潜力，推动教师为学生成长成才提供学术引领、精神感召和人生指导。本教材系列的出版，是物理学领域“101 计划”实施的标志性成果和重要里程碑，与其他基础要素建设相得益彰，将为我国物理学及相关专业全面深化本科教育教学改革、构建高质量人才培养体系提供有力支撑。

物理学领域“101 计划”工作组

序言

理论力学作为综合性大学物理学专业的第一门理论物理课程，它的任务是：在普通物理牛顿力学的基础上，运用高等数学工具研究宏观物体做低速机械运动的普遍规律，使学生比较系统地掌握经典牛顿力学的基础理论，熟悉质点、刚体、质点组、非惯性参考系、有心力、非线性动力学等基本概念和基础知识，并能够应用牛顿力学解决比较复杂的力学问题。同时，该课程重点讲授分析力学的全新的思想和方法，使学生在理论物理的研究方法方面受到初步训练，在理论物理素养和解决力学问题的能力方面有较大的提高，为后续理论物理课程的学习和高素质人才的培养服务。

众所周知，经典力学可以采用牛顿力学的方法来表述，也可以采用分析力学从能量的视角利用变分原理的数学工具来认识，这是理论力学课程最重要的两个组成部分。在对经典力学中两部分传统内容的处理上，以拉格朗日理论、哈密顿理论为代表的分析力学标志着经典力学发展的更高阶段，它的普遍性超越了牛顿力学，是物理学专业本科生进一步学习理论物理的桥梁和纽带。分析力学的表述方式以及它所采用的数学工具，更符合现代物理学发展的需要，是近代物理学和科学发展的基础，无疑是理论力学课程的重点。经典力学中的牛顿力学是最早发展起来的，也是物理学最基础的组成部分，虽然在普通物理力学中已有较多的阐述，本应避免过多的重复，但由于普通物理课程的性质所限，不可能完全达到理论物理课程的要求。因此，在理论上、方法上及培养学生解决问题的能力方面，我们认为在理论力学课程中仍需对牛顿力学作必要的提高，因此在本书中还是涉及了大量的牛顿力学中比较深入和系统的内容，这对整体认识经典力学的理论体系是十分重要的。

本书注重教学方法和教学理念的更新，提倡“启发式”“渗透式”“探究式”“讨论式”等教学方法，倡导学生自主地、探索性地学习，目的是以知识为载体，在学习过程中提高学生的能力和素质，形成学生自己的具有个性的对知识的理解和掌握，以利于创新精神和创造能力的培养。因此，在行文上注重启发、探讨，并努力前后呼应，包括例题、习题等，尤其设置了大量具有一定开放性的思考题，意在激发学生们的思考。同时，在内容取舍上不是求大求全，而只讲授基本的概念、知识和体系，给学生留有一定的精力和时间，以减轻学生学习的负担。我们的教材只为教学提供一个基本的依据和参考，学生们在学习过程中应不受教材的限制，可自主地通过查阅文献，钻研一些更广、更深、更前沿的问题，养成查阅文献获取知识的习惯，甚至为将来独立开展科学研究打下良好的基础。

教材的编写应符合学生的认知规律，并且需要结合教学一线长期的实践，只有这样才会受到读者的欢迎，产生应有的社会效益。本书凝结了北京师范大学物理与天文学院众多教师的宝贵经验，正是他们一直以来孜孜以求，才做到了具有北京师范大学特色的理论力学课程教学体系的良好传承，本书无论在内容、结构、章节顺序方面，还是在难易程度的把握、例题思考题习题的设置、课件视频的配套方面，处处都得益于此。此外，我们也吸收了国内外教材和著作中的优秀成果，相信学生们以本书为主线，以国内外众多知名教材为参考，一定会领悟到理论力学的精髓，为理论物理的学习和将来的教学、科研工作打下坚实的基础。

我们衷心感谢刘玉斌教授、黄梅教授和任延宇教授，他们不辞辛劳审阅了全书，并提出了宝贵的修改意见！ 我们感谢北京师范大学的卢圣治教授、涂展春教授、高思杰教授、彭婧教授、胡静副教授、景红梅副教授、王鑫洋副教授等，他们在理论力学课程教学一线的辛勤付出成就了成熟、完善的理论力学课程体系，与他们进行的交流和讨论，对本书的完成是不可或缺的。感谢高等教育出版社缪可可、忻蓓、吴荻等几位编辑对本书出版工作的关心、帮助和大力支持。由于编者学识和认知的局限，书中的错误和不当之处在所难免，希望读者不吝指正。

编　者

2024 年 8 月

目 录

第一章

质点运动学

质点运动学研究定量地、精确地描述质点运动的方法，为进一步研究质点运动与相互作用的关系——质点动力学做准备.

课件资源

1－1 质点运动的矢量描述与直角坐标系描述

微视频

一、参考系和坐标系

由于运动的相对性，要描述物体的运动必须选取另一物体作参考，这个为研究物体运动被选作标准的物体称为参考系. 任何有一定大小且不变形的物体，或几个相对位置保持不变的物体，都可以作为参考系. 在运动学中，所有参考系的地位都完全相同，不存在特殊的或优越的参考系.

为了定量地描述物体的运动，通常在参考系上建立适当的坐标系. 常用的三维空间坐标系有直角坐标系、柱坐标系和球坐标系，对二维平面运动可采用平面直角坐标系和平面极坐标系. 坐标系可以看成由直线或曲线（统称为坐标曲线）组成的带有标度的空间网格. 比如我们熟悉的直角坐标系 $Oxyz$ 的空间网格，由 $x=$常量、$y=$常量、$z=$常量的 3 组平面相交形成的直线所组成. 对于柱坐标系、球坐标系和平面极坐标系，组成网格的坐标曲线既有直线又有曲线. 我们通常采用的各种坐标系的坐标曲线都在它们的交点处互相正交，故都属于正交曲线坐标系.

沿质点所在位置的坐标曲线切线方向建立的一组单位矢量称为坐标系的基矢. 在直角坐标系中基矢为沿 Ox，Oy，Oz 三坐标轴正方向的单位矢量 $\boldsymbol{i}$，$\boldsymbol{j}$，$\boldsymbol{k}$，如图 1.1 所示. 按惯例我们使用的坐标系都是右手正交系，其基矢满足如下关系：

$$\boldsymbol{i}\times\boldsymbol{j}=\boldsymbol{k},$$

$$\boldsymbol{i}\cdot\boldsymbol{j}=\boldsymbol{j}\cdot\boldsymbol{k}=\boldsymbol{k}\cdot\boldsymbol{i}=0.$$

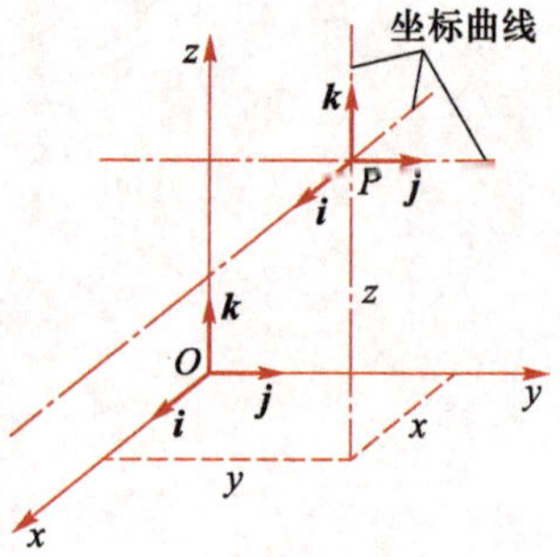

图 1.1　直角坐标系

若坐标系的空间网格相对参考系固定不动，则该坐标系相对参考系固定不动，这时我们称该坐标系与参考系固连. 我们经常令坐标系与参考系固连，这时可用该坐标系来比较方便地表征该参考系中的物理量. 但是，坐标系与参考系固连不是必需的，有时为解决问题方便，人们会选择建立不固连的坐标系. 要始终明确，二者是不同的概念，参考系偏重物理，坐标系偏重数学.

为了用分量形式描述质点运动，在参考系上建立坐标系不是唯一的方法，还可以利用质点运动轨道采用自然坐标描述方法，在分析力学中还可以更灵活地采用广义坐标.

二、自由度

我们称确定力学系统位置所需要的独立坐标数为系统的自由度，自由度记为 s. 当我们研究的力学系统是一个质点时，如果质点运动不受任何限制，则需要三个独立坐标去确定它的位置，故自由度 $s=3$. 若质点被限制在曲面 $f(x,\ y,\ z)=0$ 上运动，则质点坐标 x，y，z 受曲面方程 $f(x,\ y,\ z)=0$ 限制，仅有两个坐标是独立的，所以自由度 $s=2$. 当质点受限制只能沿某曲线运动时，显然自由度 $s=1$.

三、运动学方程和轨道

在图 1.2 中我们用直角坐标系 $Oxyz$ 代表参考系，可用质点 P 相对参考系上 O 点的位置矢量（简称位矢）$\boldsymbol{r}=r\boldsymbol{e}_r$ 描述质点的位置（$\boldsymbol{e}_r$ 为沿 $\boldsymbol{r}$ 方向的单位矢量）. 随着质点的运动，位矢 $\boldsymbol{r}$ 随时间变化，质点运动情况可用矢量函数

$$\boldsymbol{r}=\boldsymbol{r}(t) \tag{1.1.1}$$

描述. 式（1.1.1）称为质点的运动学方程，它包括了质点运动的全部信息.

一般地，如果矢量 $\boldsymbol{A}$ 随时间连续变化，$\boldsymbol{A}=\boldsymbol{A}(t)$，我们把各时刻矢量 $\boldsymbol{A}$ 的矢尾聚集于一点，则其矢端随时间的演化会描出一条曲线，该曲线称为矢量 $\boldsymbol{A}$ 的矢端曲线. 显然质点运动的轨道即为位置矢量 $\boldsymbol{r}$ 的矢端曲线，因此若已知运动学方程 $\boldsymbol{r}=\boldsymbol{r}(t)$，质点运动的轨道即被确定.

矢量描述时无须建立坐标系，在前面讨论的矢量描述中坐标系 $Oxyz$ 仅起表征参考系的作用. 在直角坐标系 $Oxyz$ 中有

$$\boldsymbol{r}=x\boldsymbol{i}+y\boldsymbol{j}+z\boldsymbol{k}, \tag{1.1.2}$$

运动学方程的分量形式为

$$x=x(t),\quad y=y(t),\quad z=z(t). \tag{1.1.3}$$

由式（1.1.3）中消去时间 t，则得到轨道方程. 实际上，标量形式的运动学方程式（1.1.3）本身就是以时间 t 为参量的轨道方程.

四、位移和路程

位移是质点位置矢量的增量. 设 t 时刻质点位置矢量为 $\boldsymbol{r}(t)$，在 $t+\Delta t$ 时刻它的位置矢量为 $\boldsymbol{r}(t+\Delta t)$，在时间 Δt 内，质点的位移定义为二者的矢量差

微视频

$$\Delta\boldsymbol{r}=\boldsymbol{r}(t+\Delta t)-\boldsymbol{r}(t). \tag{1.1.4}$$

路程是质点沿轨道走过的长度，为一恒正标量，记为 Δl，如图 1.3 所示，则 $\Delta l=\overset{\frown}{AB}$. 应注意 $\Delta\boldsymbol{r}$ 不同于 Δl 且 $|\Delta\boldsymbol{r}|\neq\Delta l$，但当 $\Delta t\to 0$ 时，A，B 间弦长与弧长相等，$|\Delta\boldsymbol{r}|\to\Delta l$.

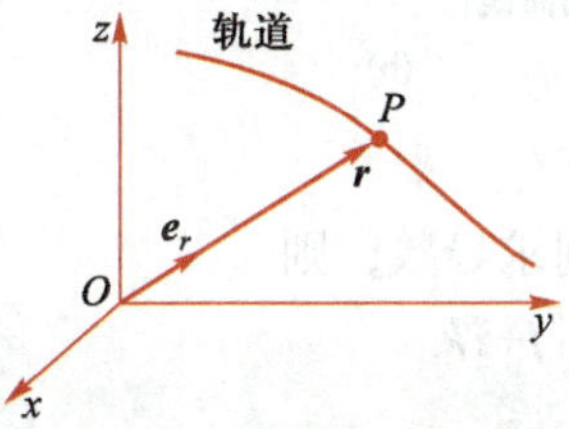

图 1.2　位置矢量和轨道

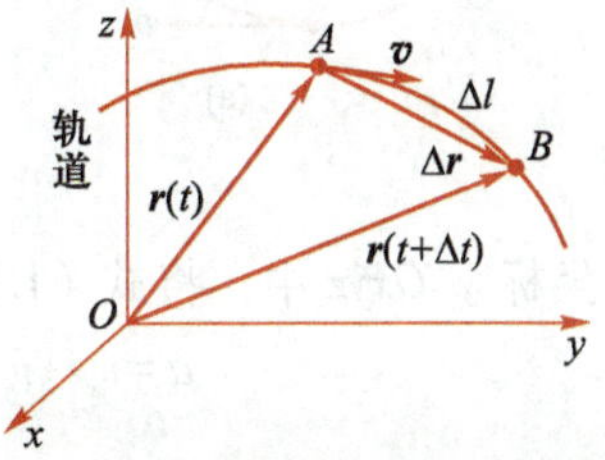

图 1.3　位移、路程和速度

五、速度

瞬时速度矢量简称为速度，被定义为位置矢量对时间的导数，即

$$\boldsymbol{v}=\lim_{\Delta t\to 0}\frac{\Delta \boldsymbol{r}}{\Delta t}=\frac{\mathrm{d}\boldsymbol{r}}{\mathrm{d}t}=\dot{\boldsymbol{r}}. \tag{1.1.5}$$

我们用在代表物理量的符号上方加“·”的方式表示该物理量对时间的导数.

速度的方向沿轨道（即 $\boldsymbol{r}$ 的矢端曲线）的切线指向运动的前方，它的大小为速率 v，即

$$v=|\boldsymbol{v}|=\lim_{\Delta t\to 0}\frac{|\Delta \boldsymbol{r}|}{\Delta t}=\frac{|\mathrm{d}\boldsymbol{r}|}{\mathrm{d}t}. \tag{1.1.6}$$

在直角坐标系 $Oxyz$ 中，将式（1.1.2）对时间求导数，则

$$\boldsymbol{v}=\dot{x}\boldsymbol{i}+\dot{y}\boldsymbol{j}+\dot{z}\boldsymbol{k}. \tag{1.1.7}$$

六、加速度

瞬时加速度矢量简称加速度，定义为速度对时间的导数，即

$$\boldsymbol{a}=\lim_{\Delta t\to 0}\frac{\Delta \boldsymbol{v}}{\Delta t}=\frac{\mathrm{d}\boldsymbol{v}}{\mathrm{d}t}=\dot{\boldsymbol{v}}=\frac{\mathrm{d}^2\boldsymbol{r}}{\mathrm{d}t^2}=\ddot{\boldsymbol{r}}. \tag{1.1.8}$$

我们用在代表物理量的符号上方加“¨”的方式表示该物理量对时间的二阶导数.

由图 1.4（a）可知加速度 $\boldsymbol{a}$ 一定指向质点运动轨道的凹侧. 若将不同时刻的速度矢量的矢尾集中于一点，则可得出速度矢量 $\boldsymbol{v}$ 的矢端曲线即速端曲线，如图 1.4（b）所示. 显然，加速度 $\boldsymbol{a}$ 沿速端曲线切线方向并指向 $\boldsymbol{v}$ 的矢端沿速端曲线运动的前方，加速度的大小 a 等于 $\boldsymbol{v}$ 的矢端沿速端曲线运动的速率. 这种理解是数学的、严格的，并具有普遍意义. 因此，任意矢量 $\boldsymbol{A}$ 对时间的导数 $\dot{\boldsymbol{A}}$ 的方向沿 $\boldsymbol{A}$ 的矢端曲线的切线，并且与 $\boldsymbol{A}$ 的矢端沿矢端曲线的运动方向一致；$\dot{\boldsymbol{A}}$ 的大小即 $\boldsymbol{A}$ 的矢端沿矢端曲线运动的速率.

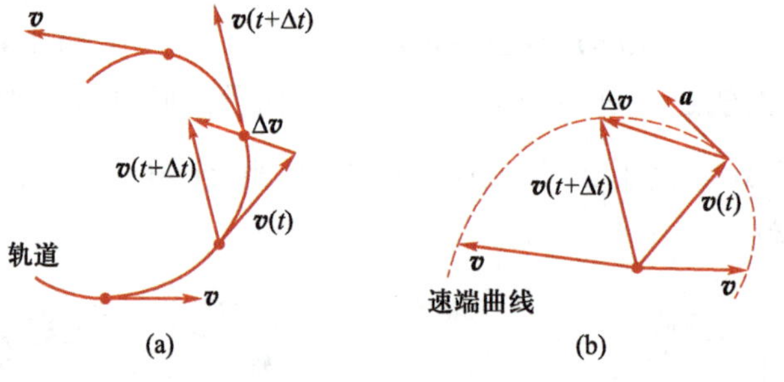

图 1.4　加速度

在直角坐标系 $Oxyz$ 中，将式（1.1.7）对时间求导数，则

$$\boldsymbol{a}=\dot{v}_x\boldsymbol{i}+\dot{v}_y\boldsymbol{j}+\dot{v}_z\boldsymbol{k}=\ddot{x}\boldsymbol{i}+\ddot{y}\boldsymbol{j}+\ddot{z}\boldsymbol{k}. \tag{1.1.9}$$

1-2 质点运动的平面极坐标系描述

微视频

当质点被限制在一个平面上运动时，其自由度 $s=2$. 对这种情况我们可以采用平面极坐标系描述质点的运动. 我们建立与参考系固连的极坐标系，如图 1.5 所示. 坐标原点 O 称为极点，Ox 称为极轴. 质点 P 的位置由坐标量 r 和 θ 确定，θ 称为极角，θ 的正方向（即 θ 的增加方向）如图 1.5（a）所示. 平面极坐标系是正交曲线坐标系，其平面坐标网格由一组同心圆及一组放射状半直线组成，如图 1.5（b）所示. 平面极坐标系的基矢为径向单位矢量 $\boldsymbol{e}_r$ 和横向单位矢量 $\boldsymbol{e}_\theta$. $\boldsymbol{e}_r$ 沿 $\boldsymbol{r}$ 方向，$\boldsymbol{e}_\theta$ 与 $\boldsymbol{r}$ 垂直，其指向与极角 θ 的正方向一致，$\boldsymbol{e}_r\cdot\boldsymbol{e}_\theta=0$. 我们称 $\boldsymbol{e}_r$ 的方向为径向，$\boldsymbol{e}_\theta$ 的方向为横向.

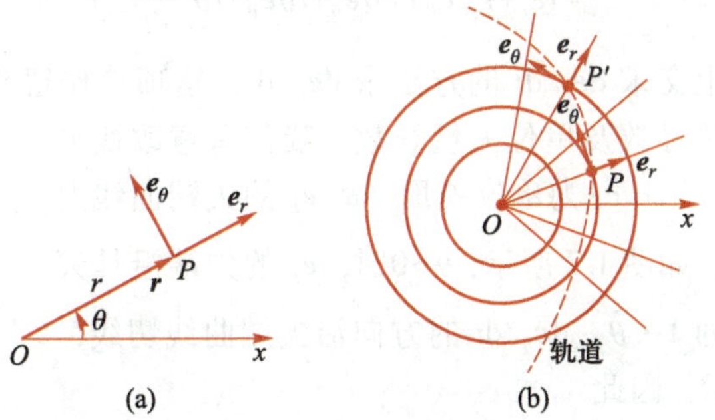

图 1.5　平面极坐标系

平面极坐标系中基矢 $\boldsymbol{e}_r$ 和 $\boldsymbol{e}_\theta$ 为极角 θ 的函数，$\boldsymbol{e}_r=\boldsymbol{e}_r(\theta)$，$\boldsymbol{e}_\theta=\boldsymbol{e}_\theta(\theta)$. 在平面极坐标系描述中，我们把描述质点运动的矢量沿基矢 $\boldsymbol{e}_r$ 和 $\boldsymbol{e}_\theta$ 方向进行正交分解. 由于不同位置的 $\boldsymbol{e}_r$ 和 $\boldsymbol{e}_\theta$ 不同，所以要特别强调把描述质点运动的矢量沿质点所在位置的基矢就地进行正交分解.

在平面极坐标系中，质点的运动学方程为

$$\boldsymbol{r}=r(t)\boldsymbol{e}_r[\theta(t)],\tag{1.2.1}$$

或写为标量形式

$$r=r(t),\ \theta=\theta(t).\tag{1.2.2}$$

由式（1.2.2）中消去时间 t，则得到质点运动的轨道方程 $f(r,\ \theta)=0$.

根据速度的定义，把式（1.2.1）对时间求导数，得到

$$\boldsymbol{v}=\frac{\mathrm{d}\boldsymbol{r}}{\mathrm{d}t}=\frac{\mathrm{d}r}{\mathrm{d}t}\boldsymbol{e}_r+r\frac{\mathrm{d}\boldsymbol{e}_r}{\mathrm{d}t}.$$

借助图 1.6，可以求单位矢量 $\boldsymbol{e}_r$ 的时间导数 $\mathrm{d}\boldsymbol{e}_r/\mathrm{d}t$. 根据定义有

$$\frac{\mathrm{d}\boldsymbol{e}_r}{\mathrm{d}t}=\lim_{\Delta t\to 0}\frac{\boldsymbol{e}_r(t+\Delta t)-\boldsymbol{e}_r(t)}{\Delta t}=\lim_{\Delta t\to 0}\frac{\Delta\boldsymbol{e}_r}{\Delta t}.$$

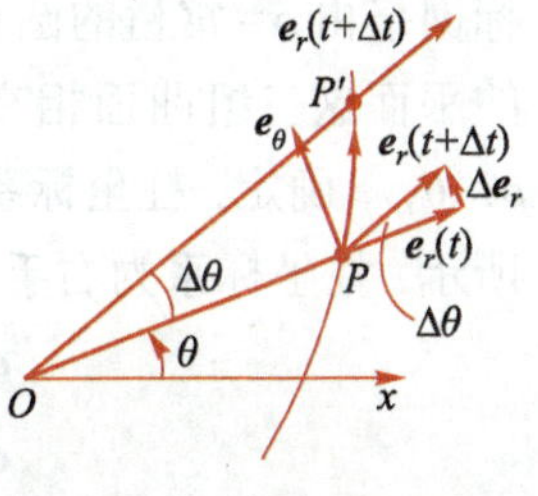

图 1.6　$\boldsymbol{e}_r$ 的时间导数

当 $\Delta t\to 0$ 时，$\Delta\theta\to 0$. 注意到由 $\boldsymbol{e}_r$ 及 $\Delta\boldsymbol{e}_r$ 组成的矢量三角形为腰长为 1 的等腰三角形，所以当 $\Delta t\to 0$ 时 $\Delta\boldsymbol{e}_r$ 与 $\boldsymbol{e}_r$ 垂直，且 $|\Delta\boldsymbol{e}_r|=1\cdot\Delta\theta$. 由于 $\Delta\theta\to 0$ 且 $\Delta\theta>0$ 时 $\Delta\boldsymbol{e}_r$ 与 $\boldsymbol{e}_\theta$ 方向相

同，所以 $\Delta t\to 0$ 时 $\Delta \boldsymbol{e}_r=\Delta\theta\cdot\boldsymbol{e}_\theta$，故

$$\frac{\mathrm{d}\boldsymbol{e}_r}{\mathrm{d}t}=\lim_{\Delta t\to 0}\frac{\Delta\theta}{\Delta t}\boldsymbol{e}_\theta=\dot{\theta}\boldsymbol{e}_\theta .$$

于是可以得到平面极坐标系中的速度表达式，即

$$\boldsymbol{v}=\dot{r}\boldsymbol{e}_r+r\dot{\theta}\boldsymbol{e}_\theta . \tag{1.2.3}$$

$v_r=\dot{r}$ 称为径向速度，$v_\theta=r\dot{\theta}$ 称为横向速度.

根据加速度的定义，对式（1.2.3）求时间导数，得

$$\begin{aligned}\boldsymbol{a}&=\frac{\mathrm{d}\boldsymbol{v}}{\mathrm{d}t}=\frac{\mathrm{d}}{\mathrm{d}t}(\dot{r}\boldsymbol{e}_r+r\dot{\theta}\boldsymbol{e}_\theta)\\&=\ddot{r}\boldsymbol{e}_r+\dot{r}\dot{\theta}\boldsymbol{e}_\theta+\dot{r}\dot{\theta}\boldsymbol{e}_\theta+r\ddot{\theta}\boldsymbol{e}_\theta+r\dot{\theta}\frac{\mathrm{d}\boldsymbol{e}_\theta}{\mathrm{d}t}.\end{aligned}$$

我们完全可以仿照上文求 $\mathrm{d}\boldsymbol{e}_r/\mathrm{d}t$ 的方法求 $\mathrm{d}\boldsymbol{e}_\theta/\mathrm{d}t$，这项工作留给读者自己完成. 为了更好地理解求矢量导数及单位矢量导数，我们有意改换另一种方法求 $\mathrm{d}\boldsymbol{e}_\theta/\mathrm{d}t$. 由于 $\boldsymbol{e}_\theta$ 为单位矢量，故 $\boldsymbol{e}_\theta$ 的矢端曲线为半径为 1 的单位圆，如图 1.7 所示. $\dot{\theta}>0$时，$\boldsymbol{e}_\theta$ 的矢端沿其矢端曲线运动的速率为 $1\cdot\dot{\theta}$，$\mathrm{d}\boldsymbol{e}_\theta/\mathrm{d}t$ 的方向沿矢端曲线切线，其指向如图 1.7 所示，因此

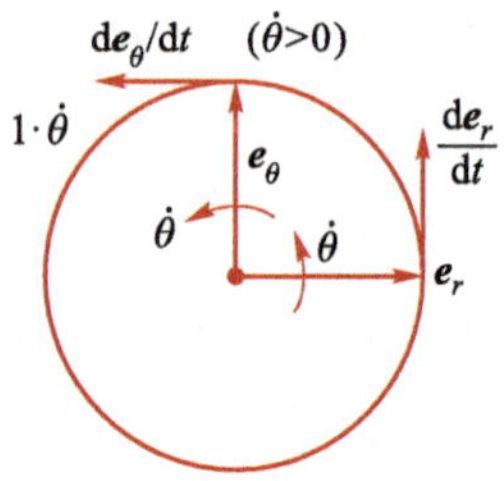

图 1.7　$\boldsymbol{e}_\theta$ 的时间导数

$$\frac{\mathrm{d}\boldsymbol{e}_\theta}{\mathrm{d}t}=-\dot{\theta}\boldsymbol{e}_r ,$$

于是得到平面极坐标系中加速度的表达式

$$\boldsymbol{a}=(\ddot{r}-r\dot{\theta}^2)\boldsymbol{e}_r+(r\ddot{\theta}+2\dot{r}\dot{\theta})\boldsymbol{e}_\theta . \tag{1.2.4}$$

$a_r=\ddot{r}-r\dot{\theta}^2$ 和 $a_\theta=r\ddot{\theta}+2\dot{r}\dot{\theta}$ 分别称为径向加速度和横向加速度.

矢量的变化为矢量大小的变化及矢量方向的变化二者的叠加效果，请读者试用这种观点分析式（1.2.4）中各项是如何产生的. 还可用运动分解和合成的观点理解式中各项的意义.

微视频

1－3　质点运动的柱坐标系描述

柱坐标系可以看成由 Oxy 平面内的极坐标系（坐标量为 ρ 和 θ）及 z 轴构成的三维空间坐标系，如图 1.8 所示. 其空间坐标网格由 ρ＝常量的圆柱面、θ＝常量的放射状半平面和 z＝常量的平面这三组曲面相交形成的曲线所组成. 质点位置由坐标量 ρ，θ，z 确定. 柱坐标系的基矢为单位矢量 $\boldsymbol{e}_\rho$，$\boldsymbol{e}_\theta$ 和 $\boldsymbol{k}$，如图 1.8 所示. 柱坐标系为右手正交系，其基矢满足如下关系：

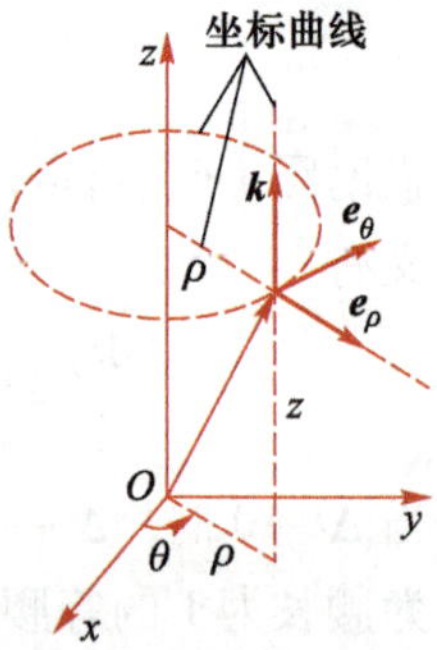

图 1.8　柱坐标系

$$\boldsymbol{e}_\rho\times\boldsymbol{e}_\theta=\boldsymbol{k},$$

$$\boldsymbol{e}_\rho\cdot\boldsymbol{e}_\theta=\boldsymbol{e}_\theta\cdot\boldsymbol{k}=\boldsymbol{k}\cdot\boldsymbol{e}_\rho=0.$$

在与参考系固连的柱坐标系中，质点的运动学方程为

$$\boldsymbol{r}=\boldsymbol{r}(t)=\rho(t)\boldsymbol{e}_\rho[\theta(t)]+z(t)\boldsymbol{k}, \tag{1.3.1}$$

此时，不难推导出速度和加速度的表达式为

$$\boldsymbol{v}=\dot{\rho}\boldsymbol{e}_\rho+\rho\dot{\theta}\boldsymbol{e}_\theta+\dot{z}\boldsymbol{k}, \tag{1.3.2}$$

$$\boldsymbol{a}=(\ddot{\rho}-\rho\dot{\theta}^2)\boldsymbol{e}_\rho+(\rho\ddot{\theta}+2\dot{\rho}\dot{\theta})\boldsymbol{e}_\theta+\ddot{z}\boldsymbol{k}. \tag{1.3.3}$$

1-4 质点运动的球坐标系描述

球坐标系如图 1.9 所示，质点 P 的位置由坐标量 r，θ，φ 确定. 球坐标系的空间坐标网格由 r= 常量的球面、θ= 常量的圆锥面和 φ= 常量的放射状半平面三组曲面相交形成的曲线所组成. 球坐标系的基矢为 $\boldsymbol{e}_r$，$\boldsymbol{e}_\theta$，$\boldsymbol{e}_\varphi$. $\boldsymbol{e}_r$ 沿位矢 $\boldsymbol{r}$ 的方向，$\boldsymbol{e}_\theta$ 和 $\boldsymbol{e}_\varphi$ 的指向与 θ 和 φ 角正方向一致. 球坐标系为右手正交系，其基矢满足如下关系：

$$\boldsymbol{e}_r\times\boldsymbol{e}_\theta=\boldsymbol{e}_\varphi,$$

$$\boldsymbol{e}_r\cdot\boldsymbol{e}_\theta=\boldsymbol{e}_\theta\cdot\boldsymbol{e}_\varphi=\boldsymbol{e}_\varphi\cdot\boldsymbol{e}_r=0.$$

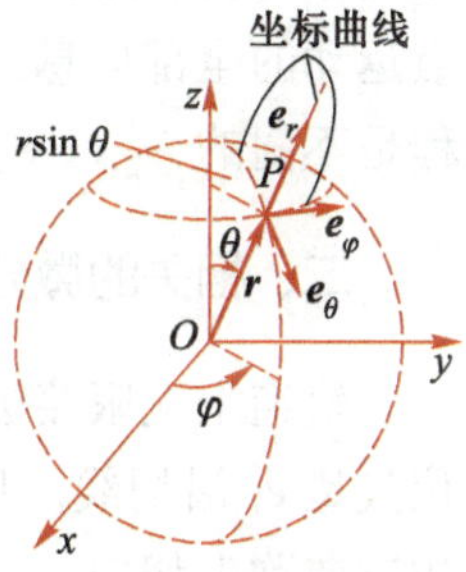

图 1.9　球坐标系

球坐标系中的 θ 称为极角、φ 称为方位角.

球坐标系中的基矢不是常矢量，因空间位置不同而变化，其中 $\boldsymbol{e}_r$ 为 θ 和 φ 的函数. 此时，我们当然还要强调把描述质点运动的矢量沿质点所处位置的基矢 $\boldsymbol{e}_r$，$\boldsymbol{e}_\theta$ 和 $\boldsymbol{e}_\varphi$ 就地进行正交分解. 质点的运动学方程为

$$\boldsymbol{r}=\boldsymbol{r}(t)=r(t)\boldsymbol{e}_r[\theta(t),\ \varphi(t)]. \tag{1.4.1}$$

下面我们把质点的位移做正交分解，从速度的定义导出球坐标系中的速度表达式. 设质点在 t—$t+\Delta t$ 时间内的位移为 $\Delta\boldsymbol{r}$，将 $\Delta\boldsymbol{r}$ 沿 t 时刻质点所在位置的基矢 $\boldsymbol{e}_r$，$\boldsymbol{e}_\theta$，$\boldsymbol{e}_\varphi$ 进行正交分解，得到

$$\Delta\boldsymbol{r}=\Delta s_1\boldsymbol{e}_r+\Delta s_2\boldsymbol{e}_\theta+\Delta s_3\boldsymbol{e}_\varphi.$$

当 $\Delta t\to0$ 时，$\Delta s_1\to\Delta r$，Δs_2 和 Δs_3 可用坐标曲线上的弧长来表示，即 $\Delta s_2\to r\Delta\theta$ 和 $\Delta s_3\to r\sin\theta\cdot\Delta\varphi$. 于是可知

$$\boldsymbol{v}=\frac{\mathrm{d}\boldsymbol{r}}{\mathrm{d}t}=\lim_{\Delta t\to0}\frac{\Delta\boldsymbol{r}}{\Delta t}=\lim_{\Delta t\to0}\frac{\Delta r\boldsymbol{e}_r+r\Delta\theta\boldsymbol{e}_\theta+r\sin\theta\cdot\Delta\varphi\boldsymbol{e}_\varphi}{\Delta t}$$
$$=\dot{r}\boldsymbol{e}_r+r\dot{\theta}\boldsymbol{e}_\theta+r\dot{\varphi}\sin\theta\boldsymbol{e}_\varphi. \tag{1.4.2}$$

球坐标系中的加速度公式可按矢量导数定义，对式（1.4.2）求导得出，但比较复杂，我们将在后面用分析力学的方法导出.

1-5 质点运动的自然坐标描述方法

微视频

除去采用各种坐标系描述质点运动之外，还有一种既特别而又自然的描述质点运动的方法，就是利用质点运动轨道本身的几何特性（如切线、法线方向等）来描述质点的运动. 这种方法称为自然坐

标法.

一、弧长方程

在已知质点运动轨道的情况下，我们在轨道上取一点作原点 O，规定沿轨道的某一方向为弧长的正方向（依此方向度量弧长为正），则质点位置可由原点 O 到质点间的一段弧长 s 来确定，s 称为弧坐标，如图 1.10 所示. 当质点随时间推移而运动时，弧坐标 s 为时间 t 的函数，即

$$s=s(t), \tag{1.5.1}$$

上式称为弧长方程. 弧长方程和轨道方程一起与质点的运动学方程等价，包含着质点运动的全部信息. 式（1.5.1）中的弧长 s 为可正可负的标量，与 1-1 节中恒正的路程是不同的.

二、相关的微分几何知识

微视频

轨道上无限接近的两个点所决定的直线称为切线. 定义切向单位矢量 $\boldsymbol{e}_t$ 沿切线，其指向与弧长正方向一致，如图 1.10 所示. 沿 $\boldsymbol{e}_t$ 的方向称为切向.

轨道上无限接近的三个点确定的平面，即无限接近的两条切线所确定的平面，称为密切面. 对于轨道为平面曲线的情况，密切面即为轨道所在平面. 当轨道为空间曲线时，曲线上各点的密切面空间取向不同，密切面取向的改变反映了曲线的挠曲情况.

轨道曲线上无限接近的三个点所决定的圆称为曲率圆，曲率圆在密切面内. 曲率圆的圆心称为曲率中心，曲率圆的半径 ρ 称为曲率半径，曲率半径的倒数 $\kappa=1/\rho$ 称为曲率. 如图 1.11 所示，设弧长 $\widehat{PP'}=\mathrm{d}s$，显然 $\kappa=1/\rho=\mathrm{d}\varphi/\mathrm{d}s$. 由于密切面内切线方向的改变（$\mathrm{d}\varphi$）反映了曲线弯曲的情况，所以曲率 κ 越大则曲线弯曲程度越大. 当轨道为平面曲线 $y=y(x)$ 时，可利用数学分析中的公式

$$\kappa=\frac{1}{\rho}=\left|\frac{\mathrm{d}^2y/\mathrm{d}x^2}{[1+(\mathrm{d}y/\mathrm{d}x)^2]^{3/2}}\right| \tag{1.5.2}$$

求曲率 κ 及曲率半径 ρ.

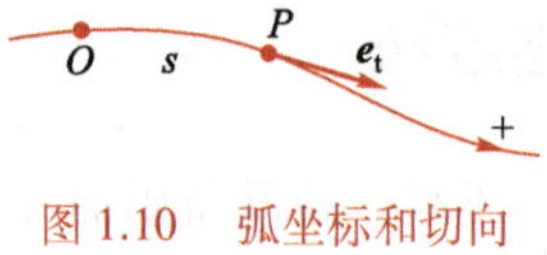

图 1.10　弧坐标和切向

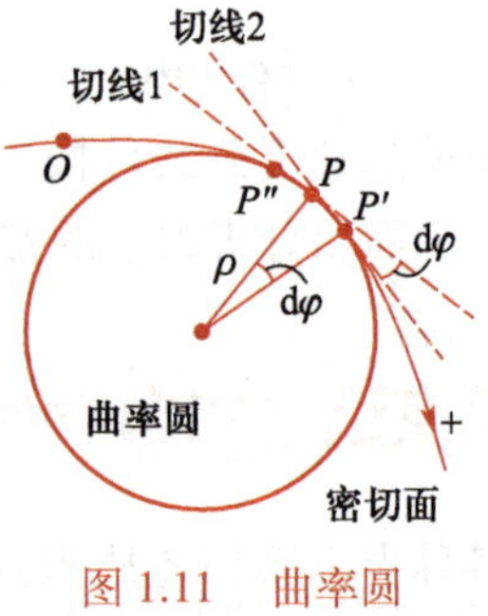

图 1.11　曲率圆

过轨道上一点，与切线垂直的线称为法线．法线有无限多条，它们组成的平面称为法平面．

密切面内的法线称为主法线，定义主法向单位矢量 $\boldsymbol{e}_n$ 沿主法线指向曲率中心．沿 $\boldsymbol{e}_n$的方向称为主法向，$\boldsymbol{e}_n$ 指向轨道凹侧．

垂直于密切面的法线称为副法线．定义副法向单位矢量 $\boldsymbol{e}_b$ 沿副法线，指向 $\boldsymbol{e}_t\times\boldsymbol{e}_n$ 的方向，即

$$\boldsymbol{e}_b=\boldsymbol{e}_t\times\boldsymbol{e}_n, \tag{1.5.3}$$

沿 $\boldsymbol{e}_b$ 的方向为副法向．

单位矢量 $\boldsymbol{e}_t$，$\boldsymbol{e}_n$，$\boldsymbol{e}_b$ 两两互相垂直，并满足式（1.5.3）的右手螺旋关系，如图1.12 所示．可见，质点运动轨道上的任何一点都有一组自然的基矢用来描述质点的运动学量，相当于前面介绍的坐标系的基矢．但是，对于自然坐标方法，这组基矢仅定义在运动轨道上，而且与其几何性质相关．

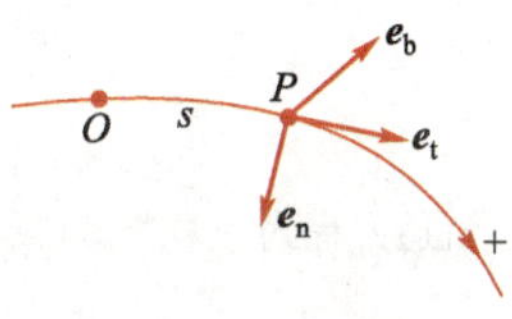

图 1.12　自然坐标法中的单位矢量

三、速度和加速度表达式

把质点的速度和加速度沿质点所在处的单位矢量 $\boldsymbol{e}_t$，$\boldsymbol{e}_n$，$\boldsymbol{e}_b$ 就地进行正交分解，可以导出质点的速度和加速度表达式．

速度沿切线指向运动的前方，所以 $\boldsymbol{v}$ 不可能有主法向、副法向分量，即 $v_n=v_b=0$．考虑到 $\dot{s}>0$ 时 $\boldsymbol{v}$ 与 $\boldsymbol{e}_t$ 同向，故

$$\boldsymbol{v}=v_t\boldsymbol{e}_t=\dot{s}\boldsymbol{e}_t, \tag{1.5.4}$$

速度的大小 $v=|\boldsymbol{v}|=|v_t|=|\dot{s}|$．

由加速度的定义及式（1.5.4），则

$$\boldsymbol{a}=\frac{\mathrm{d}\boldsymbol{v}}{\mathrm{d}t}=\frac{\mathrm{d}}{\mathrm{d}t}(\dot{s}\boldsymbol{e}_t)=\ddot{s}\boldsymbol{e}_t+\dot{s}\frac{\mathrm{d}\boldsymbol{e}_t}{\mathrm{d}t}.$$

参见图 1.13，当 φ 的正向与弧长 s 正向一致时，$\mathrm{d}s=\rho\mathrm{d}\varphi$，故 $\dot{\varphi}=\dot{s}/\rho=v_t/\rho$，因此

$$\frac{\mathrm{d}\boldsymbol{e}_t}{\mathrm{d}t}=\frac{1\cdot\mathrm{d}\varphi}{\mathrm{d}t}\boldsymbol{e}_n=\dot{\varphi}\boldsymbol{e}_n=\frac{\dot{s}}{\rho}\boldsymbol{e}_n,$$

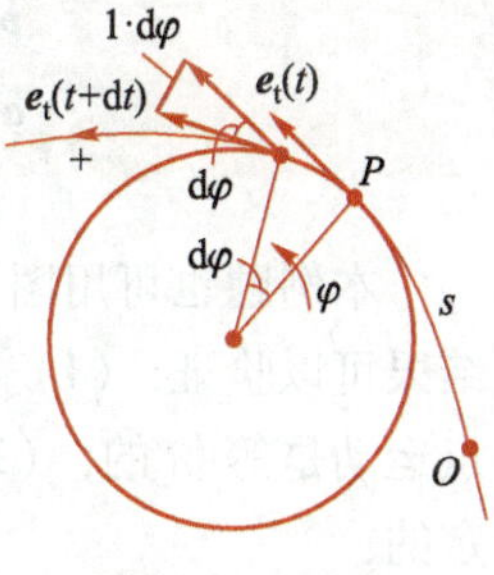

图 1.13　$\mathrm{d}\boldsymbol{e}_t/\mathrm{d}t$

故

$$\boldsymbol{a}=\ddot{s}\boldsymbol{e}_t+\frac{\dot{s}^2}{\rho}\boldsymbol{e}_n. \tag{1.5.5}$$

$a_t=\dot{v}_t=\ddot{s}$ 称为切向加速度，是由于速度 $\boldsymbol{v}=v_t\boldsymbol{e}_t$ 的大小改变而存在的．$a_n=v^2/\rho=\dot{s}^2/\rho$ 称为法向加速度，是由于速度的方向改变而存在的．由于 a_n 恒正，故 $\boldsymbol{a}$ 一定指向轨道凹侧，与 1-1 节中结论一致．对于直线运动，由于 $\rho=\infty$，则 $a_n=0$．$a_b\equiv0$ 说明对任何空间曲线运动，加速度 $\boldsymbol{a}$ 必在密切面内，这是加速度和密切面定义导致的必然结果．

在用自然坐标方法描述质点运动时，首先要注意原点 O 的选定和弧长正方向的规定，原点不一定是质点的初始位置，弧长正方向不一定是质点运动的方向．在自然坐标描述方法中，需要已知质点运动的轨道，而对轨道的数学描述又需要一个坐

标系，所以必须掌握自然坐标描述方法中的物理量与其他坐标系中的物理量之间的联系．建立这个联系的基本依据是：速度 $\boldsymbol{v}$ 和加速度 $\boldsymbol{a}$ 在不同的描述方法中有不同的表达形式，但它们的大小和方向是唯一确定的．

例题 1.1

半径为 R 的铁圈上套一小环 P，直杆 OA 穿过小环 P 并绕铁圈上 O 点以匀角速度 ω 转动．求小环 P 的运动学方程、轨道方程、速度和加速度．

解　如图 1.14 所示，以 O 为原点建立平面极坐标系．设 $t=0$ 时 $\theta=\theta_0$，则运动学方程为

$$\begin{cases} r=2R\cos(\omega t+\theta_0), \\ \theta=\omega t+\theta_0, \end{cases}$$

轨道方程为

$$r=2R\cos\theta.$$

速度和加速度为

$$\begin{aligned} \boldsymbol{v} &= \dot{r}\boldsymbol{e}_r+r\dot{\theta}\boldsymbol{e}_\theta \\ &= -2R\omega\sin(\omega t+\theta_0)\boldsymbol{e}_r+2R\omega\cos(\omega t+\theta_0)\boldsymbol{e}_\theta, \end{aligned}$$

$$\begin{aligned} \boldsymbol{a} &= (\ddot{r}-r\dot{\theta}^2)\boldsymbol{e}_r+(r\ddot{\theta}+2\dot{r}\dot{\theta})\boldsymbol{e}_\theta \\ &= -4R\omega^2\cos(\omega t+\theta_0)\boldsymbol{e}_r-4R\omega^2\sin(\omega t+\theta_0)\boldsymbol{e}_\theta. \end{aligned}$$

此例题也可用自然坐标方法求解：以 O_1 为原点，规定弧长正方向如图 1.14 所示．轨道已知，弧长方程为

$$s=2R(\omega t+\theta_0).$$

速度和加速度为

$$\boldsymbol{v}=\dot{s}\boldsymbol{e}_t=2R\omega\boldsymbol{e}_t,$$

$$\boldsymbol{a}=\ddot{s}\boldsymbol{e}_t+(\dot{s}^2/\rho)\boldsymbol{e}_n=4R\omega^2\boldsymbol{e}_n.$$

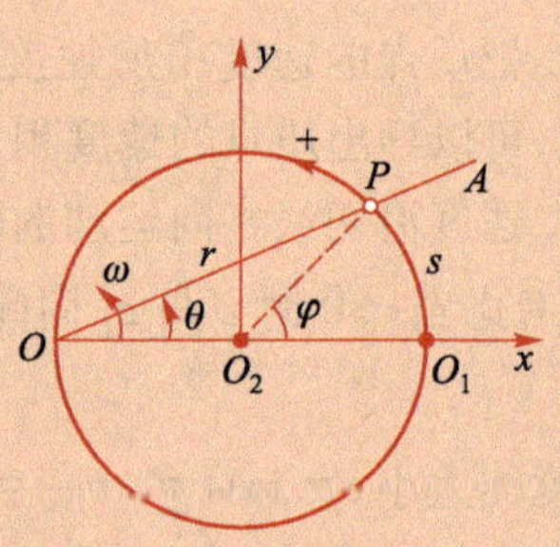

图 1.14　直杆带动小环沿铁圈的运动

本例题也可用图 1.14 中直角坐标系 O_2xy 求解．另外，从本例题结果可以验证：（1）不同方法中 $\boldsymbol{v}$，$\boldsymbol{a}$ 表达式不同，但它们对描述 P 点运动是等价的；（2）不同方法中 $\boldsymbol{v}$，$\boldsymbol{a}$ 的大小和方向是唯一确定的．

微视频

例题 1.1 是运动学正问题，即先写出运动学方程，通过求导数运算求出 $\boldsymbol{v}$ 和 $\boldsymbol{a}$，一般比较简单．运动学逆问题是已知速度或加速度及初条件求运动学方程，使用的数学方法是积分或解微分方程，和正问题比较要复杂一些，但只要把握解题的方向也是不难解决的．

例题 1.2

已知一质点做平面运动，其速率为常量 c，其位置矢量转动的角速度亦为常量 ω_0，试求质点的运动学方程及轨道方程．设 $t=0$ 时，$r=0$，$\theta=0$．

解　由已知条件

$$\dot{\theta}=\omega_0, \quad (1)$$

$$\dot{r}^2+r^2\dot{\theta}^2=c^2. \quad (2)$$

把式（1）化为 $d\theta=\omega_0 dt$，积分并由 $t=0$ 时 $\theta=0$ 确定积分常数，可得

$$\theta=\omega_0 t. \quad (3)$$

把式（1）代入式（2），分离变量得

$$dr/\sqrt{c^2-\omega_0^2 r^2}=\pm dt,$$

积分并以 $t=0$ 时 $r=0$ 确定积分常数，得

$$r=\pm\frac{c}{\omega_0}\sin\omega_0 t. \quad (4)$$

式（3）和式（4）即运动学方程

$$\begin{cases} r=\pm\dfrac{c}{\omega_0}\sin\omega_0 t, \\ \theta=\omega_0 t, \end{cases}$$

消去 t 得轨道方程

$$r=\pm\frac{c}{\omega_0}\sin\theta.$$

轨道为两个圆，如图 1.15 所示．

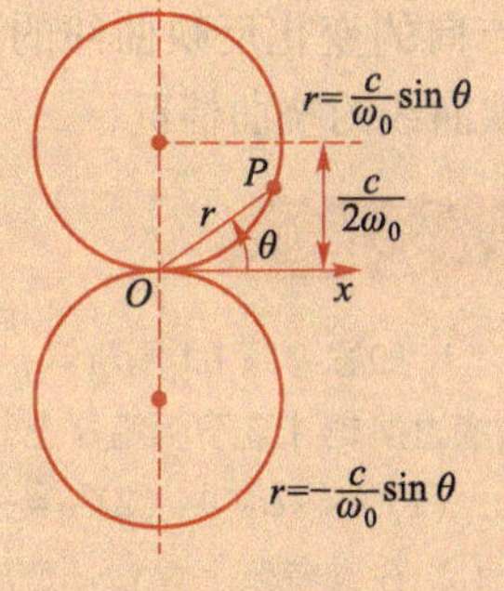

图 1.15　求解得出的质点运动轨道

例题 1.3

已知质点的运动学方程为 $x=R\cos\omega t$，$y=R\sin\omega t$，$z=\frac{h}{2\pi}\omega t$（R，ω，h 为常量），试分析质点的运动，求切向加速度、法向加速度及轨道的曲率半径．

解　质点运动轨道是半径为 R 的圆柱面上的螺旋线，螺距为 h，如图 1.16 所示．

$$\begin{aligned} \boldsymbol{v}&=\dot{x}\boldsymbol{i}+\dot{y}\boldsymbol{j}+\dot{z}\boldsymbol{k} \\ &=-R\omega\sin\omega t\boldsymbol{i}+R\omega\cos\omega t\boldsymbol{j}+\frac{h\omega}{2\pi}\boldsymbol{k}, \end{aligned} \quad (1)$$

$$\begin{aligned} \boldsymbol{a}&=\ddot{x}\boldsymbol{i}+\ddot{y}\boldsymbol{j}+\ddot{z}\boldsymbol{k} \\ &=-R\omega^2\cos\omega t\boldsymbol{i}-R\omega^2\sin\omega t\boldsymbol{j}. \end{aligned} \quad (2)$$

由式（1）可知质点运动的速率

$$v=\sqrt{\dot{x}^2+\dot{y}^2+\dot{z}^2}=\omega\sqrt{R^2+(h^2/4\pi^2)}=\text{常量},$$

所以切向加速度 $a_t=\dot{v}_t=0$，因此法向加速度 $a_n=a$，由式（2）可求出 $a_n=a=\sqrt{\ddot{x}^2+\ddot{y}^2+\ddot{z}^2}=R\omega^2$，则

$$\rho=\frac{v^2}{a_n}=\frac{\omega^2[R^2+(h^2/4\pi^2)]}{R\omega^2}=R+\frac{h^2}{4\pi^2 R}.$$

通过本例题可体会自然坐标描述方法与直角坐标系之间的关系，并掌握求轨道曲率半径的运动学方法．下面我们继续分析该质点的运动，以便对空间曲线的几何特征有一个具象的了解和认识．

微视频

以 O_1 为自然坐标方法原点，并规定弧长正方向如图 1.16 所

示. 速度 $\boldsymbol{v}$ 沿 $\boldsymbol{e}_t$ 方向，由式（1）可知 $\boldsymbol{v}$ 与 z 轴交角为 $\arccos(v_z/v)$ = 常量. 由式（2）可知 $\boldsymbol{a}=-\omega^2(x\boldsymbol{i}+y\boldsymbol{j})$，故 $\boldsymbol{a}$ 平行于 Oxy 平面且指向 z 轴. 由于 $a_t=0$，所以 $\boldsymbol{a}$ 沿 $\boldsymbol{e}_n$ 方向，如图所示. 由 $\boldsymbol{e}_t$ 与 $\boldsymbol{e}_n$ 的决定的平面（即 $\boldsymbol{v}$ 与 $\boldsymbol{a}$ 决定的平面）为密切面. 在主法线 PA 上取 $|PB|=\rho$，则 B 为曲率中心. 若以 B 为圆心，ρ 为半径在密切面内作圆，即为曲率圆，曲率圆与 P 点附近的轨道曲线密合. 由 $\boldsymbol{e}_t$ 和 $\boldsymbol{e}_n$ 可确定副法向单位矢量 $\boldsymbol{e}_b=\boldsymbol{e}_t\times\boldsymbol{e}_n$，$\boldsymbol{e}_t$ 或 $\boldsymbol{e}_n$ 方向的变化反映曲线的弯曲情况，$\boldsymbol{e}_b$ 方向的变化反映曲线的挠曲情况.

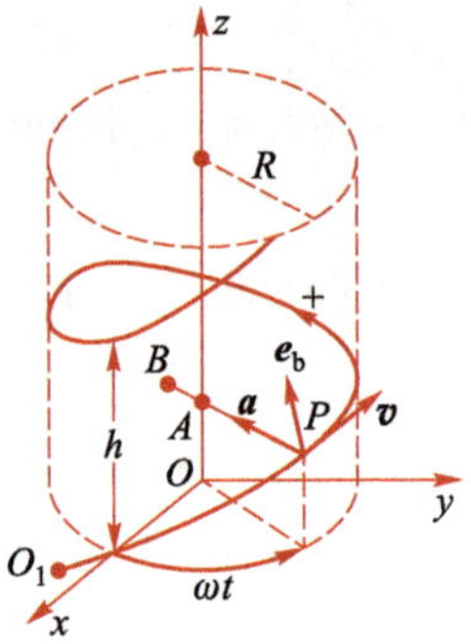

图 1.16　对质点螺旋运动的分析

思考题

1.1. 如思考题 1.1 图所示，岸距水面高为 h，岸上有汽车拉着绳子以匀速率 u 向左开行，绳子另一端通过滑轮 A 连于小船 B 上，绳与水面交角为 θ，小船到岸的距离为 s. 则 u 与 $\dot{s}$ 的关系应为如下哪个？（1）$u=\dot{s}\cos\theta$；（2）$u=-\dot{s}\cos\theta$；（3）$\dot{s}=u\cos\theta$；（4）$\dot{s}=-u\cos\theta$.

1.2. 在参考系上建立一个与之固连的平面极坐标系，但其单位矢量 $\boldsymbol{e}_r$ 和 $\boldsymbol{e}_\theta$ 随质点位置变化而改变，这是否与固连相矛盾？是否说明平面极坐标系是动坐标系？

1.3. 质点沿一与极轴 Ox 正交的直线以 $\boldsymbol{v}_0$ 做匀速运动，如思考题 1.3 图所示. 试求质点运动加速度在平面极坐标系中的分量 a_r 和 a_θ.

1.4. 杆 OA 在平面内绕固定端 O 以匀角速 ω 转动. 杆上有一滑块 m，相对杆以匀速 $\boldsymbol{u}$ 沿杆滑动，如思考题 1.4 图所示. 研究 m 的运动，某人得出如下结论：（1）$a_r=0$，$a_\theta=0$，故 $\boldsymbol{a}=0$；（2）O为 OA 转动中心，所以在自然坐标方法中向心加速度指向 O 点，试分析上述结论是否正确.

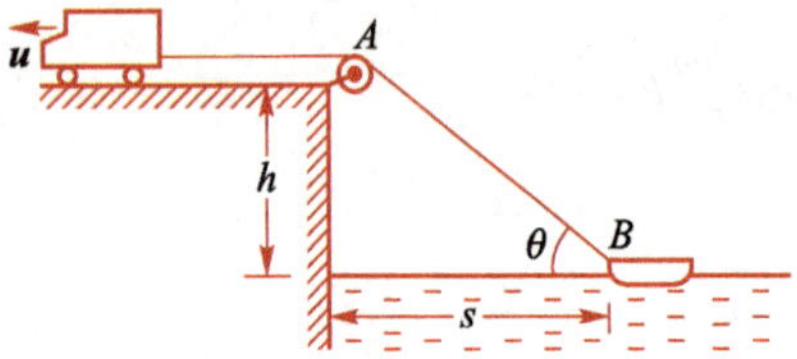

思考题 1.1 图

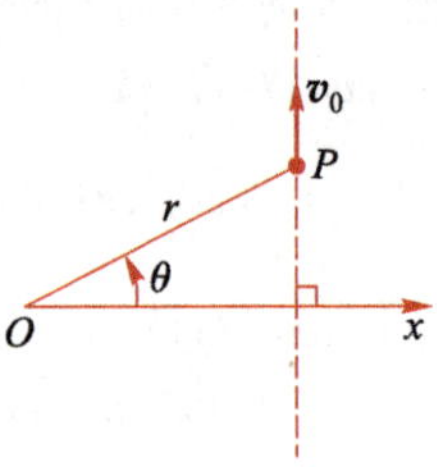

思考题 1.3 图

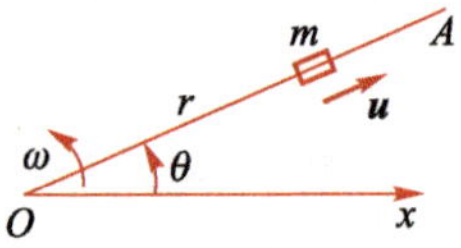

思考题 1.4 图

习　题

1.1. 如题 1.1 图所示，曲柄连杆 OA 以匀角速度 $\omega=10\ \mathrm{s^{-1}}$ 转动，已知长度 $|OA|=|AB|=80\ \mathrm{cm}$，$t=0$ 时$\angle AOB=\alpha$. 求连杆 AB 的中点的运动学方程、轨道、速度和加速度.

1.2. 一质点沿圆锥曲线 $y^2-2mx-nx^2=0$ 运动（m，n 为常量），其速率为常量 c. 求质点速度的 x 分量和 y 分量.

1.3. 一质点的径向与横向速度分别为 λr 和 $\mu\theta$（λ，μ 为常量）. 试证其径向与横向加速度分别为 $\lambda^2 r-\dfrac{\mu^2\theta^2}{r}$ 和 $\mu\theta\left(\lambda+\dfrac{\mu}{r}\right)$.

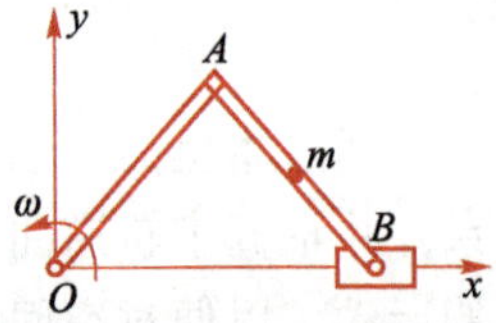

题 1.1 图

1.4. 一质点做平面运动，其速率为常量 v_0，径向速度亦为常量

b（$b>0$，$b<v_0$），求质点的轨道方程．设 $t=0$ 时 $r=r_0$，$\theta=0$．

1.5. 一质点做平面曲线运动，其径向速度为正值常量，$v_r=c$（$c>0$）；其径向加速度为负值，并与到极点的距离的三次方成反比，$a_r=-b^2/r^3(b>0)$．求质点的运动学方程．设 $t=0$ 时，$r=r_0$，$\theta=\theta_0$，且运动中 $\dot{\theta}>0$．

1.6. 如题 1.6 图所示，已知一直管 OA 保持其与竖直方向的夹角 α 不变，绕过其 O 端的竖直轴以匀角速度 ω 转动．一质点从 O 点开始沿管做匀加速运动，加速度的大小为 a，初速度为零．试用柱坐标系求质点对地面的速度和加速度，并用球坐标系求质点对地的速度．

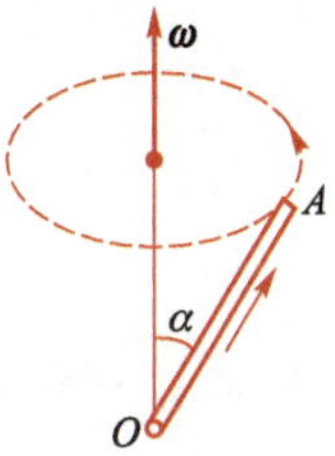

题 1.6 图

1.7. 一质点的轨道曲线在 Oxy 平面内，其速度的 y 分量为正值常量 c（$c>0$），试证质点加速度的大小可表示为 $a=v^3/c\rho$，其中 v 为速率，ρ 为轨道曲率半径．

1.8. 质点沿半径为 r 的圆周运动，初速度为 v_0，其加速度矢量与速度矢量间的夹角 α 保持不变，求质点速率随时间的变化规律．

1.9. 已知质点运动的轨道为圆锥曲线 $r=p/(1+e\cos\theta)$，如题 1.9 图所示，p 和 e 为正值常量．已知 $r^2\dot{\theta}=c$，c 亦为正值常量．试证质点加速度的方向必指向原点（即圆锥曲线的一个焦点），其大小与 r^2 成反比．

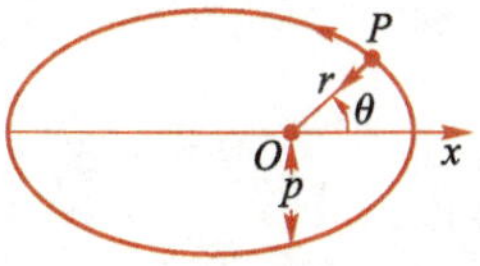

题 1.9 图

习题参考答案

第二章

刚体运动学

刚体运动学研究定量描述刚体运动的方法，为进一步研究刚体运动与相互作用的关系——刚体动力学做准备. 本章将引入描述刚体运动的物理量，并讨论如何计算刚体运动时刚体上各点的速度和加速度.

课件资源

2-1 刚体 刚体的平动和转动

微视频

一、自由刚体的自由度

内部任何两点的距离在运动中保持不变的物体称为刚体. 自由刚体指运动不受任何限制的刚体. 我们在刚体上任取一确定点为基点 A，如图 2.1 所示. 确定基点 A 的位置需要 3 个独立变量 x_A，y_A，z_A. A 点确定后，再确定某一过 A 点且与刚体固连（相对刚体固定不动）的轴线的方位，需要 3 个变量，即轴线的 3 个方向角 α，β，γ. 最后确定刚体绕该轴线转过的角度，需要一个变量 φ. 上述共 7 个变量，由于 3 个方向角不独立，$\cos^2\alpha+\cos^2\beta+\cos^2\gamma=1$，所以确定自由刚体位置所需独立变量数为 $7-1=6$，自由刚体自由度 $s=6$.

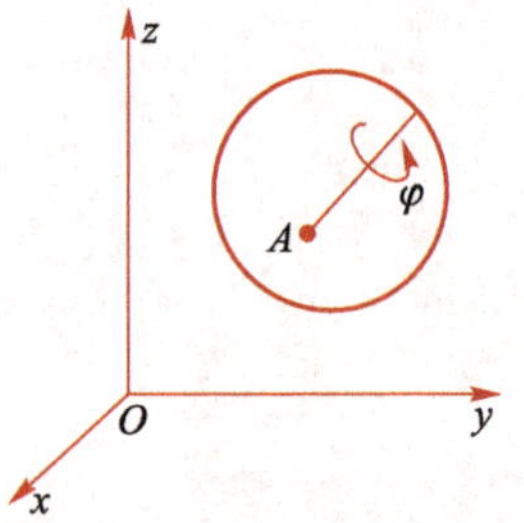

图 2.1 自由刚体的自由度

二、刚体的两种基本运动：平动和转动

刚体的任何运动都可以分解为两种基本运动，即平动和转动.

1. 刚体的平动

若刚体中的任何两点的连线在运动中始终保持其方向不变，这种运动称为平动. 显然在平动中刚体上每一点的位移、速度、加速度全是相同的，这时在刚体上任取一确定点 A 为基点，基点 A 的运动即可代表整个刚体的运动. 平动刚体的自由度 $s=3$.

2. 刚体的转动

在运动过程中，若刚体上有两个点（比如 A，B 两点）不动，则刚体的运动称为转动. 直线 AB 称为转动轴，如图 2.2 所示. 若直线 AB 始终保持不动，则称为固定转动轴，简称固定轴. 若直线 AB 只是瞬时不动，则称为瞬时转动轴，简称瞬时轴.

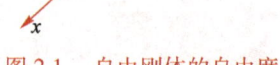

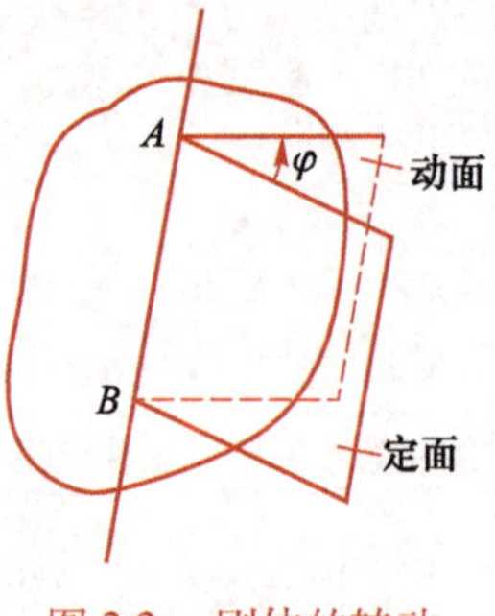

图 2.2 刚体的转动

转动轴 AB 可以在刚体之外，但必须与刚体固连. 按同样的理解，基点 A 亦可在刚体之外，只要它与刚体固连. 空间中的点和直线，只要与刚体固连，参与刚体整体的运动，理论上就可以看作刚体的组成部分.

2-2 刚体的定轴转动　角速度的概念

一、刚体的定轴转动

刚体绕固定轴的转动称为定轴转动. 做定轴转动时，刚体上的任意一点均绕固定轴做圆周运动. 我们设图 2.2 中的 AB 为固定轴，称过固定轴的固定半平面为定面，称过固定轴且与刚体固连的半平面为动面，则刚体位置可用由定面到动面的角度 φ 来描述，这意味着刚体做定轴转动时，自由度 $s=1$.

二、角速度

定义沿固定轴的单位矢量 $\boldsymbol{e}$，其正方向与角度 φ 的正方向满足右手螺旋关系，如图 2.3 所示. 设 $\mathrm{d}t$ 时间内，刚体转过 $\mathrm{d}\varphi$ 角度. 定义无限小角位移矢量为 $\mathrm{d}\varphi\cdot\boldsymbol{e}$，其大小为 $|\mathrm{d}\varphi|$，其方向沿固定轴且与 $\mathrm{d}\varphi$ 的方向成右手螺旋关系. 定义角速度矢量

$$\boldsymbol{\omega}=\frac{\mathrm{d}\varphi}{\mathrm{d}t}\boldsymbol{e}=\dot{\varphi}\boldsymbol{e}. \tag{2.2.1}$$

角速度 $\boldsymbol{\omega}$ 的大小 $\omega=|\boldsymbol{\omega}|=|\dot{\varphi}|$，其方向沿固定轴与刚体转动方向成右手螺旋关系.

定轴转动刚体的位置用角度 φ 描述，其运动状态由角速度矢量 $\boldsymbol{\omega}$ 描述，运动状态的变化由 $\dot{\boldsymbol{\omega}}$ 描述，$\dot{\boldsymbol{\omega}}$ 亦沿固定轴而与 $\boldsymbol{\omega}$ 共线.

三、角速度是矢量

微视频

矢量除了要有大小、方向两个因素外，其加法要遵从平行四边形法则，从而其加法必定遵守交换律. 事实上，刚体转动所产生的有限大小的角度变化，即使按照右手螺旋关系定义了其方向，它也不是矢量. 因为有限大小角度变化不满足交换律，我们可以很容易举例验证这一结论. 然而，角速度是利用无限小的角位移定义的矢量，它满足交换律，而且还满足矢量的其他所有特征. 下面就对无限小的角位移满足交换律进行数学的说明.

用 $\mathrm{d}\varphi\cdot\boldsymbol{e}$ 表示无限小角位移，先认为 $\mathrm{d}\varphi\cdot\boldsymbol{e}$ 是一个有大小和方向的量，证明其加法遵从平行四边形法则. 参见图 2.4，设刚体绕过 O 点的轴 OA_1 发生无限小角位移 $\mathrm{d}\varphi_1\cdot\boldsymbol{e}_1$，此时刚体上 P 点发生无限小位移 $\mathrm{d}\boldsymbol{r}_1=\mathrm{d}\varphi_1\cdot\boldsymbol{e}_1\times\boldsymbol{r}$，由 P 点运动到 P' 点，$\boldsymbol{r}$

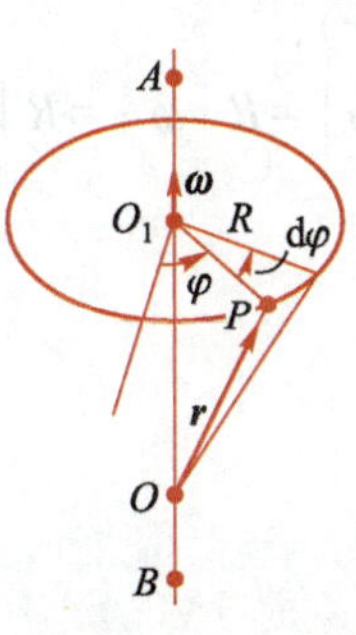

图 2.3　角速度

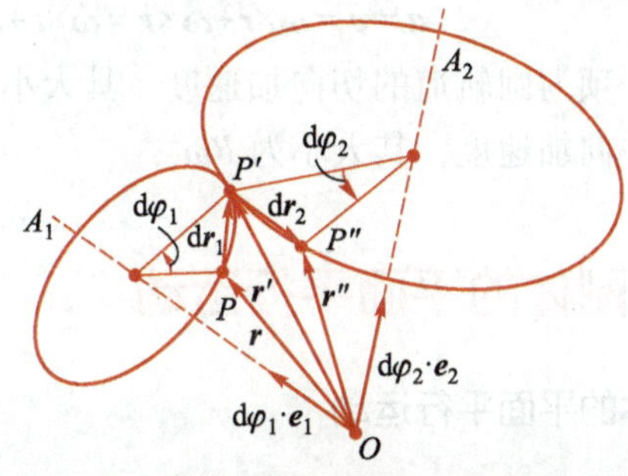

图 2.4　角速度是矢量

为 P 点对 O 点的位置矢量，则 P' 点的位置矢量为 $\boldsymbol{r}'=\boldsymbol{r}+\mathrm{d}\varphi_1\cdot\boldsymbol{e}_1\times\boldsymbol{r}$. 然后刚体又绕过 O 点的轴 OA_2 发生无限小角位移 $\mathrm{d}\varphi_2\cdot\boldsymbol{e}_2$，此时刚体上 P 点又发生无限小位移 $\mathrm{d}\boldsymbol{r}_2=\mathrm{d}\varphi_2\cdot\boldsymbol{e}_2\times\boldsymbol{r}'$，由 P' 点运动到 P'' 点，设 P'' 点位置矢量为 $\boldsymbol{r}''$，则

$$\begin{aligned}\boldsymbol{r}''&=\boldsymbol{r}'+\mathrm{d}\boldsymbol{r}_2=\boldsymbol{r}'+\mathrm{d}\varphi_2\cdot\boldsymbol{e}_2\times\boldsymbol{r}'\\&=\boldsymbol{r}+\mathrm{d}\varphi_1\cdot\boldsymbol{e}_1\times\boldsymbol{r}+\mathrm{d}\varphi_2\cdot\boldsymbol{e}_2\times(\boldsymbol{r}+\mathrm{d}\varphi_1\cdot\boldsymbol{e}_1\times\boldsymbol{r})\\&=\boldsymbol{r}+\mathrm{d}\varphi_1\cdot\boldsymbol{e}_1\times\boldsymbol{r}+\mathrm{d}\varphi_2\cdot\boldsymbol{e}_2\times\boldsymbol{r}+\mathrm{d}\varphi_2\cdot\boldsymbol{e}_2\times(\mathrm{d}\varphi_1\cdot\boldsymbol{e}_1\times\boldsymbol{r}).\end{aligned}$$

由于 $\mathrm{d}\varphi_1\cdot\boldsymbol{e}_1$ 和 $\mathrm{d}\varphi_2\cdot\boldsymbol{e}_2$ 均为无限小角位移，略去高阶小量 $\mathrm{d}\varphi_2\cdot\boldsymbol{e}_2\times(\mathrm{d}\varphi_1\cdot\boldsymbol{e}_1\times\boldsymbol{r})$，则

$$\begin{aligned}\boldsymbol{r}''&=\boldsymbol{r}+\mathrm{d}\boldsymbol{r}_1+\mathrm{d}\boldsymbol{r}_2=\boldsymbol{r}+\mathrm{d}\varphi_1\cdot\boldsymbol{e}_1\times\boldsymbol{r}+\mathrm{d}\varphi_2\cdot\boldsymbol{e}_2\times\boldsymbol{r}\\&=\boldsymbol{r}+(\mathrm{d}\varphi_1\cdot\boldsymbol{e}_1+\mathrm{d}\varphi_2\cdot\boldsymbol{e}_2)\times\boldsymbol{r}.\end{aligned}$$

由于 $\mathrm{d}\boldsymbol{r}_1=\mathrm{d}\varphi_1\cdot\boldsymbol{e}_1\times\boldsymbol{r}$ 和 $\mathrm{d}\boldsymbol{r}_2=\mathrm{d}\varphi_2\cdot\boldsymbol{e}_2\times\boldsymbol{r}$ 是线位移，是矢量，它们的加法遵从平行四边形法则，交换顺序其结果不变. 因此，由上式可知无限小角位移 $\mathrm{d}\varphi_1\cdot\boldsymbol{e}_1$ 和 $\mathrm{d}\varphi_2\cdot\boldsymbol{e}_2$ 的加法遵从平行四边形法则，从而遵守交换律

$$\mathrm{d}\varphi_1\cdot\boldsymbol{e}_1+\mathrm{d}\varphi_2\cdot\boldsymbol{e}_2=\mathrm{d}\varphi_2\cdot\boldsymbol{e}_2+\mathrm{d}\varphi_1\cdot\boldsymbol{e}_1,$$

于是我们证明了无限小角位移是矢量.

注意到上述证明中略去高阶小量 $\mathrm{d}\varphi_2\cdot\boldsymbol{e}_2\times(\mathrm{d}\varphi_1\cdot\boldsymbol{e}_1\times\boldsymbol{r})$ 是关键一步. 对有限角位移此项是不可忽略的，而且 $\Delta\varphi_2\cdot\boldsymbol{e}_2\times(\Delta\varphi_1\cdot\boldsymbol{e}_1\times\boldsymbol{r})\neq\Delta\varphi_1\cdot\boldsymbol{e}_1\times(\Delta\varphi_2\cdot\boldsymbol{e}_2\times\boldsymbol{r})$，因此即使把有限角位移定义成有大小和方向的量 $\Delta\varphi\cdot\boldsymbol{e}$，它也不是矢量. 无限小角位移是矢量，而建立在无限小角位移基础上的角速度也就是矢量了.

四、定轴转动刚体上任一点的速度和加速度

设 P 为不在固定轴上的一点，相对固定轴上一点 O 的位置矢量为 $\boldsymbol{r}$，如图 2.3 所示. P 点绕固定轴上 O_1 点做半径为 R 的圆周运动，其速度为

$$\boldsymbol{v}=\boldsymbol{\omega}\times\boldsymbol{r},\tag{2.2.2}$$

$\boldsymbol{v}$ 沿圆轨道切线，其大小 $v=R\omega$.

在式 (2.2.2) 中由于 $\boldsymbol{v}=\dot{\boldsymbol{r}}$，$\boldsymbol{r}$ 为刚体内长度不变的矢量且随刚体以 $\boldsymbol{\omega}$ 转动. 由此可得到一个具有普遍意义的结论：若矢量 $\boldsymbol{A}$ 的长度不变，以 $\boldsymbol{\omega}$ 转动，则矢量 $\boldsymbol{A}$ 的时间导数 $\dot{\boldsymbol{A}}=\boldsymbol{\omega}\times\boldsymbol{A}$. 因为矢量在平行移动中保持不变，所以上述结论对 $\boldsymbol{A}$ 的矢尾是否运动没有限制.

根据加速度的定义及式 (2.2.2)，P 点加速度为

$$\boldsymbol{a}=\dot{\boldsymbol{v}}=\dot{\boldsymbol{\omega}}\times\boldsymbol{r}+\boldsymbol{\omega}\times\dot{\boldsymbol{r}}=\dot{\boldsymbol{\omega}}\times\boldsymbol{r}+\boldsymbol{\omega}\times(\boldsymbol{\omega}\times\boldsymbol{r}).\tag{2.2.3}$$

上式右方第一项为圆轨道的切向加速度，其大小为 $R|\dot{\boldsymbol{\omega}}|=R|\dot{\omega}|=R|\ddot{\varphi}|$；第二项为圆轨道的法向加速度，其大小为 $R\omega^2$.

2-3 刚体的平面平行运动

微视频

一、刚体的平面平行运动

若刚体上任何一点都在一个平行于某个固定平面的平面内运

动，则刚体的运动为平面平行运动. 如图 2.5 所示，刚体做平面平行运动时，刚体上垂直于固定平面的任一直线永远与固定平面垂直，因此其上各点的运动情况完全相同. 因此，知道了刚体上一点的运动，就知道了一条与固定平面垂直的直线上各点的运动. 于是刚体的运动就可以用一个平行于固定平面的截面在其自身平面内的运动来代表. 因为所有与固定平面平行的截面运动情况均相同，所以在运动学中可以任选一个截面作为刚体的代表.

二、刚体平面平行运动的基点描述法

图 2.6 所示为我们选定的平行于固定平面的刚体截面在 Oxy 平面内的运动情况，本节把刚体截面简称为刚体.

（1）在刚体上任取一确定点 A 为基点，确定基点 A 的位置需用两个独立变量 x_A 和 y_A. 过基点 A 作方向固定的半直线，称之为定线；作过基点 A 与刚体固连的半直线，称之为动线. A 点位置确定后，再用从定线到动线的角度 φ 即可确定刚体的位置. 可见，刚体做平面平行运动时，自由度 $s=3$.

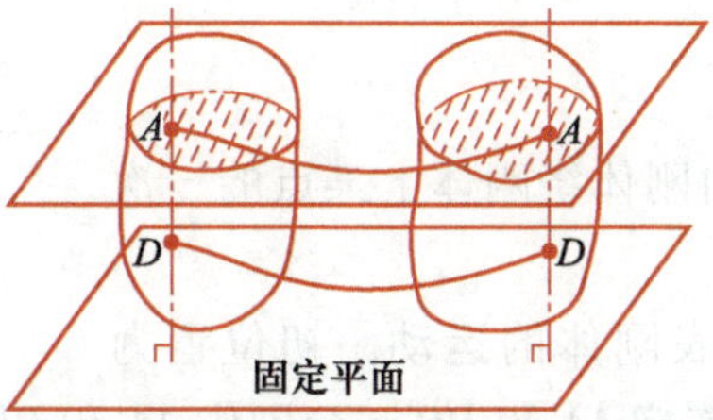

图 2.5　平面平行运动

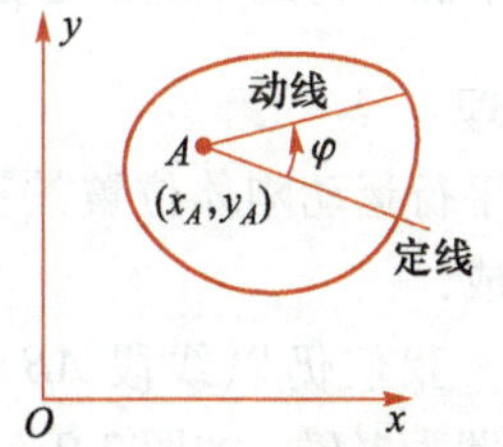

图 2.6　平面平行运动的平面表示

（2）刚体的平面平行运动可以分解为随基点的平动和绕基点的转动.

在如下叙述中，用线段 AB 的运动代表平面平行运动刚体的运动. 设 AB 为初位置，$A'B'$ 为末位置，如图2.7 所示. 若以 A 点为基点，则刚体位置的有限变化可以分解为随基点 A 的平动 $AB \to A'B''$ 和绕基点 A' 的转动 $A'B'' \to A'B'$. 若以 B 为基点则可以分解为随基点 B 的平动 $AB \to A''B'$ 和绕基点 B' 的转动 $A''B' \to A'B'$. 对于刚体位置的无限小变化，上述结论显然成立. 这样就证明了刚体的平面平行运动可以分解为随基点的平动和绕基点的转动. 在随基点平动的参考系中，绕基点的转动实际上是绕过基点且与固定平面垂直的轴的定轴转动. 在上述讨论中还看到基点不同则平动不同，但是绕基点的转动是相同的.

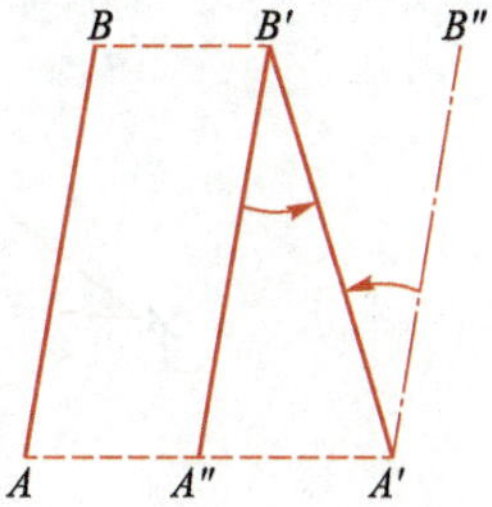

图 2.7　平面平行运动的分解

（3）在基点描述法中，随基点的平动可用基点速度 $\boldsymbol{v}$ 和加速度 $\boldsymbol{a}$ 描述，绕基点的转动可用角速度 $\boldsymbol{\omega}$ 和 $\dot{\boldsymbol{\omega}}$ 描述. 当 φ 角正方向与 z 轴正方向满足右手螺旋关系时，$\boldsymbol{\omega}=\dot{\varphi}\boldsymbol{k}$，$\dot{\boldsymbol{\omega}}=\ddot{\varphi}\boldsymbol{k}$.

（4）平面平行运动刚体上任一点的速度和加速度：如图 2.8 所示，以 A 为基点，A 点及刚体上 P 点的位置矢量为 $\boldsymbol{r}_A$ 和 $\boldsymbol{r}$，P 点相对基点 A 的位置矢量为 $\boldsymbol{r}'$，显然

$$\boldsymbol{r}=\boldsymbol{r}_A+\boldsymbol{r}'.$$

对上式求时间导数，注意到 $\boldsymbol{r}'$ 的长度不变且随刚体以 $\boldsymbol{\omega}$ 转动，所以 $\dot{\boldsymbol{r}}'=\boldsymbol{\omega}\times\boldsymbol{r}'$. 根据速度和加速度定义，可知 P 点速度和加速度为

$$\boldsymbol{v}=\dot{\boldsymbol{r}}=\dot{\boldsymbol{r}}_A+\dot{\boldsymbol{r}}'=\boldsymbol{v}_A+\boldsymbol{\omega}\times\boldsymbol{r}', \quad (2.3.1)$$

$$\begin{aligned}\boldsymbol{a}=\dot{\boldsymbol{v}}&=\dot{\boldsymbol{v}}_A+\dot{\boldsymbol{\omega}}\times\boldsymbol{r}'+\boldsymbol{\omega}\times\dot{\boldsymbol{r}}'\\&=\boldsymbol{a}_A+\dot{\boldsymbol{\omega}}\times\boldsymbol{r}'+\boldsymbol{\omega}\times(\boldsymbol{\omega}\times\boldsymbol{r}'). \quad (2.3.2)\end{aligned}$$

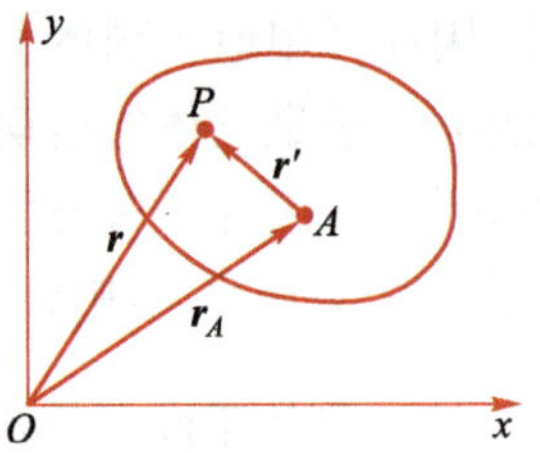

图 2.8　平面平行运动中刚体上任一点 P 的 $\boldsymbol{v}$ 和 $\boldsymbol{a}$

刚体做平面平行运动时，P 点绕基点 A 时刻在做圆周运动，但 P 点的轨道并非圆周. $\boldsymbol{\omega}\times\boldsymbol{r}'$ 和 $\dot{\boldsymbol{\omega}}\times\boldsymbol{r}'$ 均与 $\boldsymbol{r}'$ 垂直，大小分别为 $\omega r'$ 和 $|\dot{\omega}|r'$. $\boldsymbol{\omega}\times(\boldsymbol{\omega}\times\boldsymbol{r}')$ 指向基点 A，大小为 $\omega^2 r'$.

(5) 对刚体转动的角速度 $\boldsymbol{\omega}$ 应注意以下两点：① 刚体上不同点的速度 $\boldsymbol{v}$ 和加速度 $\boldsymbol{a}$ 不同，但刚体的角速度 $\boldsymbol{\omega}$ 是唯一的，这也意味着 $\boldsymbol{\omega}$ 是描述刚体整体运动行为的物理量；② 选取不同的基点，则运动的分解不同，但对不同基点转动的角速度 $\boldsymbol{\omega}$ 是相同的.

三、平面平行运动的瞬心描述法

1. 定理

微视频

平面平行运动刚体位置的变化总可由刚体绕刚体上某点的一次转动而完成.

证明　我们仍以线段 AB 的运动代表刚体的运动，初位置为 AB，末位置为 $A'B'$，如图 2.9（a）所示. 连接 AA' 和 BB'，分别作 AA' 和 BB' 的垂直平分线交于 P_0 点. 由于 $AB=A'B'$（刚体性质），$P_0A=P_0A'$，$P_0B=P_0B'$（垂直平分线性质），故 $\triangle AP_0B\cong\triangle A'P_0B'$，所以 $\angle AP_0B=\angle A'P_0B'$，进而可知 $\angle AP_0A'=\angle BP_0B'=\theta$. 因此将 $\triangle AP_0B$ 绕 P_0 转 θ 角，A 与 A'，B 与 B' 重合. 证毕.

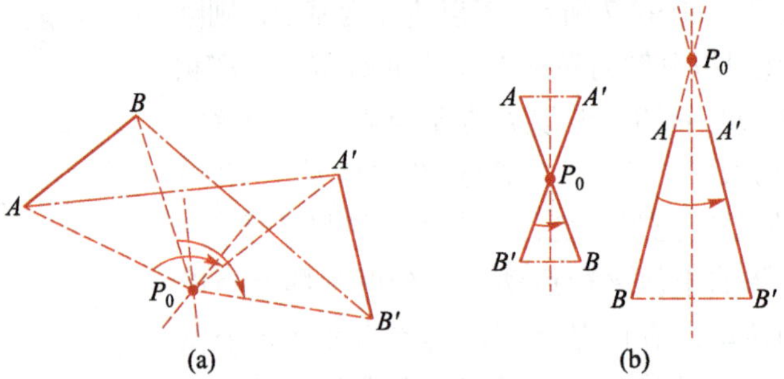

图 2.9　瞬心

在上述证明中找到的 P_0 点称为转动中心.

有两种不被上述证明包括的特殊情况：(1) $AB//A'B'$，则 AA' 和 BB' 垂直平分线不相交. 此时刚体运动为平动，由于平动可视为转动中心位于无限远处的转动，上述定理仍成立. (2) AA' 和 BB' 的垂直平分线重合，如图 2.9（b）所示，则 AB 和 $A'B'$（或是它们的延长线）必相交于 AA' 和 BB' 的公共垂直平分线上的 P_0 点，P_0 即为转动中心，上述定理亦成立.

2. 瞬时转动中心

我们把刚体的平面平行运动分解为一系列无限小的位置变化. 每一瞬时，即在该瞬时附近的无限小时间间隔 $\mathrm{d}t$ 内，刚体位置的无限小变化可由刚体绕某转动中心的无限小转动而完成. 我们把对应每一瞬时的无限小转动的转动中心称为瞬时转动中心，简称瞬心. 因此平面平行运动刚体每瞬时的运动，都可以看成绕瞬心的纯转动.

刚体做平面平行运动时，在任一瞬时，瞬心都是唯一确定的，即该瞬时刚体上（可在刚体外，只需与刚体固连）速度为零的点. 比如在竖直面内的圆盘沿水平地面上的直线轨道做无滑滚动，由于圆盘与轨道接触点速度为零，所以接触点为瞬心 P_0，如图2.10 所示. 因为每一瞬时圆盘都是绕瞬心的纯转动，所以圆盘上的任一点 A 的速度 $\boldsymbol{v}_A$ 的方向与连线 P_0A 垂直；$\boldsymbol{v}_A$ 的大小与连线 P_0A 长度成正比，若圆盘角速度为 $\boldsymbol{\omega}$，则 $v_A=\omega\cdot|P_0A|$；$\boldsymbol{v}_A$ 的指向由 $\boldsymbol{\omega}$ 的方向所决定，即$\boldsymbol{v}_A=\boldsymbol{\omega}\times\overrightarrow{P_0A}$.

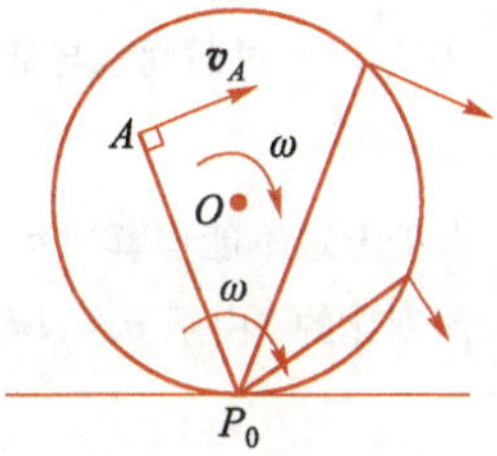

图 2.10　圆盘沿直线无滑滚动时的瞬心

3. 确定瞬心的方法

若已知刚体上的一点（比如 A 点）的速度 $\boldsymbol{v}_A$ 和刚体角速度 $\boldsymbol{\omega}$，则可参考图 2.10 求瞬心 P_0：P_0 在过 A 点且垂直 $\boldsymbol{v}_A$ 的直线上，$|P_0A|=v_A/\omega$，P_0 在 $\boldsymbol{v}_A$ 哪一侧由 $\boldsymbol{v}_A$ 和 $\boldsymbol{\omega}$ 的方向确定.

若已知刚体上两点 A 和 B 的速度 $\boldsymbol{v}_A$ 和 $\boldsymbol{v}_B$ 方向，则过 A，B 两点分别作 $\boldsymbol{v}_A$ 和 $\boldsymbol{v}_B$ 的垂线，其交点即为瞬心 P_0，如图 2.11（a）所示. 图 2.11（b）和（c）为用作图法求瞬心的另外两种情况，图 2.11（d）情况瞬心位于无限远处.

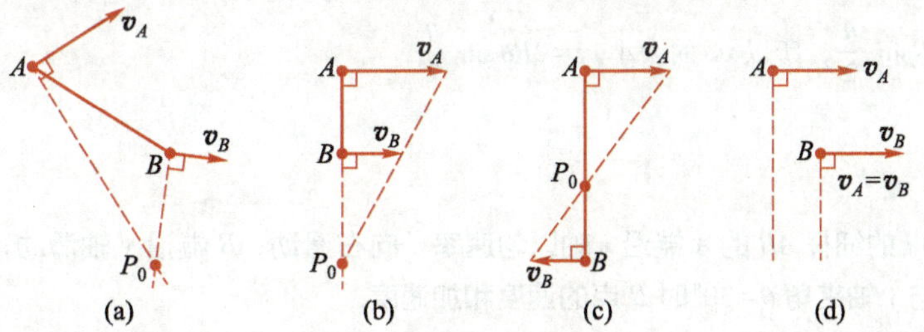

图 2.11　用作图法求瞬心

4. 瞬心的瞬时性

瞬心是相对无限小位移而言的，是瞬时的转动中心. 另一方面，刚体上某一点在某瞬时为瞬心，而在下一时刻不一定再是瞬心. 相对刚体而言，瞬心的位置一般是不断变化的，瞬心不是刚体上固定不变的一点；当然相对静止参考系而言，瞬心的位置通常也是不固定的. 一般情况下，瞬心的速度为零但其加速度不为零，绕瞬心的纯转动不是定轴转动.

例题 2.1

半径为 R 的圆柱沿水平面做无滑滚动，已知圆心 C 点的速度 $\boldsymbol{v}_C=v\boldsymbol{i}$、加速度 $\boldsymbol{a}_C=-a\boldsymbol{i}$，如图 2.12 所示. 求边缘上任一点 P 的速度和加速度.

微视频

解 设 A 为圆柱与水平面的接触点，P 为圆柱边缘上任一点. 以 CA 为定线、CP 为动线，规定 θ 角正方向如图所示，则刚体角速度 $\boldsymbol{\omega}=-\dot{\theta}\boldsymbol{k}$.

以 C 为基点，因圆柱做无滑滚动，故

$$\boldsymbol{v}_A=\boldsymbol{v}_C-R\dot{\theta}\boldsymbol{i}=0. \tag{1}$$

将式 (1) 对时间求导数，得

$$\boldsymbol{a}_C-R\ddot{\theta}\boldsymbol{i}=0, \tag{2}$$

此处一定不能理解成 $\boldsymbol{a}_A=0$，因为式 (1) 中的 A 点在这里不能理解成刚体上的一个确定点，是随时变化的. 由于 $\boldsymbol{v}_C=v\boldsymbol{i}$ 和 $\boldsymbol{a}_C=-a\boldsymbol{i}$，由式 (1)、式 (2) 可知

$$R\dot{\theta}=v, \tag{3}$$

$$R\ddot{\theta}=-a. \tag{4}$$

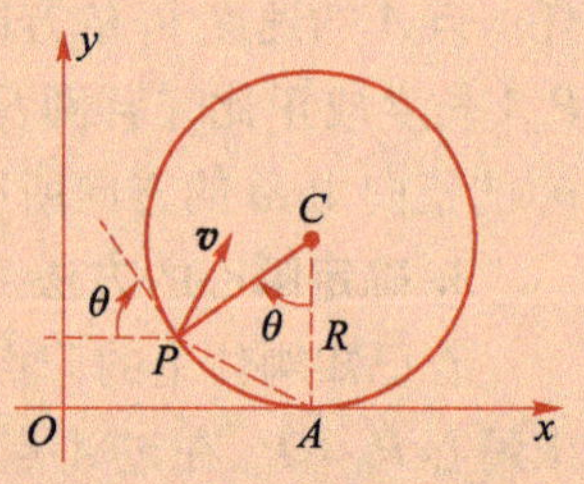

图 2.12　求做无滑滚动的圆柱边缘上一点的 $\boldsymbol{v}$ 和 $\boldsymbol{a}$

以 C 为基点，可求出 P 点速度和加速度为

$$\begin{aligned}\boldsymbol{v}_P&=\boldsymbol{v}_C+\boldsymbol{\omega}\times\overrightarrow{CP}=v\boldsymbol{i}-R\dot{\theta}\cos\theta\boldsymbol{i}+R\dot{\theta}\sin\theta\boldsymbol{j}\\&=v(1-\cos\theta)\boldsymbol{i}+v\sin\theta\boldsymbol{j},\\ \boldsymbol{a}_P&=\boldsymbol{a}_C+\dot{\boldsymbol{\omega}}\times\overrightarrow{CP}+\boldsymbol{\omega}\times(\boldsymbol{\omega}\times\overrightarrow{CP})\\&=-a\boldsymbol{i}-R\ddot{\theta}\cos\theta\boldsymbol{i}+R\ddot{\theta}\sin\theta\boldsymbol{j}+R\dot{\theta}^2\sin\theta\boldsymbol{i}+R\dot{\theta}^2\cos\theta\boldsymbol{j}\\&=\left[a(\cos\theta-1)+\frac{v^2}{R}\sin\theta\right]\boldsymbol{i}+\left(-a\sin\theta+\frac{v^2}{R}\cos\theta\right)\boldsymbol{j}.\end{aligned}$$

在该问题中，A 为瞬心，可以用瞬心法求 $\boldsymbol{v}_P$：$\boldsymbol{v}_P=\boldsymbol{\omega}\times\overrightarrow{AP}$，$\boldsymbol{v}_P\perp\overrightarrow{AP}$ 其指向如图 2.12 所示；由于 $|AP|=2R\sin\dfrac{\theta}{2}$，所以 $\boldsymbol{v}_P$ 的大小 $v_P=2R\dot{\theta}\sin\dfrac{\theta}{2}$.

例题 2.2

长度为 l 的细杆 AB 的 A 端沿 x 轴以匀速率 u 向右滑动，B 端沿 y 轴滑动，如图 2.13 所示. 求当杆与 y 轴夹角 $\theta=30^\circ$ 时 B 点的速度和加速度.

解 (1) 用瞬心法求 $\boldsymbol{v}_B$

因 A, B 两点速度方向已知，可用作图法求出瞬心 C，如图 2.13 所示. 由已知 A 点速度可求出杆的角速度

$$\boldsymbol{\omega}=\frac{u}{|AC|}\boldsymbol{k}=\frac{u}{l\cos\theta}\boldsymbol{k},$$

因此 B 点速度为

$$\boldsymbol{v}_B=\boldsymbol{\omega}\times\overrightarrow{CB}=-u\tan\theta\boldsymbol{j}.$$

当 $\theta=30^\circ$ 时，$\boldsymbol{v}_B=-(u/\sqrt{3})\boldsymbol{j}$.

(2) 用基点法求 $\boldsymbol{a}_B$

因已知 $\boldsymbol{v}_A$ 和 $\boldsymbol{a}_A$，故以 A 为基点，则

$$\boldsymbol{a}_B=\dot{\boldsymbol{\omega}}\times\overrightarrow{AB}+\boldsymbol{\omega}\times(\boldsymbol{\omega}\times\overrightarrow{AB}).$$

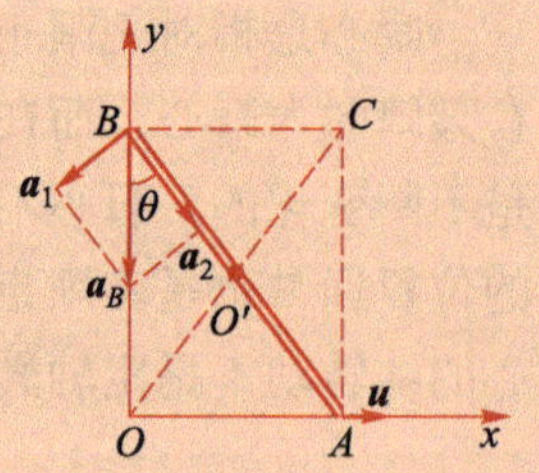

图 2.13　分析细杆的运动并求其上一点的 $\boldsymbol{v}$ 和 $\boldsymbol{a}$

$\boldsymbol{a}_1=\dot{\boldsymbol{\omega}}\times\overrightarrow{AB}$与 AB 垂直，指向如图 2.13 所示；$\boldsymbol{a}_2=\boldsymbol{\omega}\times(\boldsymbol{\omega}\times\overrightarrow{AB})$ 沿由 B 指向 A 的方向．又知 $\boldsymbol{a}_B$ 沿 $-\boldsymbol{j}$ 方向，参见图 2.13，由于 $a_B\cos\theta=|\boldsymbol{\omega}\times(\boldsymbol{\omega}\times\overrightarrow{AB})|=\omega^2 l$，故

$$\boldsymbol{a}_B=-\frac{\omega^2 l}{\cos\theta}\boldsymbol{j}=-\frac{u^2}{l^2\cos^2\theta}\cdot\frac{l}{\cos\theta}\boldsymbol{j}=-\frac{u^2}{l\cos^3\theta}\boldsymbol{j}.$$

当 $\theta=30°$ 时，$\boldsymbol{a}_B=-(8u^2/3\sqrt{3}l)\boldsymbol{j}$.

另外，根据 $a_B\sin\theta=a_1$，可求出 $\dot{\boldsymbol{\omega}}=(u^2\sin\theta/l^2\cos^3\theta)\boldsymbol{k}$.

2－4　刚体的定点运动

微视频

一、刚体的定点运动

若在运动过程中，刚体上有一点始终固定不动，则刚体的运动称为定点运动．陀螺、回转仪等是刚体定点运动的实例．

由于做定点运动的刚体上有一点固定不动，一般以定点为基点，可知自由度 $s=3$.

二、定理

做定点运动的刚体位置的变化总可由刚体绕刚体上过定点的某轴线的一次转动而完成．

证明　由于确定了刚体上不共线的 3 个点的位置则刚体位置即被确定，故我们可用一等腰三角形 $\triangle OAB$ 代表刚体．设 O 为定点，$|OA|=|OB|$，初位置为 $\triangle OAB$，末位置为 $\triangle OA'B'$，如图 2.14 所示．以 O 为球心，以 $|OA|=|OB|$ 为半径作球面，则 A，A'，B，B' 均在球面上．我们称球面上在过球心平面内的圆弧为大圆弧．大圆弧 $\overset{\frown}{AA'}$ 和 $\overset{\frown}{BB'}$ 的垂直平分大圆弧相交于 C 点，则 OC 即为所求转动轴．因为 $\overset{\frown}{AB}=\overset{\frown}{A'B'}$（刚性条件），$\overset{\frown}{CA}=\overset{\frown}{CA'}$，$\overset{\frown}{CB}=\overset{\frown}{CB'}$（垂直平分大圆弧性质），所以球面三角形 $\triangle CAB\cong\triangle CA'B'$，故 $\angle ACB=\angle A'CB'$．由于 $\angle A'CB$ 为公共角，所以 $\angle ACA'=\angle BCB'$．如果刚体绕 OC 转过 $\angle ACA'$，则当 A 与 A' 重合时，B 必与 B' 重合．

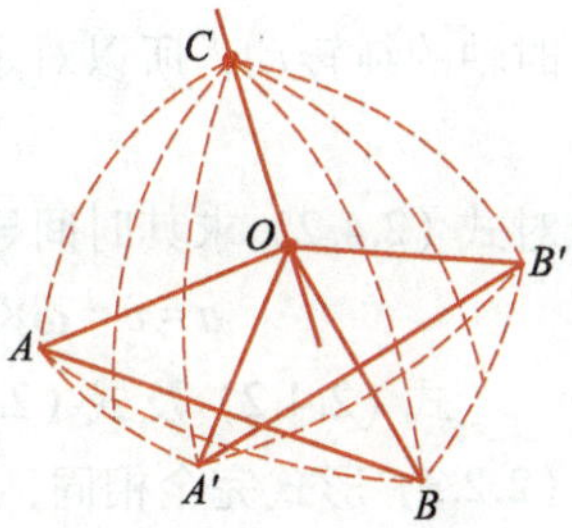

图 2.14　达朗贝尔定理

再作如下两点补充说明：(1) 若 $\overset{\frown}{AA'}$ 和 $\overset{\frown}{BB'}$ 的垂直平分大圆弧不共面，则它们必有两个交点 C_1 和 C_2，而且 C_1，C_2 与 O 在同一直线上．(2) 若 $\overset{\frown}{AA'}$ 和 $\overset{\frown}{BB'}$ 的垂直平分大圆弧共面，则它们重合．这种情况下大圆弧 $\overset{\frown}{AB}$ 和 $\overset{\frown}{A'B'}$ 的交点即为 C 点，C 点在 $\overset{\frown}{AA'}$ 和 $\overset{\frown}{BB'}$ 的公共垂直平分大圆弧上．

三、瞬时转动轴　角速度 $\boldsymbol{\omega}$

将刚体的定点运动分解为一系列无限小的位置变化．每一瞬时，即在该瞬时附近的无限小时间间隔 $\mathrm{d}t$ 内，刚体位置的无限小变化可由刚体绕某转动轴的无限小转动而完成．我们把对应每瞬时无限小转动的转动轴称为瞬时转动轴，简称瞬时

轴. 因此，定点运动刚体每瞬时的运动都可以看成绕瞬时轴的纯转动. 瞬时轴永远过定点，但其方位可以随时间而变化. 显然瞬时轴上各点速度均为零，实际上只要除定点外，找到刚体上另一个速度为零的点，该点与定点的连线就是瞬时轴.

因为每一瞬时刚体都绕瞬时轴做纯转动，所以我们可以用和定轴转动中相似的方法定义角速度 $\boldsymbol{\omega}$，用来描述刚体的瞬时运动状态. 定义无限小角位移矢量 $\mathrm{d}\varphi\cdot\boldsymbol{e}$：其大小 $|\mathrm{d}\varphi|$ 为刚体在 $\mathrm{d}t$ 时间内绕瞬时轴转过的角度，其方向沿瞬时轴且与无限小转动 $\mathrm{d}\varphi$ 成右手螺旋关系. 定义角速度矢量

$$\boldsymbol{\omega}=\dot{\varphi}\boldsymbol{e}. \tag{2.4.1}$$

角速度 $\boldsymbol{\omega}$ 的大小 $\omega=|\dot{\varphi}|$，其方向沿瞬时轴且与该瞬时刚体转动方向成右手螺旋关系.

刚体做定点运动时，刚体的运动状态用角速度 $\boldsymbol{\omega}$ 描述，运动状态的变化由 $\dot{\boldsymbol{\omega}}$ 描述. 角速度 $\boldsymbol{\omega}$ 沿瞬时轴，$\boldsymbol{\omega}$ 的方向随瞬时轴方位变化而改变，所以根据矢量导数的概念，$\dot{\boldsymbol{\omega}}$ 一般不沿瞬时轴.

微视频

四、定点运动刚体上任一点的速度和加速度

设刚体上的 O 点为定点，刚体瞬时运动状态用角速度 $\boldsymbol{\omega}$ 描述. P 为刚体上任一点，$\boldsymbol{r}$ 为 P 对 O 点的位置矢量，如图 2.15 所示. 当我们讨论 P 点速度 $\boldsymbol{v}$ 时，仅涉及刚体的运动状态，而与运动状态的变化无关. 当我们不涉及运动状态的变化时，由于定点运动的每一瞬时均为绕瞬时轴的纯转动，所以对定点运动有与定轴转动相同的结果，即

$$\boldsymbol{v}=\dot{\boldsymbol{r}}=\boldsymbol{\omega}\times\boldsymbol{r}. \tag{2.4.2}$$

对式（2.4.2）求其时间导数，并根据加速度的定义，得到

$$\boldsymbol{a}=\dot{\boldsymbol{v}}=\dot{\boldsymbol{\omega}}\times\boldsymbol{r}+\boldsymbol{\omega}\times\dot{\boldsymbol{r}}=\dot{\boldsymbol{\omega}}\times\boldsymbol{r}+\boldsymbol{\omega}\times(\boldsymbol{\omega}\times\boldsymbol{r}). \tag{2.4.3}$$

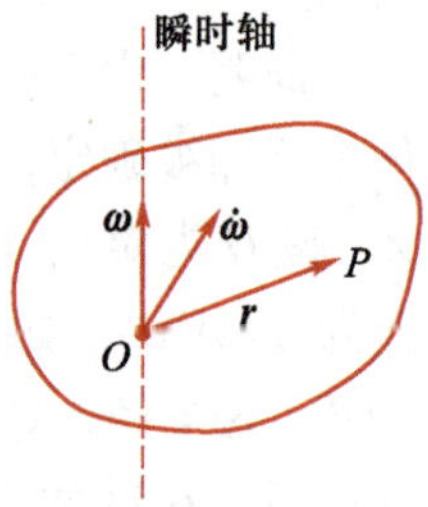

图 2.15　定点运动

式（2.4.2）及式（2.4.3）与定轴转动一节的式（2.2.2）及式（2.2.3）形式完全相同，但它们的意义及反映的物理图像不尽相同. 在定轴转动中 $\boldsymbol{\omega}$ 及 $\dot{\boldsymbol{\omega}}$ 均沿固定轴而共线，固定轴上各点的速度与加速度均恒为零，刚体上任一点 P 均绕固定轴做圆周运动. 定轴转动中，$\boldsymbol{v}=\boldsymbol{\omega}\times\boldsymbol{r}$ 沿 P 点圆周轨道的切线. 对圆轨道而言，加速度公式中的 $\dot{\boldsymbol{\omega}}\times\boldsymbol{r}$ 为切向加速度，$\boldsymbol{\omega}\times(\boldsymbol{\omega}\times\boldsymbol{r})$ 为法向加速度. 然而在定点运动中，$\boldsymbol{\omega}$ 方向沿瞬时轴而不断变化，$\dot{\boldsymbol{\omega}}$ 与 $\boldsymbol{\omega}$ 一般不共线，如图 2.15 所示. 瞬时轴上除定点外各点速度为零而加速度不为零. 刚体上任一点 P 在任一瞬时均绕该时刻的瞬时轴做圆周运动，但在下一瞬时将绕下一时刻的瞬时轴做圆周运动，因此其轨道并非圆周，只是每一无限小段都可以看作对应时刻的一个圆心不同、半径不同的无限小圆弧. 对于 $\boldsymbol{v}=\boldsymbol{\omega}\times\boldsymbol{r}$，由于瞬时轴上各点速度均为零，所以其图像与定轴转动相同. 加速度公式涉及运动的变化（$\dot{\boldsymbol{v}}$ 和 $\dot{\boldsymbol{\omega}}$），且瞬时轴上各点加速度不为零，所以它反映的物理图像就与定轴转动不尽相同了. 式（2.4.3）中 $\boldsymbol{\omega}\times(\boldsymbol{\omega}\times\boldsymbol{r})$ 一项只含 $\boldsymbol{\omega}$ 而与 $\dot{\boldsymbol{\omega}}$ 无关，依然与定轴转动类似，垂直地指向瞬时轴，如图 2.16 所示，$\boldsymbol{\omega}\times(\boldsymbol{\omega}\times\boldsymbol{r})=-\omega^2R\boldsymbol{e}_R$，称为向轴加速度. 而式（2.4.3）中 $\dot{\boldsymbol{\omega}}\times\boldsymbol{r}$ 一项已完全失去

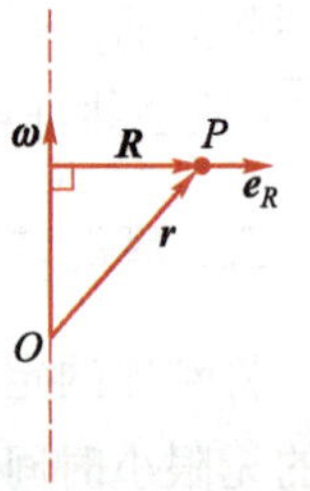

图 2.16　向轴加速度

切向加速度的含义，称为转动加速度.

例题 2.3

半径为 R 的碾盘在水平面上做无滑滚动，长为 l 的水平轴 AO 绕竖直轴 BO 以匀角速度 $\boldsymbol{\omega}$ 转动，如图 2.17 所示. 求碾盘最高点 P 的速度和加速度.

解： 碾盘绕定点 O 做定点运动，建立与刚体半固连的坐标系 $Oxyz$，如图 2.17 所示. x 轴沿 AO 方向，y 轴沿 BO 方向. 注意，此处坐标系 $Oxyz$ 相对参考系（水平面）和刚体都是不固连的，借此可以体会坐标系是一个数学工具，不必与参考系固连，须视解决问题方便而定.

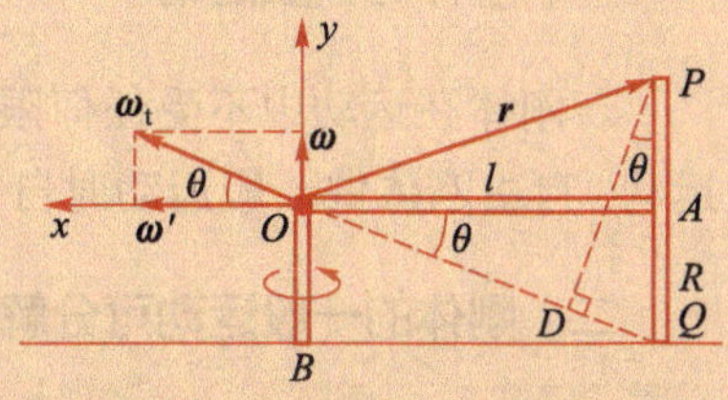

图 2.17　求碾盘最高点的 $\boldsymbol{v}$ 和 $\boldsymbol{a}$

设碾盘绕 AO 轴转动的角速度为 $\boldsymbol{\omega}'$，则刚体的总角速度

$$\boldsymbol{\omega}_t=\boldsymbol{\omega}+\boldsymbol{\omega}'=\omega'\boldsymbol{i}+\omega\boldsymbol{j}.$$

因碾盘做无滑滚动，碾盘上 Q 点速度为零

$$\begin{aligned}\boldsymbol{v}_Q&=\boldsymbol{\omega}_t\times\overrightarrow{OQ}=(\omega'\boldsymbol{i}+\omega\boldsymbol{j})\times(-l\boldsymbol{i}-R\boldsymbol{j})\\&=(\omega l-\omega' R)\boldsymbol{k}=0,\end{aligned}$$

所以

$$\omega'=\frac{l}{R}\omega,\quad \boldsymbol{\omega}_t=\frac{l}{R}\omega\boldsymbol{i}+\omega\boldsymbol{j}.$$

因此碾盘最高点 P 的速度

$$\boldsymbol{v}_P=\boldsymbol{\omega}_t\times\overrightarrow{OP}=\left(\frac{l}{R}\omega\boldsymbol{i}+\omega\boldsymbol{j}\right)\times(-l\boldsymbol{i}+R\boldsymbol{j})=2l\omega\boldsymbol{k}.$$

为求 P 点加速度先求 $\dot{\boldsymbol{\omega}}_t$，由于矢量 $\boldsymbol{\omega}_t$ 的长度不变，且以 $\boldsymbol{\omega}$ 转动，所以

$$\dot{\boldsymbol{\omega}}_t=\boldsymbol{\omega}\times\boldsymbol{\omega}_t=\omega\boldsymbol{j}\times\left(\frac{l}{R}\omega\boldsymbol{i}+\omega\boldsymbol{j}\right)=-\frac{l}{R}\omega^2\boldsymbol{k},$$

于是，P 点加速度

$$\begin{aligned}\boldsymbol{a}_P&=\dot{\boldsymbol{\omega}}_t\times\overrightarrow{OP}+\boldsymbol{\omega}_t\times(\boldsymbol{\omega}_t\times\overrightarrow{OP})\\&=-\frac{l}{R}\omega^2\boldsymbol{k}\times(-l\boldsymbol{i}+R\boldsymbol{j})+\left(\frac{l}{R}\omega\boldsymbol{i}+\omega\boldsymbol{j}\right)\times 2l\omega\boldsymbol{k}\\&=3l\omega^2\boldsymbol{i}-\frac{l^2}{R}\omega^2\boldsymbol{j}.\end{aligned}$$

本例也可以利用瞬时轴求解：因 $\boldsymbol{v}_Q=0$，故 QO 为瞬时轴. 因为刚体角速度 $\boldsymbol{\omega}_t$ 沿瞬时轴 QO 方向，由几何关系可知 $\omega:\omega'=R:l$ 和 $\omega:\omega_t=R:\sqrt{l^2+R^2}$（相似三角形对应边成比例），所以 $\omega'=l\omega/R$，$\omega_t=\sqrt{l^2+R^2}\,\omega/R$.

由于刚体在该瞬时绕瞬时轴 QO 做纯转动，所以可知 $\boldsymbol{v}_P=v_P\boldsymbol{k}$，且

$$v_P=\omega_t\cdot|PD|=\omega_t\cdot 2R\cos\theta=\omega'\cdot 2R=2l\omega,$$

因此 $\boldsymbol{v}_P=2l\omega\boldsymbol{k}$.

向轴加速度 $\boldsymbol{\omega}_t\times(\boldsymbol{\omega}_t\times\overrightarrow{OP})$ 沿 $\overrightarrow{PD}$ 方向垂直地指向瞬时轴 QO，其大小为

$$|\boldsymbol{\omega}_t\times(\boldsymbol{\omega}_t\times\overrightarrow{OP})|=\omega_t^2\cdot|PD|=\omega_t\cdot 2l\omega=2l\omega^2/\sin\theta,$$

所以 $\boldsymbol{\omega}_t\times(\boldsymbol{\omega}_t\times\overrightarrow{OP})=2l\omega^2\boldsymbol{i}-(2l^2\omega^2/R)\boldsymbol{j}$.

转动加速度 $\dot{\boldsymbol{\omega}}_t\times\overrightarrow{OP}$是无法利用瞬时轴计算的，因为其中无法避开求解 $\dot{\boldsymbol{\omega}}_t$.

2－5 自由刚体的一般运动

微视频

一、刚体的一般运动

若刚体在运动中不受任何限制，则称其为自由刚体，这种运动称为刚体的一般运动. 自由刚体做一般运动时自由度 $s=6$.

二、刚体的一般运动可分解为随基点的平动和绕基点的转动

以△ABC 代表刚体，对于刚体位置的有限变化，设初位置为△ABC，末位置为△$A'B'C'$，如图 2.18 所示. 以刚体上的任意确定点 A 为基点，显然刚体位置的变化可分解为随基点 A 的平动△ABC→△$A'B''C''$，和绕 A'点（定点）的一次转动△$A'B''C''$→△$A'B'C'$.

对于刚体位置的无限小变化，上述结论显然成立. 因此，刚体的一般运动可分解为随基点的平动和绕基点的转动. 随基点的平动可以用基点的速度 $\boldsymbol{v}$ 和加速度 $\boldsymbol{a}$ 描述，绕基点的转动可用角速度 $\boldsymbol{\omega}$ 和 $\dot{\boldsymbol{\omega}}$ 描述.

三、刚体上任一点的速度和加速度

以刚体上的 A 点为基点，A 点及刚体上 P 点的位置矢量为 $\boldsymbol{r}_A$ 和 $\boldsymbol{r}$，P 点相对基点 A 的位置矢量为 $\boldsymbol{r}'$，如图 2.19 所示. 显然 $\boldsymbol{r}=\boldsymbol{r}_A+\boldsymbol{r}'$，根据速度的定义，得到

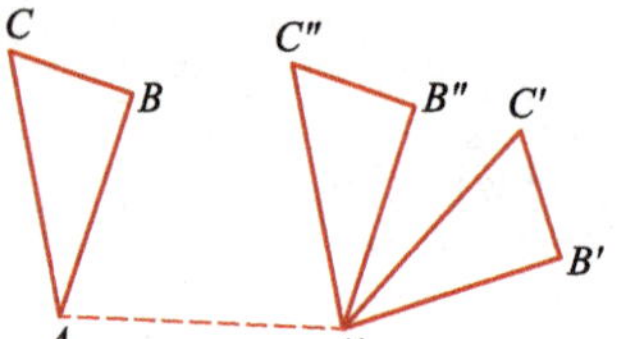

图 2.18　刚体一般运动的分解

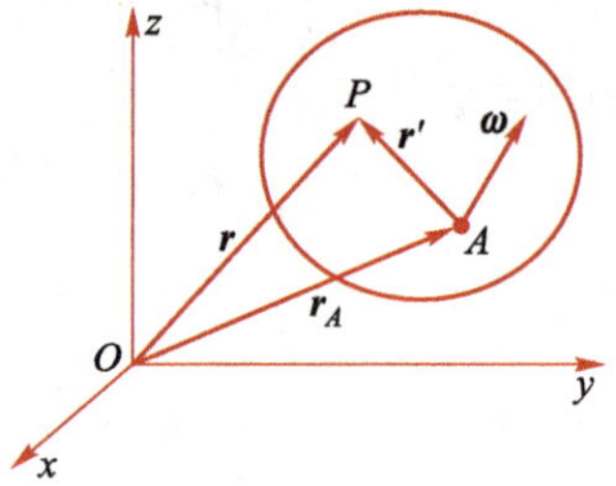

图 2.19　刚体上任一点的 $\boldsymbol{v}$ 和 $\boldsymbol{a}$

$$\boldsymbol{v}=\dot{\boldsymbol{r}}=\dot{\boldsymbol{r}}_A+\dot{\boldsymbol{r}}'=\boldsymbol{v}_A+\dot{\boldsymbol{r}}'.$$

由于 $\boldsymbol{r}'$长度不变，和刚体一起以 $\boldsymbol{\omega}$ 转动，故 $\dot{\boldsymbol{r}}'=\boldsymbol{\omega}\times\boldsymbol{r}'$. 有

$$\boldsymbol{v}=\boldsymbol{v}_A+\boldsymbol{\omega}\times\boldsymbol{r}'. \tag{2.5.1}$$

根据加速度的定义，对式（2.5.1）再次求时间导数得到

$$\begin{aligned}\boldsymbol{a}&=\dot{\boldsymbol{v}}=\dot{\boldsymbol{v}}_A+\dot{\boldsymbol{\omega}}\times\boldsymbol{r}'+\boldsymbol{\omega}\times\dot{\boldsymbol{r}}'\\&=\boldsymbol{a}_A+\dot{\boldsymbol{\omega}}\times\boldsymbol{r}'+\boldsymbol{\omega}\times(\boldsymbol{\omega}\times\boldsymbol{r}').\end{aligned} \tag{2.5.2}$$

实际上在 2-1 节至 2-4 节中讨论的刚体的平动、定轴转动、平面平行运动和定点运动，都是刚体运动受到不同限制的特殊情况，相应刚体上任一点的速度和加速

度公式是式（2.5.1）、式（2.5.2）的特例．

思考题

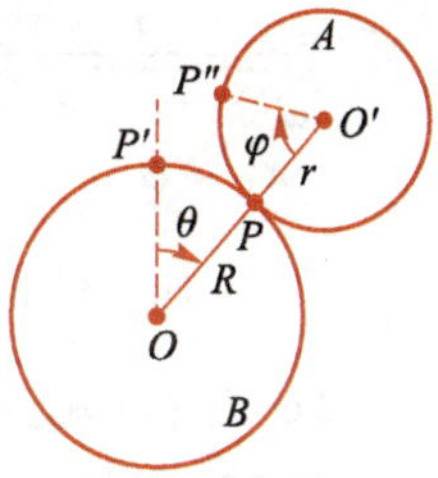

思考题 2.1 图

2.1. 如思考题 2.1 图所示，半径为 r 的圆柱 A 沿半径为 R 的固定圆柱 B 由最高点无滑动地滚下，由于弧长 $\widehat{PP'}=\widehat{PP''}$，所以无滑条件可表示为 $r\varphi=R\theta$．对 $r\varphi=R\theta$ 求导数可得 $r\dot{\varphi}=R\dot{\theta}$，所以圆柱 A 的角速度为 $\dot{\varphi}=R\dot{\theta}/r$．上述各结论是否正确？

2.2. 有人认为：由于每瞬时刚体的平面平行运动都可以看成绕瞬心的纯转动，所以刚体上任一点的加速度由向心加速度和切向加速度组成，$\boldsymbol{a}=\omega^2 r\boldsymbol{e}_n+r\dot{\omega}\boldsymbol{e}_t$，$r$ 为该点到瞬心的距离．这种看法是否正确？ 为什么？

2.3. 参见例题 2.3 图 2.17，甲认为："B 为固定不动的点，故 B 为定点，又因 Q 点速度为零，所以 BQ 为瞬时轴．" 乙认为："我看定点应为 O 点，由于 B 点不动，所以 BO 为瞬时轴．" 试指出甲、乙二人的错误．

2.4. 例题 2.3 图 2.17 中的坐标系 $Oxyz$ 为动坐标系．甲认为求出的 $\boldsymbol{v}_P$ 和 $\boldsymbol{a}_P$ 是相对 $Oxyz$ 系的速度和加速度．乙认为题中要求的是相对水平面的速度和加速度，所以选用动坐标系是不合适的．你认为如何？

2.5. 速度 $\boldsymbol{v}$ 是极矢量，角速度 $\boldsymbol{\omega}$ 是轴矢量，阅读参考书（赵凯华，罗蔚茵．新概念物理教程 力学），说明它们的共性与差异．

习　题

2.1. 半径为 R 的线轴在水平面上沿直线做无滑滚动，中部绕线轴的半径为 r，线无滑地绕在轴上，线端点 A 以不变速度 $\boldsymbol{u}$ 沿水平方向运动，如题 2.1 图所示．求：（1）轴心 C 的速度和线轴的角速度；（2）线轴与水平面接触点 B 的加速度．

2.2. 半径为 b 的小圆盘在一半径为 a 的固定大圆盘的边缘上运动，两圆盘在水平面内，Oxy 为固定直角坐标系，如题 2.2 图所示．x 轴与两圆心连线 OO' 夹角的时间导数 $\dot{\theta}$ 已知，求下列三种情况中小圆盘的角速度：（1）小圆盘上某一确定半径的空间指向不变；（2）小圆盘上某一确定半径始终指向 O 点；（3）小圆盘在大圆盘上做无滑滚动．

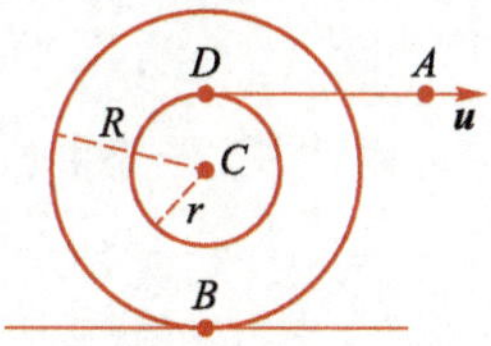

题 2.1 图

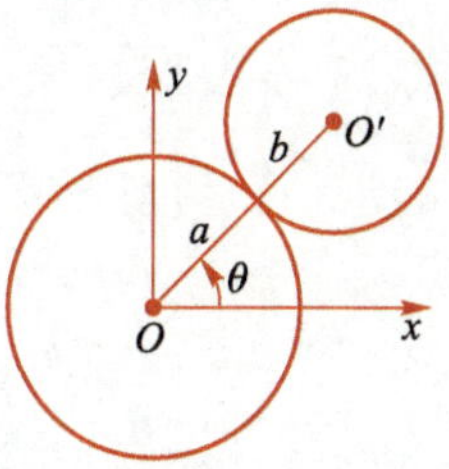

题 2.2 图

2.3. 曲柄 OA 以匀角速度 $\boldsymbol{\omega}$ 绕 O 点转动，曲柄 OA 借助连杆 AB 推动滑块 B 沿轨道 OD 运动．设 $|OA|=r$，$|AB|=l$，DO 与 OA 夹角为 ωt，如题 2.3 图所示．求杆 AB 的角速度和 B 点的速度．

2.4. 半径为 a 的圆柱夹在互相平行的两板间，两板分别以不变的速度 $\boldsymbol{v}_1$，$\boldsymbol{v}_2$ 反向运动，如题 2.4 图所示．设圆柱与两板间均无滑动，求：（1）瞬心位置；（2）圆柱上与上板的接触点 A 的加速度．

2.5. 长为 l 的细杆 AB 在 Oxy 平面内运动，$\boldsymbol{v}_A$ 的大小和方向已知，且知道 $\boldsymbol{v}_B$ 的方向，如题 2.5

图所示．求：(1) 杆的角速度 $\boldsymbol{\omega}$ 及 $\boldsymbol{v}_B$ 的大小；(2) 杆上某点 C 的位置，$\boldsymbol{v}_C$ 刚好沿杆的方向．

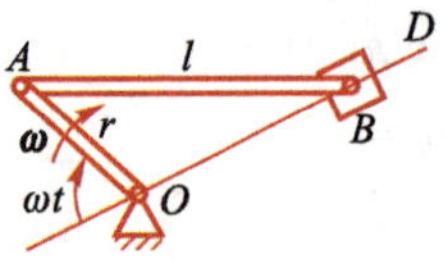

题 2.3 图

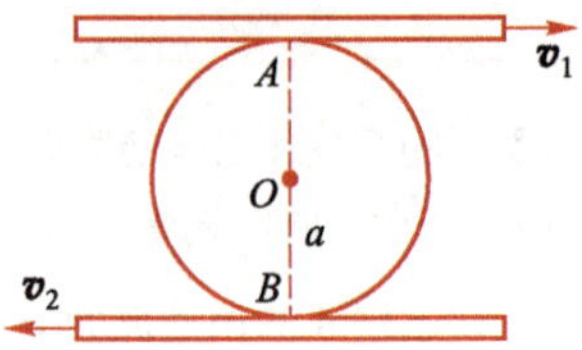

题 2.4 图

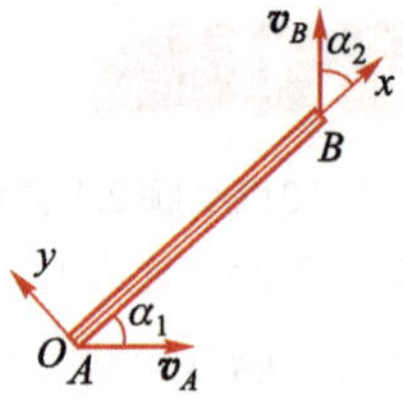

题 2.5 图

2.6. 圆盘以角速度 $\boldsymbol{\omega}_1$ 绕水平轴 CD 转动，CD 轴又以角速度 $\boldsymbol{\omega}_2$ 绕过盘心 O 的竖直 AB 轴转动，如题 2.6 图所示．已知 $\omega_1=5\ \mathrm{rad/s}$，$\omega_2=3\ \mathrm{rad/s}$，求圆盘角速度 $\boldsymbol{\omega}$ 及 $\dot{\boldsymbol{\omega}}$．

2.7. 转轮 AB 绕过轮心且与轮面垂直的 OD 轴以角速度 $\boldsymbol{\omega}_1$ 转动，而 OD 绕竖直线 OE 以角速度 $\boldsymbol{\omega}_2$ 转动．已知转轮半径 $|CB|=a$，$|OC|=b$，$\angle EOD=\theta$，如题 2.7 图所示．试求转轮最低点速度 $\boldsymbol{v}_B$．

2.8. 高为 h，顶角为 2α 的圆锥在水平面上做无滑滚动，若此圆锥以不变角速度 $\boldsymbol{\omega}$ 绕竖直的 $O\zeta$ 轴转动，如题 2.8 图所示．试求：(1) 圆锥角速度；(2) 圆锥底面最高点 P 的速度 $\boldsymbol{v}$；(3) P 点的转动加速度和向轴加速度的大小 a_1 和 a_2．

习题参考答案

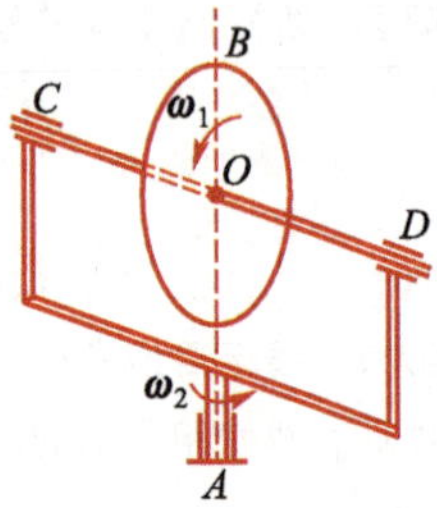

题 2.6 图

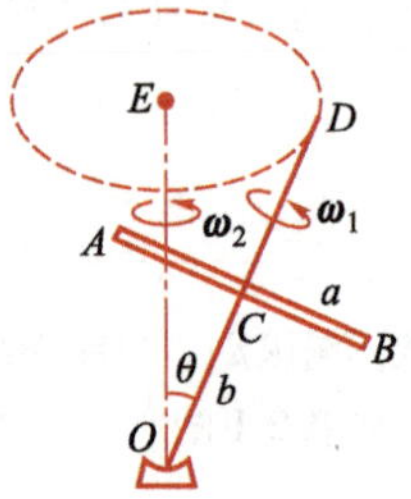

题 2.7 图

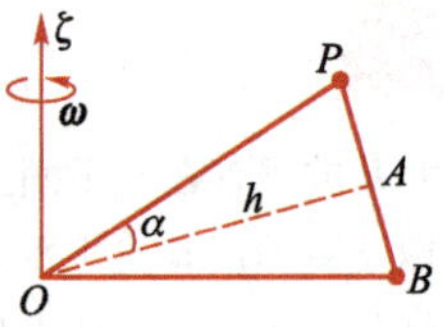

题 2.8 图

第三章

质点动力学

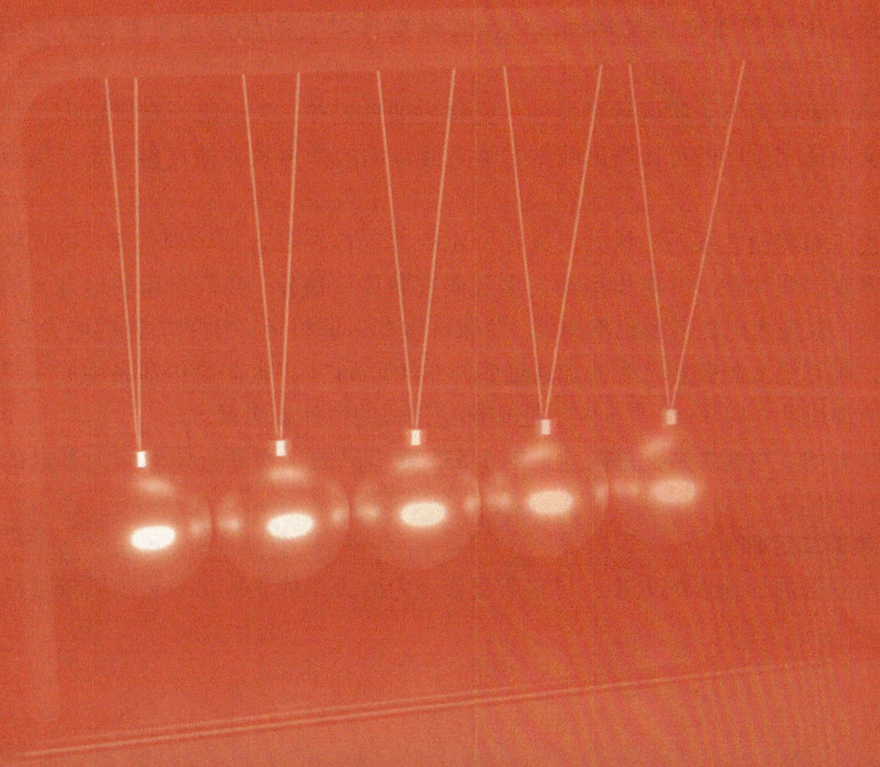

课件资源

质点动力学研究质点的运动和周围其他物体与之相互作用的关系.

本章的主要内容是用牛顿力学的方法研究惯性系内的质点动力学. 从大量实验事实中总结出来的 4 条基本规律——牛顿运动定律和力的独立作用原理构成了牛顿力学的出发点. 除了万有引力、弹簧弹性力、摩擦力、空气阻力、洛伦兹力等力遵从的规律需依靠实验得出外，牛顿力学的所有理论都是根据这 4 条基本规律，通过严密的数学推演得出的. 万有引力定律是牛顿的引力理论，它较其他力的规律更为重要. 本章将从 4 条基本规律出发，导出质点动力学的 3 个定理和相应的守恒定律.

本章是牛顿力学的基础. 第四章我们将研究非惯性系中的质点力学，第五章将在本章基础上讨论质点组动力学的基本理论，从而建立起完整的经典牛顿力学的理论体系.

3-1 牛顿运动定律

微视频

牛顿（1643—1727）在总结伽利略等前人成就的基础上，通过自己的观测、实验和研究，在 1687 年出版的《自然哲学的数学原理》一书中提出了 3 条运动定律，奠定了经典力学的基础. 牛顿力学体系的建立是众多物理学家长期工作的结果，牛顿运动定律的现代表述也不完全是牛顿原来的表述.

一、牛顿运动定律和力的独立作用原理

1. 牛顿第一定律

孤立质点保持静止或做匀速直线运动.

孤立质点指离其他物体足够远，以至其他物体对它的作用均可忽略不计的质点.

牛顿第一定律指出了质点具有惯性，又称为惯性定律. 牛顿第一定律给出了惯性系的定义：孤立质点相对其静止或做匀速直线运动的参考系为惯性参考系，简称惯性系.

实际上绝对的惯性系无法找到，只在一定精度下存在着近似的惯性系. 可以把什么参考系视为惯性系，由物体运动尺度及研究精度所决定. 我们常用的地球（地面）参考系，甚至太阳参考系也不例外. 地球自转在赤道附近产生的加速度约为 $3\times10^{-2}\ m/s^2$，地球绕太阳公转产生的加速度约为 $6\times10^{-3}\ m/s^2$，太阳绕银河系中心（银心）运动的加速度约为 $3\times10^{-10}\ m/s^2$，它们都是近似的惯性参考系.

目前最好的实用惯性系，是以选定的 1 535 颗恒星的平均静止位形作为基准的参考系——FK4 系.

2. 牛顿第二定律

质点所获得的加速度的大小，与它所受作用力的大小成正比，与它的质量成反

比；加速度的方向与所受作用力的方向相同.

牛顿第二定律是牛顿运动定律的核心，它的数学表达式为

$$m\ddot{\boldsymbol{r}}=\boldsymbol{F} \quad 或 \quad m\dot{\boldsymbol{v}}=\boldsymbol{F}. \tag{3.1.1}$$

在经典力学中惯性质量 m 是常量，所以牛顿第二定律也可表示为

$$\frac{\mathrm{d}}{\mathrm{d}t}(m\boldsymbol{v})=\boldsymbol{F}. \tag{3.1.2}$$

式（3.1.2）与牛顿的原始表述相符，而且在相对论力学中依然成立，但在经典力学中我们惯常使用式（3.1.1）形式的牛顿第二定律.

牛顿第二定律一方面给出了惯性质量和力的操作性定义；另一方面，由于在经典力学中有独立于牛顿第二定律之外的力的规律（如万有引力定律等），所以牛顿第二定律又是建立质点动力学微分方程的基础. 万有引力定律中出现的质量为引力质量，通过精确的实验现已证实，只要适当选取单位，惯性质量与引力质量相等. 在一般情况下我们不再区分惯性质量和引力质量，而称之为质量. 在爱因斯坦的广义相对论中，惯性质量与引力质量相等是等效原理的基础.

牛顿第二定律指出，力的动力学效果是使受力质点产生加速度. 微分方程式（3.1.1）是瞬时关系，某时刻的力产生该时刻的加速度，与质点以前经历的过程（即历史）无关.

牛顿第二定律只在由牛顿第一定律定义的惯性系中成立.

3. 牛顿第三定律

两个质点间的作用力和反作用力总是同时成对出现，大小相等、方向相反，作用在同一条直线上.

牛顿第三定律指出，力是物体间的相互作用. 式（3.1.2）说明力的动力学效果是使受力质点的动量发生变化，牛顿第三定律则说明两个相互作用的质点的动量变化是等值反向的，在力的相互作用过程中两质点之间发生等量的动量传递.

本章研究质点动力学，限定研究对象为一个质点，而周围与之相互作用的物体的运动不在研究范围之内，实际上这仅是一种理想模型.

4. 力的独立作用原理

牛顿第二定律是对于质点只受一个力的情况而言的，而实际情况中一个质点往往同时受多个力的作用. 因此，为了把牛顿第二定律推广到一般情况，必须知道几个力共同作用的效果. 由实验总结出来的力的独立作用原理正说明了这个问题.

力的独立作用原理表述为：如果一个质点同时受多个力的作用，这些力各自产生的动力学效果不受其他力存在的影响.

根据这一原理可以证明力是矢量，力的合成遵守平行四边形定则. 设质点受 n 个力作用，它们是 $\boldsymbol{F}_1$，$\boldsymbol{F}_2$，⋯，$\boldsymbol{F}_n$. 根据力的独立作用原理，每个力产生的加速度为

$$\boldsymbol{a}_1=\boldsymbol{F}_1/m,\ \boldsymbol{a}_2=\boldsymbol{F}_2/m,\ \cdots,\ \boldsymbol{a}_n=\boldsymbol{F}_n/m. \tag{3.1.3}$$

由于加速度是矢量，加法遵从平行四边形定则，所以总加速度为

$$\boldsymbol{a}=\boldsymbol{a}_1+\boldsymbol{a}_2+\cdots+\boldsymbol{a}_n.$$

将上式遍乘质量 m，再把式（3.1.3）代入，可得到

$$\begin{aligned} m\boldsymbol{a} &= m\boldsymbol{a}_1 + m\boldsymbol{a}_2 + \cdots + m\boldsymbol{a}_n \\ &= \boldsymbol{F}_1 + \boldsymbol{F}_2 + \cdots + \boldsymbol{F}_n = \sum \boldsymbol{F}_i . \end{aligned}$$

设 $\boldsymbol{F} = \sum \boldsymbol{F}_i$，则

$$m\boldsymbol{a} = \sum \boldsymbol{F}_i = \boldsymbol{F}. \tag{3.1.4}$$

可见 n 个力共同作用的总效果等价于一个力 $\boldsymbol{F}$ 的作用，我们称力 $\boldsymbol{F}$ 为这 n 个力的合力. 由于每个力 $\boldsymbol{F}_i$，都可由相应加速度 $\boldsymbol{a}_i$ 乘以质量 m 而得到，所以力的合成法则与加速度的合成法则相同，合力 $\boldsymbol{F}$ 可由分力按平行四边形法则相加得出.

式（3.1.4）在惯性系中成立，由牛顿第二定律及力的独立作用原理导出，它是牛顿第一、第二定律和力的独立作用原理的综合，仍称之为牛顿第二定律.

式（3.1.4）写成微分方程形式为

$$m\ddot{\boldsymbol{r}} = \boldsymbol{F}(\boldsymbol{r},\ \dot{\boldsymbol{r}},\ t). \tag{3.1.5}$$

力的独立作用原理指出，力不可以是加速度的函数，所以一般情况下，力是位置、速度和时间 t 的函数，式（3.1.5）右边的力的函数中不可能出现位置矢量 $\boldsymbol{r}$ 对时间的二阶及二阶以上导数. 力的独立作用原理和牛顿第二、第三定律一样，也是一个瞬时的关系.

二、经典力学中的力

（1）在牛顿力学中，力由牛顿第二定律定义. 牛顿第二、第三定律指出：力是物体间的相互作用，力的动力学效果是使受力质点产生加速度.

（2）万有引力定律：任何两质点间均存在相互作用——引力，力的方向沿两质点连线，其大小为 $F = Gm_1m_2/r^2$，m_1，m_2 为两质点引力质量，r 为两质点间的距离，G 为引力常量（$G = 6.67\times10^{-11}\ \mathrm{m^3\cdot kg^{-1}\cdot s^{-2}}$）.

（3）经典力学中其他常见的力回顾如下.

质量为 m 的质点在重力场中受重力 $\boldsymbol{W} = m\boldsymbol{g}$，$\boldsymbol{g}$ 为重力加速度.

以弹簧自由伸张状态质点所在位置为原点 O，沿弹簧轴线建立 x 轴，则在弹性限度内，质点所受弹簧弹性力 $\boldsymbol{F} = -kx\boldsymbol{i}$，$k$ 为弹簧弹性系数.

柔软绳的张力 $\boldsymbol{F}_{\mathrm{T}}$ 为沿绳方向的拉力.

刚性线或面的支撑力 $\boldsymbol{F}_{\mathrm{N}}$. 对刚性线，$\boldsymbol{F}_{\mathrm{N}}$ 在线的法平面（与切线垂直的平面）内；对刚性面，$\boldsymbol{F}_{\mathrm{N}}$ 沿面的法线方向.

刚性线或面的摩擦力 $\boldsymbol{F}_{\mathrm{f}}$，沿线或面的切线，其指向与受力质点相对支撑线或面的运动方向（或运动趋势方向）相反. 滑动摩擦力 $F_{\mathrm{f}} = \mu F_{\mathrm{N}}$，$\mu$ 为动摩擦因数；静摩擦力 $F_{\mathrm{fS}} \leqslant \mu_{\mathrm{S}} F_{\mathrm{N}}$，$\mu_{\mathrm{S}}$ 为静摩擦因数，一般认为 μ_{S} 略大于 μ.

带有电荷 q 的质点在电场强度为 $\boldsymbol{E}$、磁感应强度为 $\boldsymbol{B}$ 的电磁场中，以速度 $\boldsymbol{v}$ 运动时受洛伦兹力 $\boldsymbol{F} = q\boldsymbol{E} + q\boldsymbol{v}\times\boldsymbol{B}$. 静止带电荷质点只受电场力 $q\boldsymbol{E}$.

质点在流体中以速度 $\boldsymbol{v}$ 运动时受流体阻力. 极低速情况下，$\boldsymbol{F} = -b\boldsymbol{v}$，$b$ 为比例因数；对于非极低速情况，一般认为 $\boldsymbol{F} = -b'v\boldsymbol{v}$，$b'$ 为比例因数.

三、力学相对性原理和经典力学时空观

1. 力学相对性原理

伽利略是一位伟大的学者，早在牛顿之前就通过观察和实验得到了在力学规律面前任何惯性系都是平等的结论，其论述见于1632年出版的《关于托勒密和哥白尼两大世界体系的对话》一书中，因此力学相对性原理又称为伽利略相对性原理. 在牛顿力学体系中，力学相对性原理表述为：对任何惯性系，力学运动规律完全相同. 或者说：对力学运动规律而言，一切惯性系都是等价的.

2. 经典力学时空观

经典力学中认为时间是均匀流逝的，空间是均匀各向同性的；时间和空间是互相独立的；空间距离和时间间隔是绝对的，和参考系的选取无关，不因参考系的运动而变化. 经典力学时空观又称绝对时空观.

3. 伽利略变换

根据力学相对性原理和经典力学时空观，可以导出两个惯性系之间时空坐标间的变换关系——伽利略变换. 伽利略变换是力学相对性原理和经典力学时空观的集中体现.

设有两个惯性系 S 系和 S′系，S′系相对 S 系以速度 $\boldsymbol{v}_{O'}$ 做匀速直线平动. 现在 S 系上建立坐标系 $Oxyz$，在 S′系上建立坐标系 $O'x'y'z'$. 令 x 和 x' 轴均沿 $\boldsymbol{v}_{O'}$ 的方向且互相重合，y 轴与 y' 轴、z 轴与 z' 轴互相平行. 设 S 系内时间为 t，S′系内时间为 t'，以 O 和 O' 重合时为 $t=t'=0$. 某时刻质点位于 P 点，在 S 系中的时空坐标为 $(x,\ y,\ z,\ t)$，在 S′系中的时空坐标为 $(x',\ y',\ z',\ t')$，如图 3.1 所示. 显然有

$$\begin{cases} x'=x-v_{O'}t, \\ y'=y, \\ z'=z, \\ t'=t \end{cases} \quad \text{或} \quad \begin{cases} x=x'+v_{O'}t, \\ y=y', \\ z=z', \\ t=t'. \end{cases} \tag{3.1.6}$$

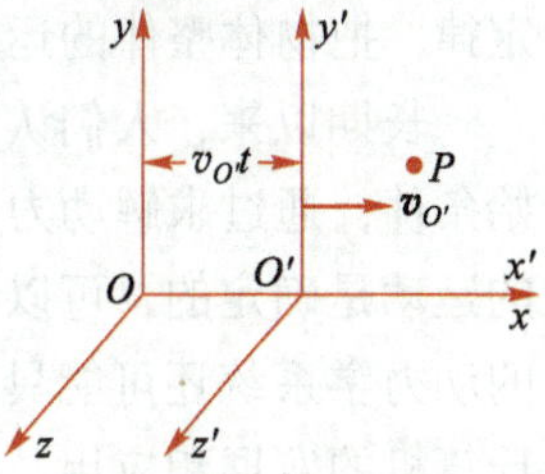

图 3.1　伽利略变换

若以 $\boldsymbol{r}$ 和 $\boldsymbol{r}'$ 分别表示 P 相对 O 和 O' 的位置矢量，则式 (3.1.6) 可表示为

$$\begin{cases} \boldsymbol{r}'=\boldsymbol{r}-\boldsymbol{v}_{O'}t, \\ t'=t \end{cases} \quad \text{或} \quad \begin{cases} \boldsymbol{r}=\boldsymbol{r}'+\boldsymbol{v}_{O'}t, \\ t=t'. \end{cases} \tag{3.1.7}$$

时空坐标的变换关系式 (3.1.6) 或式 (3.1.7) 称为伽利略变换.

将式 (3.1.7) 对时间求导数，则得到经典力学速度变换公式

$$\boldsymbol{v}'=\boldsymbol{v}-\boldsymbol{v}_{O'} \quad \text{或} \quad \boldsymbol{v}=\boldsymbol{v}'+\boldsymbol{v}_{O'}, \tag{3.1.8}$$

以及加速度关系

$$\boldsymbol{a}'=\boldsymbol{a}, \tag{3.1.9}$$

式 (3.1.9) 说明加速度 $\boldsymbol{a}$ 是伽利略变换中的不变量.

四、牛顿力学的特点

古希腊几何学对牛顿有重要影响，《自然哲学的数学原理》一书的结构是以欧几

里得（约公元前330—公元前275）的《几何原本》为样本的. 现代牛顿力学也遵循这种思路，而形成“公理化” 的模式.

牛顿力学强调力的概念，从受力分析入手. 由于力是矢量，所以牛顿力学在数学上较多地运用矢量分析，故牛顿力学又称矢量力学. 在分析研究问题时，较多地运用几何的、直观的思维，比较符合人们思考解决问题的习惯. 图 3.2 是牛顿的《自然哲学的数学原理》原稿的一小段，可看到牛顿注意几何推理的方法.

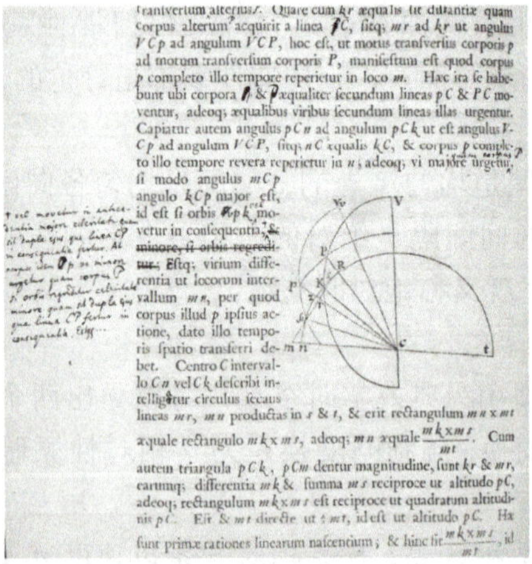

图 3.2　牛顿的原稿

由于牛顿第二定律仅适用于质点模型，所以牛顿力学处理问题的基本方法是把一个整体问题分解为许多能应用牛顿运动定律的局部问题. 比如把质量连续分布的物体分割为无限多个无限小的体元，使每一体元可视为质点，从而可应用牛顿运动定律，把物体整体的运动视为每一小体元运动的综合.

长期以来，人们认为牛顿力学是确定论的，即对一个动力学系统，只要给定初始条件，通过求解动力学微分方程可以唯一地确定以后任一时刻的运动状态，未来的运动是确定的、可以预言的. 这种观点并没有逻辑上的错误，但是对这种确定性的动力学系统还可能具有复杂的行为没有足够的认识. 直到 20 世纪 60 年代，随着计算机的发展和应用，在非线性微分方程求解的过程中，人们认识到某些非线性微分方程的解对初始条件的微小差别非常敏感，即根据两组“相同的”（差别微小到从技术上无法区分）初始条件求得的两组解，随着自变量的增大（力学问题中通常为随着时间 t 的长期演化）而显示出较大的差别. 这种差别时大时小，有若即若离之势，从而显示出一种貌似随机的现象，即所谓混沌现象. 在力学的混沌现象中，要预言力学系统长时间以后的行为是困难的.

五、牛顿力学的适用范围

牛顿力学像物理学中的任何理论一样都有一定的适用范围. 牛顿力学包括以牛顿运动定律为基础的动力学理论和万有引力定律（引力理论），其适用范围为低速、宏观和弱引力场.

应用牛顿力学对物体运动速率的限制以光速 $c=3.0\times10^{8}\ \mathrm{m\cdot s^{-1}}$ 为标志. 若物体

运动速率 $v \ll c$，则牛顿力学适用. 若物体运动速率 v 与光速 c 接近，则须放弃牛顿力学而代之以狭义相对论.

对于宏观问题，牛顿力学是适用的. 对于微观粒子，其适用条件可用普朗克常量 $h=6.626\times10^{-34}$ J · s 来标志. h 的量纲为[能量]×[时间]=[动量]×[长度]=[角动量]，具有这种量纲的量称为作用量. 如果微观粒子的作用量 $\gg h$，则牛顿力学适用. 当微观粒子的作用量接近或小于 h 时，则须放弃牛顿力学而代之以量子力学.

万有引力定律适用于弱引力场，其适用条件可以用引力半径 $r_g=2Gm/c^2$ 标志. 用 R 表示产生引力场的质量为 m 的球体的半径，若 $r_g/R \ll 1$，在其附近牛顿力学适用. 即使在致密的白矮星附近，牛顿的引力理论仍可适用. 对于中子星（$r_g/R \approx 1/3$）和黑洞附近的问题，则必须用广义相对论.

在牛顿力学中没有作为一种物质形态的场的概念，我们将要讨论的重力场、引力场等在牛顿力学中只是数学形式的力场，牛顿力学认为万有引力和电磁相互作用是“即时超距作用”.

实际上电磁相互作用是通过电磁场以光速 c 传递的，在物体高速运动的相对论情况中，电磁相互作用的传递时间不可忽略，所以在狭义相对论情况中除点接触外，牛顿第三定律均不适用. 两个运动的带电质点间的磁相互作用不满足牛顿第三定律，这是由于没有把运动的电磁场（物质的一种形态）计算在体系之内造成的. 但应注意若以 v_1 和 v_2 代表两带电质点的速率，它们之间的磁相互作用力与电相互作用力之比约为 v_1v_2/c^2，所以计及磁相互作用也是一种相对论效应. 因此，在牛顿力学适用范围内，牛顿第三定律是正确的.

物理学中的任何理论都是相对真理，都有它的适用范围，都是在一定的精确程度上对客观世界的近似描述. 对客观世界最终的、完美的、和谐统一的描述，是物理学家永恒的追求. 牛顿力学自牛顿创建以来，经众多物理学家丰富和发展，形成了现代牛顿力学体系. 在20世纪中，牛顿力学相继在高速、微观、强引力场范围内遭遇困难，明确了自己的适用范围和具有的内在随机性（即混沌现象）. 实际上牛顿力学在这些否定中达到了一种完美境地，牛顿力学是古老的，但又是成熟且重要的，是物理学中最完善的理论之一.

微视频

3-2 质点运动微分方程

一、质点运动微分方程

质点动力学的研究对象只是一个质点. 任何质点动力学问题都只是一种近似和简化，这种近似和简化意味着周围其他物体对质点的作用力 $\boldsymbol{F}$ 能用质点本身的位置矢量 $\boldsymbol{r}$、速度 $\boldsymbol{v}=\dot{\boldsymbol{r}}$ 和时间 t 的某个函数表示，$\boldsymbol{F}=\boldsymbol{F}(\boldsymbol{r},\ \dot{\boldsymbol{r}},\ t)$，即力 $\boldsymbol{F}$ 的函数中不包括其他质点的位置和速度. 于是根据牛顿第二定律建立的质点运动微分方程为

$$m\ddot{\boldsymbol{r}}=\boldsymbol{F}(\boldsymbol{r},\ \dot{\boldsymbol{r}},\ t), \tag{3.2.1}$$

方程的未知函数即质点的运动学方程 $\boldsymbol{r}=\boldsymbol{r}(t)$.

方程式（3.2.1）为一个矢量形式的二阶常微分方程，相当于3个标量形式的二阶常微分方程组，在直角坐标系 $Oxyz$ 中可写为

$$\begin{cases} m\ddot{x}=F_x(x,\ y,\ z,\ \dot{x},\ \dot{y},\ \dot{z},\ t), \\ m\ddot{y}=F_y(x,\ y,\ z,\ \dot{x},\ \dot{y},\ \dot{z},\ t), \\ m\ddot{z}=F_z(x,\ y,\ z,\ \dot{x},\ \dot{y},\ \dot{z},\ t). \end{cases} \tag{3.2.2}$$

如果方程式（3.2.1）的右端力的函数中只出现 $\boldsymbol{r}$ 和 $\dot{\boldsymbol{r}}$ 的一次方，即力是位置和速度的线性函数，则方程式（3.2.1）是线性的. 对于线性常微分方程组，数学上已有一般的解法. 然而，质点运动微分方程为线性方程只是实际问题中的少数情况；对于多数实际问题，力是位置和速度的非线性函数，方程式（3.2.1）是非线性的. 至今为止，人们还没有找到非线性方程的一般解法. 对一个具体的非线性方程要寻找适当的解法，或者能找到求出解析解的方法，或者找不到，只能应用计算机求数值解. 我们对非线性方程所包含的一些规律的认识还是初步的，所以在古老且成熟的牛顿力学范围内仍有许多新的规律有待探索和揭示.

由于方程式（3.2.1）相当于3个标量的二阶微分方程，如果能求出解析解，其通解中应有六个积分常数，它们由初始条件：$t=0$ 时 $\boldsymbol{r}=\boldsymbol{r}_0$ 和 $\boldsymbol{v}=\boldsymbol{v}_0$ 确定.

在处理具体问题时，还需要根据问题的特点选用不同的坐标系，以利于问题的求解.

二、质点运动微分方程的运动积分

对运动微分方程进行一次积分，得到一阶微分方程

$$G(\boldsymbol{r},\ \dot{\boldsymbol{r}},\ t)=C, \tag{3.2.3}$$

则该一阶微分方程称为质点运动微分方程的运动积分（初积分或第一积分），积分常数 C 由初始条件确定. 从数学上看，找到运动积分可使运动微分方程由二阶微分方程降为一阶微分方程，有利于求解. 从物理上看，第一积分对应着某个运动守恒量，可能有明确的物理意义. 我们常利用物理意义明确的第一积分，如动量守恒、角动量守恒和机械能守恒等，以达到简化问题求解过程的目的.

三、约束　约束力

在多数的质点力学问题中，质点的运动不是完全自由的，在运动中受到某些限制. 例如滑块在平面上滑动，它不能进入平面的内部；由于单摆的摆线不可伸长，质点到悬点距离不能大于摆长；一个穿在铁丝上的珠子，只能沿铁丝滑动等. 上述例子都属于质点的非自由运动，即质点的约束运动.

1. 约束的概念和约束方程

约束是预先给定的，由约束物给出的对力学系统（本书中目前指质点）运动的限制.

有关约束，读者应注意三点：（1）约束是预先给定的，并由约束物给出. 比如前文提到的平面、摆线、铁丝等物体都是预先给定的，对质点运动的限制由它们施加，这些物体称为约束物.（2）我们抛出一个质点，忽略空气阻力时，它必沿某一抛

物线运动，这是由动力学规律和运动初始条件决定的，质点不受约束，运动是自由的.（3）约束既包括对质点位置的限制，又包括对质点速度的限制．目前我们只讨论对质点位置加以限制的简单情况，有关约束的进一步讨论将在分析力学部分进行.

用数学方法表述约束条件的方程称为约束方程．比如质点被限制在某一曲面上运动，该曲面的方程 $f(x, y, z)=0$ 即为一个约束方程．若质点被限制沿某一曲线运动，该曲线的方程

$$\begin{cases} f_1(x, y, z)=0, \\ f_2(x, y, z)=0 \end{cases}$$

即为该质点所受约束的 2 个约束方程.

质点受到约束，其自由度减少．我们把不受约束的质点称为自由质点，受到约束的质点称为非自由质点．自由质点自由度 $s=3$．质点运动每受一个约束方程的限制，独立坐标数即自由度就减少 1．当质点被约束在一曲面上运动时，自由度 $s=2$；被约束在一曲线上运动时，其自由度 $s=1$.

2. 约束力和主动力

约束是通过约束物实现的，为强制质点满足约束条件，约束物与质点间有力的相互作用，我们称约束物对质点施加的力为约束力．与约束力相对应的，把质点所受的，除约束力之外的其他力称为主动力.

主动力的特点是已知的，或已知其大小和方向，或已知它作为 $\boldsymbol{r}$，$\dot{\boldsymbol{r}}$，t 的函数关系，而约束力通常都是未知的．众所周知，弹簧弹性力和绳的张力、面的支撑力同属弹性力范围，但在牛顿力学中弹簧和绳、面是两种不同的模型．一般说来弹簧是指力与其伸长量成正比的忽略自身质量的轻弹簧，若弹簧始终沿 x 轴且一端固定，坐标原点 O 为弹簧自由伸张时其运动端点位置，则弹簧弹性力 $\boldsymbol{F}=-kx\boldsymbol{i}$，为主动力．而通常说的绳是指不可伸长的轻绳，面是指不变形的刚性面，由于忽略了它们的变形，所以它们形成约束，绳的张力和面的支撑力为约束力，也正是由于忽略了它们产生张力和支撑力时的变形，所以张力和支撑力是未知的.

3. 在牛顿第二定律中主动力和约束力的地位是平等的

以 $\boldsymbol{F}$ 表示质点所受主动力的合力，$\boldsymbol{F}_{\mathrm{R}}$ 表示质点所受约束力的合力，由于主动力是已知的，所以把 $\boldsymbol{F}$ 表示为 $\boldsymbol{F}=\boldsymbol{F}(\boldsymbol{r}, \dot{\boldsymbol{r}}, t)$，则质点运动微分方程为

$$m\ddot{\boldsymbol{r}}=\boldsymbol{F}(\boldsymbol{r}, \dot{\boldsymbol{r}}, t)+\boldsymbol{F}_{\mathrm{R}}. \tag{3.2.4}$$

例题 3.1

试分析下面两情况中质量为 m 的质点所受约束及约束方程，所受的约束力和主动力.（1）在平面内摆动的摆长为 l 的单摆，如图 3.3（a）所示.（2）在沿 x 轴的水平直线轨道上运动的弹簧振子，坐标原点 O 为弹性系数为 k 的弹簧自由伸张时质点的位置，如图 3.3（b）所示.

解（1）质点受摆线的约束沿圆心为 O、半径为 l 的圆周运动，约束方程为

$$\begin{cases} x^2+y^2=l^2, \\ z=0 \end{cases} \quad \text{或} \quad \begin{cases} r=l, \\ z=0. \end{cases}$$

质点受约束力 $\boldsymbol{F}_R=\boldsymbol{F}_T$(绳张力)，主动力 $\boldsymbol{F}=\boldsymbol{W}=m\boldsymbol{g}$.

(2) 质点受轨道约束沿直线运动，约束方程为

$$\begin{cases} y=0, \\ z=0. \end{cases}$$

质点受约束力 $\boldsymbol{F}_R=\boldsymbol{F}_N+\boldsymbol{F}_f$，注意支撑力 $\boldsymbol{F}_N$ 和摩擦力 $\boldsymbol{F}_f$ 实际上是轨道施于质点的约束力 $\boldsymbol{F}_R$ 的两个分力. 质点受两个主动力——重力和弹簧弹性力，$\boldsymbol{F}=\boldsymbol{W}+\boldsymbol{F}_1=m\boldsymbol{g}-kx\boldsymbol{i}$.

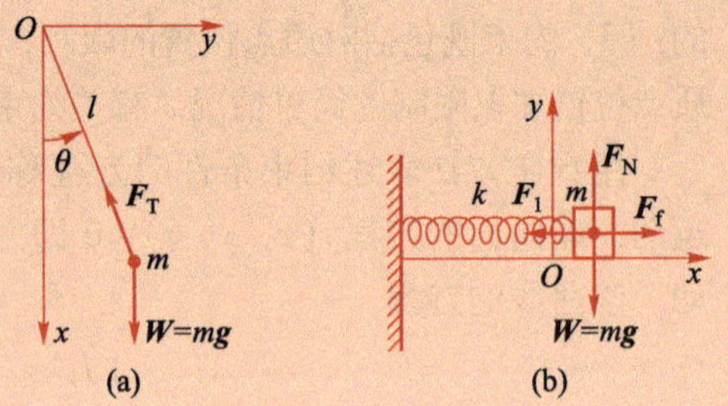

图 3.3　约束和约束力

在这个例题中我们忽略了空气阻力，在需要考虑空气阻力时应注意，由于空气阻力不是约束物施与质点的力，且已知 $\boldsymbol{F}=-b\boldsymbol{v}$ 或 $\boldsymbol{F}=-b'v\boldsymbol{v}$，所以空气阻力是主动力.

四、自由质点的动力学方程

微视频

自由质点不受约束，只受主动力作用，则其运动微分方程为

$$m\ddot{\boldsymbol{r}}=\boldsymbol{F}(\boldsymbol{r},\ \dot{\boldsymbol{r}},\ t). \tag{3.2.5}$$

由于已知主动力 $\boldsymbol{F}$ 和质点位置矢量 $\boldsymbol{r}$、速度 $\dot{\boldsymbol{r}}$ 和时间 t 的函数关系，所以式 (3.2.5) 中未知的只是质点的运动学方程 $\boldsymbol{r}=\boldsymbol{r}(t)$. 因为不管采用何种坐标系，未知的运动学方程都只包含 3 个未知量，而式 (3.2.5) 可提供 3 个标量方程，所以式 (3.2.5) 对确定所研究质点的运动是充分的，式 (3.2.5) 提供的 3 个标量方程即为自由质点完备（封闭）的动力学方程组.

例题 3.2

研究考虑空气阻力情况下的抛体运动. 设空气阻力与抛体运动速度的一次方成正比，即 $\boldsymbol{F}=-b\boldsymbol{v}$，$b$ 为正值常量.

实验表明，阻力与速率一次方成正比的规律仅适用于速度量级为 10^{-2} m/s 的极低速运动. 一般情况下，阻力与速率平方成正比的规律较符合实际情况. 但若采用 $\boldsymbol{F}=-b'v\boldsymbol{v}$ 规律，则方程是非线性的，求解析解很复杂. 因此，我们采用 $\boldsymbol{F}=-b\boldsymbol{v}$ 的模型进行讨论，虽不符合实际情况，但仍能反映出有阻力情况下抛体运动的一些共同特征.

解　以地面为参考系，以抛出点为原点 O 建立直角坐标系 Oxy，x 轴沿水平方向，如图 3.4 所示. 质量为 m 的质点受重力 $\boldsymbol{W}=m\boldsymbol{g}$ 和空气阻力 $\boldsymbol{F}=-b\boldsymbol{v}$，其运动微分方程为

$$m\ddot{\boldsymbol{r}}=m\dot{\boldsymbol{v}}=m\boldsymbol{g}-b\boldsymbol{v},$$

即

$$m\dot{v}_x=-bv_x, \tag{1}$$

$$m\dot{v}_y=-mg-bv_y. \tag{2}$$

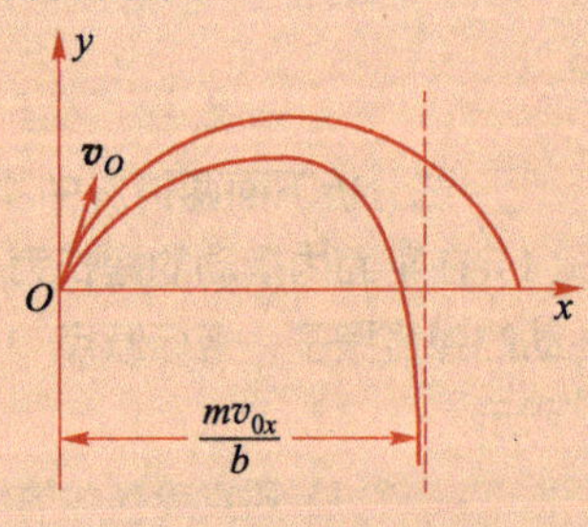

图 3.4　有阻力的抛体运动

将式 (1) 分离变量并积分得

$$\ln v_x=-\frac{b}{m}t+C_1,$$

设 $t=0$ 时 $\boldsymbol{v}_0=v_{0x}\boldsymbol{i}+v_{0y}\boldsymbol{j}$，定出积分常数 $C_1=\ln v_{0x}$，则

$$v_x=v_{0x}e^{-\frac{b}{m}t}. \tag{3}$$

将式（2）分离变量、积分并求出积分常数，得到

$$v_y=\left(v_{0y}+\frac{mg}{b}\right)e^{-\frac{b}{m}t}-\frac{mg}{b}. \tag{4}$$

对式（3）、式（4）再积分一次，并以 $t=0$ 时 $x=y=0$ 求出积分常数，则可求得

$$x=\frac{mv_{0x}}{b}(1-e^{-\frac{b}{m}t}), \tag{5}$$

$$y=\left(\frac{mv_{0y}}{b}+\frac{m^2g}{b^2}\right)(1-e^{-\frac{b}{m}t})-\frac{mg}{b}t. \tag{6}$$

下面讨论由解式（5）、式（6）反映出来的有阻力情况下抛体运动的特征.

（1）当 $t\to\infty$ 时，$v_x\to0$，$v_y\to-\frac{mg}{b}$，$x\to\frac{mv_{0x}}{b}$，$y\to-\infty$（实际以落地为止）. 这个过程中的物理图像是这样的：由于抛体在水平方向只受阻力的水平分力作用，所以水平速度不断减小而趋于零. 在竖直方向抛体受重力和阻力的竖直分力作用，上升阶段竖直速度减小至零，下降阶段的初期重力大于阻力分力而使竖直速率增加，速率增加则阻力增大，直到重力与阻力大小相等且方向相反，速率达到一极限值——终极速率 $v_Z=mg/b$，并以终极速率匀速下降，此时轨道趋近于渐近线 $x=mv_{0x}/b$.

对于阻力与速率平方成正比的情况，$\boldsymbol{F}=-b'v\boldsymbol{v}$，根据重力与阻力平衡可求出终极速率 $v_Z=\sqrt{mg/b'}$.

（2）由式（5）解出 $t=-\frac{m}{b}\ln\left(1-\frac{bx}{mv_{0x}}\right)$ 代入式（6）可求出轨道方程

$$y=\left(\frac{v_{0y}}{v_{0x}}+\frac{mg}{bv_{0x}}\right)x+\frac{m^2g}{b^2}\ln\left(1-\frac{bx}{mv_{0x}}\right). \tag{7}$$

为将式（7）与无阻力情况轨道作一比较，因由式（5）知 $\frac{bx}{mv_{0x}}<1$，故可将 $\ln\left(1-\frac{bx}{mv_{0x}}\right)$ 作泰勒展开

$$\ln\left(1-\frac{bx}{mv_{0x}}\right)=-\frac{bx}{mv_{0x}}-\frac{1}{2}\left(\frac{bx}{mv_{0x}}\right)^2-\frac{1}{3}\left(\frac{bx}{mv_{0x}}\right)^3-\cdots.$$

轨道方程式（7）则化为

$$y=\frac{v_{0y}}{v_{0x}}x-\frac{1}{2}\frac{g}{v_{0x}^2}x^2-\frac{1}{3}\frac{bg}{mv_{0x}^3}x^3-\cdots. \tag{8}$$

在式（8）中令 $b\to0$，则得到无阻力情况的轨道方程

$$y=\frac{v_{0y}}{v_{0x}}x-\frac{1}{2}\frac{g}{v_{0x}^2}x^2. \tag{9}$$

比较式（8）、式（9）两式可知，在 b 较小时，差别主要为 x^3 项，此时有阻力情况轨道在同一 x 处比无阻力轨道低 $\frac{1}{3}\frac{bg}{mv_{0x}^3}x^3$.

例题 3.3

带电粒子在均匀稳定电磁场中的运动.

[1] 质量为 m、电荷量为 q 的粒子，在电场强度为 $\boldsymbol{E}$ 的均匀稳定电场中的运动.

解 粒子受恒定电场力 $\boldsymbol{F}=q\boldsymbol{E}$ 作用，由牛顿第二定律可知粒子有恒定加速度 $\boldsymbol{a}=\frac{q}{m}\boldsymbol{E}$. 我

们只要把粒子的运动视为质点在等效重力场 $\boldsymbol{g}_{\text{eff}}=\dfrac{q}{m}\boldsymbol{E}$ 中运动即可，无须多加讨论.

［2］**质量为 m、电荷量为 q 的粒子，在磁感应强度为 $\boldsymbol{B}$ 的均匀稳定磁场中的运动.**

解 将粒子初速度 $\boldsymbol{v}_0$ 沿垂直于 $\boldsymbol{B}$ 和平行于 $\boldsymbol{B}$ 方向分解，即 $t=0$ 时 $\boldsymbol{v}_0=\boldsymbol{v}_\perp+\boldsymbol{v}_\parallel$. 令 y 轴沿 $\boldsymbol{v}_\perp$，z 轴沿 $\boldsymbol{B}$ 方向建立坐标系 $Oxyz$，则 $\boldsymbol{B}=B\boldsymbol{k}$，$\boldsymbol{v}_0=v_\perp\boldsymbol{j}+v_\parallel\boldsymbol{k}$. 粒子受洛伦兹力 $\boldsymbol{F}=q\boldsymbol{v}\times\boldsymbol{B}$ 作用，令 $\omega=qB/m$，于是粒子的运动微分方程 $m\ddot{\boldsymbol{r}}=q\boldsymbol{v}\times\boldsymbol{B}$ 的分量方程为

$$\begin{cases}\ddot{x}=\omega\dot{y}, & (1)\\ \ddot{y}=-\omega\dot{x}, & (2)\\ \ddot{z}=0. & (3)\end{cases}$$

引入复变量 $Z=x+\mathrm{i}y$，将式（2）与 i 相乘后与式（1）相加，得到

$$\ddot{Z}+\mathrm{i}\omega\dot{Z}=0.$$

积分，设 $t=0$ 时，$Z=z_0=x_0+\mathrm{i}y_0$，而 $\dot{Z}_0=\mathrm{i}v_\perp$，则

$$\dot{Z}+\mathrm{i}\omega(Z-x_0-\mathrm{i}y_0-v_\perp/\omega)=0.$$

令 $Z_1=Z-x_0-\mathrm{i}y_0-v_\perp/\omega$，上式化为 $\dot{Z}_1+\mathrm{i}\omega Z_1=0$，积分可得

$$Z-x_0-\mathrm{i}y_0-v_\perp/\omega=Z_1=A\mathrm{e}^{-\mathrm{i}\omega t}.$$

由于 $t=0$ 时 $Z=x_0+\mathrm{i}y_0$，所以 $A=-v_\perp/\omega$，故

$$Z=x_0+\mathrm{i}y_0+\frac{v_\perp}{\omega}(1-\mathrm{e}^{-\mathrm{i}\omega t}),$$

即

$$x=x_0+\frac{v_\perp}{\omega}(1-\cos\omega t), \tag{4}$$

$$y=y_0+\frac{v_\perp}{\omega}\sin\omega t. \tag{5}$$

由式（3）可求出

$$z=z_0+v_\parallel t. \tag{6}$$

式（4）~式（6）即为粒子运动学方程. 粒子的运动是沿磁感应线速率为 $v_\parallel$ 的匀速直线运动和绕磁感应线速率为 $v_\perp$、半径为 $R=v_\perp/\omega=mv_\perp/qB$ 的匀速圆周运动的叠加.

下面对粒子运动作半定量分析，所得结果不如原解法严谨，但物理图像却更为清晰. 先设 $\boldsymbol{v}_0=\boldsymbol{v}_\parallel$，因 $\boldsymbol{F}=q\boldsymbol{v}_\parallel\times\boldsymbol{B}=0$，可知粒子沿 $\boldsymbol{B}$ 方向做速率为 $v_\parallel$ 的匀速直线运动. 再设 $\boldsymbol{v}_0=\boldsymbol{v}_\perp$，由于 $\boldsymbol{F}=q\boldsymbol{v}_\perp\times\boldsymbol{B}$ 与 $\boldsymbol{B}$ 垂直，可知粒子永远在某个垂直于 $\boldsymbol{B}$ 的平面内运动，并有以下结论：因 $\boldsymbol{F}\perp\boldsymbol{v}$，则 $m\dot{v}_t=F_t=0$，故 $v=v_\perp$ 不变. 由 $mv^2/\rho=qvB$，可得 $\rho=mv_\perp/qB$，曲率半径不变. 因此 $\boldsymbol{v}_0=\boldsymbol{v}_\perp$ 时，粒子在垂直于 $\boldsymbol{B}$ 的平面内以速率 $v_\perp$、半径 $\rho=mv_\perp/qB$ 做匀速圆周运动. 最后设 $\boldsymbol{v}_0=\boldsymbol{v}_\perp+\boldsymbol{v}_\parallel$，粒子运动为上述两种运动的叠加.

［3］**质量为 m、电荷量为 q 的粒子在电场强度为 $\boldsymbol{E}$、磁感应强度为 $\boldsymbol{B}$，且 $\boldsymbol{B}\perp\boldsymbol{E}$ 的均匀稳定电磁场中的运动.**

解 以 $\boldsymbol{E}$ 为 y 轴方向，$\boldsymbol{B}$ 为 z 轴方向建立坐标系 $Oxyz$，粒子受力 $\boldsymbol{F}=q\boldsymbol{E}+q\boldsymbol{v}\times\boldsymbol{B}$，令 $\omega=qB/m$，则粒子运动微分方程 $m\ddot{\boldsymbol{r}}=q\boldsymbol{E}+q\boldsymbol{v}\times\boldsymbol{B}$ 的分量方程为

$$
\begin{cases}
\ddot{x}=\omega\dot{y}, & (1)\\
\ddot{y}=\dfrac{qE}{m}-\omega\dot{x}, & (2)\\
\ddot{z}=0. & (3)
\end{cases}
$$

将式（1）积分求出 $\dot{x}=\omega y+c_1$，代入式（2）得

$$\ddot{y}+\omega^2 y=\frac{qE}{m}-\omega c_1=\omega\left(\frac{E}{B}-c_1\right), \tag{4}$$

式（4）通解为相应齐次方程通解 $c_2\cos(\omega t+c_3)$ 加上该非齐次方程特解$\dfrac{1}{\omega}\left(\dfrac{E}{B}-c_1\right)$，故

$$y=c_2\cos(\omega t+c_3)+\frac{1}{\omega}\left(\frac{E}{B}-c_1\right). \tag{5}$$

将式（5）代入 $\dot{x}=\omega y+c_1$，积分可求得

$$x=c_2\sin(\omega t+c_3)+\frac{E}{B}t+c_4, \tag{6}$$

由式（3）积分可求出

$$z=c_5 t+c_6. \tag{7}$$

运动学方程式（5）~式（7）中的积分常数 c_1，⋯，c_6 由初始条件定出.

事实上，粒子运动微分方程

$$m\dot{\boldsymbol{v}}=q\boldsymbol{E}+q\boldsymbol{v}\times\boldsymbol{B} \tag{8}$$

显然有一特解 $\boldsymbol{v}_{\mathrm{d}}$，它是由 $\boldsymbol{E}+\boldsymbol{v}\times\boldsymbol{B}=0$ 决定的常量，$\boldsymbol{v}_{\mathrm{d}}=\dfrac{E}{B}\boldsymbol{i}$（沿 $\boldsymbol{E}\times\boldsymbol{B}$ 方向）. 当粒子以 $\boldsymbol{v}_{\mathrm{d}}$ 运动时，所受电场力与磁场力正好抵消，粒子做匀速直线运动. 利用这一结果可制成速率选择器，从不同速率的粒子中选出 $v_{\mathrm{d}}=E/B$ 的粒子. 一般情况下，我们设式（8）解为 $\boldsymbol{v}=\boldsymbol{v}_{\mathrm{d}}+\boldsymbol{v}'$，则

$$m\frac{\mathrm{d}}{\mathrm{d}t}(\boldsymbol{v}_{\mathrm{d}}+\boldsymbol{v}')=q\boldsymbol{E}+q(\boldsymbol{v}_{\mathrm{d}}+\boldsymbol{v}')\times\boldsymbol{B},$$

即

$$m\dot{\boldsymbol{v}}'=q\boldsymbol{v}'\times\boldsymbol{B}.$$

说明若在以 $\boldsymbol{v}_{\mathrm{d}}$ 做平动的惯性系中观察，粒子的运动（$\boldsymbol{v}'$）当与本例题第［2］部分讨论的一样. 因此粒子的运动为沿磁感应线速率为 $v_{\parallel}$ 的匀速直线运动，绕磁感应线速率为 $v_{\perp}$、半径为 $R=mv_{\perp}/qB$ 的匀速圆周运动和沿 $\boldsymbol{E}\times\boldsymbol{B}$ 方向的 $\boldsymbol{v}_{\mathrm{d}}=\dfrac{E}{B}\boldsymbol{i}$ 的匀速漂移运动 3 种运动的叠加.

在上述的 2 个例题中介绍了求解运动微分方程的一些方法，应注意总结和学习. 作为理论物理的共同特点，理论力学注重严谨的逻辑推理和数学演绎，但弄清物理过程以获得清晰的物理图像也同样是重要的，二者不可偏废.

另外，在前面的例子中都是用求微分方程解析解的方法讨论物理问题，而在现代理论物理中，用计算机求微分方程数值解，也是同等重要的方法.

首先，和力学现代发展（如混沌）相关的多是非线性问题，而非线性微分方程没有求解析解的一般方法，所以用计算机求数值解，并通过数值结果进行分析、讨论成为研究这些问题的基本方法. 比如例题 3.2 中，若空气阻力和速率的 n（$n\neq1$）次方成正比，则运动微分方程就是非线性的；又如大摆角单摆的运动微分方程 $\ddot{\theta}+\omega_0^2\sin\theta=0$ 也是非线性的.

再者，即使对于线性微分方程，有时用求数值解的方法进行分析也是有益的. 比如例题 3.2 中，图 3.4 只是一个示意图，如果用数值方法求解该问题，则可画出当空气阻力 $\boldsymbol{F}=-bv^{n-1}\boldsymbol{v}$ 中

n 和 b 取不同值时的运动轨道和 v-t 图，对运动情况有更直观的了解. 再如例题 3.3 是一个线性问题，我们求出了各种情况下的解析解，由读者经过思考在头脑中构建粒子的运动图像（这有一定难度，但又是理论物理必需的训练过程），但如果读者同时完成该问题的数值解，用计算机画出粒子的运动轨迹，并与由解析解构建的运动图像加以对照也是有益的.

在现代理论物理中，求解析解和求数值解几乎是研究物理问题不可或缺的“双足”，应给予同等的重视.

五、非自由质点的动力学方程

1. 有关约束力的进一步讨论

微视频

我们按习惯把非约束力称为主动力，主动力可以与质点运动状态有关，但它与质点位置矢量 $\boldsymbol{r}$、速度 $\dot{\boldsymbol{r}}$ 和时间 t 的函数关系是已知的.

约束力是约束物施加给质点的力，它有以下 2 个特点：(1) 未知的. 只有通过求解质点的动力学方程才可以确定. (2) 被动的. 只有当被约束物体（比如质点）相对约束物有运动趋势时，约束力才存在，或单靠约束力本身不能引起被约束物体相对于约束物的运动.

人们常把约束力称为被动力，这种称谓并无不可，但不能把它理解为相对主动力的被动力. 从本质上讲，力没有主动与被动之分，主动力和被动力只是习惯的称谓而已. 比如在失重状态的宇宙飞船上，以飞船为参考系，宇航员把一物体置于一平面上，并使平面沿自身法线方向加速运动，如图 3.5 所示. 这种情况下物体不受主动力作用，只受平面对它的约束力 $\boldsymbol{F}_{\mathrm{N}}$，$\boldsymbol{F}_{\mathrm{N}}$ 使物体做加速运动. 可见约束力可以脱离主动力而存在，并可引起受力质点加速运动.

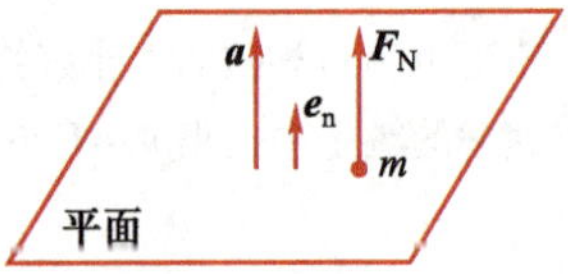

图 3.5　约束力可单独存在

2. 非自由质点的动力学方程

非自由质点的运动受到约束，它既受主动力作用又受约束力的作用，质点运动微分方程为

$$m\ddot{\boldsymbol{r}}=\boldsymbol{F}(\boldsymbol{r},\ \dot{\boldsymbol{r}},\ t)+\boldsymbol{F}_{\mathrm{R}}. \tag{3.2.6}$$

它包含 3 个标量方程，但由于其中包含未知的约束力 $\boldsymbol{F}_{\mathrm{R}}$，所以未知量个数大于方程数，无法求解. 考虑到非自由质点受到约束，在运动中除遵从牛顿第二定律外，还必须满足约束方程，所以非自由质点的动力学方程组由质点运动微分方程和约束方程联立构成，即

$$\begin{cases} m\ddot{\boldsymbol{r}}=\boldsymbol{F}(\boldsymbol{r},\ \dot{\boldsymbol{r}},\ t)+\boldsymbol{F}_{\mathrm{R}}, \\ \text{约束方程}. \end{cases} \tag{3.2.7}$$

从数学上看，增加了约束方程的方程组式 (3.2.7) 是封闭的，可以对非自由质点的运动作充分的描述. 求解动力学方程组式 (3.2.7) 可一并求出质点的运动学方程及未知的约束力.

质点受到约束，自由度减小，运动变得简单了，但动力学方程组反而扩大了.

这是牛顿力学的特点：在动力学方程组中要同时计及约束力和约束方程，要同时考虑约束的 2 个方面. 这同时也是牛顿力学的缺点：一个复杂的力学系统受到多个约束，自由度不多但动力学方程组却很庞大，造成分析求解的困难. 实际上，这正是物理学家去建立经典力学的分析力学体系的原因之一.

例题 3.4

质量为 m 的滑块可视为质点，$t=0$ 时在半径为 R 的光滑固定半球面的顶点由静止开始下滑，如图 3.6 所示. 求滑块运动到如图对应 θ 角的位置时滑块的速率及球面对滑块的支撑力. 设滑块一直不脱离球面，求解后讨论解的适用范围.

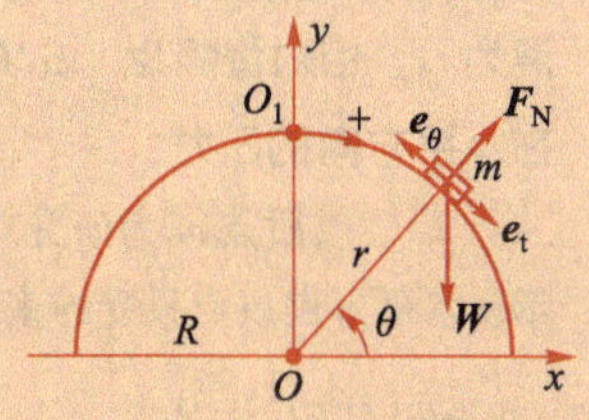

图 3.6　质点沿球面的滑动

解　以质点 m 为研究对象，受重力 $\boldsymbol{W}=m\boldsymbol{g}$ 及支撑力 $\boldsymbol{F}_N$，如图 3.6 所示. 质点在图示的竖直平面内运动，我们分别列出直角坐标系、平面极坐标系及自然坐标方法中的动力学方程组，并在自然坐标方法中求解.

设 O 为球心，建立直角坐标系 Oxy，则

$$\begin{cases} m\ddot{x}=F_N\cos\theta=F_N\dfrac{x}{R}, \\ m\ddot{y}=-mg+F_N\sin\theta=-mg+F_N\dfrac{y}{R}, \\ x^2+y^2=R^2\text{（约束方程）}. \end{cases}$$

在图示的平面极坐标系中，有

$$\begin{cases} m(\ddot{r}-r\dot{\theta}^2)=F_N-mg\sin\theta, \\ m(r\ddot{\theta}+2\dot{r}\dot{\theta})=-mg\cos\theta, \\ r=R\text{（约束方程）}. \end{cases}$$

取 O_1 为自然坐标方法的原点，规定弧长正方向如图 3.6 所示，则

$$\begin{cases} m\dot{v}=mg\cos\theta, & (1)\\ m\dfrac{v^2}{\rho}=mg\sin\theta-F_N, & (2)\\ \rho=R\text{（由约束方程确定的}\rho\text{）}. & (3) \end{cases}$$

将式（1）表示为

$$m\frac{\mathrm{d}v}{\mathrm{d}s}\frac{\mathrm{d}s}{\mathrm{d}t}=mg\cos\theta,$$

因为 $s=R(\pi/2-\theta)$，故 $\mathrm{d}s=-R\mathrm{d}\theta$，所以

$$mv\mathrm{d}v=-mRg\cos\theta\mathrm{d}\theta,$$

$$\mathrm{d}v^2=-2Rg\cos\theta\mathrm{d}\theta,$$

积分上式，并用 $\theta=\pi/2$ 时 $v=0$ 确定定积分常数，得

$$v^2=2Rg(1-\sin\theta), \tag{4}$$

将式（3）和式（4）代入式（2）可求出

$$F_N=mg(3\sin\theta-2).$$

由于 $F_N \geqslant 0$，故解的适用范围为$\frac{\pi}{2} \geqslant \theta \geqslant \arcsin \frac{2}{3}$，由此可知当 $\theta < \arcsin \frac{2}{3}$时滑块脱离球面.

当约束光滑时，在自然坐标方法中可由式（1）确定质点运动，再由式（2）求出约束力，解法较为简单.

例题 3.5

如图 3.7 所示，一内壁光滑的直管，在水平面内绕过其端点 O 的竖直轴以角速度 $\boldsymbol{\omega}_0$ 做均匀转动. 管内有一质量为 m 的质点，初始时与 O 点间的距离为 r_0，相对管静止. 试求质点沿管的运动规律和质点对管在水平方向的压力.

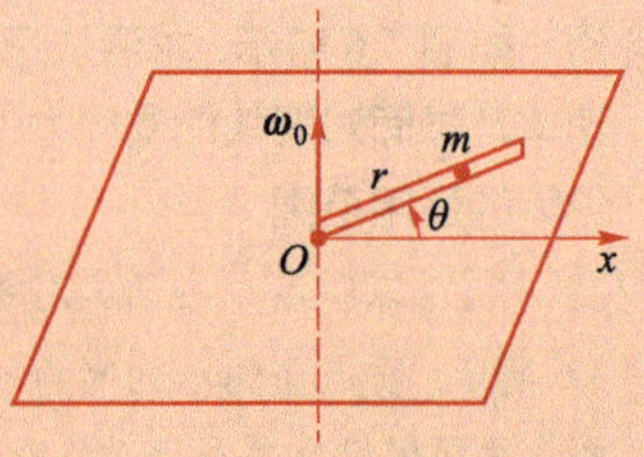

图 3.7　质点沿转动管的运动

解　以质点 m 为研究对象，建立平面极坐标系如图 3.7 所示，水平方向质点只受约束力 $\boldsymbol{F}_N = F_{N\theta}\boldsymbol{e}_\theta$. 质点动力学方程组为

$$\begin{cases} m(\ddot{r} - r\dot{\theta}^2) = 0, & (1) \\ m(r\ddot{\theta} + 2\dot{r}\dot{\theta}) = F_{N\theta}, & (2) \\ \dot{\theta} = \omega_0. & (3) \end{cases}$$

将式（3）代入式（1），得

$$\ddot{r} - \omega_0^2 r = 0,$$

其通解为

$$r = C_1 e^{\omega_0 t} + C_2 e^{-\omega_0 t},$$

由 $t=0$ 时 $r=r_0$ 和 $\dot{r}=0$ 求出积分常数，则

$$r = \frac{r_0}{2}(e^{\omega_0 t} + e^{-\omega_0 t}) = r_0 \operatorname{ch} \omega_0 t,$$

即为质点沿管的运动规律. 由式（2）可求出

$$F_{N\theta} = 2m\omega_0 \dot{r} = 2mr_0\omega_0^2 \operatorname{sh} \omega_0 t,$$

根据牛顿第三定律，质点对管在水平方向的压力为$-2mr_0\omega_0^2 \operatorname{sh} \omega_0 t \boldsymbol{e}_\theta$.

正确选用适当的坐标系是很重要的，关系到解决问题的繁简以至成败，而且何种问题应选取何种坐标系，没有简单的规则可以遵循，因此在学习理论及解算例题、习题的过程中，对坐标系的选取要给予足够的关注.

3－3　质点的动量定理和动量守恒定律

微视频

一、质点的动量定理

由牛顿第二定律

$$m\frac{d\boldsymbol{v}}{dt} = \boldsymbol{F},$$

在经典力学适用范围内质量 m 为不变常量，可移入导数符号以内，则得到质点动量定理的微分形式

$$\frac{\mathrm{d}(m\boldsymbol{v})}{\mathrm{d}t}=\boldsymbol{F} \quad 或 \quad \mathrm{d}(m\boldsymbol{v})=\boldsymbol{F}\mathrm{d}t, \tag{3.3.1}$$

定义质点的动量 $\boldsymbol{p}=m\boldsymbol{v}$，则

$$\frac{\mathrm{d}\boldsymbol{p}}{\mathrm{d}t}=\boldsymbol{F}. \tag{3.3.2}$$

在狭义相对论中 m 不再是常量，但动量定理式（3.3.2）依然成立.

质点的动量定理是一个矢量方程，它包含 3 个独立的分量方程，在牛顿力学中质点动量定理的微分形式与牛顿第二定律等价.

二、质点的动量守恒定律

作为质点动量定理式（3.3.2）的推论，可得到质点的动量守恒定律：若在某个运动过程中，质点所受合力恒为零，即 $\boldsymbol{F}\equiv 0$，则在该过程中质点的动量守恒

$$\boldsymbol{p}=m\boldsymbol{v}=常矢量. \tag{3.3.3}$$

设 $\boldsymbol{e}_l$ 为表示某固定方向的单位矢量，用 $\boldsymbol{e}_l$ 点乘式（3.3.2），由于 $\boldsymbol{e}_l$ 为常矢量，可移入导数符号内，故可得到

$$\frac{\mathrm{d}p_l}{\mathrm{d}t}=\frac{\mathrm{d}(mv_l)}{\mathrm{d}t}=F_l, \tag{3.3.4}$$

此即为质点动量定理沿 $\boldsymbol{e}_l$ 方向的分量方程. 作为式（3.3.4）的推论，可得到质点沿某固定方向（$\boldsymbol{e}_l$ 方向）的动量守恒定律：若在某一过程中，$\boldsymbol{F}\neq 0$，但质点所受合力沿参考系中的固定方向（$\boldsymbol{e}_l$ 方向）的分量恒为零，即 $F_l\equiv 0$，则在该过程中质点动量沿该方向的分量守恒

$$p_l=mv_l=常量. \tag{3.3.5}$$

应注意上述 $\boldsymbol{e}_l$ 方向必须是固定方向，可以是竖直向上方向，固定的直角坐标系 $Oxyz$ 的 $\boldsymbol{i}$ 方向（即 x 轴的方向）等，但不可以是柱坐标系的 $\boldsymbol{e}_\rho$，$\boldsymbol{e}_\theta$方向，球坐标系的 $\boldsymbol{e}_r$，$\boldsymbol{e}_\theta$，$\boldsymbol{e}_\varphi$方向.

式（3.3.3）和式（3.3.5）是满足相应守恒条件时质点运动微分方程的第一积分，称为动量积分. 通常我们称运动中的守恒量为运动常量，把表达这些守恒量的方程，如式（3.3.3）及式（3.3.5）等，称为运动积分，动量积分是运动积分中的一种.

3-4 质点的角动量定理和角动量守恒定律

微视频

一、矢量的点矩和轴矩　力矩　角动量

1. 矢量的点矩

设矢量 $\boldsymbol{A}$ 的矢尾对 O 点的位置矢量为 $\boldsymbol{r}$，则矢量 $\boldsymbol{A}$ 对 O 点的点矩定义为 $\boldsymbol{G}_O=\boldsymbol{r}\times\boldsymbol{A}$. 显然，矢量 $\boldsymbol{A}$ 本身虽然具有平移不变性，但其点矩 $\boldsymbol{r}\times\boldsymbol{A}$ 是与其所在位置有关的.

矢量 $\boldsymbol{A}$ 对 O 点的点矩与 O 点的选取有关. 若 $\boldsymbol{r}/\!/\boldsymbol{A}$，即矢量 $\boldsymbol{A}$ 的延长线过 O 点，则矢量 $\boldsymbol{A}$ 对 O 点的点矩为零，$\boldsymbol{G}_O=0$.

当力 $\boldsymbol{F}$ 的受力质点对 O 点的位置矢量为 $\boldsymbol{r}$ 时，力 $\boldsymbol{F}$ 对 O 点的力矩 $\boldsymbol{M}_O=\boldsymbol{r}\times\boldsymbol{F}$.

质点的角动量即为质点动量 $\boldsymbol{p}=m\boldsymbol{v}$ 的矩. 设质量为 m 的质点对 O 点的位置矢量为 $\boldsymbol{r}$，速度为 $\boldsymbol{v}$，则质点对 O 点的角动量（即质点对 O 点的动量矩）$\boldsymbol{L}_O=\boldsymbol{r}\times m\boldsymbol{v}$.

力 $\boldsymbol{F}$ 对 O 点的力矩 $\boldsymbol{M}_O$ 和质点对 O 点的角动量 $\boldsymbol{L}_O$ 可借助坐标系计算，比如在直角坐标系 $Oxyz$ 中，有

$$\boldsymbol{M}_O=\boldsymbol{r}\times\boldsymbol{F}=\begin{vmatrix}\boldsymbol{i} & \boldsymbol{j} & \boldsymbol{k}\\ x & y & z\\ F_x & F_y & F_z\end{vmatrix}$$
$$=(yF_z-zF_y)\boldsymbol{i}+(zF_x-xF_z)\boldsymbol{j}+(xF_y-yF_x)\boldsymbol{k},$$

在球坐标系中，则

$$\boldsymbol{L}_O=\boldsymbol{r}\times m\boldsymbol{v}=\begin{vmatrix}\boldsymbol{e}_r & \boldsymbol{e}_\theta & \boldsymbol{e}_\varphi\\ r & 0 & 0\\ m\dot{r} & mr\dot{\theta} & mr\dot{\varphi}\sin\theta\end{vmatrix}$$
$$=-mr^2\dot{\varphi}\sin\theta\boldsymbol{e}_\theta+mr^2\dot{\theta}\boldsymbol{e}_\varphi.$$

2. 矢量的轴矩

定义轴为有方向的直线，其方向用单位矢量 $\boldsymbol{e}_l$ 表示，称为 $\boldsymbol{e}_l$ 轴.

设 O 点为 $\boldsymbol{e}_l$ 轴上任一点，则矢量 $\boldsymbol{A}$ 对 $\boldsymbol{e}_l$ 轴的轴矩定义为

$$G_l=\boldsymbol{e}_l\cdot\boldsymbol{G}_O=\boldsymbol{e}_l\cdot(\boldsymbol{r}\times\boldsymbol{A}).$$

为了理解轴矩定义的合理性，我们做交换 $G_l=\boldsymbol{e}_l\cdot(\boldsymbol{r}\times\boldsymbol{A})=\boldsymbol{A}\cdot(\boldsymbol{e}_l\times\boldsymbol{r})$，参见图 3.8（a）. 由于 $|\boldsymbol{e}_l\times\boldsymbol{r}|=r\sin\alpha$，$\boldsymbol{e}_l\times\boldsymbol{r}$ 垂直纸面向内，与 O 点选取无关，所以矢量 $\boldsymbol{A}$ 对 $\boldsymbol{e}_l$ 轴的轴矩与轴上 O 点选取无关. 当然，矢量 $\boldsymbol{A}$ 对过同一 O 点、方向不同的轴的轴矩不同.

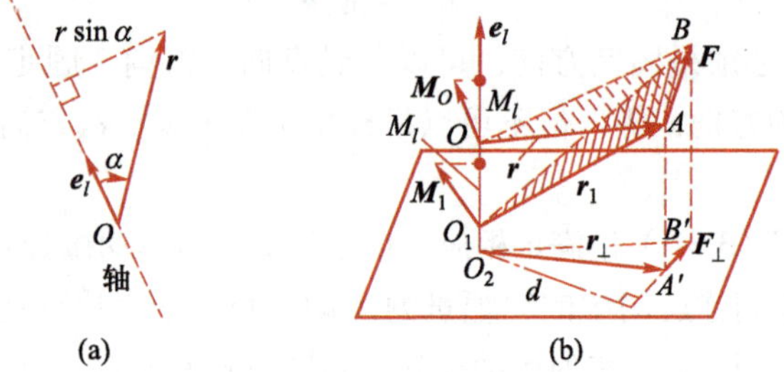

图 3.8　矢量的轴距

由于 $G_l=\boldsymbol{e}_l\cdot\boldsymbol{G}_O$，若 $\boldsymbol{A}$ 的延长线与轴相交，以交点为 O 点，则 $\boldsymbol{G}_O=0$，故 $G_l=0$. 因为 $G_l=\boldsymbol{e}_l\cdot(\boldsymbol{r}\times\boldsymbol{A})=\boldsymbol{r}\cdot(\boldsymbol{A}\times\boldsymbol{e}_l)$，若 $\boldsymbol{A}/\!/\boldsymbol{e}_l$，则 $\boldsymbol{A}\times\boldsymbol{e}_l=0$，故 $G_l=0$. 因此，矢量 $\boldsymbol{A}$ 对 $\boldsymbol{e}_l$ 轴的轴矩 $G_l=0$ 的条件为：（1）$\boldsymbol{A}/\!/\boldsymbol{e}_l$；（2）$\boldsymbol{A}$ 的延长线与 $\boldsymbol{e}_l$ 轴相交. 显然轴矩 G_l 为零的两个条件可合并表示为矢量 $\boldsymbol{A}$ 与 $\boldsymbol{e}_l$ 轴共面，也就是说，只有在矢量 $\boldsymbol{A}$ 与 $\boldsymbol{e}_l$ 轴不共面（即 $\boldsymbol{A}$ 所在直线与 $\boldsymbol{e}_l$ 轴为异面直线）时，G_l 才不为零.

显然，力 $\boldsymbol{F}$ 对 $\boldsymbol{e}_l$ 轴的力矩 $M_l=\boldsymbol{e}_l\cdot\boldsymbol{M}_O$，如力 $\boldsymbol{F}$ 对 x 轴的力矩 $M_x=yF_z-zF_y$. 质点对 $\boldsymbol{e}_l$ 轴的角动量（即质点对 $\boldsymbol{e}_l$ 轴的动量矩）$L_l=\boldsymbol{e}_l\cdot\boldsymbol{L}_O$，如质点对 z 轴的角动量 $L_z=mx\dot{y}-my\dot{x}$.

下面参考图 3.8（b），以力 $\boldsymbol{F}$ 的力矩为例对点矩和轴矩作进一步的分析. 对 O 点的

点矩 $\boldsymbol{M}_O=\boldsymbol{r}\times\boldsymbol{F}$ 的大小等于以 $\boldsymbol{r}$ 和 $\boldsymbol{F}$ 为边的 $\triangle OAB$ 的面积的两倍，其方向垂直于 $\triangle OAB$；同样，对 O_1 点的点矩 $\boldsymbol{M}_1=\boldsymbol{r}_1\times\boldsymbol{F}$ 的大小为 $\triangle O_1AB$ 面积的两倍，其方向垂直于 $\triangle O_1AB$. 显然，$\boldsymbol{M}_O$ 和 $\boldsymbol{M}_1$ 在 $\boldsymbol{e}_l$ 轴上的投影的大小等于 $\triangle OAB$ 和 $\triangle O_1AB$ 在与 $\boldsymbol{e}_l$ 垂直的平面上的投影面积（均为 $\triangle O_2A'B'$ 面积）的两倍，均为 $|\boldsymbol{M}_l|$，与轴上 O 点的选取无关.

把 $\boldsymbol{r}$ 和 $\boldsymbol{F}$ 沿平行于 $\boldsymbol{e}_l$ 方向和垂直于 $\boldsymbol{e}_l$ 方向分解，$\boldsymbol{r}=\boldsymbol{r}_{\parallel}+\boldsymbol{r}_{\perp}$，$\boldsymbol{F}=\boldsymbol{F}_{\parallel}+\boldsymbol{F}_{\perp}$，$\boldsymbol{r}_{\perp}$ 和 $\boldsymbol{F}_{\perp}$ 即为 $\boldsymbol{r}$ 和 $\boldsymbol{F}$ 在垂直于 $\boldsymbol{e}_l$ 的平面上的分矢量，如图 3.8（b）所示，则

$$\begin{aligned}M_l&=\boldsymbol{e}_l\cdot(\boldsymbol{r}\times\boldsymbol{F})=\boldsymbol{e}_l\cdot[(\boldsymbol{r}_{\parallel}+\boldsymbol{r}_{\perp})\times(\boldsymbol{F}_{\parallel}+\boldsymbol{F}_{\perp})]\\&=\boldsymbol{e}_l\cdot[(\boldsymbol{r}_{\parallel}\times\boldsymbol{F}_{\parallel})+(\boldsymbol{r}_{\parallel}\times\boldsymbol{F}_{\perp})+(\boldsymbol{r}_{\perp}\times\boldsymbol{F}_{\parallel})+(\boldsymbol{r}_{\perp}\times\boldsymbol{F}_{\perp})].\end{aligned}$$

方括号内第一项为零，第二、三项与 $\boldsymbol{e}_l$ 垂直，第四项与 $\boldsymbol{e}_l$ 平行，所以

$$M_l=\boldsymbol{e}_l\cdot(\boldsymbol{r}_{\perp}\times\boldsymbol{F}_{\perp})=\pm F_{\perp}d,$$

式中 d 为 $\boldsymbol{e}_l$ 轴到分力 $\boldsymbol{F}_{\perp}$ 作用线的垂直距离，即中学物理中的力臂，实际上就是 $\boldsymbol{F}$ 所在直线与 $\boldsymbol{e}_l$ 轴两异面直线的距离. 可见我们这里定义的力 $\boldsymbol{F}$ 对 $\boldsymbol{e}_l$ 轴的力矩 M_l 与中学物理力矩定义是一致的，只是要注意 M_l 为可正可负的标量. 这样中学物理中“力×力臂”的方法不但可以沿用，而且可以类比用于计算质点对轴的角动量（动量矩），在一些问题中这种方法思考起来是简便的.

二、质点对固定点 O 的角动量定理和角动量守恒定律

由牛顿第二定律

$$m\frac{\mathrm{d}\boldsymbol{v}}{\mathrm{d}t}=\boldsymbol{F},$$

以质点的位置矢量 $\boldsymbol{r}$ 从左方叉乘上式，得

$$\boldsymbol{r}\times\frac{\mathrm{d}(m\boldsymbol{v})}{\mathrm{d}t}=\boldsymbol{r}\times\boldsymbol{F},\tag{3.4.1}$$

注意到 $\dfrac{\mathrm{d}}{\mathrm{d}t}(\boldsymbol{r}\times m\boldsymbol{v})=\dfrac{\mathrm{d}\boldsymbol{r}}{\mathrm{d}t}\times m\boldsymbol{v}+\boldsymbol{r}\times\dfrac{\mathrm{d}(m\boldsymbol{v})}{\mathrm{d}t}$. 因为 O 为固定点，所以 $\dfrac{\mathrm{d}\boldsymbol{r}}{\mathrm{d}t}=\boldsymbol{v}$，而 $\boldsymbol{v}\times m\boldsymbol{v}=0$，所以式（3.4.1）可表示为

$$\frac{\mathrm{d}}{\mathrm{d}t}(\boldsymbol{r}\times m\boldsymbol{v})=\boldsymbol{r}\times\boldsymbol{F}\quad 即\quad \frac{\mathrm{d}\boldsymbol{L}_O}{\mathrm{d}t}=\boldsymbol{M}_O,\tag{3.4.2}$$

上式即为质点对固定点的角动量定理.

在固定的直角坐标系 $Oxyz$ 中，式（3.4.2）等价于 3 个标量方程

$$\begin{cases}\dfrac{\mathrm{d}}{\mathrm{d}t}(my\dot{z}-mz\dot{y})=yF_z-zF_y,\\[2mm]\dfrac{\mathrm{d}}{\mathrm{d}t}(mz\dot{x}-mx\dot{z})=zF_x-xF_z,\\[2mm]\dfrac{\mathrm{d}}{\mathrm{d}t}(mx\dot{y}-my\dot{x})=xF_y-yF_x.\end{cases}\tag{3.4.3}$$

实际上只需把式（3.4.3）中的第一式乘 x 与第二式乘 y 相加，即可导出第三式，说明当质点在三维空间运动时，式（3.4.3）只有两个独立的标量方程；而当质点在 Oxy 平面内做二维运动时，$z\equiv0$，$F_z\equiv0$，则式（3.4.2）仅相当于一个标量方程，即式

(3.4.3) 中的第三式，因此对固定点的角动量定理不能与牛顿第二定律等价. 这个结果是易于理解的：将质点的速度沿径向（$\boldsymbol{r}$ 的方向）和垂直径向分解，$\boldsymbol{v}=\boldsymbol{v}_{\parallel}+\boldsymbol{v}_{\perp}$. 由于 $\boldsymbol{r}\times\boldsymbol{v}_{\parallel}=0$，所以 $\boldsymbol{L}_O=\boldsymbol{r}\times m(\boldsymbol{v}_{\parallel}+\boldsymbol{v}_{\perp})=\boldsymbol{r}\times m\boldsymbol{v}_{\perp}$. 可见，当我们用 $\boldsymbol{r}$ 叉乘牛顿第二定律从而导出式 (3.4.2) 时，已经丢失了质点沿径向运动的信息，因此质点对固定点 O 的角动量定理仅能描述质点沿与 $\boldsymbol{r}$ 垂直方向上的角运动.

作为式 (3.4.2) 的推论，可得到质点对固定点 O 的角动量守恒定律：若在某一过程中，质点所受的合力对固定点 O 的力矩恒为零，即 $\boldsymbol{M}_O=\boldsymbol{r}\times\boldsymbol{F}\equiv 0$，则在该过程中质点对 O 点的角动量守恒，即

$$\boldsymbol{L}_O=\boldsymbol{r}\times m\boldsymbol{v}=\text{常矢量}. \tag{3.4.4}$$

微视频

质点对固定点 O 角动量守恒的条件为 $\boldsymbol{M}_O\equiv 0$，包括以下 2 种情况：(1) $\boldsymbol{F}=0$，即质点做匀速直线运动；(2) $\boldsymbol{F}/\!/\boldsymbol{r}$，即质点在力心位于 O 点的有心力作用下运动. 式 (3.4.4) 为满足守恒条件时质点运动微分方程的第一积分，称为角动量积分.

例题 3.6

关于角运动和角动量守恒的理解. 已知质点对固定点 O 的角动量守恒，$\boldsymbol{L}_O=\boldsymbol{r}\times m\boldsymbol{v}=\boldsymbol{C}$（常矢量），试证明：(1) 质点做平面曲线运动；(2) 质点运动中掠面速度守恒（即质点的位置矢量在单位时间内扫过的面积为常量）.

证明 (1) 由 $\boldsymbol{L}_O=\boldsymbol{r}\times m\boldsymbol{v}=\boldsymbol{C}$ 及矢量叉乘定义可知 $\boldsymbol{r}$ 和 $\boldsymbol{v}$ 必始终与 $\boldsymbol{L}_O$ 垂直，所以质点必在过 O 点且与 $\boldsymbol{L}_O$ 垂直的平面内运动，即质点做平面曲线运动.

(2) 以 $\boldsymbol{L}_O$ 方向为 z 轴建立柱坐标系，则

$$\boldsymbol{L}_O=\begin{vmatrix} \boldsymbol{e}_\rho & \boldsymbol{e}_\theta & \boldsymbol{k} \\ r & 0 & 0 \\ m\dot{r} & mr\dot{\theta} & 0 \end{vmatrix}=mr^2\dot{\theta}\boldsymbol{k}=\boldsymbol{C},$$

即 $r^2\dot{\theta}=$ 常量. 如图 3.9 所示，设质点在 Δt 时间内由 P 点沿轨道运动到 P' 点，位置矢量 $\boldsymbol{r}$ 扫过的面积为 ΔA，掠面速度为

$$\frac{\mathrm{d}A}{\mathrm{d}t}=\lim_{\Delta t\to 0}\frac{\Delta A}{\Delta t}=\lim_{\Delta t\to 0}\frac{\frac{1}{2}r\cdot r\Delta\theta}{\Delta t}=\frac{1}{2}r^2\dot{\theta},$$

故 $\boldsymbol{L}_O=\boldsymbol{C}$ 时掠面速度 $\frac{1}{2}r^2\dot{\theta}$ 为常量.

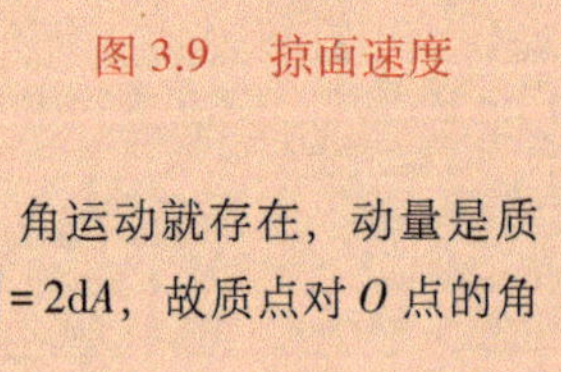

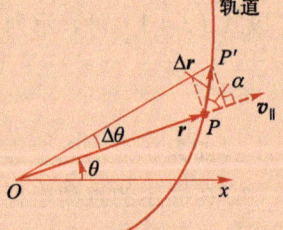

图 3.9 掠面速度

当质点相对参考系运动时，质点相对参考系上的固定点 O 的位置矢量 $\boldsymbol{r}$ 随质点运动而不断改变方向，这就构成了质点相对 O 点的角运动. 如图 3.9 所示，即使质点做直线运动，只要 O 点在直线之外，角运动就存在，动量是质点线运动的度量，角动量则是质点角运动的度量. 由图 3.9 可见 $|\boldsymbol{r}\times\mathrm{d}\boldsymbol{r}|=2\mathrm{d}A$，故质点对 O 点的角动量的大小与掠面速度的关系为

$$L_O=|\boldsymbol{r}\times m\boldsymbol{v}|=\left|m\frac{\boldsymbol{r}\times\mathrm{d}\boldsymbol{r}}{\mathrm{d}t}\right|=2m\left|\frac{\mathrm{d}A}{\mathrm{d}t}\right|,$$

显然质点的径向运动（$\boldsymbol{v}_{\parallel}$）对质点的角运动没有贡献.

三、质点对固定轴的角动量定理和角动量守恒定律

设 O 点为固定轴上一点，对固定轴，$\boldsymbol{e}_l$ 为常矢量，以 $\boldsymbol{e}_l$ 点乘式 (3.4.2)，则

$$\boldsymbol{e}_l \cdot \frac{\mathrm{d}\boldsymbol{L}_O}{\mathrm{d}t}=\frac{\mathrm{d}}{\mathrm{d}t}(\boldsymbol{e}_l \cdot \boldsymbol{L}_O)=\boldsymbol{e}_l \cdot \boldsymbol{M}_O,$$

即

$$\frac{\mathrm{d}L_l}{\mathrm{d}t}=M_l, \tag{3.4.5}$$

此即质点对固定 $\boldsymbol{e}_l$ 轴的角动量定理．作为其推论，质点对固定轴的角动量守恒定律表述为：若在某一过程中，质点所受合力对固定 $\boldsymbol{e}_l$ 轴的力矩恒为零，即 $M_l\equiv 0$，则在该过程中质点对 $\boldsymbol{e}_l$ 轴的角动量守恒，即

$$L_l=\boldsymbol{e}_l \cdot \boldsymbol{L}_O=\boldsymbol{e}_l \cdot (\boldsymbol{r}\times m\boldsymbol{v})=\text{常量}. \tag{3.4.6}$$

质点对固定 $\boldsymbol{e}_l$ 轴的角动量守恒的条件为 $M_l\equiv 0$，包括以下 2 种情况：(1) $\boldsymbol{F}=0$；(2) 力 $\boldsymbol{F}$ 作用线与 $\boldsymbol{e}_l$ 轴平行或相交，即 $\boldsymbol{F}$ 与 $\boldsymbol{e}_l$ 轴共面．式 (3.4.6) 亦为满足上述守恒条件时质点运动微分方程的第一积分——角动量积分．

例题 3.7

质量为 m 的质点受重力作用，在一光滑的、半径为 R 的球面上运动．采用球坐标系，设 t_0 时刻质点位置为 (R, θ_0, φ_0)，且 $\dot{\varphi}_0$ 已知，又知 t 时刻质点位置为 (R, θ, φ)．求 t 时刻的 $\dot{\varphi}$．

解 如图 3.10 所示，以质点 m 为研究对象，O 为球心，建立直角坐标系 $Oxyz$ 和球坐标系．质点受重力 $\boldsymbol{W}=m\boldsymbol{g}=-mg\boldsymbol{k}$，约束力 $\boldsymbol{F}_{\mathrm{N}}=F_{\mathrm{N}}\boldsymbol{e}_r$．

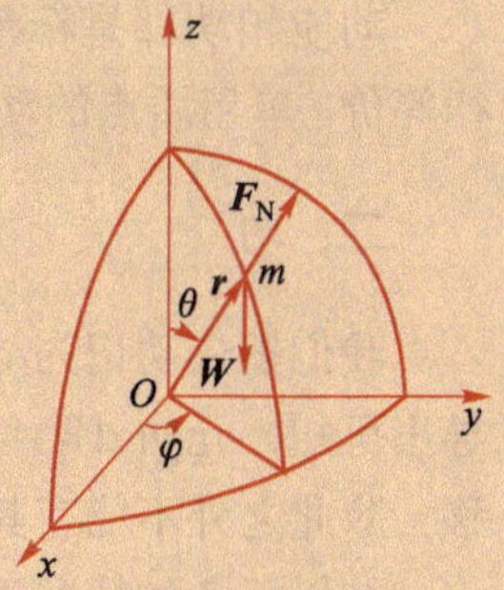

图 3.10 质点在球面上的运动

因 $\boldsymbol{W}$ 与 z 轴平行，$\boldsymbol{F}_{\mathrm{N}}$ 的作用线与 z 轴相交，故质点所受的对 z 轴的合力矩为零，因此运动过程中质点对 z 轴的角动量守恒．因为

$$m\boldsymbol{v}=mR\dot{\theta}\boldsymbol{e}_\theta+mR\dot{\varphi}\sin\theta\boldsymbol{e}_\varphi,$$

而 $mR\dot{\theta}\boldsymbol{e}_\theta$ 与 z 轴共面，对 z 轴的矩为零，所以

$$L_z=R\sin\theta\cdot mR\dot{\varphi}\sin\theta,$$

其中 $R\sin\theta$ 为分动量 $mR\dot{\varphi}\sin\theta$ 的“臂”，整理得

$$L_z=mR^2\dot{\varphi}\sin^2\theta=mR^2\dot{\varphi}_0\sin^2\theta_0,$$

故

$$\dot{\varphi}=\frac{\sin^2\theta_0}{\sin^2\theta}\dot{\varphi}_0.$$

3-5 质点的动能定理和机械能守恒定律

微视频

一、质点的动能定理

由牛顿第二定律

$$m\frac{\mathrm{d}\boldsymbol{v}}{\mathrm{d}t}=\boldsymbol{F},$$

用 $\boldsymbol{v}\mathrm{d}t=\mathrm{d}\boldsymbol{r}$ 点乘上式，则得到

$$m\boldsymbol{v}\mathrm{d}t\cdot\frac{\mathrm{d}\boldsymbol{v}}{\mathrm{d}t}=\boldsymbol{F}\cdot\boldsymbol{v}\mathrm{d}t=\boldsymbol{F}\cdot\mathrm{d}\boldsymbol{r},$$

即

$$m\boldsymbol{v}\cdot\mathrm{d}\boldsymbol{v}=\boldsymbol{F}\cdot\mathrm{d}\boldsymbol{r}.$$

因为 $\mathrm{d}v^2=\mathrm{d}(\boldsymbol{v}\cdot\boldsymbol{v})=(\mathrm{d}\boldsymbol{v})\cdot\boldsymbol{v}+\boldsymbol{v}\cdot\mathrm{d}\boldsymbol{v}=2\boldsymbol{v}\cdot\mathrm{d}\boldsymbol{v}$，故上式化为

$$\mathrm{d}\left(\frac{1}{2}mv^2\right)=\boldsymbol{F}\cdot\boldsymbol{v}\mathrm{d}t=\boldsymbol{F}\cdot\mathrm{d}\boldsymbol{r},\tag{3.5.1}$$

此即质点的动能定理．定义质点的动能 $T=\frac{1}{2}mv^2$，合力 $\boldsymbol{F}$ 对受力质点所做元功 $đW=\boldsymbol{F}\cdot\boldsymbol{v}\mathrm{d}t=\boldsymbol{F}\cdot\mathrm{d}\boldsymbol{r}$，则质点的动能定理可表示为

$$\mathrm{d}T=đW.\tag{3.5.2}$$

将上式沿质点运动轨道积分，则得到质点动能定理的积分形式

$$\frac{1}{2}mv_2^2-\frac{1}{2}mv_1^2=\int_{r_1}^{r_2}\boldsymbol{F}\cdot\mathrm{d}\boldsymbol{r},\tag{3.5.3}$$

式中 v_1 和 v_2 分别为质点在初位置 $\boldsymbol{r}_1$ 和末位置 $\boldsymbol{r}_2$ 时的速率，上式右方的积分为合力 $\boldsymbol{F}$ 在这段路程上对质点所做的总功，$W=\int_{r_1}^{r_2}\boldsymbol{F}\cdot\mathrm{d}\boldsymbol{r}$.

动能和功都是标量，质点的动能定理是一个标量方程，当然不能和牛顿第二定律等价．单用质点的动能定理仅能确定只有一个自由度的质点的运动．

二、功

我们把元功记为 $đW$，表示它是一无限小量，但不一定是全微分．由动能定理的导出可知，元功 $đW=\boldsymbol{F}\cdot\boldsymbol{v}\mathrm{d}t=\boldsymbol{F}\cdot\mathrm{d}\boldsymbol{r}$ 中的 $\boldsymbol{v}$ 是受力质点速度，$\mathrm{d}\boldsymbol{r}$ 是受力质点的位移，除此之外不能有其他的理解．

在以下 3 种情况下，力 $\boldsymbol{F}$ 的元功为零．

（1）$\boldsymbol{F}=0$ 时 $đW=0$.

（2）$\mathrm{d}\boldsymbol{r}=0$ 或 $\boldsymbol{v}=0$ 时 $đW=0$.

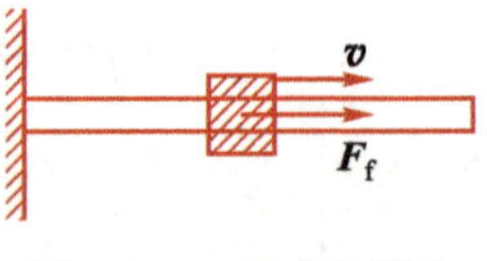

图 3.11　元功为零之一

例如图 3.11 所示，滑块 A 在粗糙固定杆上向右滑动，杆受摩擦力 $\boldsymbol{F}_\mathrm{f}$ 作用．因摩擦力 $\boldsymbol{F}_\mathrm{f}$ 的受力质点在固定杆上，故 $\mathrm{d}\boldsymbol{r}=0$，$\boldsymbol{v}=0$，力 $\boldsymbol{F}_\mathrm{f}$ 对杆所做的功为零，$đW_\mathrm{f}=0$．然而，需要注意 $\boldsymbol{F}_\mathrm{f}$ 的反作用力，即滑块所受摩擦力，对滑块所做的功不等于零．

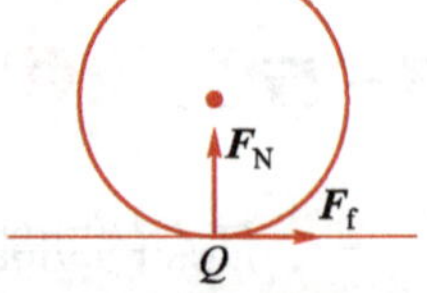

图 3.12　元功为零之二

还有，如图 3.12 所示，竖直圆盘沿水平面做无滑滚动，圆盘受地面的约束力 $\boldsymbol{F}_\mathrm{R}=\boldsymbol{F}_\mathrm{N}+\boldsymbol{F}_\mathrm{f}$，支撑力 $\boldsymbol{F}_\mathrm{N}$ 和摩擦力 $\boldsymbol{F}_\mathrm{f}$ 的受力质点为圆盘上与水平面的接触点 Q．因圆盘做无滑滚动，故 Q 点 $\boldsymbol{v}=0$，所以 $\boldsymbol{F}_\mathrm{N}$ 和 $\boldsymbol{F}_\mathrm{f}$ 对圆盘所做的功为零，

$\text{đ}W_{\mathrm{N}}=\text{đ}W_{\mathrm{f}}=0$.

(3) $\boldsymbol{F}\perp \mathrm{d}\boldsymbol{r}$ 或 $\boldsymbol{F}\perp \boldsymbol{v}$ 时 $\text{đ}W=0$.

比如，带电质点在磁场中所受洛伦兹力 $\boldsymbol{F}=q(\boldsymbol{v}\times\boldsymbol{B})$ 与质点运动速度垂直，$\boldsymbol{F}\perp \boldsymbol{v}$，所以 $\text{đ}W_F=0$. 又如当质点被约束在固定光滑曲线上运动时，质点所受约束力 $\boldsymbol{F}_{\mathrm{N}}=F_{\mathrm{Nn}}\boldsymbol{e}_{\mathrm{n}}+F_{\mathrm{Nb}}\boldsymbol{e}_{\mathrm{b}}$ 与质点运动速度垂直，$\boldsymbol{F}_{\mathrm{N}}\perp \boldsymbol{v}$，因此 $\text{đ}W_{\mathrm{N}}=0$.

由于元功 $\text{đ}W$ 不一定是全微分，所以总功 $W=\int \text{đ}W=\int_{r_1}^{r_2}\boldsymbol{F}\cdot\mathrm{d}\boldsymbol{r}$ 一般与质点运动所经路径有关. 因此计算总功必须沿质点实际运动路线，即沿质点运动轨道积分，表示总功的积分是沿特定路径的线积分，即

$$W=\int_{r_1}^{r_2}\boldsymbol{F}\cdot\mathrm{d}\boldsymbol{r}=\int_{r_1}^{r_2}F_x\mathrm{d}x+F_y\mathrm{d}y+F_z\mathrm{d}z. \qquad (3.5.4)$$

三、保守力和势能

1. 力场

讨论力 $\boldsymbol{F}$ 是质点位置 $\boldsymbol{r}$ 与时间 t 的函数的情况，$\boldsymbol{F}=\boldsymbol{F}(\boldsymbol{r},\ t)$. 如果在任一时刻，某空间区域中的任一点，都对应一个确定的力 $\boldsymbol{F}$，则这样的空间区域称为力场.

微视频

2. 稳定力场

若 $\boldsymbol{F}=\boldsymbol{F}(\boldsymbol{r})$ 与时间 t 无关，这样的力场称为稳定力场.

3. 保守力场

保守力场是一种特殊的稳定力场，若 $\boldsymbol{F}=\boldsymbol{F}(\boldsymbol{r})$ 是保守力场，它可以有如下 5 种等价定义.

(1) 参见图 3.13 (a)，若力 $\boldsymbol{F}$ 做功只与受力质点的始末位置有关，与质点运动的中间路径无关，$\int_{ACB}\boldsymbol{F}\cdot\mathrm{d}\boldsymbol{r}=\int_{ADB}\boldsymbol{F}\cdot\mathrm{d}\boldsymbol{r}$，则力 $\boldsymbol{F}$ 为保守力.

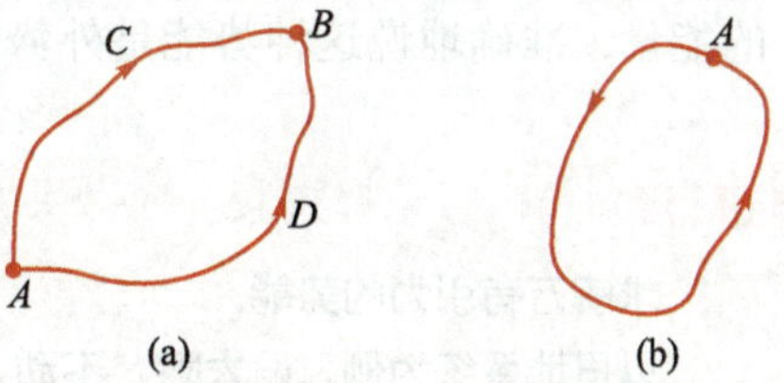

图 3.13 保守力

(2) 参见图 3.13 (b)，若受力质点沿任意闭合路径运动一周，力 $\boldsymbol{F}$ 所做的功为零，$\oint\boldsymbol{F}\cdot\mathrm{d}\boldsymbol{r}=0$，则力 $\boldsymbol{F}$ 为保守力.

(3) 若力 $\boldsymbol{F}$ 所做元功可表示为受力质点位置的标量函数的全微分，即 $\boldsymbol{F}\cdot\mathrm{d}\boldsymbol{r}=\mathrm{d}U(\boldsymbol{r})$，则力 $\boldsymbol{F}$ 为保守力.

(4) 若力场 $\boldsymbol{F}$ 可表示为空间点的标量函数的梯度，即 $\boldsymbol{F}=\nabla U(x,\ y,\ z)$，则力场 $\boldsymbol{F}$ 为保守力场.

(5) 若力场 $\boldsymbol{F}$ 的旋度为零，$\nabla\times\boldsymbol{F}=0$，则力场 $\boldsymbol{F}$ 为保守力场. 这是保守力场的常用判据.

受力质点位置的标量函数 $U(\boldsymbol{r})$ 在数学中称为势函数.

4. 保守力的势能

实际上从保守力的不同定义出发均可等价地引入势能的概念. 比如我们一般定

义受保守力 $\boldsymbol{F}$ 作用的质点，即位于保守力场中的质点的势能函数 $V(\boldsymbol{r})$ 为势函数 $U(\boldsymbol{r})$ 的负值，$V(\boldsymbol{r})=-U(\boldsymbol{r})$，则 $\boldsymbol{F}=-\nabla V(\boldsymbol{r})$，于是

$$W=\int_{r_0}^{r}\boldsymbol{F}\cdot\mathrm{d}\boldsymbol{r}=\int_{r_0}^{r}(-\nabla V)\cdot\mathrm{d}\boldsymbol{r}=\int_{r_0}^{r}\left(-\frac{\partial V}{\partial x}\mathrm{d}x-\frac{\partial V}{\partial y}\mathrm{d}y-\frac{\partial V}{\partial z}\mathrm{d}z\right)$$

$$=-\int_{r_0}^{r}\mathrm{d}V=-[V(\boldsymbol{r})-V(\boldsymbol{r}_0)].$$

若定义 $\boldsymbol{r}_0$ 为势能函数的零点位置，即 $V(\boldsymbol{r}_0)=0$，则质点位于保守力场中 $\boldsymbol{r}$ 处的势能为

$$V(\boldsymbol{r})=V(x,\ y,\ z)=-\int_{r_0}^{r}\boldsymbol{F}\cdot\mathrm{d}\boldsymbol{r}. \tag{3.5.5}$$

5. 有关势能的几点说明

（1）只有质点位于保守力场内才具有与保守力相关的势能．势能是受力质点位置的标量函数．

（2）要确定保守力场内某一点的势能，必须规定势能零点，而保守力场内两点的势能差与势能零点的选取无关．

（3）显然，若 U 为势函数，则 $U+C$（C 为任意常量）亦为势函数，所以势能函数的全体为 $V+C'$．要确定势能函数，必须规定常量 C'．规定势能零点，即确定了常量 C'．

（4）我们现在讨论力场 $\boldsymbol{F}=\boldsymbol{F}(\boldsymbol{r},\ t)$ 时，将其表示为受力质点的位置 $\boldsymbol{r}$ 和时间 t 的函数，实际上是把产生力场的物体的运动归结为力场是时间 t 的函数．保守力场不可以是时间 t 的函数，必须是稳定力场．保守力的势能 $V(\boldsymbol{r})$ 只是受力质点位置的函数．显然，这是质点力学的观点，此时势能 $V(\boldsymbol{r})$ 可视为位于保守力场内质点所具有的能量，准确地说这种势能是外势能，可记为 $V^{(e)}(\boldsymbol{r})$．

例题 3.8

求解万有引力的势能．

以日地系统为例，设太阳 S 不动，地球 P 受万有引力的作用，相当于地球在有心力场 $\boldsymbol{F}=-GMm\boldsymbol{e}_r/r^2$ 中运动，M 和 m 分别为日、地质量，以日心为原点，地球位置矢量为 $\boldsymbol{r}$．

解 如图 3.14 所示，因为

$$\boldsymbol{F}\cdot\mathrm{d}\boldsymbol{r}=-\frac{GMm}{r^2}\boldsymbol{e}_r\cdot\mathrm{d}(r\boldsymbol{e}_r)=-\frac{GMm}{r^2}\boldsymbol{e}_r\cdot[(\mathrm{d}r)\boldsymbol{e}_r+r\mathrm{d}\boldsymbol{e}_r]$$

$$=-\frac{GMm}{r^2}\mathrm{d}r=-\mathrm{d}\left(-\frac{GMm}{r}\right),$$

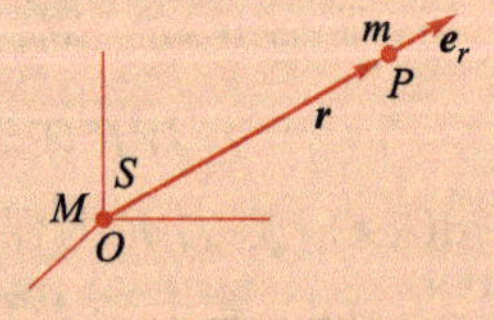

图 3.14 万有引力势能

所以

$$V=-\frac{GMm}{r}+C.$$

令 $r=\infty$ 时 $V=0$，则 $C=0$，故万有引力势能

$$V=-\frac{GMm}{r}.$$

四、质点的机械能定理和机械能守恒定律

微视频

由质点的动能定理式（3.5.2），把合力的元功分为保守力的元功 $\boldsymbol{F}_c \cdot \mathrm{d}\boldsymbol{r}$ 和非保守力的元功 $\boldsymbol{F}_{nc} \cdot \mathrm{d}\boldsymbol{r}$，则

$$\mathrm{d}T=\boldsymbol{F}_c \cdot \mathrm{d}\boldsymbol{r}+\boldsymbol{F}_{nc} \cdot \mathrm{d}\boldsymbol{r}.$$

设 V 为保守力 $\boldsymbol{F}_c$ 相应的势能，$\boldsymbol{F}_c \cdot \mathrm{d}\boldsymbol{r}=-\mathrm{d}V$，故

$$\mathrm{d}(T+V)=\boldsymbol{F}_{nc} \cdot \mathrm{d}\boldsymbol{r}. \tag{3.5.6}$$

定义质点的机械能 $E=T+V$，于是上式可表述为

$$\mathrm{d}E=\boldsymbol{F}_{nc} \cdot \mathrm{d}\boldsymbol{r}. \tag{3.5.7}$$

式（3.5.6）或式（3.5.7）称为质点的机械能定理或功能原理，作为其推论可得质点的机械能守恒定律：若在某一过程中，质点所受非保守力均恒不做功，$\boldsymbol{F}_{nc} \cdot \mathrm{d}\boldsymbol{r} \equiv 0$，则在该过程中质点的机械能守恒，即

$$E=T+V=\text{常量}. \tag{3.5.8}$$

式（3.5.8）为满足守恒条件时，质点运动微分方程的第一积分——能量积分．质点的机械能守恒表示机械运动与其他形式的运动之间没有能量的相互转化．

例题 3.9

质量为 m 的滑块在粗糙水平地面上沿直线滑动．已知其初速度为 $\boldsymbol{v}_0$，它与地面间的动摩擦因数为 μ，所受空气阻力与速度平方成正比 $\boldsymbol{F}=-b'v\boldsymbol{v}$．求经过多长距离后滑块停止滑动．

解 将滑块视为质点，作为研究对象．以滑块初始位置为坐标原点 O，x 轴沿 $\boldsymbol{v}_0$ 方向建立直角坐标系，如图 3.15 所示．滑块受重力 $\boldsymbol{W}=-mg\boldsymbol{j}$，地面施与的约束力 $\boldsymbol{F}_R=\boldsymbol{F}_N+\boldsymbol{F}_f=-F_f\boldsymbol{i}+F_N\boldsymbol{j}$，空气阻力 $\boldsymbol{F}=-b'v^2\boldsymbol{i}=-b'\dot{x}^2\boldsymbol{i}$．

根据 y 轴方向牛顿第二定律，$m\ddot{y}=0=F_N-mg$，可知 $F_N=mg$，从而 $F_f=\mu F_N=\mu mg$．由动能定理

$$\mathrm{d}\left(\frac{1}{2}m\dot{x}^2\right)=-(\mu mg+b'\dot{x}^2)\,\mathrm{d}x,$$

$$\int_{v_0^2}^{0}\frac{m}{2}\frac{\mathrm{d}\dot{x}^2}{\mu mg+b'\dot{x}^2}=-\int_0^s \mathrm{d}x,$$

所以停止滑动前质点运动距离为

$$s=\frac{m}{2b'}\ln\left(1+\frac{b'v_0^2}{\mu mg}\right).$$

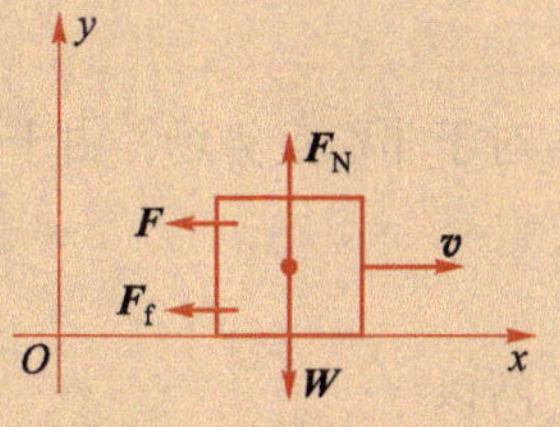

图 3.15　滑块在阻力作用下运动的距离

例题 3.10

试用机械能守恒定律求解例题 3.4．

解 以质点 m 为研究对象，质点所受重力为保守力，所受支撑力 $\boldsymbol{F}_N$ 在质点运动过程中不做功，所以质点在下滑过程中机械能守恒．以 O 为势能零点，则

$$\frac{1}{2}mv^2+mgR\sin\theta=0+mgR,$$

所以

$$v^2=2gR(1-\sin\theta).$$

由沿 $\boldsymbol{e}_n$ 方向的牛顿第二定律 $mv^2/R=mg\sin\theta-F_N$，可求出 $F_N=mg(3\sin\theta-2)$，解的适用范围为 $\frac{\pi}{2}\geqslant\theta\geqslant\arcsin\frac{2}{3}$.

五、非稳定力场和有势力

非稳定力场 $\boldsymbol{F}=\boldsymbol{F}(\boldsymbol{r},t)$ 表明质点在空间某点所受的力不仅与该点位置有关，而且还与时间有关. 我们看一个例子，如图 3.16 所示，一质量为 M 的质点 A 沿 x 轴做匀加速运动，已知 $|OA|=bt^2$. 作为研究对象的质点 P，质量为 m，位于质点 A 的万有引力场中，亦沿 x 轴运动. 此时质点 P 所在的引力场就是非稳定的，质点 P 所受的力可表示为

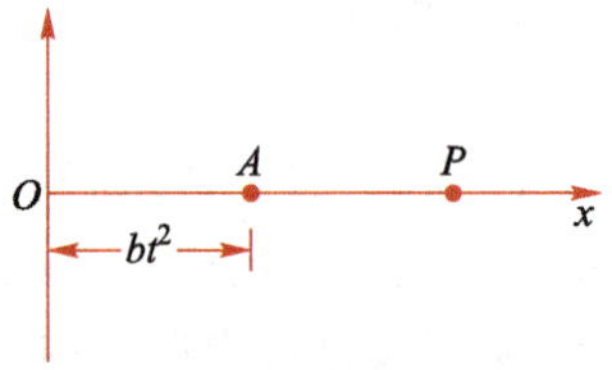

图 3.16　非稳定力场

$$\boldsymbol{F}=-\frac{GMm}{(x-bt^2)^2}\boldsymbol{i},$$

明显地与时间 t 相关.

如果任一瞬时，非稳定力场的瞬时分布满足 $\nabla\times\boldsymbol{F}=0$（视 t 为常量），则同样可以定义该瞬时的势能函数 $V=V(\boldsymbol{r},t)$，而力 $\boldsymbol{F}$ 可用该瞬时的势能负梯度表示 $\boldsymbol{F}(\boldsymbol{r},t)=-\nabla V(\boldsymbol{r},t)$.

在图 3.16 的例子中，若以无限远处为势能零点，则质点 P 在非稳定力场中的势能为 $V=-GMm/(x-bt^2)$.

对于稳定势场，势能函数中不显含时间 t，所以

$$\boldsymbol{F}\cdot\mathrm{d}\boldsymbol{r}=-\frac{\partial V}{\partial x}\mathrm{d}x-\frac{\partial V}{\partial y}\mathrm{d}y-\frac{\partial V}{\partial z}\mathrm{d}z=-\mathrm{d}V;$$

对于非稳定势场，由于势能函数中显含时间 t，则

$$\mathrm{d}V=\frac{\partial V}{\partial x}\mathrm{d}x+\frac{\partial V}{\partial y}\mathrm{d}y+\frac{\partial V}{\partial z}\mathrm{d}z+\frac{\partial V}{\partial t}\mathrm{d}t,$$

所以

$$\boldsymbol{F}\cdot\mathrm{d}\boldsymbol{r}=-\frac{\partial V}{\partial x}\mathrm{d}x-\frac{\partial V}{\partial y}\mathrm{d}y-\frac{\partial V}{\partial z}\mathrm{d}z=-\mathrm{d}V+\frac{\partial V}{\partial t}\mathrm{d}t. \tag{3.5.9}$$

对于力场非稳定的情况，我们可依据力能否表示为势能函数的负梯度而把力分为有势力 $\boldsymbol{F}_p$ 和非有势力 $\boldsymbol{F}_{np}$，则质点的动能定理可以表示为

$$\mathrm{d}T=\boldsymbol{F}_p\cdot\mathrm{d}\boldsymbol{r}+\boldsymbol{F}_{np}\cdot\mathrm{d}\boldsymbol{r}. \tag{3.5.10}$$

把式（3.5.9）代入式（3.5.10），则得到

$$\mathrm{d}(T+V)=\frac{\partial V}{\partial t}\mathrm{d}t+\boldsymbol{F}_{np}\cdot\mathrm{d}\boldsymbol{r}, \tag{3.5.11}$$

此即处于非稳定势场中质点的机械能定理. 在此情况下，即使非有势力都始终不做功，$\boldsymbol{F}_{np}\cdot\mathrm{d}\boldsymbol{r}\equiv0$，也没有 $T+V=$ 常量的结论，因此式（3.5.11）不存在常规意义下的机械能守恒定律的推论.

保守力场是稳定的有势力场，机械能守恒是保守的力学系统的性质.

3-6 势能曲线 质点的平衡和平衡的稳定性

微视频

一、势能曲线

对于一维运动问题，利用势能曲线定性分析质点的运动是方便的．一维问题是指自由度 $s=1$ 的问题，质点的直线运动，单摆的运动都是一维问题．我们用 x 表示一维问题中确定质点位置的变量，设质点在保守力作用下运动，质点的势能 $V=V(x)$，根据 $V=V(x)$ 作出的函数曲线称为势能曲线，如图 3.17 所示，依据势能曲线可作如下分析.

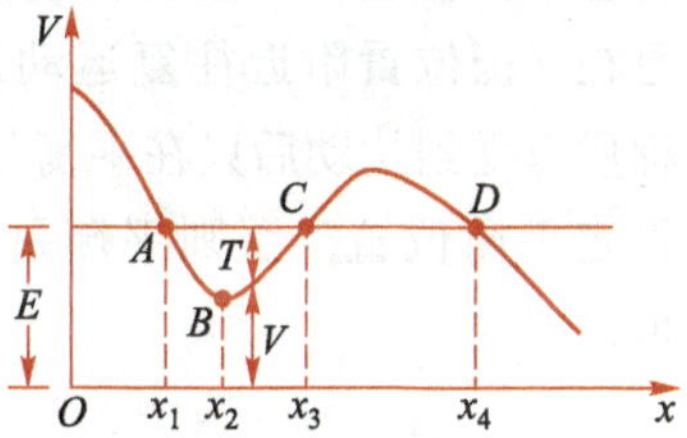

图 3.17 势能曲线

1. 因保守力与势能间存在关系 $F_x=-\mathrm{d}V/\mathrm{d}x$，根据势能曲线的斜率可以判断质点受力情况．如在 A 点，$\mathrm{d}V/\mathrm{d}x<0$，$F_x>0$.

2. 根据质点总能量 E 和势能曲线可判断质点运动范围和运动情况.

在图上作一条与 x 轴平行，高度为 E 的总能线．总能线与势能曲线相交于 A，C，D 三点，把 x 取值分为 4 个区域，如图 3.17 所示.

在 $[0,\ x_1]$ 区域，势能曲线高于总能线，说明质点势能大于总机械能，动能须取负值，这是不可能的，质点不可能出现在该范围内.

在 $[x_1,\ x_3]$ 区域，总能线高于势能曲线，二者高度差为质点动能 $T=E-V$．质点位于 x_1 时，速度为零，$F_x>0$，质点开始向 x 轴正向运动．在由 $x_1\to x_2$ 时，质点动能增加而在 x_2 处达到最大值．在由 $x_2\to x_3$ 时，质点动能减小而于 x_3 处达到零．质点在 x_3 处因 $F_x<0$ 而开始向 x 轴负向运动．可见，质点在区间 $[x_1,\ x_3]$ 内做往复的周期运动.

由于 A 点左侧势能曲线高于总能线，C 点右侧势能曲线也高于总能线，使得质点运动范围不能超出 $[x_1,\ x_3]$ 区间，这两部分的势能曲线起到了“壁垒”的作用，常称之为势垒．$[x_1,\ x_3]$ 区间称为势阱，在经典力学中质点不能穿过势垒而出现于势阱之外．在量子力学中，不满足经典力学条件的微观粒子在势阱中的行为与经典力学中的情况有很大差异，它们有穿过势垒而出现在势阱之外的概率.

二、质点的平衡

平衡是运动的特例．质点的平衡指质点加速度为零的情况，质点或保持静止（称为静平衡），或做匀速直线运动．根据牛顿第二定律可知，质点平衡的条件为其所受合力为零，即

$$\boldsymbol{F}=\sum\boldsymbol{F}_i=0, \tag{3.6.1}$$

称为质点的平衡方程.

三、质点在一维保守力场中的静平衡及其稳定性

设质点在一个一维的保守力场中，并且只受该场力的作用. 质点势能曲线如图 3.18 所示，A，B，C 三点势能曲线的斜率都为零，即质点在这三点不受力的作用，只要质点初始时静止就能一直保持静止，所以这 3 个位置为质点的静平衡位置. 可见，势能具有稳定值（极大值、极小值或常值）是质点的静平衡条件.

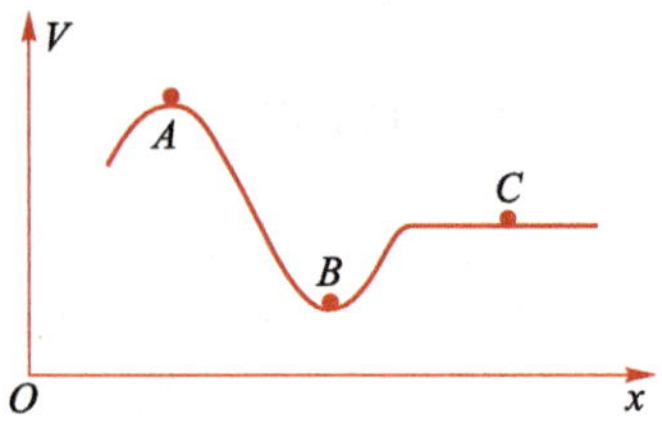

图 3.18　质点的静平衡及其稳定性

由于质点处于静平衡时总会受到扰动，所以质点的静平衡在现实中能否实现，取决于质点受到扰动后是在平衡位置附近往复运动还是远离平衡位置. 我们称质点受到扰动后只在平衡位置附近往复运动的平衡为稳定平衡，相应平衡位置为稳定平衡位置，否则平衡是非稳定的. 稳定平衡的条件是在平衡位置势能取极小值，即

$$V=V_{\min}. \tag{3.6.2}$$

该结论可由质点受力的角度或从能量角度进行分析而得到. 在图 3.18 中，B 为稳定平衡位置，而 A 为不稳定平衡位置. 由于 C 点附近势能曲线是水平的，处于 C 点的质点受到扰动后达到新的位置仍不受力的作用，这个新的位置也是平衡位置，这种平衡称为随遇平衡. 质点处于随遇平衡位置，即使受到极微小的扰动，也将以极微小但持续的速度逐渐远离原来的平衡位置，所以随遇平衡也是不稳定的.

某点（比如 B 点）势能是否取极小值，可用该点势能对 x 坐标的一阶导数和二阶导数的取值来判断. 势能取极小值的条件为

$$\left.\frac{\mathrm{d}V}{\mathrm{d}x}\right|_B=0 \quad 和 \quad \left.\frac{\mathrm{d}^2V}{\mathrm{d}x^2}\right|_B>0. \tag{3.6.3}$$

总之，质点在一维保守力场中达到静平衡的条件为 $\mathrm{d}V/\mathrm{d}x=0$. 静平衡稳定的条件为 $\mathrm{d}V/\mathrm{d}x=0$ 和 $\mathrm{d}^2V/\mathrm{d}x^2>0$.

稳定性问题在理论与实践上都具有重大意义. 由于实际中总存在各种各样的扰动，所以只有稳定的平衡和稳定的运动才能在时间推移的过程中得以保持而被实现.

思考题

3.1. 有一质量为 m 的珠子，沿一根置于水平面内的铁丝滑动，采用自然坐标方法描述. 珠子受重力 $\boldsymbol{W}=m\boldsymbol{g}$，铁丝施与的约束力 $\boldsymbol{F}_\mathrm{N}=F_\mathrm{Nt}\boldsymbol{e}_\mathrm{t}+F_\mathrm{Nn}\boldsymbol{e}_\mathrm{n}+F_\mathrm{Nb}\boldsymbol{e}_\mathrm{b}$. $F_\mathrm{Nt}\boldsymbol{e}_\mathrm{t}$ 即滑动摩擦力 $\boldsymbol{F}_\mathrm{f}$，设动摩擦因数为 μ. 试判断下列各式正误：（1）$F_\mathrm{f}=\mu mg$；（2）$F_\mathrm{f}=\mu F_\mathrm{Nb}$；（3）$F_\mathrm{f}=\mu F_\mathrm{Nn}$；（4）$F_\mathrm{f}=\mu\sqrt{F_\mathrm{Nn}^2+F_\mathrm{Nb}^2}$.

3.2. 用极坐标系描述单摆的运动. 某甲如思考题 3.2 图（a）所示规定 θ 角正向，得到动力学方程 $ml\ddot{\theta}=-mg\sin\theta$；某乙如思考题 3.2 图（b）所示规定 θ 角正向，则得到 $ml\ddot{\theta}=+mg\sin\theta$. 你认为谁的做法正确？

3.3. 质量为 m 的质点，由静止开始自高处自由落下. 设空气阻力 $\boldsymbol{F}_\mathrm{f}$ 与速度成正比，比例系数

为 k. 某甲建立正方向竖直向上的坐标系如思考题 3.3 图（a）所示，得到方程为$m\ddot{y}=-mg+k\dot{y}$. 某乙建立正方向竖直向下的坐标系如思考题 3.3 图（b）所示，得到方程为$m\ddot{y}=mg-k\dot{y}$. 他们列出的方程对吗？

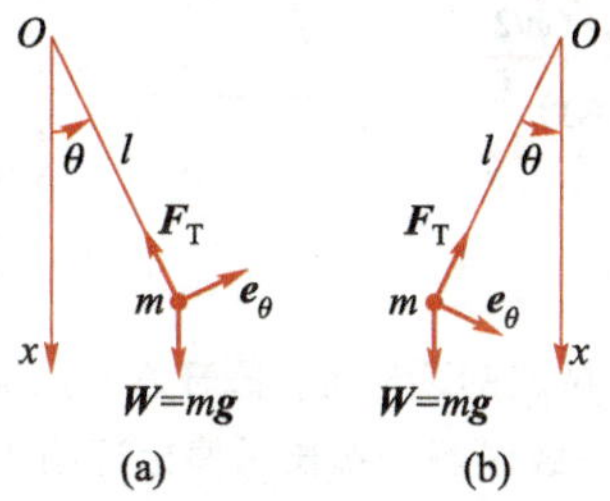

思考题 3.2 图

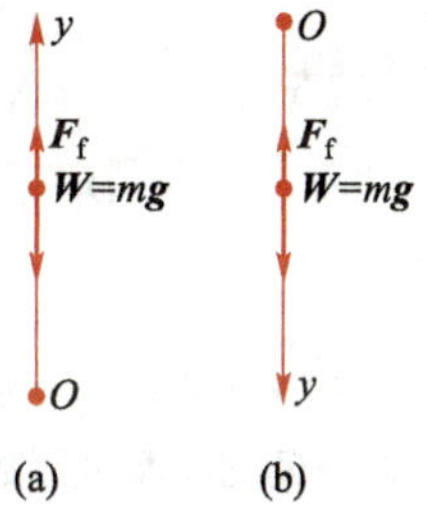

思考题 3.3 图

3.4. 有人认为：用极坐标系讨论质点的平面运动时，如果 $F_r\equiv 0$，则沿径向动量守恒，$p_r=m\dot{r}=$常量；若 $F_\theta\equiv 0$，则沿横向动量守恒. 这种看法对吗？

3.5. 试判断以下论断是否正确：

（1）若质点对固定点 O 的角动量守恒，则对过 O 点的任意固定轴的角动量守恒.

（2）若质点对固定轴的角动量守恒，则对该轴上任一固定点的角动量守恒.

3.6. 一质点动量守恒，它对空间任一固定点的角动量是否守恒？如质点对空间某一固定点角动量守恒，该质点动量是否守恒？

3.7. 当质点做匀速直线运动时，其动量是否守恒？角动量是否守恒？

3.8. 在固定的直角坐标系 $Oxyz$ 中，质量为 m 的质点的速度 $\boldsymbol{v}=v_x\boldsymbol{i}+v_y\boldsymbol{j}+v_z\boldsymbol{k}$，所受合力为 $\boldsymbol{F}=F_x\boldsymbol{i}+F_y\boldsymbol{j}+F_z\boldsymbol{k}$. 能否将质点的动能定理 $\mathrm{d}\left(\frac{1}{2}mv^2\right)=\boldsymbol{F}\cdot\mathrm{d}\boldsymbol{r}$ 向 x 轴方向投影而得出分量方程 $\mathrm{d}\left(\frac{1}{2}mv_x^2\right)=F_x\mathrm{d}x$？该方程是否正确？

习　题

3.1. 研究自由电子在沿 x 轴的振荡电场中的运动. 已知电场强度 $\boldsymbol{E}=E_0\cos(\omega t+\varphi)\boldsymbol{i}$，$E_0$，$\omega$，$\varphi$ 为常量. 电子电荷量为$-e$，质量为 m. 初始时，即当 $t=0$ 时 $\boldsymbol{r}_0=x_0\boldsymbol{i}$，$\boldsymbol{v}_0=v_0\boldsymbol{i}$，忽略重力及阻力，求电子的运动学方程.

3.2. 以很大的初速度 $\boldsymbol{v}_0$ 自地球表面竖直上抛一质点，设地球无自转并忽略空气阻力，求质点能达到的最大高度. 已知地球半径为 R，地球表面处重力加速度为 $\boldsymbol{g}$.

3.3. 将质量为 m 的质点竖直上抛，设空气阻力与速度平方成正比，其大小 $F_{\mathrm{R}}=mk^2gv^2$. 如果上抛初速率为 v_0，试证该质点落回抛出点时的速率 $v=v_0/\sqrt{1+k^2v_0^2}$.

3.4. 向电场强度为 $\boldsymbol{E}$、磁感应强度为 $\boldsymbol{B}$ 的均匀稳定电磁场中入射一电子. 已知 $\boldsymbol{E}\perp\boldsymbol{B}$，电子初速度 $\boldsymbol{v}_0$ 与 $\boldsymbol{E}$ 和 $\boldsymbol{B}$ 均垂直，如题 3.4 图所示. 试求电子的运动规律. 设电子电荷量为$-e$.

3.5. 旋轮线如题 3.5 图所示，可理解为一半径为 a 的圆轮在直线上做无滑滚动时轮缘上一点 P 的轨迹，其参数方程为 $x=a(\varphi+\sin\varphi)$，$y=a(1-\cos\varphi)$. 在重力场中，设 y 轴正方向竖直向上，一质点沿光滑旋轮线滑动，试证质点运动具有等时性（绕 O 点运动周期与振幅无关）.

3.6. 一小球质量为 m，系在不可伸长的轻绳之一端，可在光滑水平桌面上滑动. 绳的另一端穿过桌面上的小孔，握在一个人的手中使它向下做匀速运动，速率为 a，如题 3.6 图所示. 设初始时绳是拉直的，小球与小孔的距离为 R，其初速度在垂直绳方向上的投影为 $\boldsymbol{v}_0$. 试求小球的运动规律及绳的张力.

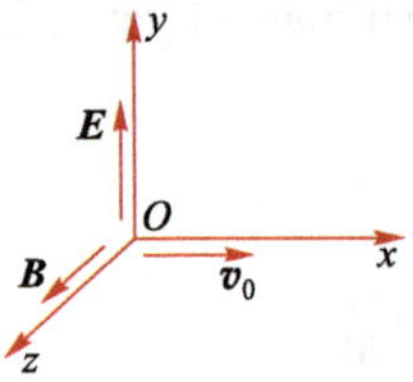

题 3.4 图

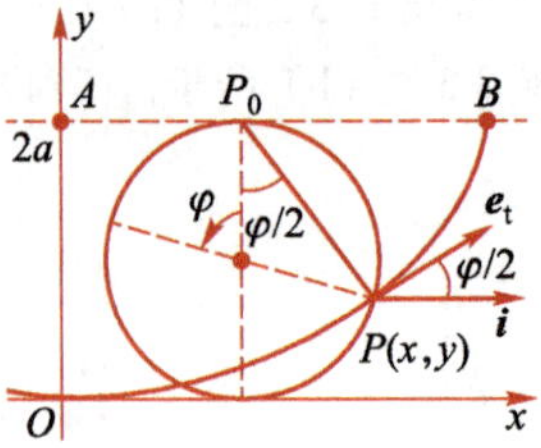

题 3.5 图

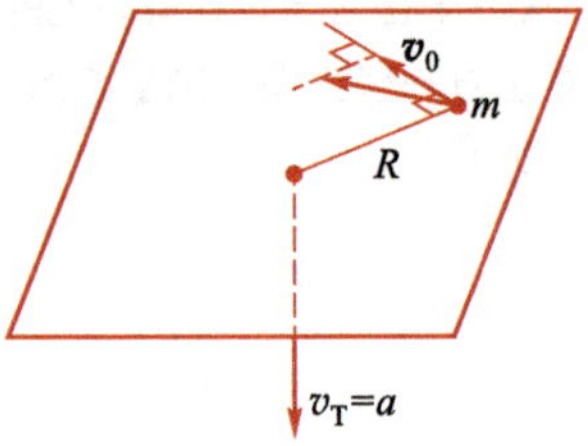

题 3.6 图

3.7. 一质量为 m 的珠子串在一半径为 R 的铁丝做成的圆环上，圆环水平放置．设珠子的初始速率为 v_0，珠子与圆环间的动摩擦因数为 μ，求珠子经过多少弧长后停止运动（根据牛顿第二定律求解）．

3.8. 质量为 m 的小球沿光滑的、半长轴为 a、半短轴为 b 的椭圆弧滑下，此椭圆弧在竖直平面内且短轴沿竖直方向．设小球自长轴端点开始运动时其初速度为零．求小球达到椭圆弧最低点时对椭圆弧的压力（根据牛顿第二定律求解）．

3.9. 力 $\boldsymbol{F}_1$ 和 $\boldsymbol{F}_2$ 分别作用在长方体的顶点 A 和 B 上，长方体的尺寸和坐标系如题 3.9 图所示．试计算 $\boldsymbol{F}_1$ 和 $\boldsymbol{F}_2$ 对原点 O 及 3 个坐标轴的力矩．

3.10. 已知质量为 m_0 的质点做螺旋运动，其运动学方程为 $x=r_0\cos\omega t$，$y=r_0\sin\omega t$，$z=kt$，r_0，ω，k 为常量．试求：(1) t 时刻质点对坐标原点的角动量；(2) t 时刻质点对过 $P(a, b, c)$ 点，方向余弦为 (l, m, n) 的轴的角动量．

3.11. 如题 3.11 图所示，质量为 m 的小球安装在长为 l 的细轻杆的 A 端，杆的 B 端与轴 O_1O_2 垂直地固连．小球在液体中可绕 O_1O_2 轴做定轴转动，轴承 O_1 和 O_2 是光滑的．转动中小球所受液体阻力与角速度成正比，$F_R=\alpha m\omega$，α 为常量．设初始角速度为 ω_0，试求经多少时间后，角速度减小为初始值的一半，以及在这段时间内小球所转圈数．（忽略杆的质量及所受阻力．）

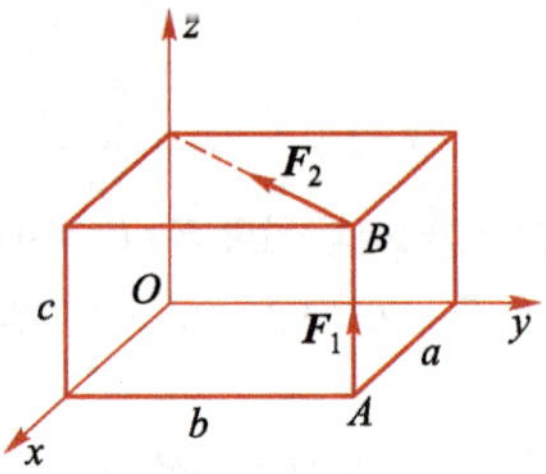

题 3.9 图

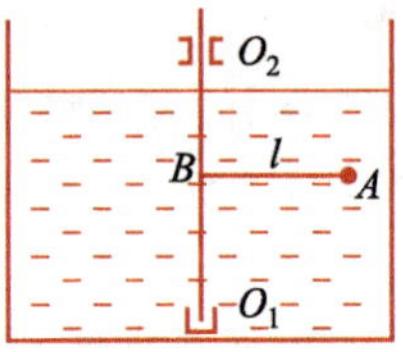

题 3.11 图

3.12. 质量为 m 的质点沿椭圆轨道运动，其运动学方程为 $x=a\cos kt$，$y=b\sin kt$（a，b，k 为常量）．用两种方法计算质点所受合力在 $t=0$ 到 $t=\pi/4k$ 时间内所做的功．

3.13. 试用动能定理求解习题 3.7．

3.14. 有一小球质量为 m，沿如题 3.14 图所示的光滑的水平的对数螺旋线轨道滑动．螺旋线轨道方程为 $r=r_0e^{-a\theta}$，a 为常数．已知当极角 $\theta=0$ 时，小球初速度为 $\boldsymbol{v}_0$．求轨道对小球的水平约束力 $\boldsymbol{F}_N$ 的大小．（用角动量及动能定理求解，图中 δ 为 $\boldsymbol{e}_\theta$ 与 $\boldsymbol{v}$ 方向间夹角，$\tan\delta=a$．）

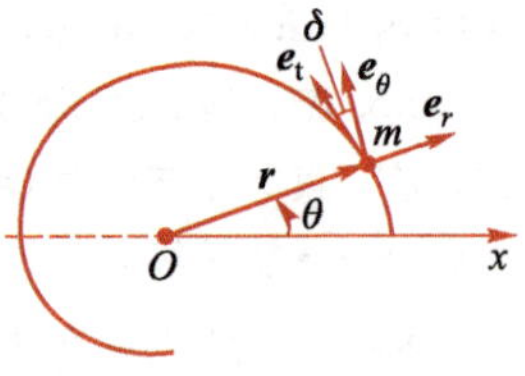

题 3.14 图

3.15. 已知质点所受力 $\boldsymbol{F}$ 的 3 个分量为 $F_x=a_{11}x+a_{12}y+a_{13}z$，$F_y=a_{21}x+a_{22}y+a_{23}z$，$F_z=a_{31}x+a_{32}y+a_{33}z$，系数 a_{ij}（i，$j=1, 2, 3$）都是常量．这些 a_{ij} 满足什么条件，与力 F 相关的势能存在？在这些条件被满

足的前提下，计算其势能.

3.16. 一带有电荷 q 的质点在电偶极子的场中所受的力为 $F_r=2pq\cos\theta/r^3$，$F_\theta=pq\sin\theta/r^3$，$p$ 为偶极矩，r 为质点到电偶极子中心的距离. 试证此力场为有势场.

3.17. 如题 3.17 图所示，自由质点在 Oxy 平面内运动，静止中心 A 和 B 均以与距离成正比的力吸引质点 M，比例系数为 k. 试证明势能存在并求出质点的势能.

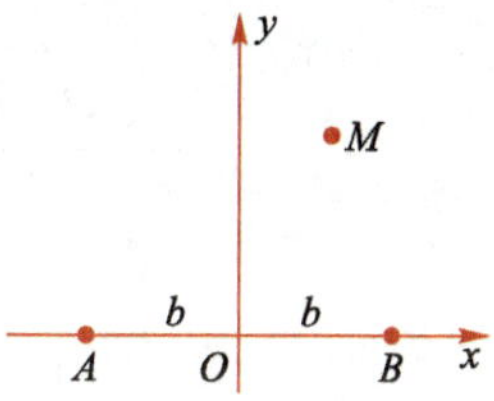

题 3.17 图

3.18. 试用机械能守恒定律求解习题 3.8.

习题参考答案

第四章

非惯性系中的质点力学

本章首先讨论有相对运动的两个参考系间的运动学关系，再由此出发导出非惯性系内质点的动力学方程.

课件资源

4-1 两参考系间速度和加速度的变换关系

一、静止系和运动系

微视频

这一节中我们讨论的是运动学问题，在运动学中所有参考系都是平等的，不区分惯性参考系和非惯性参考系. 静止系是我们认为其静止的参考系，不一定是惯性系. 运动系是相对静止系运动的参考系，不一定是非惯性系，静止和运动是相对而言，是我们为了叙述方便而规定的.

我们把静止系记为 S 系，用与其固连的直角坐标系 $Oxyz$ 标志. 把运动系记为 S' 系，用与其固连的直角坐标系 $O'x'y'z'$ 标志. 一般用不带“′”的符号表示相对 S 系的量，如 $\boldsymbol{r}$，$\boldsymbol{v}$，$\boldsymbol{a}$ 等；用带“′”的符号表示相对 S' 系的量，如 $\boldsymbol{r}'$，$\boldsymbol{v}'$，$\boldsymbol{a}'$ 等.

我们把标志参考系的坐标系视为一刚性标架，所以可以用描述刚体一般运动的方法描述 S' 系相对 S 系的运动. 以 O' 点为基点，用 O' 点的速度 $v_{O'}$ 和加速度 $a_{O'}$ 描述 S' 系随基点 O' 的平动，S' 系绕 O' 点的转动用 S' 系的角速度 $\boldsymbol{\omega}$ 和 $\dot{\boldsymbol{\omega}}$ 描述.

二、绝对运动、相对运动和牵连运动

当我们研究力学体系（比如质点 P）的运动时，由于 S' 系相对 S 系运动，所以力学体系相对 S 系和相对 S' 系的运动是不同的. 我们称力学体系相对 S 系的运动为绝对运动，相对 S' 系的运动为相对运动.

在某一时刻，我们设想力学体系与 S' 系瞬时就地固连，在瞬时就地固连条件下，由于 S' 系的运动而引起的力学体系相对 S 系的运动称为牵连运动.

三、任意矢量 $\boldsymbol{A}$ 的绝对变率、相对变率和牵连变率

将矢量 $\boldsymbol{A}$ 在 $Oxyz$ 系中正交分解，参见图 4.1，得

$$\boldsymbol{A}=A_x\boldsymbol{i}+A_y\boldsymbol{j}+A_z\boldsymbol{k}. \tag{4.1.1}$$

矢量 $\boldsymbol{A}$ 的绝对变率指矢量 $\boldsymbol{A}$ 相对 S 系的时间变化率，在计算绝对变率时 S 系的单位矢量 $\boldsymbol{i}$，$\boldsymbol{j}$，$\boldsymbol{k}$ 为常矢量. 我们把绝对变率记为 $\mathrm{d}/\mathrm{d}t$，则

$$\frac{\mathrm{d}\boldsymbol{A}}{\mathrm{d}t}=\dot{A}_x\boldsymbol{i}+\dot{A}_y\boldsymbol{j}+\dot{A}_z\boldsymbol{k}. \tag{4.1.2}$$

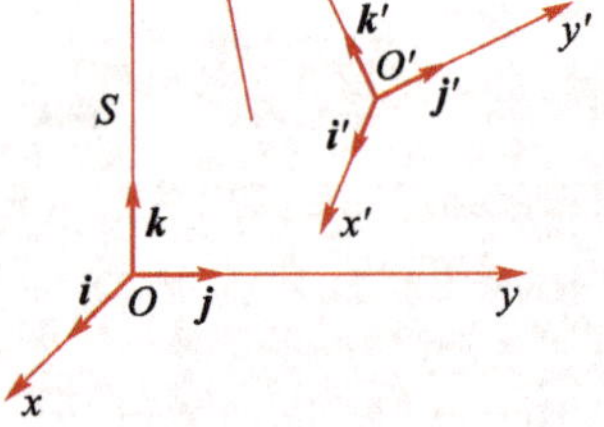

图 4.1　S 系与 S' 系

矢量 $\boldsymbol{A}$ 也可以在 $O'x'y'z'$ 系中正交分解，即

$$\boldsymbol{A}=A_{x'}\boldsymbol{i}'+A_{y'}\boldsymbol{j}'+A_{z'}\boldsymbol{k}'. \tag{4.1.3}$$

矢量 $\boldsymbol{A}$ 的相对变率指矢量 $\boldsymbol{A}$ 相对 S' 系的时间变化率，在计算相对变率时 S' 系的单位矢量 $\boldsymbol{i}'$，$\boldsymbol{j}'$，$\boldsymbol{k}'$ 为常矢量. 我们把相对变率记为 $\mathrm{d}^*/\mathrm{d}t$，则

$$\frac{\mathrm{d}^*\boldsymbol{A}}{\mathrm{d}t}=\dot{A}_{x'}\boldsymbol{i}'+\dot{A}_{y'}\boldsymbol{j}'+\dot{A}_{z'}\boldsymbol{k}'. \tag{4.1.4}$$

显然，标量对 S 系和 S' 系的时间变率是相同的，标量 B 的时间变率仍记为 $\dot{B}$.

现在根据式（4.1.3）计算 $\boldsymbol{A}$ 的绝对变率，得

$$\begin{aligned}\frac{\mathrm{d}\boldsymbol{A}}{\mathrm{d}t}&=\dot{A}_{x'}\boldsymbol{i}'+A_{x'}\frac{\mathrm{d}\boldsymbol{i}'}{\mathrm{d}t}+\dot{A}_{y'}\boldsymbol{j}'+A_{y'}\frac{\mathrm{d}\boldsymbol{j}'}{\mathrm{d}t}+\dot{A}_{z'}\boldsymbol{k}'+A_{z'}\frac{\mathrm{d}\boldsymbol{k}'}{\mathrm{d}t}\\&=\dot{A}_{x'}\boldsymbol{i}'+\dot{A}_{y'}\boldsymbol{j}'+\dot{A}_{z'}\boldsymbol{k}'+A_{x'}\frac{\mathrm{d}\boldsymbol{i}'}{\mathrm{d}t}+A_{y'}\frac{\mathrm{d}\boldsymbol{j}'}{\mathrm{d}t}+A_{z'}\frac{\mathrm{d}\boldsymbol{k}'}{\mathrm{d}t}.\end{aligned} \tag{4.1.5}$$

由于 $\boldsymbol{i}'$，$\boldsymbol{j}'$，$\boldsymbol{k}'$ 均为单位矢量，长度为 1 不变，又均跟随 S' 系一起以 S' 系的角速度 $\boldsymbol{\omega}$ 转动，故

$$\begin{cases}\dfrac{\mathrm{d}\boldsymbol{i}'}{\mathrm{d}t}=\boldsymbol{\omega}\times\boldsymbol{i}',\\[2ex]\dfrac{\mathrm{d}\boldsymbol{j}'}{\mathrm{d}t}=\boldsymbol{\omega}\times\boldsymbol{j}',\\[2ex]\dfrac{\mathrm{d}\boldsymbol{k}'}{\mathrm{d}t}=\boldsymbol{\omega}\times\boldsymbol{k}'.\end{cases} \tag{4.1.6}$$

将式（4.1.4）及式（4.1.6）代入式（4.1.5），则得到

$$\frac{\mathrm{d}\boldsymbol{A}}{\mathrm{d}t}=\frac{\mathrm{d}^*\boldsymbol{A}}{\mathrm{d}t}+\boldsymbol{\omega}\times A_{x'}\boldsymbol{i}'+\boldsymbol{\omega}\times A_{y'}\boldsymbol{j}'+\boldsymbol{\omega}\times A_{z'}\boldsymbol{k}'.$$

利用式（4.1.3），则得到一个重要公式

$$\frac{\mathrm{d}\boldsymbol{A}}{\mathrm{d}t}=\frac{\mathrm{d}^*\boldsymbol{A}}{\mathrm{d}t}+\boldsymbol{\omega}\times\boldsymbol{A}. \tag{4.1.7}$$

假设 $\boldsymbol{A}$ 与 S' 系瞬时就地固连，在瞬时就地固连条件下，则 $\boldsymbol{A}$ 长度不变且跟随 S' 系以 S' 系的角速度 $\boldsymbol{\omega}$ 转动，故由于 S' 系的运动造成 $\boldsymbol{A}$ 相对 S 系的时间变率为 $\boldsymbol{\omega}\times\boldsymbol{A}$. 依牵连运动的定义，$\boldsymbol{\omega}\times\boldsymbol{A}$ 即为矢量的牵连变率，所以式（4.1.7）说明任意矢量 $\boldsymbol{A}$ 的绝对变率等于其相对变率与牵连变率的矢量和.

利用式（4.1.7），可方便地导出 S 系与 S' 系间的速度和加速度变换公式.

四、S 系与 S'系间速度变换公式

微视频

设 $\boldsymbol{r}$ 为质点 P 在 S 系中对 O 点的位置矢量，$\boldsymbol{r}'$ 为质点 P 在 S' 系中对 O' 点的位置矢量，$\boldsymbol{R}$ 为 O' 点在 S 系中对 O 点的位置矢量，如图 4.2 所示，显然

$$\boldsymbol{r}=\boldsymbol{r}'+\boldsymbol{R}.$$

质点 P 相对 S 系的速度称为绝对速度，它是质点 P 在 S 系中的位置矢量对 S 系的时间变化率，即 $\boldsymbol{r}$ 的绝对变率，故

$$\boldsymbol{v}=\frac{\mathrm{d}\boldsymbol{r}}{\mathrm{d}t}=\frac{\mathrm{d}\boldsymbol{r}'}{\mathrm{d}t}+\frac{\mathrm{d}\boldsymbol{R}}{\mathrm{d}t}=\frac{\mathrm{d}^*\boldsymbol{r}'}{\mathrm{d}t}+\boldsymbol{\omega}\times\boldsymbol{r}'+\frac{\mathrm{d}\boldsymbol{R}}{\mathrm{d}t}. \tag{4.1.8}$$

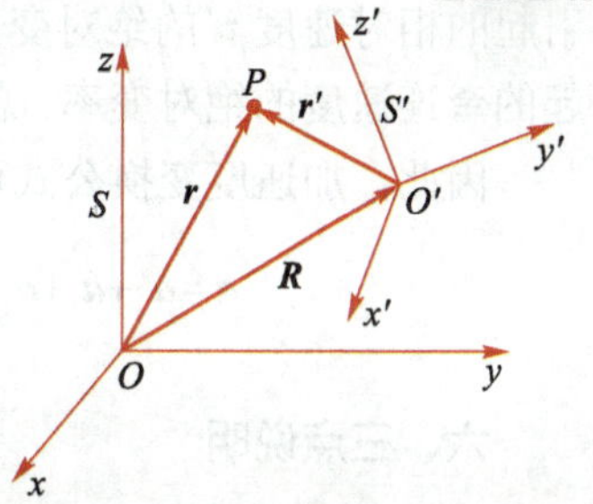

图 4.2　S 系与 S'系间 $\boldsymbol{v}$, $\boldsymbol{a}$ 的变换

$\mathrm{d}^*\boldsymbol{r}'/\mathrm{d}t$ 是质点 P 在 S' 系中的位置矢量相对 S' 系的时

间变化率，即质点 P 相对 S' 系的速度，我们称之为相对速度，相对速度亦可记为 $\boldsymbol{v}_{\mathrm{r}}=\boldsymbol{v}'$. 显然，$\mathrm{d}\boldsymbol{R}/\mathrm{d}t$ 是 O' 相对 S 系的速度 $\boldsymbol{v}_{O'}$. 我们设想把 P 点相对 S' 系瞬时就地固连，在瞬时就地固连条件下 P 点、$\boldsymbol{r}'$ 和 S' 系成为一刚性整体，由刚体运动学可知，由于 S' 系的运动造成质点相对 S 系的速度为 $\boldsymbol{v}_{O'}+\boldsymbol{\omega}\times\boldsymbol{r}'$. 根据牵连运动定义可知，质点 P 的牵连速度 $\boldsymbol{v}_{\mathrm{t}}=\boldsymbol{v}_{O'}+\boldsymbol{\omega}\times\boldsymbol{r}'$. 故由式（4.1.8）可得速度变换公式为

$$\boldsymbol{v}=\boldsymbol{v}'+\boldsymbol{v}_{\mathrm{t}}=\frac{\mathrm{d}^*\boldsymbol{r}'}{\mathrm{d}t}+\frac{\mathrm{d}\boldsymbol{R}}{\mathrm{d}t}+\boldsymbol{\omega}\times\boldsymbol{r}', \tag{4.1.9}$$

即质点 P 的绝对速度等于相对速度与牵连速度的矢量和.

五、S 系与 S' 系间加速度变换公式

质点的绝对加速度 $\boldsymbol{a}$ 为其绝对速度 $\boldsymbol{v}$ 的绝对变率，则由式（4.1.9）可得

$$\begin{aligned}\boldsymbol{a}&=\frac{\mathrm{d}\boldsymbol{v}}{\mathrm{d}t}=\frac{\mathrm{d}}{\mathrm{d}t}\left(\boldsymbol{v}'+\frac{\mathrm{d}\boldsymbol{R}}{\mathrm{d}t}+\boldsymbol{\omega}\times\boldsymbol{r}'\right)\\&=\frac{\mathrm{d}\boldsymbol{v}'}{\mathrm{d}t}+\frac{\mathrm{d}^2\boldsymbol{R}}{\mathrm{d}t^2}+\frac{\mathrm{d}\boldsymbol{\omega}}{\mathrm{d}t}\times\boldsymbol{r}'+\boldsymbol{\omega}\times\frac{\mathrm{d}\boldsymbol{r}'}{\mathrm{d}t}\\&=\frac{\mathrm{d}^*\boldsymbol{v}'}{\mathrm{d}t}+\boldsymbol{\omega}\times\boldsymbol{v}'+\frac{\mathrm{d}^2\boldsymbol{R}}{\mathrm{d}t^2}+\frac{\mathrm{d}\boldsymbol{\omega}}{\mathrm{d}t}\times\boldsymbol{r}'+\boldsymbol{\omega}\times\left(\frac{\mathrm{d}^*\boldsymbol{r}'}{\mathrm{d}t}+\boldsymbol{\omega}\times\boldsymbol{r}'\right),\end{aligned}$$

即

$$\boldsymbol{a}=\frac{\mathrm{d}^*\boldsymbol{v}'}{\mathrm{d}t}+\frac{\mathrm{d}^2\boldsymbol{R}}{\mathrm{d}t^2}+\frac{\mathrm{d}\boldsymbol{\omega}}{\mathrm{d}t}\times\boldsymbol{r}'+\boldsymbol{\omega}\times(\boldsymbol{\omega}\times\boldsymbol{r}')+2\boldsymbol{\omega}\times\boldsymbol{v}'. \tag{4.1.10}$$

其中，$\mathrm{d}^*\boldsymbol{v}'/\mathrm{d}t$ 为质点相对速度的相对变率，即质点的相对加速度，$\boldsymbol{a}_{\mathrm{r}}=\boldsymbol{a}'=\mathrm{d}^*\boldsymbol{v}'/\mathrm{d}t$. $\mathrm{d}^2\boldsymbol{R}/\mathrm{d}t^2$ 为 O' 点相对 S 系的加速度 $\boldsymbol{a}_{O'}$. 当我们把质点 P 与 S' 系瞬时就地固连后，P 点和 S' 系成为一刚性整体，由刚体运动学可知，此时由于 S' 系的运动而造成质点 P 相对 S 系的加速度为 $\boldsymbol{a}_{O'}+\dot{\boldsymbol{\omega}}\times\boldsymbol{r}'+\boldsymbol{\omega}\times(\boldsymbol{\omega}\times\boldsymbol{r}')$（注意此处将 S' 系相对 S 系的角速度 $\boldsymbol{\omega}$ 的绝对变率记为 $\dot{\boldsymbol{\omega}}$)，所以质点 P 的牵连加速度为

$$\boldsymbol{a}_{\mathrm{t}}=\frac{\mathrm{d}^2\boldsymbol{R}}{\mathrm{d}t^2}+\dot{\boldsymbol{\omega}}\times\boldsymbol{r}'+\boldsymbol{\omega}\times(\boldsymbol{\omega}\times\boldsymbol{r}'),$$

其中 $\dot{\boldsymbol{\omega}}\times\boldsymbol{r}'$ 称为牵连转动加速度，$\boldsymbol{\omega}\times(\boldsymbol{\omega}\times\boldsymbol{r}')$ 称为牵连向轴（S' 系转动的瞬时轴）加速度. 式（4.1.10）中的 $2\boldsymbol{\omega}\times\boldsymbol{v}'$ 显然不属于相对加速度，由于 $\boldsymbol{v}'=0$ 时 $2\boldsymbol{\omega}\times\boldsymbol{v}'=0$，所以它也不属于牵连加速度. 我们称之为科里奥利加速度，记为 $\boldsymbol{a}_{\mathrm{c}}=2\boldsymbol{\omega}\times\boldsymbol{v}'$，简称科氏加速度. 从式（4.1.10）的导出可以看到：$\boldsymbol{a}_{\mathrm{c}}$ 中的一半源于 $\mathrm{d}\boldsymbol{v}'/\mathrm{d}t$，是由于转动（$\boldsymbol{\omega}$）引起的相对速度 $\boldsymbol{v}'$ 的绝对变率；$\boldsymbol{a}_{\mathrm{c}}$ 的另一半源于 $\mathrm{d}\boldsymbol{v}_{\mathrm{t}}/\mathrm{d}t$，是由于相对运动（$\boldsymbol{v}'$）引起的牵连速度的绝对变率. 总之，科氏加速度是由于 $\boldsymbol{\omega}$ 与 $\boldsymbol{v}'$ 互相耦合而形成的.

因此，加速度变换公式可以表示为

$$\boldsymbol{a}=\boldsymbol{a}'+\boldsymbol{a}_{\mathrm{t}}+\boldsymbol{a}_{\mathrm{c}}=\frac{\mathrm{d}^*\boldsymbol{v}'}{\mathrm{d}t}+\frac{\mathrm{d}^2\boldsymbol{R}}{\mathrm{d}t^2}+\dot{\boldsymbol{\omega}}\times\boldsymbol{r}'+\boldsymbol{\omega}\times(\boldsymbol{\omega}\times\boldsymbol{r}')+2\boldsymbol{\omega}\times\boldsymbol{v}'. \tag{4.1.11}$$

六、三点说明

（1）S 系与 S' 系之间速度和加速度变换公式［式（4.1.9）和式（4.1.11）］是利用

运动的S'系把质点 P 相对 S 系的运动进行分解的结果. 采用不同的运动系, 分解的具体结果是不同的.

(2) S'系中的观察者, 他只能观测到 $\boldsymbol{v}'$ 和 $\boldsymbol{a}'$, 观测不到 $\boldsymbol{v}$, $\boldsymbol{v}_t$, $\boldsymbol{a}$, $\boldsymbol{a}_t$, $\boldsymbol{a}_c$. S 系中的观察者, 他只能观测到 $\boldsymbol{v}$ 和 $\boldsymbol{a}$, 他无法区分 $\boldsymbol{v}$ 中的 $\boldsymbol{v}'$ 和 $\boldsymbol{v}_t$, $\boldsymbol{a}$ 中的 $\boldsymbol{a}'$, $\boldsymbol{a}_t$ 和 $\boldsymbol{a}_c$. 只有站在理论工作者的角度, 同时考虑到 S 系和 S' 系, 才能把 $\boldsymbol{v}$ 和 $\boldsymbol{a}$ 如式 (4.1.9) 和式 (4.1.11) 理性地分解出来.

(3) 我们这一节的主要目的是导出式 (4.1.11), 并以此作为建立非惯性系内质点动力学方程的基础. 同时, 通过上述讨论, 可以利用运动系把质点的复杂运动分解成为几个比较简单的运动, 这对于研究、理解质点复杂运动是有利的.

微视频

例题 4.1

一等腰直角三角形$\triangle ABO$, 在自身平面内以匀角速度 $\boldsymbol{\omega}$ 绕顶点 O 转动. 质点 P 在 $t=0$ 时刻由 A 点出发, 以不变的相对三角形的速度 $\boldsymbol{u}$ 沿 AB 边运动. 已知 $|AB|=|BO|=b$, 求 P 点的速度和加速度.

解 建立 S 系 $Oxyz$ 及与$\triangle ABO$ 固连的 S' 系 $O'x'y'z'$ 如图 4.3 所示. $\boldsymbol{v}'=\boldsymbol{u}$, 所以

$$\boldsymbol{v}=\boldsymbol{u}+\boldsymbol{\omega}\times\boldsymbol{r}',$$

$$\boldsymbol{a}=\boldsymbol{\omega}\times(\boldsymbol{\omega}\times\boldsymbol{r}')+2\boldsymbol{\omega}\times\boldsymbol{u}.$$

在 $O'x'y'z'$ 系中

$$\boldsymbol{u}=-u\boldsymbol{j}',\quad \boldsymbol{\omega}=-\omega\boldsymbol{k}',\quad \boldsymbol{r}'=b\boldsymbol{i}'+(b-ut)\boldsymbol{j}',$$

所以

$$\boldsymbol{v}=\omega(b-ut)\boldsymbol{i}'-(u+\omega b)\boldsymbol{j}',$$

$$\boldsymbol{a}=-(\omega^2 b+2\omega u)\boldsymbol{i}'-\omega^2(b-ut)\boldsymbol{j}'.$$

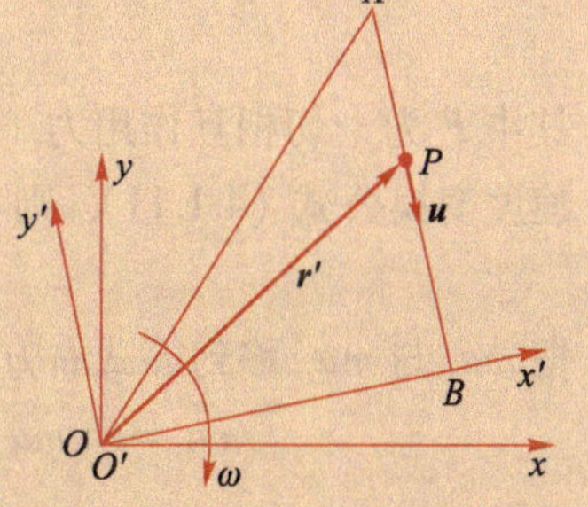

图 4.3　参考系与坐标系的区别

参考系是描述物体运动时选取的标准, 参考系一经选定, 物体的运动情况就有了确定的描述. 坐标系如果和参考系固连, 可以作为该参考系的标志. 但坐标系还是定量描述物体运动的数学工具, 选定参考系后我们可以选用不同的坐标系作为描述物体运动的工具. 在本例中, 所求 $\boldsymbol{v}$ 和 $\boldsymbol{a}$ 是相对 S 系的绝对速度和绝对加速度, 但利用 $Oxyz$ 系计算是不方便的, 我们在 $O'x'y'z'$ 系中计算和表述 $\boldsymbol{v}$ 和 $\boldsymbol{a}$ 是简洁、便利的.

通过本例读者还可以看到, 质点 P 相对 S 系的运动情况是较为复杂的. 现在我们借助 S' 系把质点的复杂运动分解为两个简单的运动: 质点 P 相对$\triangle ABO$ (S' 系) 的匀速直线运动和$\triangle ABO$ (S' 系) 绕 Oz 轴的定轴转动, 物理图像简单、清晰.

例题 4.2

用本节方法讨论 2-4 节例题 2.3.

解 以地面为 S 系, 以图 2.17 中 $Oxyz$ 为 S' 系, Ox 轴沿 AO 方向, Oy 轴沿 BO 方向. (由于 S 系不必画出, 为方便起见用 $Oxyz$ 表示 S' 系.) 因为 $\boldsymbol{r}=\boldsymbol{r}'$, 故不区分 $\boldsymbol{r}$ 和 $\boldsymbol{r}'$, 但相对速度和相对加速度仍用 $\boldsymbol{v}'$ 和 $\boldsymbol{a}'$ 表示.

因为碾盘做无滑滚动, 所以 $\boldsymbol{v}_Q=0$, OQ 为瞬时轴, 刚体角速度 $\boldsymbol{\omega}_t$ 沿 QO 方向. 由几何关系可知 $\omega'=l\omega/R$, $\omega_t=\sqrt{l^2+R^2}\,\omega/R$. 实际上, 碾盘参与 $\boldsymbol{\omega}$ 和 $\boldsymbol{\omega}'$ 两个转动, 所以 P 点运动较为复杂,

现在引入 S' 系后，则把复杂运动分解为两个简单运动：P 点在 S' 系中绕 Ox 轴以半径 R 做匀速圆周运动，S' 系绕 Oy 轴做匀角速度 $\boldsymbol{\omega}$ 的定轴转动，有了一个简明的物理图像，相当于把 $\boldsymbol{\omega}_t$ 分成 $\boldsymbol{\omega}$ 和 $\boldsymbol{\omega}'$ 分别考虑.

据此不难求出

$$\boldsymbol{v}'=\omega' R\boldsymbol{k}=l\omega\boldsymbol{k},$$

$$\boldsymbol{a}'=-\omega'^2R\boldsymbol{j}=-\frac{l^2}{R}\omega^2\boldsymbol{j}.$$

注意到 $\mathrm{d}^2\boldsymbol{R}/\mathrm{d}t^2=0$，$\dot{\boldsymbol{\omega}}\times\boldsymbol{r}'=0$，则

$$\boldsymbol{v}=\boldsymbol{v}'+\boldsymbol{\omega}\times\boldsymbol{r}'=l\omega\boldsymbol{k}+l\omega\boldsymbol{k}=2l\omega\boldsymbol{k},$$

$$\begin{aligned}\boldsymbol{a}&=\boldsymbol{a}'+\boldsymbol{\omega}\times(\boldsymbol{\omega}\times\boldsymbol{r}')+2\boldsymbol{\omega}\times\boldsymbol{v}'\\&=-\frac{l^2}{R}\omega^2\boldsymbol{j}+l\omega^2\boldsymbol{i}+2l\omega^2\boldsymbol{i}=3l\omega^2\boldsymbol{i}-\frac{l^2}{R}\omega^2\boldsymbol{j}.\end{aligned}$$

4-2 非惯性系中的质点运动微分方程

微视频

在动力学问题中要严格区分惯性系与非惯性系. 令 S 系为惯性系，S' 系为非惯性系，使用符号与 4-1 节相同. 设质点 P 的质量为 m，在惯性系 S 系中，牛顿第二定律成立，此时有

$$m\boldsymbol{a}=\boldsymbol{F},$$

其中 $\boldsymbol{F}$ 为一切相互作用力（包括主动力和约束力）的合力. 利用 S 系与 S' 系间的加速度变换公式（4.1.11），则

$$m\boldsymbol{a}=m\boldsymbol{a}'+m\boldsymbol{a}_t+m\boldsymbol{a}_c=\boldsymbol{F}.$$

把 $m\boldsymbol{a}_t$ 与 $m\boldsymbol{a}_c$ 移到等式右方，得到

$$\begin{aligned}m\boldsymbol{a}'&=\boldsymbol{F}-m\boldsymbol{a}_t-m\boldsymbol{a}_c\\&=\boldsymbol{F}-m\frac{\mathrm{d}^2\boldsymbol{R}}{\mathrm{d}t^2}-m\dot{\boldsymbol{\omega}}\times\boldsymbol{r}'-m\boldsymbol{\omega}\times(\boldsymbol{\omega}\times\boldsymbol{r}')-2m\boldsymbol{\omega}\times\boldsymbol{v}',\end{aligned}\qquad(4.2.1)$$

此为非惯性系 S' 中的质点动力学方程，即运动微分方程.

为了把牛顿第二定律在形式上推广到非惯性系中去，我们把 $-m\boldsymbol{a}_t$ 和 $-m\boldsymbol{a}_c$ 视为力而引入惯性力的概念. 令 $\boldsymbol{F}_t=-m\boldsymbol{a}_t$，并称之为牵连惯性力；令 $\boldsymbol{F}_c=-m\boldsymbol{a}_c$，并称之为科里奥利惯性力，简称科氏力. 再令惯性力的合力 $\boldsymbol{F}_I=\boldsymbol{F}_t+\boldsymbol{F}_c$，则式（4.2.1）可表示为

$$m\boldsymbol{a}'=\boldsymbol{F}+\boldsymbol{F}_I,\qquad(4.2.2)$$

则牛顿第二定律在 S' 系中从形式上得以成立.

下面我们对惯性力作几点说明.

1. 惯性力是力的概念在非惯性系中的推广

在第三章中我们指出：力是物体间的相互作用，力的动力学效果是使受力质点产生加速度. 为与惯性力相区分，我们称之为相互作用力. 在非惯性系中，惯性力与相互作用力有相同的动力学效果，这是力的概念推广的基础；但惯性力不是物体间的相互作用，不遵从牛顿第三定律，不存在反作用力，这是惯性力与相互作用力的

区别.

2. 惯性力仅存在于非惯性系之中

在惯性系 S 中，质点不受惯性力作用. 质点的加速度为绝对加速度 $\boldsymbol{a}$，$\boldsymbol{a}_t$ 和 $\boldsymbol{a}_c$ 仅是绝对加速度中的一部分.

在非惯性系 S' 中，质点除受相互作用力之外还受惯性力的作用，质点的加速度为相对加速度 $\boldsymbol{a}'$.

比如科氏加速度 $\boldsymbol{a}_c=2\boldsymbol{\omega}\times\boldsymbol{v}'$，它是 S 系中绝对加速度 $\boldsymbol{a}$ 的一部分，它是相互作用力 $\boldsymbol{F}$ 产生的动力学效果的一部分. 在非惯性系 S' 中，科氏力 $\boldsymbol{F}_c=-2m\boldsymbol{\omega}\times\boldsymbol{v}'$ 是惯性力，它与相互作用力 $\boldsymbol{F}$ 在产生它们的动力学效果 $\boldsymbol{a}'$ 上是平权的，科氏力 $\boldsymbol{F}_c$ 产生的动力学效果是质点相对加速度 $\boldsymbol{a}'$ 的一部分.

3. 在非惯性系中惯性力真实存在

由式（4.2.2）可见，在非惯性系中惯性力与相互作用力是平权的. 在非惯性系中可以依据惯性力的动力学效果，通过实验而真实地测量到它的存在，所以惯性力不是“虚构”或“假想”的力.

4. 惯性离心力

微视频

通常称牵连惯性力中 $-m\boldsymbol{\omega}\times(\boldsymbol{\omega}\times\boldsymbol{r}')$ 项为惯性离心力. 因为 S 系中 $\boldsymbol{\omega}\times(\boldsymbol{\omega}\times\boldsymbol{r}')$ 为牵连向轴加速度，它垂直地指向 S' 系转动的瞬时轴，所以在 S' 系中 $-m\boldsymbol{\omega}\times(\boldsymbol{\omega}\times\boldsymbol{r}')$ 背离 S' 系转动的瞬时轴垂直地指向外侧，这就是惯性离心力名称的由来. 应注意惯性离心力 $-m\boldsymbol{\omega}\times(\boldsymbol{\omega}\times\boldsymbol{r}')$ 仅在非惯性系中存在.

例题 4.3

内壁光滑的水平细管以匀角速度 ω 绕过其一端的竖直轴转动，管内有一质量为 m 的小球，如图 4.4 所示. 初始时小球与竖直轴的距离为 a，且相对管静止. 求小球沿管的运动规律及所受约束力.

解 视小球为质点，以小球为研究对象. 以与地固连的 $Oxyz$ 为 S 系，z 轴沿细管转动的竖直轴；以与管固连的 $O'x'y'z'$ 为 S' 系，y' 轴沿管，z' 轴亦沿竖直轴，如图 4.4 所示.

以 S' 系为参考系，小球受相互作用力，重力 $\boldsymbol{W}=m\boldsymbol{g}$，管对小球的约束力 $\boldsymbol{F}_R=\boldsymbol{F}_{Rx'}+\boldsymbol{F}_{Rz'}$，如图 4.4 所示. 受惯性力：$-m\dfrac{d^2\boldsymbol{R}}{dt^2}=0$，$-m\dot{\boldsymbol{\omega}}\times\boldsymbol{r}'=0$，$-m\boldsymbol{\omega}\times(\boldsymbol{\omega}\times\boldsymbol{r}')=m\omega^2y'\boldsymbol{j}'$，$-2m\boldsymbol{\omega}\times\boldsymbol{v}'=2m\omega\dot{y}'\boldsymbol{i}'$. 故小球在非惯性系 S' 中的动力学方程为

$$\begin{cases}m\ddot{x}'=0=F_{Rx'}+2m\omega\dot{y}',\\ m\ddot{y}'=m\omega^2y',\\ m\ddot{z}'=0=F_{Rz'}-mg.\end{cases}$$

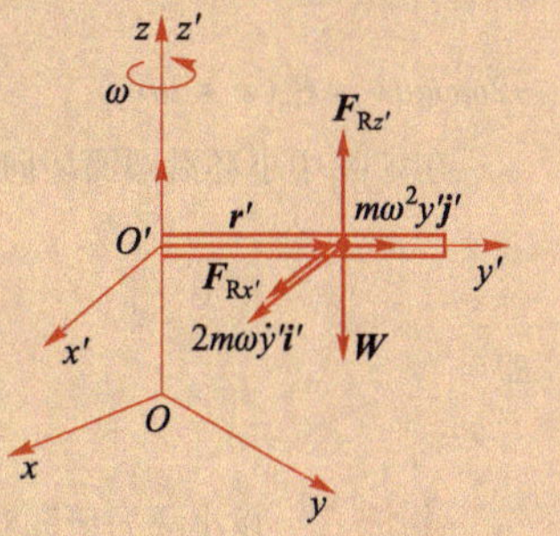

图 4.4　小球在转动管内的运动

由第二式得

$$\ddot{y}'-\omega^2y'=0,$$

其通解为

$$y'=Ae^{\omega t}+Be^{-\omega t},$$

故

$$\dot{y}'=A\omega e^{\omega t}-B\omega e^{-\omega t}.$$

由初条件 $t=0$ 时 $y'=a$，$\dot{y}'=0$，可知 $A=B=\dfrac{a}{2}$，则

$$y'=\frac{a}{2}(e^{\omega t}+e^{-\omega t})=a\operatorname{ch}\omega t,$$

此即小球沿管运动规律. 由第一、三两式得

$$F_{Rx'}=-2m\omega\dot{y}'=-2m\omega^2 a\operatorname{sh}\omega t,$$

$$F_{Rz'}=mg,$$

所以小球所受约束力为 $\boldsymbol{F}_R=-2m\omega^2 a\operatorname{sh}\omega t\,\boldsymbol{i}'+mg\boldsymbol{k}'$.

例题 4.4

质量为 m 的小环，套在半径为 a 的光滑水平圆圈上，并可沿圆圈滑动. 圆圈在水平面内以匀角速度 $\boldsymbol{\omega}$ 绕圈上 O 点转动，试求小环沿圆圈切线方向的运动微分方程，小环相对圆圈的位置可用图 4.5 中 θ 角表示.

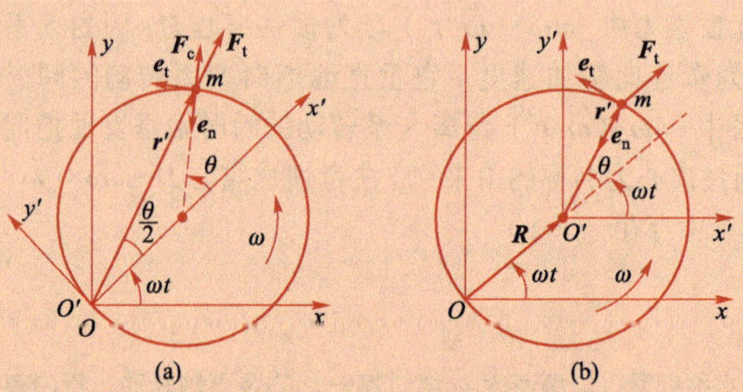

图 4.5　小环在转动圆圈上的运动

解法一　以小环为研究对象，与地固连的 Oxy 系为 S 系，与圆圈固连的 $O'x'y'$ 为 S' 系，如图 4.5（a）所示. 以 S' 系为参考系，小环在水平面内受力有圆圈施与的约束力 $\boldsymbol{F}_N=F_{Nn}\boldsymbol{e}_n$，惯性力 $-m\mathrm{d}^2\boldsymbol{R}/\mathrm{d}t^2=0$（$\boldsymbol{R}=0$），$-m\dot{\boldsymbol{\omega}}\times\boldsymbol{r}'=0$（$\dot{\boldsymbol{\omega}}=0$），$-m\boldsymbol{\omega}\times(\boldsymbol{\omega}\times\boldsymbol{r}')=2ma\omega^2\cos\dfrac{\theta}{2}\boldsymbol{e}_r'=\boldsymbol{F}_t$，$-2m\boldsymbol{\omega}\times\boldsymbol{v}'=-2m\omega a\dot{\theta}\boldsymbol{e}_n=\boldsymbol{F}_c(\boldsymbol{v}'=a\dot{\theta}\boldsymbol{e}_t)$.

在 S' 系中小环沿圆圈切向（$\boldsymbol{e}_t$）的运动微分方程为

$$ma_t'=ma\ddot{\theta}=-2ma\omega^2\cos\frac{\theta}{2}\sin\frac{\theta}{2},$$

即

$$\ddot{\theta}+\omega^2\sin\theta=0.$$

解法二　以小环为研究对象，以与地固连的 Oxy 系为 S 系，以圆圈中心 O' 为原点建立平动 $O'x'y'$ 系作为 S' 系，如图 4.5（b）所示. 以 S' 系为参考系，小环在水平面内受力有：约束力 $\boldsymbol{F}_N=F_{Nn}\boldsymbol{e}_n$，惯性力 $-m\mathrm{d}^2\boldsymbol{R}/\mathrm{d}t^2=-ma\omega^2\cos\theta\boldsymbol{e}_n-ma\omega^2\sin\theta\boldsymbol{e}_t=\boldsymbol{F}_t$，由于 S' 系为平动非惯性系，所以惯性力中其他各项均为零.

注意在 S' 系中小环做圆周运动的速度为 $\boldsymbol{v}'=a(\dot{\theta}+\omega)\boldsymbol{e}_t$，所以小环沿圆圈切向($\boldsymbol{e}_t$)的运动微分方程为

$$ma_t'=ma\ddot{\theta}=-ma\omega^2\sin\theta,$$

即

$$\ddot{\theta}+\omega^2\sin\theta=0.$$

两点说明：(1) 在 4-1 节中已指出，选用不同的 S' 系，加速度变换公式 (4.1.11) 的具体分解结果是不同的. 相应在动力学问题中，如本例题所示，选用不同的非惯性系，惯性力中各项的具体内容当然是不同的. (2) 本例题中 $\boldsymbol{\omega}$ 是圆圈的角速度，当解法一中 S' 系与圆圈固连时，$\boldsymbol{\omega}$ 即是 S' 系的角速度. 但在解法二中，虽然 S' 系原点 O' 绕 O 点做圆周运动，但平动的 S' 系的角速度为零. 至于"O' 点绕 O 点以角速度 $\boldsymbol{\omega}$ 转动"，这是一种习惯的说法，严格说角速度是描述刚体转动的物理量，对于单个点无转动可言，单个点也没有角速度. S' 系以刚性标架 $O'x'y'$ 标志，S' 系才具有角速度，在解法二中其角速度为零.

4-3 非惯性系中的质点动力学

在第三章中我们对惯性系中的质点动力学作了详尽讨论，包括牛顿运动定律的应用，从牛顿第二定律导出质点动力学的三个定理及相应守恒律等.

非惯性系与惯性系相比是不同的，在非惯性系中牛顿第二定律不能成立，这是必须切记，万不可混淆的. 但从另一个角度看，非惯性系中的动力学与惯性系中的动力学又有相似之处. 在引入惯性力之后，在非惯性系中把惯性力与相互作用力等同看待，则在非惯性系内牛顿第二定律在形式上得以成立. 通过简单的类比，我们就可以知道在惯性系中得到的动力学规律，如三个定理、三个守恒定律等，只要计入惯性力，则在非惯性系中亦可形式上成立. 于是，在处理动力学问题时，可视问题特点，以清晰简便为原则，既可以在惯性系内讨论，也可以在非惯性系内讨论，而惯性系与非惯性系的差别也仅在于是否考虑惯性力而已.

微视频

在应用非惯性系内的机械能定理和机械能守恒定律处理问题时，需要注意惯性力不但是一个真实的力，而且也可以是保守力，并存在与其相关的势能. 对此，我们只讨论两种简单情况.

(1) 当非惯性系 S' 做匀加速平动时，设其加速度为 a，令 S' 系的 x' 轴沿 $\boldsymbol{a}$ 方向，则质量为 m 的质点受牵连惯性力

$$\boldsymbol{F}_t=-m\boldsymbol{a}=-ma\boldsymbol{i}'=-\nabla'(max'),$$

∇' 指 S' 系中的算符. 可见，在 S' 系中 $\boldsymbol{F}_t$ 为保守力，其势能为 $V'=max'$ ($x'=0$ 为势能零点).

(2) 当非惯性系 S' 以匀角速度 ω 绕固定轴转动时，令 z' 轴沿 $\boldsymbol{\omega}$ 方向建立柱坐标系，则质量为 m 的质点所受惯性离心力

$$\boldsymbol{F}_{Ic}=-m\boldsymbol{\omega}\times(\boldsymbol{\omega}\times\boldsymbol{r}')=m\omega^2\rho'\boldsymbol{e}_{\rho'}=-\nabla'\left(-\frac{1}{2}m\omega^2\rho'^2\right).$$

可见，此时在 S' 系中 $\boldsymbol{F}_{Ic}$ 为保守力，其势能为 $V'=-m\omega^2\rho'^2/2$ $\left(\rho'=0\right.$ 为势能零点，其中用了柱坐标系的梯度公式 $\left.\nabla f=\dfrac{\partial f}{\partial\rho}\boldsymbol{e}_\rho+\dfrac{1}{\rho}\dfrac{\partial f}{\partial\theta}\boldsymbol{e}_\theta+\dfrac{\partial f}{\partial z}\boldsymbol{k}\right)$.

例题 4.5

有一内壁光滑的弯曲细管，固定在水平圆盘上. 圆盘绕过盘心的竖直轴以匀角速度 $\boldsymbol{\omega}$ 转动，如图 4.6 所示. 管内有一质量为 m 的小球，初始时与盘心距离为 r_0，相对管静止. 试求当小球运动到与盘心距离为 r ($r>r_0$) 时，小球相对管的速率.

解 以圆盘为非惯性参考系，建立与其固连的柱坐标系如图 4.6 所示，z 轴沿 ω 方向，θ 角正向与 $\boldsymbol{\omega}$ 一致. 质点受重力 $\boldsymbol{W}=-mg\boldsymbol{k}$、管壁施与的约束力 $\boldsymbol{F}_N$、惯性离心力 $-m\boldsymbol{\omega}\times(\boldsymbol{\omega}\times\boldsymbol{r}')$、科氏力 $-2m\boldsymbol{\omega}\times\boldsymbol{v}'$.

方法一 用动能定理求解. 因为 $\boldsymbol{W}=m\boldsymbol{g}$、约束力 $\boldsymbol{F}_N$、科氏力 $-2m\boldsymbol{\omega}\times\boldsymbol{v}'$ 均与相对速度垂直，都不做功（注意：科氏力永远不做功!）. 由动能定理可得

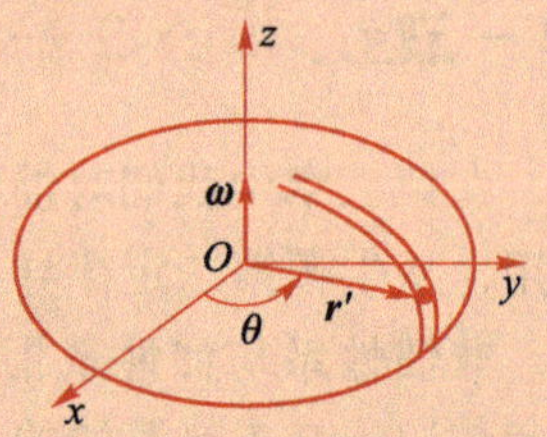

图 4.6 小球在转动细管内的运动

$$\mathrm{d}\left(\frac{1}{2}m\boldsymbol{v}'^2\right)=\left[-m\boldsymbol{\omega}\times(\boldsymbol{\omega}\times\boldsymbol{r}')\right]\cdot\mathrm{d}\boldsymbol{r}'=m\omega^2r'\mathrm{d}r',$$

$$\int_0^{v'}\mathrm{d}\left(\frac{1}{2}mv'^2\right)=\int_{r_0}^{r}m\omega^2r'\mathrm{d}r',$$

故

$$\frac{1}{2}mv'^2=\frac{1}{2}m\omega^2(r^2-r_0^2),$$

即

$$v'=\omega\sqrt{r^2-r_0^2}.$$

方法二 用“机械能守恒定律”求解. 由于 $\boldsymbol{W}=m\boldsymbol{g}$，$\boldsymbol{F}_N$ 和 $-2m\boldsymbol{\omega}\times\boldsymbol{v}'$ 不做功，惯性离心力为保守力，所以质点运动过程中“机械能守恒”. 以 O 点为势能零点，则

$$\frac{1}{2}mv'^2-\frac{1}{2}m\omega^2r^2=0-\frac{1}{2}m\omega^2r_0^2,$$

故

$$v'=\omega\sqrt{r^2-r_0^2}.$$

4-4 地球自转的动力学效应

微视频

一、质点相对地球的运动微分方程

1. 有关地球运动的几个量

自转周期 $T=86\ 164$ s，自转角速度的大小 $\omega=7.292\times10^{-5}$ rad/s，自转角速度的时间变化率的大小 $|\dot{\omega}|\approx10^{-16}$ rad/s^2，赤道处地球半径 $R=6.378\times10^6$ m，两极处 $R=6.357\times10^6$ m，日地平均距离 $R_{SE}=1.496\times10^{11}$ m.

2. 把地球视为非惯性系时质点对地球的运动微分方程

地球绕太阳公转，同时又有自转，因此以日心惯性系为标准则地球是非惯性系.

在研究地球表面附近质点运动，且当运动范围的尺度远小于地球半径时，一般以地球表面的一点为原点 O，令 x 轴沿经线切线指向正南，y 轴沿纬线切线指向正东，以地心 D 点到 O 点方向为 z 轴，建立坐标系 $Oxyz$ 如图 4.7 所示. 坐标系 $Oxyz$ 所代表的参考系就是我们选用的非惯性系，称为地面参考系.

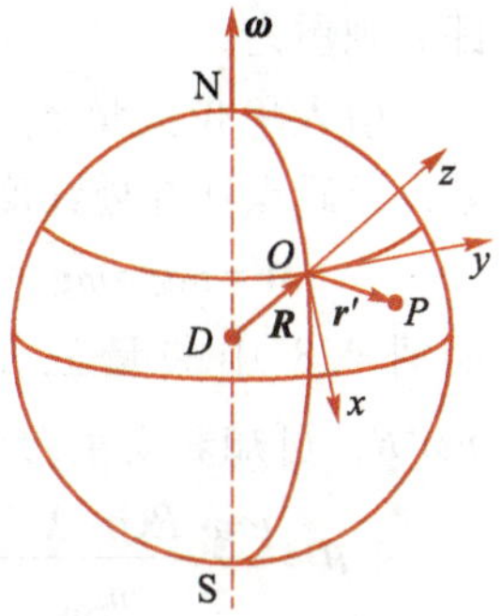

图 4.7　地面参考系

设地心 D 点到 S' 系原点 O 的位置矢量为 $\boldsymbol{R}$，在日心系（S 系）中，根据刚体运动学公式，因为地球角速度为 $\boldsymbol{\omega}$，可知 S' 系原点 O 的加速度为

$$\boldsymbol{a}_O=\boldsymbol{a}_D+\dot{\boldsymbol{\omega}}\times\boldsymbol{R}+\boldsymbol{\omega}\times(\boldsymbol{\omega}\times\boldsymbol{R}),$$

$\boldsymbol{a}_D$ 为地心的加速度. 由于 $|\dot{\boldsymbol{\omega}}|\ll\omega^2$，所以与 $\dot{\boldsymbol{\omega}}$ 有关的量均可略去，设质点 P 的质量为 m，对 O 点位置矢量为 $\boldsymbol{r}'$. 注意到 S' 系的角速度也是 $\boldsymbol{\omega}$，则在地面参考系 $Oxyz$（S' 系）中质点的运动微分方程为

$$m\boldsymbol{a}'=\sum\boldsymbol{F}-m[\boldsymbol{a}_D+\boldsymbol{\omega}\times(\boldsymbol{\omega}\times\boldsymbol{R})]-m\boldsymbol{\omega}\times(\boldsymbol{\omega}\times\boldsymbol{r}')-2m\boldsymbol{\omega}\times\boldsymbol{v}',$$

式中 $\sum\boldsymbol{F}$ 为质点所受相互作用力的合力，包括太阳施与的引力 $\boldsymbol{F}_S$，地球施与的引力——记为 $m\boldsymbol{g}_0$，和其他物体对它的作用力的合力 $\boldsymbol{F}$. 于是上式可改写为

$$m\boldsymbol{a}'=\boldsymbol{F}+(\boldsymbol{F}_S-m\boldsymbol{a}_D)+\{m\boldsymbol{g}_0-m\boldsymbol{\omega}\times[\boldsymbol{\omega}\times(\boldsymbol{R}+\boldsymbol{r}')]\}-2m\boldsymbol{\omega}\times\boldsymbol{v}',$$

其中 $\boldsymbol{a}_D$ 是地球公转时地心加速度，若质点位于地心，则 $\boldsymbol{F}_S=m\boldsymbol{a}_D$. 现在质点不在地心，但它到地心的距离远小于 R_{SE}，故可忽略不计，因此可认为 $\boldsymbol{F}_S-m\boldsymbol{a}_D\approx0$. 可见，太阳对质点的引力与惯性力 $-m\boldsymbol{a}_D$ 近似抵消，可视为对太阳引力的“失重”.

考虑在地球表面这个非惯性系中实际测量的重力，引入表观重力的概念为

$$\boldsymbol{W}=m\boldsymbol{g}=m\boldsymbol{g}_0-m\boldsymbol{\omega}\times[\boldsymbol{\omega}\times(\boldsymbol{R}+\boldsymbol{r}')]\approx m\boldsymbol{g}_0-m\boldsymbol{\omega}\times(\boldsymbol{\omega}\times\boldsymbol{R}),$$

则质点在地面参考系中的运动微分方程为

$$m\boldsymbol{a}'=\boldsymbol{F}+m\boldsymbol{g}-2m\boldsymbol{\omega}\times\boldsymbol{v}'. \tag{4.4.1}$$

与把地面视为惯性系时的方程相比，只多出一项科氏力 $-2m\boldsymbol{\omega}\times\boldsymbol{v}'$. 式（4.4.1）中 $\boldsymbol{v}'=\mathrm{d}^*\boldsymbol{r}'/\mathrm{d}t$，$\boldsymbol{a}'=\mathrm{d}^*\boldsymbol{v}'/\mathrm{d}t$. 由于本节均在 S' 系中讨论问题，为简便起见，略去相对变率 $\mathrm{d}^*/\mathrm{d}t$ 中的 $*$ 号，并简写为 $\boldsymbol{v}'=\dot{\boldsymbol{r}}'$，$\boldsymbol{a}'=\dot{\boldsymbol{v}}'=\ddot{\boldsymbol{r}}'$. 在这种约定下，式（4.4.1）可表示为

$$m\ddot{\boldsymbol{r}}'=\boldsymbol{F}+m\boldsymbol{g}-2m\boldsymbol{\omega}\times\dot{\boldsymbol{r}}'. \tag{4.4.2}$$

二、表观重力

微视频

通常认为物体在地球表面附近受到的重力就是地球对它的引力，实际上这是不考虑地球自转效应的结果. 由于地球自转，相对于地面静止的物体除受地球引力之外，还受到惯性离心力的作用，测得的重力为二者之矢量和，称为表观重力.

我们设想用弹簧秤在地球表面附近测量质量为 m 的质点的重力，如图 4.8 所示. 设地球对质点的引力为 $m\boldsymbol{g}_0$，弹簧秤拉力为 $\boldsymbol{F}_T$，惯性离心力为 $-m\boldsymbol{\omega}\times[\boldsymbol{\omega}\times(\boldsymbol{R}+$

$\boldsymbol{r}'$)]. 由于 $R \gg r'$，故质点的平衡方程为

$$\boldsymbol{F}_{\mathrm{T}}+m\boldsymbol{g}_0-m\boldsymbol{\omega}\times(\boldsymbol{\omega}\times\boldsymbol{R})=0,$$

可知测得重力并非 $m\boldsymbol{g}_0$，而是

$$\boldsymbol{W}=m\boldsymbol{g}=-\boldsymbol{F}_{\mathrm{T}}=m\boldsymbol{g}_0-m\boldsymbol{\omega}\times(\boldsymbol{\omega}\times\boldsymbol{R}), \tag{4.4.3}$$

即表观重力.

引入单位矢量 $\boldsymbol{e}_\rho$ 垂直地轴指向质点所在处，设质点所在处纬度为 λ，则式(4.4.3) 为

$$\boldsymbol{W}=m\boldsymbol{g}=m\boldsymbol{g}_0+m\omega^2R\cos\lambda\boldsymbol{e}_\rho. \tag{4.4.4}$$

如图 4.8 中矢量三角形所示，由于 $mg_0 \gg m\omega^2R$，可知表观重力与引力的夹角

$$\theta\approx\frac{m\omega^2R\cos\lambda\sin\lambda}{mg_0}=\frac{\omega^2R}{2g_0}\sin 2\lambda. \tag{4.4.5}$$

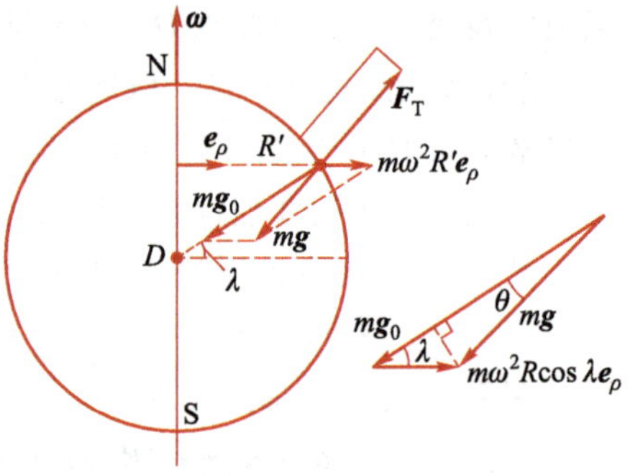

图 4.8　表观重力

将式 (4.4.5) 代入数据可估算出 $\omega^2R\approx3\times10^{-2}\ \mathrm{m/s^2}=3\ \mathrm{cm/s^2}$，$\theta\approx2\times10^{-3}\sin 2\lambda$. 当 $\lambda=45°$ 时 θ 最大，约 2×10^{-3} rad. 可见 θ 很小，在以后的计算中可认为 g 和 g_0 方向相同，即竖直方向（铅垂方向）与地球半径引力方向（地心方向）一致. 在赤道处 g 和 g_0 相差最大，$g_0-g=\omega^2R\approx3\ \mathrm{cm/s^2}$，随纬度 λ 增大，g 和 g_0 相差减小. 再考虑到地球为微扁的旋转椭球体，纬度 λ 减小 R 增大，从而使 g_0 减小，这是使重力加速度 g 随纬度 λ 减小而减小的另一原因. 因此，物体于两极重量最大 ($g=9.832\ \mathrm{m/s^2}$)，于赤道重量最小 ($g=9.780\ \mathrm{m/s^2}$).

三、落体偏东

我们以自由落体运动为例，研究科氏力对质点竖直运动的影响.

微视频

当不考虑地球自转而把地面视为惯性系时，做自由落体运动的质点在地球引力作用下沿地球半径方向落到地面. 当考虑地球自转，在地面参考系（非惯性系）中，质点下落时除受表观重力作用外，还要受科氏力作用，自由落体质点不再沿竖直方向下落，质点落地位置较垂足偏东.

如图 4.7，在地面参考系 $Oxyz$ 中，设质点由 z 轴上 $z=h$ 处自由落下，忽略空气阻力. 由于质点不受其他物体的作用力，$\boldsymbol{F}=0$，由式 (4.4.2) 可得质点的运动微分方程

$$m\ddot{\boldsymbol{r}}'=m\boldsymbol{g}-2m\boldsymbol{\omega}\times\dot{\boldsymbol{r}}'.$$

由于 $\boldsymbol{g}=-g\boldsymbol{k}$，参见图 4.7 和图 4.9 可知

$$\boldsymbol{\omega}=-\omega\cos\lambda\boldsymbol{i}+\omega\sin\lambda\boldsymbol{k},$$

所以质点的动力学方程组为

$$\begin{cases}m\ddot{x}=2m\omega\dot{y}\sin\lambda,\\ m\ddot{y}=-2m\omega(\dot{x}\sin\lambda+\dot{z}\cos\lambda),\\ m\ddot{z}=-mg+2m\omega\dot{y}\cos\lambda.\end{cases} \tag{4.4.6}$$

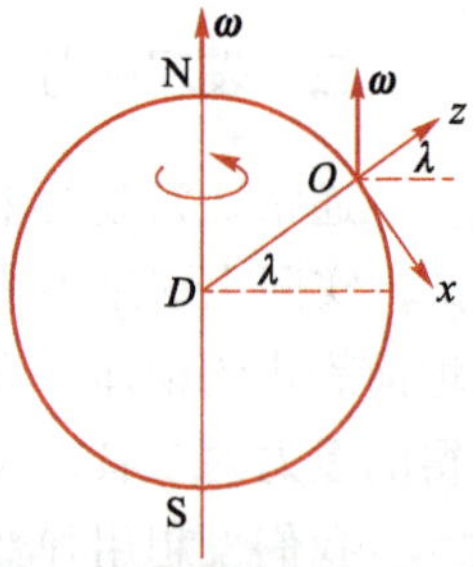

图 4.9　落体偏东

积分式 (4.4.6) 中一、三两式，并用初始条件 $t=0$ 时，$x=y=$

0，$z=h$，$\dot{x}=\dot{y}=\dot{z}=0$ 确定积分常数，得

$$\dot{x}=2\omega y\sin\lambda, \tag{4.4.7}$$

$$\dot{z}=-gt+2\omega y\cos\lambda. \tag{4.4.8}$$

将以上二式代入式（4.4.6）中第二式，略去 ω^2 项，则

$$\ddot{y}=2\omega gt\cos\lambda.$$

积分并确定积分常数，解出

$$y=\frac{1}{3}\omega gt^3\cos\lambda,$$

代入式（4.4.7）及式（4.4.8），略去 ω^2 项，即可求出

$$x=0,$$

$$z=h-\frac{1}{2}gt^2,$$

这便是精确到 ω 一次方时的解答．可见，当 $t>0$ 时 $y>0$，说明落体向 y 轴正方向偏斜，即发生落体偏东现象．由落地条件 $z=0$，求出落地时间 $t=(2h/g)^{1/2}$，可知落地后偏东的距离为 $y_m=\frac{1}{3}\omega g\left(\frac{2h}{g}\right)^{3/2}\cos\lambda$．纬度 λ 不同，y_m 不同．$\lambda=0$，即在赤道处，y_m 最大，若 $h=200$ m，则 $y_m=6\times10^{-2}$ m$=6$ cm．

落体偏东现象可以在惯性系（日心系）中给出定性解释：在惯性系中观察，地球自西向东绕地轴 NS 自转．质点下落之前相对地球静止，并随地球自西向东转动．由于质点位于 z 轴上 $z=h$ 处，它到地轴的距离大于 O 点（即由质点初始位置作地面铅垂线的垂足）到地轴的距离，所以质点初始时即具有较 O 点处更大的水平初速度．因此质点在自由下落过程中将向东偏离铅垂线，而落在相应垂足之东．

四、科氏力对水平运动的影响

设质点质量为 m，在水平面 Oxy 内运动，其速度为 $\boldsymbol{v}'_{-}$，参考图 4.7 和图 4.9，则质点受科氏力为

$$\begin{aligned}-2m\boldsymbol{\omega}\times\boldsymbol{v}'_{-}&=-2m(-\omega\cos\lambda\boldsymbol{i}+\omega\sin\lambda\boldsymbol{k})\times\boldsymbol{v}'_{-}\\&=2m\omega\cos\lambda\boldsymbol{i}\times\boldsymbol{v}'_{-}-2m\omega\sin\lambda\boldsymbol{k}\times\boldsymbol{v}'_{-}.\end{aligned}$$

上式右方第一项，因 $\boldsymbol{i}\times\boldsymbol{v}'_{-}$ 沿竖直方向，它将与重力和水平面支撑力平衡，对质点的水平运动没有直接影响．上式右方第二项沿水平方向，将造成水平运动的偏转，因此科氏力对水平运动的影响体现于 $-2m\omega\sin\lambda\boldsymbol{k}\times\boldsymbol{v}'_{-}$．我们以面向运动的前方为准，在北半球 $\sin\lambda>0$，科氏力造成水平运动的右偏效应；而在南半球 $\sin\lambda<0$，科氏力造成水平运动的左偏效应．科氏力对水平运动的影响与纬度 λ 有关，在赤道处为零，在两极处影响最大．

根据科氏力对水平运动的影响，即北半球的右偏和南半球的左偏效应，可以解释在地球表面这个非惯性参考系中观察到的若干现象．

（1）信风．由于赤道附近空气受热上升，两极处空气遇冷而下降，于是引起两极冷空气沿地球表面向赤道方向流动，从而形成信风．北半球信风自北向南，因右

偏效应而偏向西方，形成东北信风. 南半球则由于左偏效应而形成东南信风.

(2) 在北半球由于水平运动的右偏效应，单向双线铁路右侧铁轨磨损较甚，河流的右岸冲刷得较为严重.

(3) 旋风. 若地面某处遇热，则热空气上升形成低气压. 于是周围空气向该处流来，在北半球由于右偏效应，形成从上向下看的逆时针旋转的旋风，如图 4.10 所示. 旋风形成后高速转动，因为由外向内的压力差正好为运动空气质元提供了向心力，所以旋风可以稳定地存在.

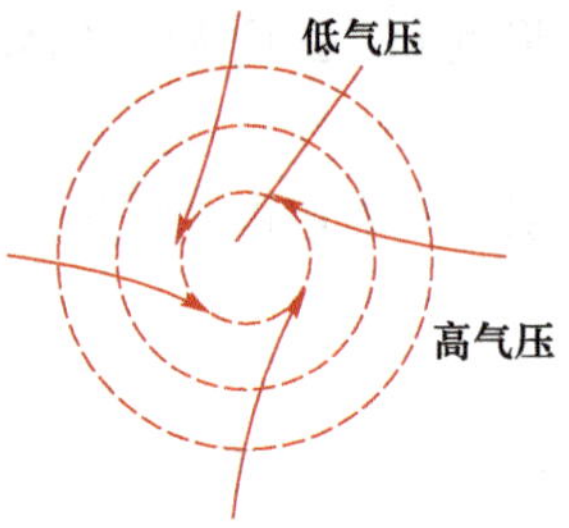

图 4.10　逆时针旋风

如果有一个水桶，在底部中央开有一孔，开始把孔塞住并使水静止，然后打开底部的孔使水快速流出. 身处北半球的我们在桶的上方可以看到逆时针旋转的旋涡，这也是科氏力在北半球对水平运动产生右偏效应所致.

(4) 对于远射程火炮，其弹着点精度受科氏力的影响已不容忽视. 据说 20 世纪初，英国的科技工作者已将军舰火炮的瞄准器做了科氏力校正，校正是以英国本土（北半球）为标准的. 第一次世界大战中，英国与德国在南半球发生海战，虽然英国水兵努力瞄准，但因为双重的左偏误差使得发出的炮弹常落于德舰左侧而不能命中.

五、傅科摆

微视频

法国物理学家傅科（1819—1868）于 1851 年在巴黎万胜殿内的拱顶上悬挂了一个摆长 67 m，摆锤质量 28 kg 的单摆，该单摆摆动周期约为 16 s. 人们发现，该摆的摆动平面绕竖直轴做顺时针转动（自上而下看），转动周期约为 32 h，这就是著名的傅科摆实验. 这个实验无须依赖地球以外的任何物体，就能直观地向人们展示地球自转的存在，至今仍受到重视.

傅科摆的摆长及摆锤质量都很大，其目的有二：(1) 小摆角摆动时摆锤近似在水平面内运动，且摆锤运动尺度较大，易于观察；(2) 小摆角摆动时的能量足够大，在存在空气阻力的情况下也可以长时间摆动.

在地面参考系中对傅科摆摆平面做顺时针转动做定性解释是方便的：图 4.11 显示了摆锤在水平面内的运动情况，其中科氏力对摆锤水平运动的右偏效应被极度地夸张了. 由于右偏效应，摆锤总是右偏于平衡位置 O 点，而依次达到 1，2，3，…各点，可见由于科氏力作用摆平面做顺时针转动.

要讨论傅科摆摆平面转动角速度 $\boldsymbol{\Omega}$ 与地球自转角速度 $\boldsymbol{\omega}$ 的关系，可以设想我们自己能够跳出地球之外，站在惯性系中，由天顶俯视地球，如图 4.12 所示，即由 z 轴正上方俯视，考察悬挂在 z 轴上的傅科摆和地面的运动情况. 由于地球角速度 $\boldsymbol{\omega}$ 沿 z 轴方向的分矢量为 $\omega\sin\lambda\boldsymbol{k}$，因此在惯性系中看到傅科摆摆平面固定不动，地面绕 z 轴以角速度 $\omega\sin\lambda\boldsymbol{k}$ 逆时针转动. 于是，对于站在地面上的人（在地面参考系中）会看到地面固定不动，而傅科摆摆平面以角速度 $\boldsymbol{\Omega}=-\omega\sin\lambda\boldsymbol{k}$ 顺时针转动. 这种方法虽有失严谨，但得到的结果与傅科摆的严格定量解一致，有其巧妙之处.

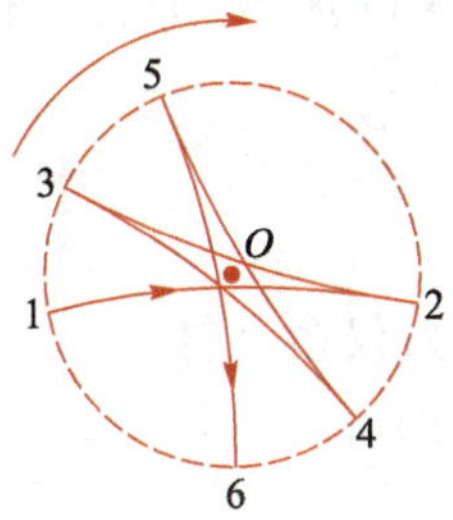

图 4.11　非惯性系中傅科摆的定性说明

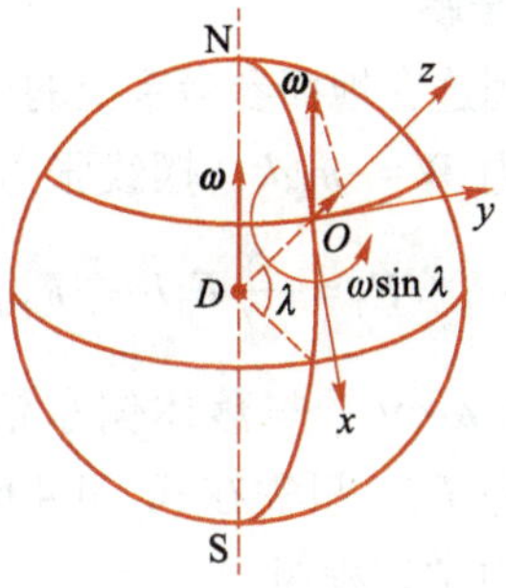

图 4.12　惯性系中傅科摆的定性解

六、傅科摆的半定量及定量解

作为非惯性系中质点动力学的应用，下面讨论在地面参考系中傅科摆的解. 求解中采用不同的方法，以使读者进一步熟悉运动微分方程的各种解法.

1. 半定量解

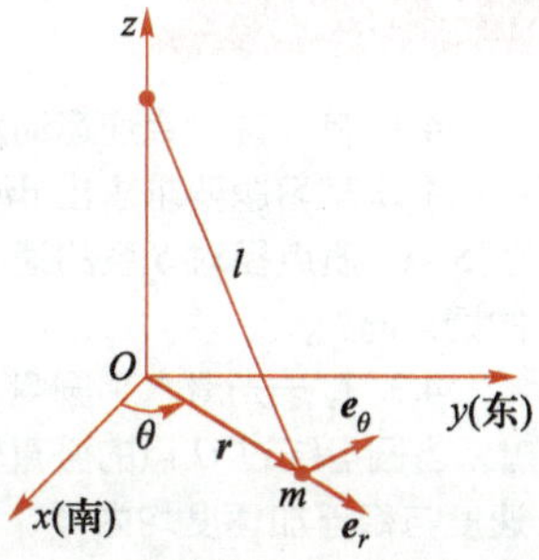

图 4.13　傅科摆半定量解

建立固连在地面参考系上的坐标系 $Oxyz$，如图 4.13 所示. 因摆线 l 很长，在小摆角情况下可认为摆锤 m 在水平面 Oxy 内运动. 摆锤所受重力 $\boldsymbol{W}=m\boldsymbol{g}=-mg\boldsymbol{k}$. 在 Oxy 面内用平面极坐标描述摆锤运动，极角正方向如图所示. 科氏力的水平分力为 $-2m\omega\sin\lambda\boldsymbol{k}\times\boldsymbol{v}_-$，摆线张力 $\boldsymbol{F}_\mathrm{T}$ 在水平面内的分力为 $-F_\mathrm{T}\dfrac{r}{l}\boldsymbol{e}_r$，且 $F_\mathrm{T}\approx mg$. 因此，摆锤在水平面内运动微分方程为

$$m\frac{\mathrm{d}\boldsymbol{v}_-}{\mathrm{d}t}=-mg\frac{r}{l}\boldsymbol{e}_r-2m\omega\sin\lambda\boldsymbol{k}\times\boldsymbol{v}_-.$$

由于 $\boldsymbol{v}_-=\dot{r}\boldsymbol{e}_r+r\dot{\theta}\boldsymbol{e}_\theta$，故 $\boldsymbol{k}\times\boldsymbol{v}_-=-r\dot{\theta}\boldsymbol{e}_r+\dot{r}\boldsymbol{e}_\theta$，则

$$m(\ddot{r}-r\dot{\theta}^2)=-\frac{mgr}{l}+2m\omega r\dot{\theta}\sin\lambda, \tag{4.4.9}$$

$$m(r\ddot{\theta}+2\dot{r}\dot{\theta})=-2m\omega\dot{r}\sin\lambda. \tag{4.4.10}$$

由实验观测及定性分析可知 $\dot{\theta}=$常量，而我们的兴趣亦在于找出 $\dot{\theta}=$常量的特解，故将 $\ddot{\theta}=0$ 代入式 (4.4.10)，即得到

$$2m\dot{r}\dot{\theta}=-2m\omega\dot{r}\sin\lambda,$$

即

$$\dot{\theta}=-\omega\sin\lambda.$$

可见，摆平面以 $\boldsymbol{\Omega}=-\omega\sin\lambda\boldsymbol{k}$ 做顺时针转动，把上式代入式 (4.4.9)，略去 ω^2 项，可证明在摆平面内摆锤运动与单摆相同.

该解法简洁明晰，但仍略欠严谨，故称之为半定量解.

2. 定量解

建立固连在地面参考系上的坐标系 $Oxyz$，如图 4.14 所示，O 点为摆锤平衡位置．摆锤受重力 $\boldsymbol{W}=-mg\boldsymbol{k}$，摆线张力

$$\boldsymbol{F}_{\mathrm{T}}=-\frac{x}{l}F_{\mathrm{T}}\boldsymbol{i}-\frac{y}{l}F_{\mathrm{T}}\boldsymbol{j}+\frac{l-z}{l}F_{\mathrm{T}}\boldsymbol{k}.$$

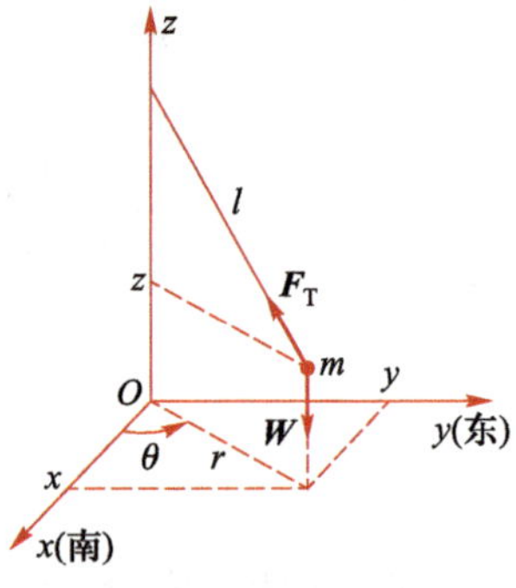

图 4.14　傅科摆定量解

科氏力 $-2m\boldsymbol{\omega}\times\boldsymbol{v}'$，与落体偏东情况比较，质点受力仅多出摆线张力 $\boldsymbol{F}_{\mathrm{T}}$，只需在式（4.4.6）中增加张力 $\boldsymbol{F}_{\mathrm{T}}$ 即可得摆锤的动力学方程组

$$\begin{cases} m\ddot{x}=2m\omega\dot{y}\sin\lambda-\dfrac{x}{l}F_{\mathrm{T}}, \\ m\ddot{y}=-2m\omega(\dot{x}\sin\lambda+\dot{z}\cos\lambda)-\dfrac{y}{l}F_{\mathrm{T}}, \\ m\ddot{z}=-mg+2m\omega\dot{y}\cos\lambda+\dfrac{l-z}{l}F_{\mathrm{T}}. \end{cases} \qquad (4.4.11)$$

思考题

4.1. 有人说“牵连运动就是动坐标系的运动”，这种说法是否正确？为什么？

4.2. 某习题要求求出 $\mathrm{d}\boldsymbol{v}'/\mathrm{d}t$．于是有人提出疑问：“$\boldsymbol{v}'$ 是质点相对 S' 系的速度，它的存在依赖于 S' 系．质点相对 S 系的速度是 $\boldsymbol{v}$ 而不是 $\boldsymbol{v}'$．为什么可以对 S 系求 $\boldsymbol{v}'$ 的时间变率呢？”你能解决他的疑虑吗？

4.3. 有一光滑水平圆盘，在其上离中心 O 点距离为 a 处放一光滑小球，初始时盘与小球均静止．当圆盘绕过 O 点的竖直轴做均匀转动后，有人认为“小球并未被盘带着运动，所以它的牵连速度与牵连加速度均为零”．他的看法正确吗？

4.4. 一竖直圆盘沿水平直线轨道做无滑滚动，其盘心 O 点的加速度为 $\boldsymbol{a}_O$．以地面为 S 系，以 O 为原点建立平动 $Oxyz$ 为 S' 系，如思考题 4.4 图所示，则轮边上一点 P 的绝对加速度为 $\boldsymbol{a}=\boldsymbol{a}_O+\dot{\boldsymbol{\omega}}\times\boldsymbol{r}'+\boldsymbol{\omega}\times(\boldsymbol{\omega}\times\boldsymbol{r}')$．试问

（1）$\dot{\boldsymbol{\omega}}$ 是绝对变率还是相对变率？

（2）等式右方三项各是什么加速度？

4.5. 在思考题 4.4 中若以与圆盘固连的 $Ox'y'z'$ 为 S' 系，此时 $\boldsymbol{a}=\boldsymbol{a}_O+\dot{\boldsymbol{\omega}}\times\boldsymbol{r}'+\boldsymbol{\omega}\times(\boldsymbol{\omega}\times\boldsymbol{r}')$ 是否还能成立？等式右方三项又各是什么加速度？

4.6. 水平面内半径为 R 的圆环，绕过中心 O 的竖直轴以匀角速度 $\boldsymbol{\omega}$ 转动．小虫 M 在环上，相对于环以匀速率 u 爬行，如思考题 4.6 图所示．以地为 S 系，圆环为 S' 系，试说明等式

$$R\left(\omega-\frac{u}{R}\right)^2=R\omega^2-2\omega u+\frac{u^2}{R}$$

左右两端每一项的物理意义．

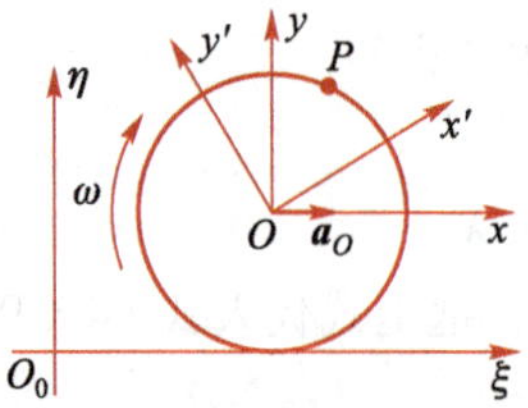

思考题 4.4 图

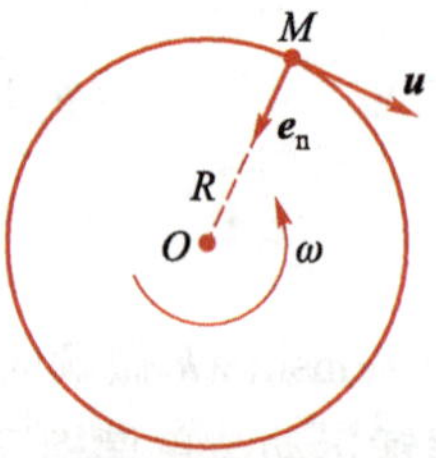

思考题 4.6 图

4.7. 有人认为极坐标加速度公式 $a_\theta = r\ddot{\theta} + 2\dot{r}\dot{\theta}$ 中 $2\dot{r}\dot{\theta}$ 是科氏加速度．你以为如何？

4.8. 小球静止于地面，现以匀加速上升的电梯为参考系，小球是否受惯性力作用？

4.9. 有人说“牵连加速度是由牵连惯性力产生的，科氏加速度是由科氏力产生的”．这种说法对吗？为什么？

习　题

4.1. 一直管在水平面内绕其 O 端以匀角速度 $\boldsymbol{\omega}$ 转动．管内有一质点相对管的速率为 $v' = v_0 + at$，方向背离 O 点向外，v_0，a 为常量．以地面 $Oxyz$ 为 S 系，与管固连的 $Ox'y'z'$ 为 S' 系，如题 4.1 图所示．试求：(1) $\mathrm{d}\boldsymbol{v}'/\mathrm{d}t$；(2) $\mathrm{d}^*\boldsymbol{v}'/\mathrm{d}t$；(3) $\mathrm{d}\boldsymbol{a}'/\mathrm{d}t$；(4) $\mathrm{d}^*\boldsymbol{a}'/\mathrm{d}t$．

4.2. 半径为 R 的滚筒绕水平固定轴以角速度 $\boldsymbol{\omega}$ 转动．笔尖 P 在与固定轴等高的水平线上，以速度 $\boldsymbol{v}_0$ 运动，如题 4.2 图所示．求笔尖 P 相对滚筒的速率．(先以地为 S 系，再以滚筒为 S 系，分别用两种方法求解．)

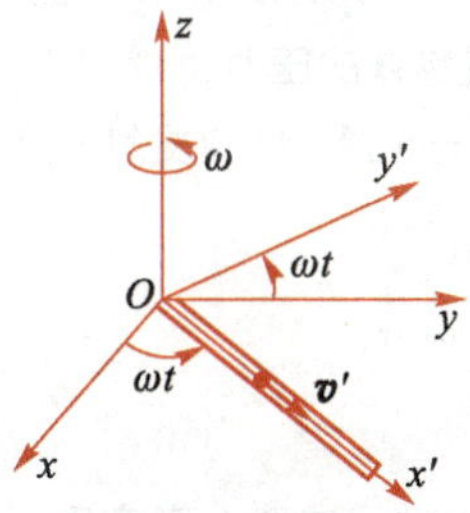

题 4.1 图

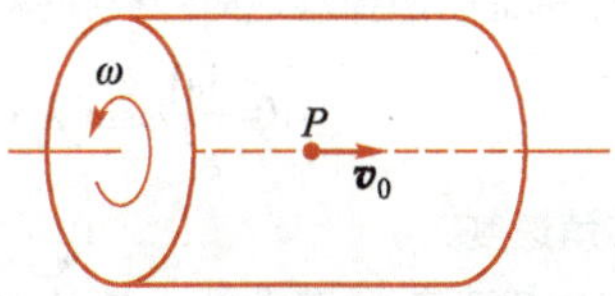

题 4.2 图

4.3. 半顶角为 α 的圆锥以匀角速度 $\boldsymbol{\omega}$ 绕对称轴转动，圆锥表面有一沿母线的细槽．质点 P 由圆锥顶点开始，相对圆锥以速度 $\boldsymbol{v}'$ 沿槽做匀速运动，如题 4.3 图所示．求运动到 t 时刻，P 点绝对加速度的量值（以地面为 S 系）．

4.4. 如题 4.4 图所示，瓦特调速器的 4 根连杆长度均为 l，4 杆和 2 小球 P 所在平面绕竖直轴转动的规律为 $\varphi = \varphi(t)$，连杆与转轴间夹角的变化规律为 $\theta = \theta(t)$．试求其中一个小球对地面的加速度．

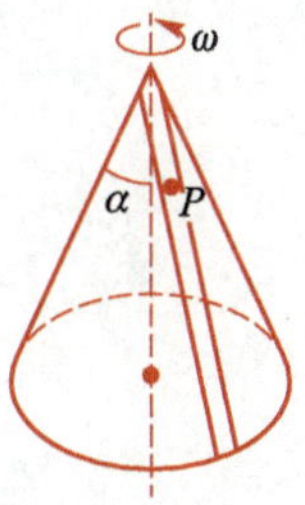

题 4.3 图

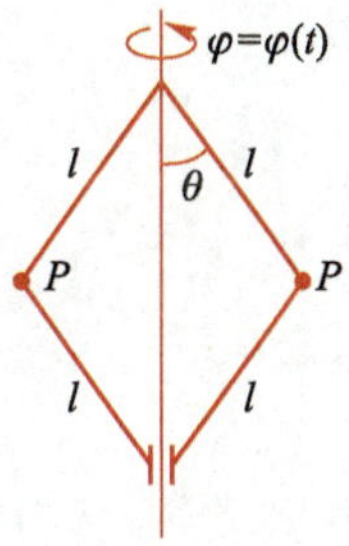

题 4.4 图

4.5. 一半径为 R 的车轮在竖直平面内沿一直线轨道做无滑滚动，已知轮心的速率为常量 v．轮缘上有一质点以与轮心速率相等的速率 v，相对车轮沿轮缘顺着车轮滚动方向运动．求：(1) 质点相对车轮的加速度；(2) 质点相对地面的加速度．

4.6. 在一内壁光滑的水平直管中有一质量为 m 的小球，此管以匀角速度 $\boldsymbol{\omega}$ 绕过其一端的竖直轴转动．如开始时小球到转动轴的距离为 a，球相对管的速率为零，而管的总长度为 $2a$．求：(1) 小球刚要离开管口时相对管的速度和相对地面的速度；(2) 小球从开始运动到离开管口所需的时间.

4.7. 小环质量为 m，穿在曲线方程为 $y=f(x)$ 的光滑钢丝上，此钢丝通过坐标原点 O，并绕竖直的 y 轴以匀角速度 $\boldsymbol{\omega}$ 转动. 如欲使小环在钢丝的任何位置上都处于相对曲线钢丝平衡的状态，求：(1) 钢丝的曲线方程；(2) 曲线钢丝对小环的约束力.

4.8. 一半径为 R 的圆环绕过环心 O 的竖直轴以匀角速度 $\boldsymbol{\omega}$ 转动，有一质量为 m 的小环套在此圆环上，并可在其上无摩擦地滑动. 初始时小环和 O 点连线与竖直轴夹角为 θ_0，相对圆环静止，如题 4.8 图所示. 试求小环相对圆环的角速度以及圆环对小环的约束力.

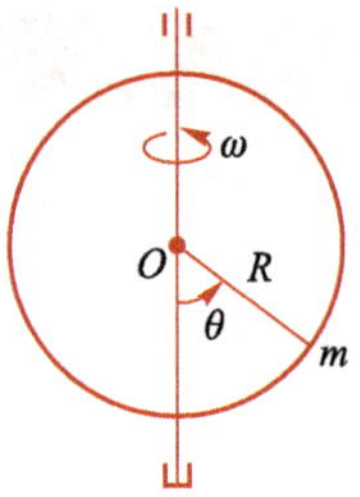

题 4.8 图

4.9. 质量分别为 m_1 和 m_2 的两个质点，用一原长为 a 的弹性轻绳相连，绳的弹性系数为 $k=2m_1m_2\omega^2/(m_1+m_2)$. 如将此系统放在一内壁光滑的水平管中，水平管绕管上某点以匀角速度 $\boldsymbol{\omega}$ 绕竖直轴转动. 初始时两质点均相对水平管静止，两质点间的距离为 a. 试求任一时刻两质点间的距离.

4.10. 给放置在光滑水平面上的物体一个水平初速度，考虑地球自转，证明该物体运动轨迹是一个圆，并求出圆半径及水平面所受物体的压力.

4.11. 如在北纬 λ 处，以仰角 α 自地面向正东方发射一炮弹，炮弹发射速度为 $\boldsymbol{v}$，忽略空气阻力但计及地球自转. 试证明炮弹落地时的横向偏离为

$$d=\frac{4v^3}{g^2}\omega\sin\lambda\cdot\sin^2\alpha\cdot\cos\alpha,$$

式中 ω 为地球自转角速度.

4.12. 一质点如以初速度 $\boldsymbol{v}_0$ 在北纬 λ 处从地面竖直上抛，达到 h 高度后，复落至地面. 忽略空气阻力，考虑地球自转，试求质点落至地面时相对抛出点的偏差，并通过物理图像说明结果的合理性.

习题参考答案

第五章

质点组动力学

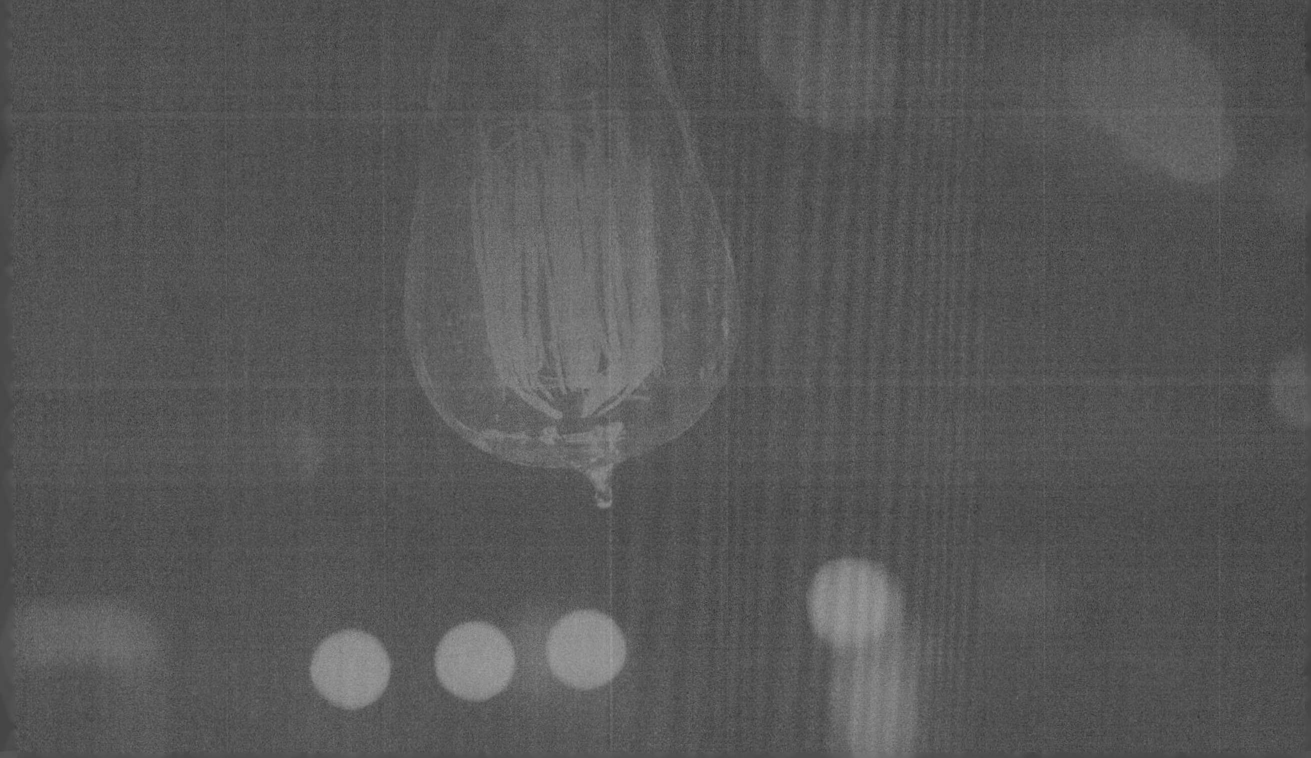

课件资源

存在相互作用的质点的集合称为质点组，本章在质点动力学的基础上研究质点组动力学. 质点组动力学首先要明确从整体上进行研究的思想，其基本方法是利用质心对质点组的运动进行分解，讨论质心的运动和相对质心系的运动. 因此，质心的概念是本章内容的核心.

微视频

5-1 质点组力学的研究方法

一、质点组

存在相互作用的质点的集合称为质点组，或者说质点组是由多个有相互作用的质点所构成的力学体系.

质点组内可以只有有限多个质点，也可以包括无限多个质点. 质点组的模型概括了宇宙中各种各样的客体：固体、液体、气体以及由带电粒子组成的等离子体；由太阳和行星组成的太阳系和由众多星体组成的星系等. 各种机器、交通工具以至有生命的动物，从力学观点看也无不是质点组. 因此，质点组力学中讨论的规律、定理，有很大的普遍适用性. 当然一些机器、交通工具和动物内部还可能有热力学的、化学的以及生命过程等，这些问题是不能用力学规律解释的.

二、质点组动力学的依据

质点组动力学是牛顿力学体系中最重要的一部分. 在质点动力学中，我们从牛顿第二定律出发导出了质点动力学的三个定理和三个相应的守恒定律，完成了质点动力学的框架，并在第四章中把惯性系中质点动力学推广到了非惯性系中. 现在研究的质点组动力学的依据依然是牛顿力学的基本出发点——牛顿运动定律. 在质点组动力学中，质点组内各质点间的关联遵从牛顿第三定律，牛顿第三定律显示了它作为牛顿力学基本出发点的重要作用.

三、质点组的内力和外力

质点组是根据所要研究的问题，从客观存在的众多物体中人为划分出来的. 当质点组构成后，就形成了质点组内和质点组外的划分，质点组内质点所受的力也就有了内力和外力之分.

内力是质点组内质点间的相互作用力，我们用 $\boldsymbol{F}^{(\mathrm{i})}$ 表示内力. 在一般情况下，设质点组由 n 个质点组成，其中第 i 个质点所受第 j 个质点的力（内力）记为 $\boldsymbol{F}_{ij}$，同样第 j 个质点所受第 i 个质点的力记为 $\boldsymbol{F}_{ji}$.

外力指质点组外物体对质点组内质点的作用力，记为 $\boldsymbol{F}^{(\mathrm{e})}$.

四、质点组动力学的研究方法

研究质点组动力学问题有两种方法. 一种是对质点组内每一个质点建立其运动

微分方程，设 n 个质点中第 i 个质点的质量为 m_i，所受外力的合力为 $\boldsymbol{F}_i^{(e)}$，内力的合力为 $\boldsymbol{F}_i^{(i)}$，则

$$m_i \ddot{\boldsymbol{r}}_i = \boldsymbol{F}_i^{(e)} + \boldsymbol{F}_i^{(i)}, \quad i=1, 2, \cdots, n,$$

共 $3n$ 个标量的二阶微分方程. 其中 $\boldsymbol{F}_i^{(i)}$ 所包括的每一个内力均与相互作用的两个质点的位置和速度有关，因而使得各质点的运动相互关联，所以要求出质点组内每一个质点的运动规律，必须联立求解这 $3n$ 个互相耦合的二阶微分方程组. 当 n 的数目不太大时，可用计算机求其数值解，利用计算机还可以演示其运动情况. 但要用数学分析的方法求其解析解极其困难，只要 n 稍大，几乎是不可能的. 到目前为止仅二体问题（$n=2$）得到完全解决，连三体问题（$n=3$）都尚未能得以完全解决.

人们通常采用另一种方法：从整体上对质点组进行研究，讨论质点组存在哪些普遍规律. 本章将从由牛顿第二定律导出的质点动力学的三个定理出发，依据牛顿第三定律，导出质点组动力学的三个基本普遍定理（动量、角动量和动能定理）. 由这三个基本普遍定理出发，对质点组整体运动进行深入的讨论. 质点组动力学的三个定理在牛顿力学中十分重要，由于用第一种方法求多质点运动解析解实际上的不可能性，这三个定理便成为质点组动力学的基本出发点；同时，它们的重要性蕴含于其普遍的适用性之中.

因为质点组的三个基本普遍定理至多只能提供 7 个标量方程，所以这种方法只能解决自由度 $s \leqslant 7$ 的质点组的全部问题（如二体问题和刚体问题）和一般质点组的整体运动趋向等部分问题，质点组的三个定理不可能描述多质点的质点组中每个质点的运动细节. 因此，一定要明确对于质点组要从整体上进行研究的思想，这是学好质点组动力学的第一个要点.

从整体上研究质点组动力学的基本方法是利用质心对质点组的运动进行分解，讨论质心的运动和相对质心系的运动. 因此掌握质心和相对质心系的运动的特点，是学好这一章的第二个要点.

质点组内质点受力分为外力和内力，内力有着和外力不同的特点. 理解内力与外力的区别和内力的特点是学好本章的第三个要点. 为使内力的特点得以集中体现，我们首先对内力作专门的讨论.

5-2 质点组的内力

微视频

内力是质点组内质点间的相互作用力，由于质点组内任一个质点所受的任一个内力，其反作用力必作用于质点组内的另一个质点上，也就是说每一个内力及其反作用力都是质点组内质点所受的力，所以一般我们说：内力成对出现. 外力也存在反作用力，但其反作用力作用在质点组外的物体上.

内力总是成对出现，根据牛顿第三定律，每一对内力大小相等、方向相反、沿相互作用两质点的连线方向. 因此，内力有下面一些特点.

一、质点组内所有质点所受全部内力矢量和为零

该结论可表示为

$$\boldsymbol{F}^{(\mathrm{i})}=\sum_{i=1}^{n}\boldsymbol{F}_i^{(\mathrm{i})}=\sum_{i=1}^{n}\sum_{j=1,j\neq i}^{n}\boldsymbol{F}_{ij}=0. \tag{5.2.1}$$

证明上式是极其简单的：因为内力成对出现，所以双重求和中若有 $\boldsymbol{F}_{ij}$，必存在 $\boldsymbol{F}_{ji}$，且 $\boldsymbol{F}_{ij}=-\boldsymbol{F}_{ji}$，显然 $\boldsymbol{F}^{(\mathrm{i})}=0$. 由于所有内力矢量和 $\boldsymbol{F}^{(\mathrm{i})}$ 中内力作用于不同质点上，故 $\boldsymbol{F}^{(\mathrm{i})}$ 不可称为合内力.

二、对任意参考点 O，质点组内所有质点所受全部内力矩的矢量和为零

设 $\boldsymbol{r}_i$ 为质点组内第 i 个质点对 O 点的位置矢量，则该结论可表示为

$$\boldsymbol{M}^{(\mathrm{i})}=\sum_{i=1}^{n}\boldsymbol{M}_i^{(\mathrm{i})}=\sum_{i=1}^{n}\sum_{j=1,\ j\neq i}^{n}\boldsymbol{r}_i\times\boldsymbol{F}_{ij}=0. \tag{5.2.2}$$

我们先讨论质点组内第 i 个与第 j 个质点间的一对内力对 O 点力矩之和，如图 5.1 所示，并不失一般性地设这一对内力 $\boldsymbol{F}_{ij}$ 和 $\boldsymbol{F}_{ji}$ 为引力. 由于 $\boldsymbol{F}_{ij}=-\boldsymbol{F}_{ji}$ 且沿着同一条作用线，故

$$\begin{aligned}\boldsymbol{r}_i\times\boldsymbol{F}_{ij}+\boldsymbol{r}_j\times\boldsymbol{F}_{ji}&=(\boldsymbol{r}_i-\boldsymbol{r}_j)\times\boldsymbol{F}_{ij}\\&=\boldsymbol{r}_{ij}\times\boldsymbol{F}_{ij}=0,\end{aligned}$$

其中 $\boldsymbol{r}_{ij}$ 为第 i 个质点相对于第 j 个质点的位置矢量. 因为内力成对出现，每一对内力对 O 点的力矩矢量和为零，显然 $\boldsymbol{M}^{(\mathrm{i})}=0$.

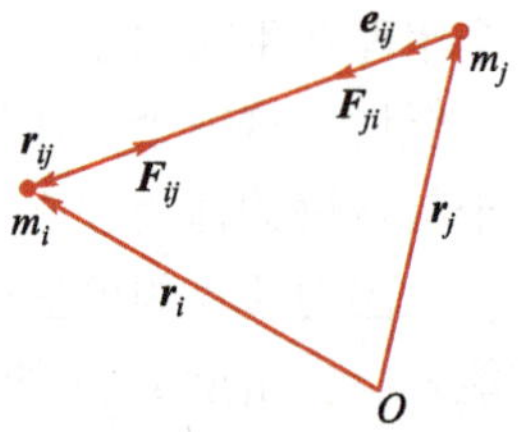

图 5.1　质点组的内力

三、质点组内所有质点所受全部内力做功之和一般不为零

由于以一对内力相互作用的两个质点在运动中的位移 $\mathrm{d}\boldsymbol{r}_i$ 和 $\mathrm{d}\boldsymbol{r}_j$ 一般不同，这个结论是显而易见的.

微视频

下面讨论一对内力做功之和为零的条件. 仍参见图 5.1，$\boldsymbol{F}_{ij}$ 与 $\boldsymbol{F}_{ji}$ 做功之和为

$$\begin{aligned}\boldsymbol{F}_{ij}\cdot\mathrm{d}\boldsymbol{r}_i+\boldsymbol{F}_{ji}\cdot\mathrm{d}\boldsymbol{r}_j&=\boldsymbol{F}_{ij}\cdot(\mathrm{d}\boldsymbol{r}_i-\mathrm{d}\boldsymbol{r}_j)=\boldsymbol{F}_{ij}\cdot\mathrm{d}(\boldsymbol{r}_i-\boldsymbol{r}_j)\\&=\boldsymbol{F}_{ij}\cdot\mathrm{d}\boldsymbol{r}_{ij}=\boldsymbol{F}_{ij}\cdot\boldsymbol{v}_{ij}\mathrm{d}t,\end{aligned} \tag{5.2.3}$$

$$\begin{aligned}\boldsymbol{F}_{ij}\cdot\mathrm{d}\boldsymbol{r}_i+\boldsymbol{F}_{ji}\cdot\mathrm{d}\boldsymbol{r}_j&=-F_{ij}\boldsymbol{e}_{ij}\cdot\mathrm{d}(r_{ij}\boldsymbol{e}_{ij})=-F_{ij}\boldsymbol{e}_{ij}\cdot[(\mathrm{d}r_{ij})\boldsymbol{e}_{ij}+r_{ij}\mathrm{d}\boldsymbol{e}_{ij}]\\&=-F_{ij}\mathrm{d}r_{ij},\end{aligned} \tag{5.2.4}$$

其中式（5.2.3）中 $\boldsymbol{v}_{ij}$ 为第 i 个质点相对于第 j 个质点的速度，式（5.2.4）中 $\boldsymbol{e}_{ij}$ 为沿 $\boldsymbol{r}_{ij}$ 方向的单位矢量. 若 $\boldsymbol{F}_{ij}$ 和 $\boldsymbol{F}_{ji}$ 为相互斥力，则式（5.2.4）中取正号. 由式（5.2.3）可知一对内力做功之和为零的条件为

$$\mathrm{d}\boldsymbol{r}_{ij}=0\quad 或\quad \boldsymbol{v}_{ij}=0; \tag{5.2.5}$$

$$\boldsymbol{F}_{ij}\perp\mathrm{d}\boldsymbol{r}_{ij}\quad 或\quad \boldsymbol{F}_{ij}\perp\boldsymbol{v}_{ij}. \tag{5.2.6}$$

由式（5.2.4）可知一对内力做功之和为零的条件为

$$\mathrm{d}r_{ij}=0, \tag{5.2.7}$$

此时第 i 个质点与第 j 个质点距离不变．由于刚体内任意两个质点间的距离均保持不变，所以刚体内力做功之和为零！

例题 5.1

如图 5.2 所示，可在水平面上滑动的尖劈 2 上，有一可沿斜面以相对尖劈的速度 $\boldsymbol{v}'$ 滑动的重物 1．以重物和尖劈为质点组，试分析两者间内力做功情况．

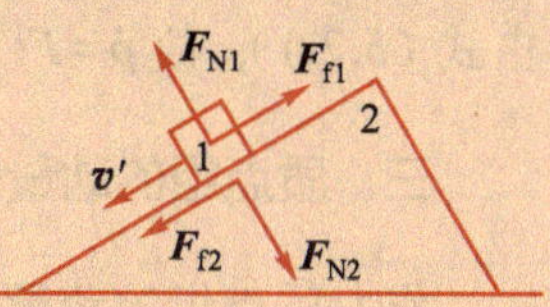

图 5.2　一对内力做功的例子

解　把重物和尖劈间的一对内力 $\boldsymbol{F}_{R1}$ 和 $\boldsymbol{F}_{R2}$ 沿斜面和垂直斜面方向分解为一对摩擦力 $\boldsymbol{F}_{f1}$ 和 $\boldsymbol{F}_{f2}$，以及一对正压力 $\boldsymbol{F}_{N1}$ 和 $\boldsymbol{F}_{N2}$．$\boldsymbol{F}_{f1}$ 和 $\boldsymbol{F}_{f2}$ 做功之和为

$$\boldsymbol{F}_{f1}\cdot \mathrm{d}\boldsymbol{r}_1+\boldsymbol{F}_{f2}\cdot \mathrm{d}\boldsymbol{r}_2=\boldsymbol{F}_{f1}\cdot \mathrm{d}\boldsymbol{r}_{12}=\boldsymbol{F}_{f1}\cdot \boldsymbol{v}_{12}\mathrm{d}t=\boldsymbol{F}_{f1}\cdot \boldsymbol{v}'\mathrm{d}t<0,$$

$\boldsymbol{F}_{N1}$ 和 $\boldsymbol{F}_{N2}$ 做功之和为

$$\boldsymbol{F}_{N1}\cdot \mathrm{d}\boldsymbol{r}_1+\boldsymbol{F}_{N2}\cdot \mathrm{d}\boldsymbol{r}_2=\boldsymbol{F}_{N1}\cdot \mathrm{d}\boldsymbol{r}_{12}=\boldsymbol{F}_{N1}\cdot \boldsymbol{v}_{12}\mathrm{d}t=\boldsymbol{F}_{N1}\cdot \boldsymbol{v}'\mathrm{d}t=0.$$

四、耗散力

我们知道质点受力分为保守力和非保守力．在非保守力中，有一类力为耗散力，如滑动摩擦力就是耗散力．但滑动摩擦力不一定做负功，那么为什么称它为耗散力呢？现在我们可以给出耗散力的正确定义：若一个力和它的反作用力做功之和永远为负值，则该力称为耗散力．

一对作用力和反作用力做功之和与参考系无关！因此，在讨论不同形式的能量相互转化的问题时，机械功必须用一对作用力与反作用力做功之和来度量．在力学中，动能与势能是两种不同形式的能量，因此从严格意义上讲，动能与势能的转化必须用一对保守力做功之和来度量，势能实质上为以保守力相互作用的体系所共有．

5-3　质点组的动量定理和动量守恒定律

微视频

一、质点组的动量

质点组的动量 $\boldsymbol{p}$ 定义为质点组内每个质点动量之和，即

$$\boldsymbol{p}=\sum_{i=1}^{n}\boldsymbol{p}_i=\sum_{i=1}^{n}m_i\boldsymbol{v}_i=\sum_{i=1}^{n}m_i\dot{\boldsymbol{r}}_i. \tag{5.3.1}$$

二、质点组的动量定理

质点组的动量定理表述为：在惯性系中，质点组总动量的时间变化率等于质点组所受外力的矢量和，与内力无关，即

$$\dot{\boldsymbol{p}}=\boldsymbol{F}^{(\mathrm{e})}=\sum_{i=1}^{n}\boldsymbol{F}_i^{(\mathrm{e})}. \tag{5.3.2}$$

证明 对质点组内第 i 个质点，其动量定理为

$$\dot{\boldsymbol{p}}_i=\boldsymbol{F}_i^{(\mathrm{e})}+\boldsymbol{F}_i^{(\mathrm{i})},\quad i=1,\ 2,\ \cdots,\ n.$$

对质点组内所有 n 个质点，由 $i=1$ 到 $i=n$ 求和，则

$$\sum_{i=1}^{n}\dot{\boldsymbol{p}}_i=\dot{\boldsymbol{p}}=\sum_{i=1}^{n}\boldsymbol{F}_i^{(\mathrm{e})}+\sum_{i=1}^{n}\boldsymbol{F}_i^{(\mathrm{i})}.$$

由式（5.2.1），故 $\dot{\boldsymbol{p}}=\boldsymbol{F}^{(\mathrm{e})}$.

三、质点组的动量守恒定律

作为质点组的动量定理式（5.3.2）的推论，质点组的动量守恒定律表述为：若在某一过程中，质点组所受外力矢量和恒为零，即 $\boldsymbol{F}^{(\mathrm{e})}=\sum\boldsymbol{F}_i^{(\mathrm{e})}\equiv 0$，则在该过程中质点组的总动量守恒，即

$$\boldsymbol{p}=\sum_{i=1}^{n}\boldsymbol{p}_i=\text{常矢量}.\tag{5.3.3}$$

四、质点组沿固定方向的动量定理和动量守恒定律

设 $\boldsymbol{e}_l$ 为表示固定方向的单位矢量，用 $\boldsymbol{e}_l$ 点乘式（5.3.2），由于 $\boldsymbol{e}_l=$常矢量，可得到质点组沿固定方向的动量定理

$$\dot{p}_l=F_l^{(\mathrm{e})}=\sum_{i=1}^{n}F_{il}^{(\mathrm{e})},\tag{5.3.4}$$

其中 $p_l=\sum p_{il}=\sum m_i v_{il}$，为质点组总动量沿 $\boldsymbol{e}_l$ 方向的分量. 作为式（5.3.4）的推论，可得质点组沿固定 $\boldsymbol{e}_l$ 方向的动量守恒定律：若在某一过程中，质点组所受的外力沿 $\boldsymbol{e}_l$ 方向的分量和恒为零，即 $F_l^{(\mathrm{e})}\equiv\sum F_{il}^{(\mathrm{e})}=0$，则在该过程中质点组总动量沿 $\boldsymbol{e}_l$ 方向的分量守恒，即

$$p_l=\sum_{i=1}^{n}p_{il}=\text{常量}.\tag{5.3.5}$$

五、质心运动定理

质心运动定理是质点组动量定理的另一种等价表述，导出质心运动定理的基本思想是把质点组“假想质点化”. 由于质点组的动量定理式（5.3.2）可表示为

$$\dot{\boldsymbol{p}}=\sum_{i=1}^{n}m_i\ddot{\boldsymbol{r}}_i=\boldsymbol{F}^{(\mathrm{e})},$$

令质点组总质量 $m_{\mathrm{t}}=\sum m_i$，则上式可化为

$$m_{\mathrm{t}}\frac{\mathrm{d}^2}{\mathrm{d}t^2}\frac{\sum m_i\boldsymbol{r}_i}{m_{\mathrm{t}}}=\boldsymbol{F}^{(\mathrm{e})}.\tag{5.3.6}$$

令

$$\boldsymbol{r}_{\mathrm{c}}=\frac{\sum m_i\boldsymbol{r}_i}{m_{\mathrm{t}}},\tag{5.3.7}$$

定义位于 $\boldsymbol{r}_{\mathrm{c}}$ 矢端的几何点为质心，称 $\boldsymbol{r}_{\mathrm{c}}$ 为质心的位置矢量，$\boldsymbol{v}_{\mathrm{c}}=\dot{\boldsymbol{r}}_{\mathrm{c}}$为质心速度，$\boldsymbol{a}_{\mathrm{c}}=$

$\dot{\boldsymbol{v}}_c = \ddot{\boldsymbol{r}}_c$为质心加速度，则由式（5.3.6）可得

$$m_t \ddot{\boldsymbol{r}}_c = m_t \dot{\boldsymbol{v}}_c = m_t \boldsymbol{a}_c = \boldsymbol{F}^{(e)}, \tag{5.3.8}$$

此即质心运动定理．“假想质点化”的工作得以完成：我们假想有一质点，其位置矢量为 $\boldsymbol{r}_c$、速度为 $\boldsymbol{v}_c$、加速度为 $\boldsymbol{a}_c$、质量为质点组的总质量 m_t，该质点受到质点组所受的所有外力的作用，其运动微分方程为式（5.3.8），而式（5.3.8）与描述质点运动的牛顿第二定律形式相同．实际上，质心是一个几何点，可能在质心处并无任何真正的质元存在，即使存在质元其质量也不是 m_t，并且可能不受任何外力的作用．

关于质心和质心运动定理，我们给出如下几点说明．

（1）$\boldsymbol{r}_c$ 是质点的位置矢量 $\boldsymbol{r}_i$，以其质量 m_i 为权重的平均值，$\boldsymbol{r}_c$ 的直角坐标分量为

$$x_c = \frac{\sum m_i x_i}{m_t},\quad y_c = \frac{\sum m_i y_i}{m_t},\quad z_c = \frac{\sum m_i z_i}{m_t}.$$

对质量连续分布的物体，上式中的求和应改为积分．

（2）质心相对质点组的位置与各质点质量及分布情况有关，与参考系及参考点的选取无关．

① 两质点的质心在两质点的连线上，到两质点的距离与质点质量成反比．

② 两质点组的质心即分别位于两个质点组质心、质量分别为两质点组总质量的两个假想质点的质心．

③ 质量均匀分布的物体，其质心与几何中心重合．

④ 若重力加速度 $\boldsymbol{g}$ 为常矢量，则质心与重心重合．

（3）质点组总动量的另一等价表述．对式（5.3.7）式求时间导数，则得到

$$\boldsymbol{v}_c = \frac{\sum m_i \boldsymbol{v}_i}{m_t}. \tag{5.3.9}$$

根据质点组的总动量定义式（5.3.1），可得质点组总动量

$$\boldsymbol{p} = m_t \boldsymbol{v}_c, \tag{5.3.10}$$

质点组的总动量等于位于质心，质量等于质点组总质量，以质心速度运动的假想质点的动量，有时利用此式计算质点组的总动量是方便的．

（4）根据质心运动定理式（5.3.8），或根据式（5.3.10），可以得到质点组动量守恒定律的另一种等价的表述形式：若在某一过程中，质点组所受外力的矢量和恒等于零，即 $\boldsymbol{F}^{(e)} = \sum \boldsymbol{F}_i^{(e)} \equiv 0$，则在该过程中质点组质心速度等于常矢量，即 $\boldsymbol{v}_c = \boldsymbol{C}$．沿固定 $\boldsymbol{e}_l$ 方向同样存在分量形式：若 $F_l^{(e)} \equiv 0$，则 $v_{cl} =$ 常量．

（5）质心和质心运动定理在从整体上研究质点组的运动中起着重要作用．质心运动定理式（5.3.8）表明质心加速度与质点组内力无关，若已知质点组所受外力，虽然质点组内每个质点的运动可能无法了解，但质心的运动可由质心运动定理确定．

六、质心系

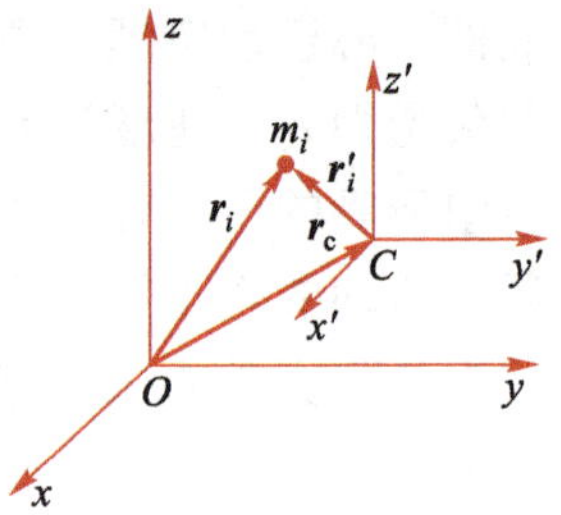

图 5.3　质心系

定义原点位于质心，随质心平动的坐标系 $Cx'y'z'$ 代表的参考系为质心系，如图 5.3 所示. 只有当质心做匀速直线运动时，质心系才是惯性系，一般情况下质心系是非惯性系. 我们一般以惯性系 $Oxyz$ 为 S 系，以质心系 $Cx'y'z'$ 为 S' 系，符号的约定与第四章相同.

显然在质心系中质心速度恒为零，$\boldsymbol{v}_c'\equiv 0$，所以在质心系中，质点组的总动量恒为零，$\boldsymbol{p}'=m_t\boldsymbol{v}_c'\equiv 0$.

例题 5.2

质量为 m 的滑块 1，放在质量为 m_0、倾角为 α 的直角尖劈 2 上，尖劈放在光滑水平面上，初始时滑块与尖劈均静止，如图 5.4 所示. 在重力作用下，滑块相对尖劈以匀加速度 $\boldsymbol{a}$ 沿斜面下滑，求尖劈的加速度和桌面对尖劈的支撑力.

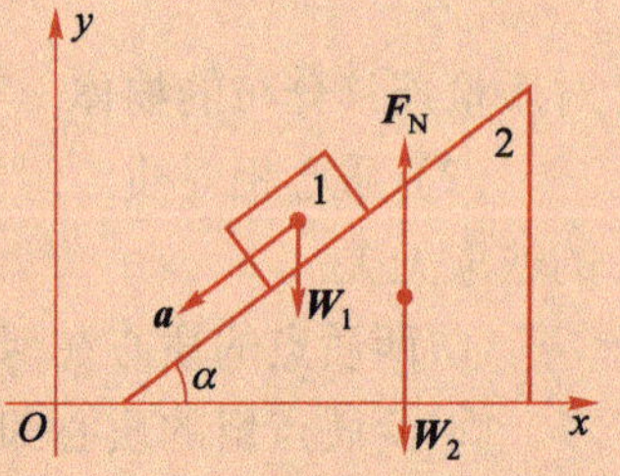

图 5.4　滑块在尖劈上的滑动

解　以由滑块和尖劈构成的质点组为研究对象，建立与水平面固连的坐标系 Oxy 如图 5.4 所示，系统受外力 $\boldsymbol{W}_1=m\boldsymbol{g}$、$\boldsymbol{W}_2=m_0\boldsymbol{g}$ 和支撑力 $\boldsymbol{F}_N$. 因沿 x 轴方向不受外力，故质点沿 x 轴方向动量守恒，即

$$m\dot{x}_1+m_0\dot{x}_2=0\text{（因初始静止）},$$

对上式求时间导数可得

$$m\ddot{x}_1+m_0\ddot{x}_2=0 \tag{1}$$

由于 $\ddot{x}_1-\ddot{x}_2=-a\cos\alpha$，则式（1）化为

$$m(\ddot{x}_2-a\cos\alpha)+m_0\ddot{x}_2=0, \tag{2}$$

则

$$\ddot{x}_2=\frac{m}{m_0+m}a\cos\alpha.$$

由 y 轴方向的动量定理

$$\frac{\mathrm{d}}{\mathrm{d}t}(m\dot{y}_1+m_0\dot{y}_2)=F_N-(m_0+m)g, \tag{3}$$

及 $y_2=$ 常量和 $\ddot{y}_1-\ddot{y}_2=-a\sin\alpha$，即可求出

$$F_N=(m_0+m)g-ma\sin\alpha.$$

用质点组动量定理解决问题可使未知内力不在方程中出现，因而使求解得以简化.

七、变质量质点的运动

现在我们研究变质量系统的运动，由于只研究其平动，不考虑该系统的转动，所以采用变质量质点这个模型.

变质量质点是指在运动过程中质量不断变化的质点. 质点质量的变化不是由相

对论效应引起的，而是由于它与外界有质量交换：或有质量加入，或有质量分离．我们只讨论质点质量连续变化，且质量的时间变化率有限的情况．

1. 变质量质点的运动微分方程

设 t 时刻，中心质点质量为 m，速度为 $\boldsymbol{v}$，有质量为 $\mathrm{d}m$ 的小质点以速度 $\boldsymbol{u}$ 加入中心质点．该过程在 $\mathrm{d}t$ 时间内完成，在 $t+\mathrm{d}t$ 时刻中心质点质量变为 $m+\mathrm{d}m$，速度为 $\boldsymbol{v}+\mathrm{d}\boldsymbol{v}$．由于在我们讨论的问题中，中心质点质量 m 连续变化，$\mathrm{d}m/\mathrm{d}t$ 有限，所以当 $\Delta t\to 0$ 时，$\Delta m\to 0$，$\Delta v\to 0$．因此我们直接使用了 $\mathrm{d}t$，$\mathrm{d}m$，$\mathrm{d}\boldsymbol{v}$ 描述其增量．

由于质点组的动量定理只适用于质量不变的系统，所以我们以中心质点和小质点构成质量不变的质点组进行研究．根据质点组的动量定理，有

$$(m+\mathrm{d}m)(\boldsymbol{v}+\mathrm{d}\boldsymbol{v})-m\boldsymbol{v}-\boldsymbol{u}\mathrm{d}m=\boldsymbol{F}^{(\mathrm{e})}\mathrm{d}t, \tag{5.3.11}$$

略去高阶小量 $\mathrm{d}m\cdot\mathrm{d}\boldsymbol{v}$，则

$$m\mathrm{d}\boldsymbol{v}+\boldsymbol{v}\mathrm{d}m-\boldsymbol{u}\mathrm{d}m=\boldsymbol{F}^{(\mathrm{e})}\mathrm{d}t. \tag{5.3.12}$$

着眼于中心质点，视 m 为时间 t 的函数 $m=m(t)$，$\mathrm{d}m/\mathrm{d}t$ 为中心质点的质量变率，则得到

$$\frac{\mathrm{d}}{\mathrm{d}t}(m\boldsymbol{v})-\boldsymbol{u}\frac{\mathrm{d}m}{\mathrm{d}t}=\boldsymbol{F}^{(\mathrm{e})}, \tag{5.3.13}$$

即变质量质点的运动微分方程．

有关变质量质点的运动微分方程，应注意：（1）导出过程简单巧妙．先构成质量不变的质点组以适应质点组动量定理的要求，在由式（5.3.12）至式（5.3.13）的过程中，仅通过着眼点的变化就可得到所需要的方程．（2）$\boldsymbol{F}^{(\mathrm{e})}$ 为中心质点与小质点所受外力矢量和，只有当所受外力的大小与质量成正比时，方可忽略小质点所受外力．（3）小质点质量 $\mathrm{d}m$ 已被理解为中心质点质量的增量，则 $\mathrm{d}m$ 可正可负．$\mathrm{d}m$ 取正值和取负值分别表示有质量加入中心质点上来和从中心质点上分离出去两种情况．

令 $\boldsymbol{v}_{\mathrm{r}}=\boldsymbol{u}-\boldsymbol{v}$ 为小质点相对中心质点的速度，则由式（5.3.12）可以得到变质量质点运动微分方程的另一种表达形式

$$m\frac{\mathrm{d}\boldsymbol{v}}{\mathrm{d}t}=\boldsymbol{F}^{(\mathrm{e})}+\boldsymbol{v}_{\mathrm{r}}\frac{\mathrm{d}m}{\mathrm{d}t}, \tag{5.3.14}$$

式中 $\boldsymbol{v}_{\mathrm{r}}\mathrm{d}m/\mathrm{d}t$ 可视为由于质量改变而受到的“附加力”——“推力”，此式称为密歇尔斯基方程．

一般来说当已知 $\boldsymbol{u}$ 时，用式（5.3.13）较好；已知 $\boldsymbol{v}_{\mathrm{r}}$ 时，利用式（5.3.14）较有利．由式（5.3.13）及式（5.3.14）还可以得到如下两个特例：

$$\text{若 } \boldsymbol{u}=0，\text{则}\frac{\mathrm{d}}{\mathrm{d}t}(m\boldsymbol{v})=\boldsymbol{F}^{(\mathrm{e})}; \tag{5.3.15}$$

$$\text{若 } \boldsymbol{v}_{\mathrm{r}}=0，\text{则 } m\frac{\mathrm{d}\boldsymbol{v}}{\mathrm{d}t}=\boldsymbol{F}^{(\mathrm{e})}. \tag{5.3.16}$$

式（5.3.15）和式（5.3.16）虽在形式上分别与质点的动量定理和牛顿第二定律相同，但实质上是截然不同的，因为 $m=m(t)$，质量是变化的．比如天体在运行中捕获

静止尘埃、雨滴下落过程中凝结水蒸气等问题可由式（5.3.15）出发讨论，航天器在运行中无相对速度地连续排出废物等问题可由式（5.3.16）出发讨论.

2. 齐奥尔科夫斯基第一问题

这是一个研究火箭在不受外力情况下运动的问题. 此时 $\boldsymbol{F}^{(e)}=0$，由式（5.3.14）可得火箭的运动微分方程为

$$m\frac{\mathrm{d}\boldsymbol{v}}{\mathrm{d}t}=\boldsymbol{v}_{\mathrm{r}}\frac{\mathrm{d}m}{\mathrm{d}t}.$$

实际上，喷气速度 $\boldsymbol{v}_{\mathrm{r}}$ 的大小差不多等于一个常量，其方向与火箭运动方向（$\boldsymbol{v}$）相反，所以火箭的运动微分方程可表示为标量形式，即

$$m\frac{\mathrm{d}v}{\mathrm{d}t}=-v_{\mathrm{r}}\frac{\mathrm{d}m}{\mathrm{d}t}.$$

从上式消去 $\mathrm{d}t$ 并分离变量作积分，设初始时火箭速率为 v_0、总质量为 m_0，则

$$\int_{v_0}^{v}\mathrm{d}v=-v_{\mathrm{r}}\int_{m_0}^{m}\frac{\mathrm{d}m}{m},$$

于是求出火箭质量为 m 时的速率为

$$v=v_0+v_{\mathrm{r}}\ln\frac{m_0}{m}. \tag{5.3.17}$$

可见，当燃料烧尽时，$\dfrac{m_0}{m}$最大，火箭速率达到最大值.

设火箭壳体加载荷的质量为 m_{s}，燃料质量为 m_0-m_{s}. 若火箭初始静止，$v_0=0$，则火箭可达最大速率为 $v_{\max}=v_{\mathrm{r}}\ln(m_0/m_{\mathrm{s}})$，令 $Z=m_0/m_{\mathrm{s}}$，则

$$v_{\max}=v_{\mathrm{r}}\ln Z, \tag{5.3.18}$$

可见 $v_{\max}\propto v_{\mathrm{r}}$，因此用提高喷气速率来增大火箭最大速率 $v_{\max}$ 是最有效的方法，目前的火箭 v_{r} 可达 5×10^3 m/s. 同时 $v_{\max}\propto\ln Z$，所以用增大 Z 值的方法也可使 $v_{\max}$ 提高，但是效果较差，目前 Z 值在 3～10 之间. 为增加火箭载荷能力，即实现在 Z 值较小的条件下达到预定的 $v_{\max}$ 的目的，可采用多级火箭.

3. 齐奥尔科夫斯基第二问题

齐奥尔科夫斯基第二问题研究在重力场中竖直向上发射火箭，怎样才能使火箭上升高度最大. 火箭在喷射过程中上升的高度称为喷射行程，喷射结束后做上抛运动还要上升一个高度，火箭上升总高度是这两个过程上升高度的总和.

齐奥尔科夫斯基问题是研究火箭运动的早期理论，目前情况已发生极大变化. 比如第一问题中原来可以得到“为使火箭达到宇宙速度必须采用多级火箭”的结论，但目前若把 $v_{\mathrm{r}}=5\times10^3$ m/s 和 $Z=10$ 代入式（5.3.18），可求出 $v_{\max}=11.5\times10^3$ m/s，所以采用多级火箭的原因已发生变化. 在现代火箭发展的水平上，再讨论火箭在均匀重力场中的上升高度已失去价值. 因此，我们只讨论一个与齐奥尔科夫斯基第二问题相类似的问题，即重力对竖直发射的火箭运动的影响. 实际上，在发射人造天体时，为尽量减小火箭穿越大气层的距离，总是先令火箭竖直上升，在穿出大气层后再调整方向进入适当轨道.

为简单起见，忽略空气阻力，以竖直向上为运动正方向，则火箭的运动微分方程为

$$m\frac{\mathrm{d}v}{\mathrm{d}t}=-v_{\mathrm{r}}\frac{\mathrm{d}m}{\mathrm{d}t}-mg.$$

设火箭的初速为零，积分上式则得到

$$v=v_{\mathrm{r}}\ln\frac{m_0}{m}-gt.$$

若火箭喷射过程经历的时间为 T，喷射过程结束时火箭速率为 $v'_{\max}$，质量为 m_{s}，则

$$v'_{\max}=v_{\mathrm{r}}\ln\frac{m_0}{m_{\mathrm{s}}}-gT=v_{\max}-gT,$$

上式中 $v_{\max}$ 为不考虑重力时火箭的最大速率．可见 $v'_{\max}<v_{\max}$，这是由于火箭上升过程中需消耗一部分能量去克服重力做功．

例题 5.3

一球形雨滴在均匀重力场中下落时，由于不断吸收周围的水蒸气而逐渐变大．设雨滴吸收水蒸气的质量变率与该时刻的表面积成正比，开始下落时雨滴半径近似为零．忽略空气阻力，试求 t 时刻雨滴的加速度．

解 由式（5.3.13），因为周围水蒸气是静止的，即 $\boldsymbol{u}=0$，故雨滴的运动微分方程为

$$\frac{\mathrm{d}}{\mathrm{d}t}(m\boldsymbol{v})=\boldsymbol{F}.$$

所受外力为重力 $\boldsymbol{W}=m\boldsymbol{g}$，以竖直向下为运动正方向，则运动微分方程可化为标量形式

$$m\frac{\mathrm{d}v}{\mathrm{d}t}+v\frac{\mathrm{d}m}{\mathrm{d}t}=mg. \tag{1}$$

设雨滴半径为 r，比例系数为 α，由题意可知

$$\frac{\mathrm{d}m}{\mathrm{d}t}=\alpha\cdot4\pi r^2, \tag{2}$$

设 ρ 为雨滴密度，则 $m=4\rho\pi r^3/3$，于是得到

$$\frac{\mathrm{d}v}{\mathrm{d}t}+\frac{3\alpha v}{\rho r}=g. \tag{3}$$

由于 r 是 t 的函数，为求解式（3）须先求出 r 的变化规律 $r=r(t)$，为此把 $m=4\rho\pi r^3/3$ 代入式（2）得到

$$\frac{\mathrm{d}r}{\mathrm{d}t}=\frac{\alpha}{\rho}.$$

积分上式，并依初始条件 $t=0$ 时 $r=0$，则

$$r=\frac{\alpha t}{\rho}.$$

把此式代入式（3），则得到

$$\frac{\mathrm{d}v}{\mathrm{d}t}+\frac{3v}{t}=g, \tag{4}$$

此方程的解为

$$v=\mathrm{e}^{-\int(3/t)\mathrm{d}t}\left[\int g\mathrm{e}^{\int(3/t)\mathrm{d}t}\mathrm{d}t+C\right]=t^{-3}\left[\frac{1}{4}gt^4+C\right],$$

即

$$vt^3=\frac{1}{4}gt^4+C.$$

由初始条件 $t=0$ 时 $v=0$，定出积分常数 $C=0$，故

$$v=\frac{g}{4}t,$$

所以

$$\frac{\mathrm{d}v}{\mathrm{d}t}=\frac{g}{4}.$$

结果表明，雨滴将以 $g/4$ 的加速度匀加速地下落.

5-4 质点组的角动量定理和角动量守恒定律

微视频

一、质点组的角动量

1. 质点组角动量的定义

质点组对 O 点的总角动量 $\boldsymbol{L}_O$ 定义为质点组内每个质点对 O 点角动量的矢量和，即

$$\boldsymbol{L}_O=\sum_{i=1}^{n}\boldsymbol{L}_{iO}=\sum_{i=1}^{n}\boldsymbol{r}_i\times m_i\boldsymbol{v}_i. \tag{5.4.1}$$

质点组对过 O 点的 $\boldsymbol{e}_l$ 轴的角动量 L_l 定义为

$$L_l=\boldsymbol{L}_O\cdot\boldsymbol{e}_l=\boldsymbol{e}_l\cdot\sum_{i=1}^{n}\boldsymbol{L}_{iO}=\sum_{i=1}^{n}L_{il}. \tag{5.4.2}$$

2. 一个重要关系式

如图 5.5 所示，设质点组质心的位置矢量为 $\boldsymbol{r}_c$，质心速度为 $\boldsymbol{v}_c$；在质心系 $Cx'y'z'$ 中，质点组内第 i 个质点相对质心系的位置矢量为 $\boldsymbol{r}'_i$，速度为 $\boldsymbol{v}'_i$；质点组内第 i 个质点的质量为 m_i. 质点组的总质量为 $m_t=\sum m_i$，则

$$\boldsymbol{L}_O=\boldsymbol{L}_{cO}+\boldsymbol{L}'_c=\boldsymbol{r}_c\times m_t\boldsymbol{v}_c+\sum_{i=1}^{n}\boldsymbol{r}'_i\times m_i\boldsymbol{v}'_i, \tag{5.4.3}$$

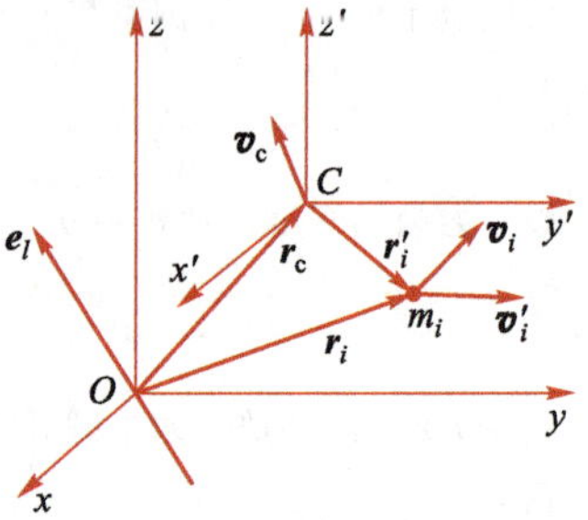

图 5.5　质点组的角动量

式中 $\boldsymbol{L}_{cO}$ 为位于质心的假想质点对 O 点角动量，$\boldsymbol{L}'_c$ 为质点组在质心系中相对质心 C 的角动量.

证明　由图 5.5 显见 $\boldsymbol{r}_i=\boldsymbol{r}_c+\boldsymbol{r}'_i$，对时间求导数，注意到质心系为平动参考系，$\frac{\mathrm{d}}{\mathrm{d}t}=\frac{\mathrm{d}^*}{\mathrm{d}t}$，则 $\boldsymbol{v}_i=\boldsymbol{v}_c+\boldsymbol{v}'_i$，故

$$\boldsymbol{L}_O=\sum_{i=1}^{n}\boldsymbol{r}_i\times m_i\boldsymbol{v}_i=\sum_{i=1}^{n}(\boldsymbol{r}_c+\boldsymbol{r}'_i)\times m_i(\boldsymbol{v}_c+\boldsymbol{v}'_i)$$

$$= \sum_{i=1}^{n} \boldsymbol{r}_c \times m_i \boldsymbol{v}_c + \sum_{i=1}^{n} \boldsymbol{r}_c \times m_i \boldsymbol{v}'_i + \sum_{i=1}^{n} \boldsymbol{r}'_i \times m_i \boldsymbol{v}_c + \sum_{i=1}^{n} \boldsymbol{r}'_i \times m_i \boldsymbol{v}'_i .$$

因质心的位置矢量定义式对任何参考系均成立，故

$$\boldsymbol{r}'_c = \frac{\sum m_i \boldsymbol{r}'_i}{m_t},$$

对上式求时间导数，则得到

$$\boldsymbol{v}'_c = \frac{\sum m_i \boldsymbol{v}'_i}{m_t}.$$

由于

$$\sum_{i=1}^{n} m_i \boldsymbol{v}'_i = m_t \boldsymbol{v}'_c = 0 \text{（质心相对质心系速度为零）},$$

$$\sum_{i=1}^{n} m_i \boldsymbol{r}'_i = m_t \boldsymbol{r}'_c = 0 \text{（质心相对质心系的位置矢量为零）},$$

于是

$$\boldsymbol{L}_O = \boldsymbol{r}_c \times m_t \boldsymbol{v}_c + \sum_{i=1}^{n} \boldsymbol{r}'_i \times m_i \boldsymbol{v}'_i .$$

例题 5.4

如图 5.6 所示，半径为 R、质量为 m 的均匀细圆环，在 Oxy 面内沿 x 轴做无滑滚动，环心速度为 v_0，求圆环对 O 点的角动量.

解 环心即圆环质心，建立质心系 $Cx'y'$ 如图所示，则

$$\begin{aligned} \boldsymbol{L}_O &= \boldsymbol{r}_c \times m \boldsymbol{v}_c + I\omega(-\boldsymbol{k}) \\ &= Rmv_0(-\boldsymbol{k}) + I\omega(-\boldsymbol{k}) \\ &= -Rmv_0\boldsymbol{k} - mR^2(v_0/R)\boldsymbol{k} \\ &= -2Rmv_0\boldsymbol{k}. \end{aligned}$$

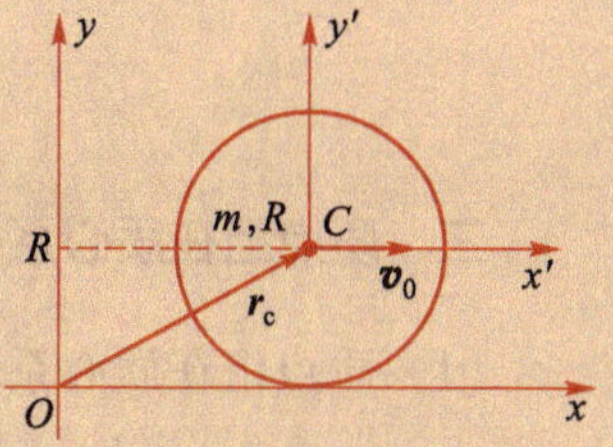

图 5.6　滚动圆环的角动量

二、质点组在惯性系中对固定点和固定轴的角动量定理

1. 质点组对固定点的角动量定理

质点组对固定点 O 的角动量定理表述为：在惯性系中，质点组对固定点 O 的角动量的时间变化率等于质点组所受对 O 点的外力矩的矢量和，与内力矩无关，即

$$\dot{\boldsymbol{L}}_O = \boldsymbol{M}_O^{(e)} = \sum_{i=1}^{n} \boldsymbol{M}_{iO}^{(e)} = \sum_{i=1}^{n} \boldsymbol{r}_i \times \boldsymbol{F}_i^{(e)}, \tag{5.4.4}$$

式中 $\boldsymbol{F}_i^{(e)}$ 为第 i 个质点所受合外力，$\boldsymbol{r}_i$ 为第 i 个质点对 O 点的位置矢量.

证明　质点组内第 i 个质点，对固定点 O 的角动量定理为

$$\dot{\boldsymbol{L}}_{iO} = \boldsymbol{r}_i \times \boldsymbol{F}_i^{(e)} + \boldsymbol{r}_i \times \boldsymbol{F}_i^{(i)}.$$

对质点组内所有 n 个质点，由 $i=1$ 到 $i=n$ 求和，则

$$\dot{\boldsymbol{L}}_O=\sum_{i=1}^{n}\dot{\boldsymbol{L}}_{iO}=\sum_{i=1}^{n}\boldsymbol{r}_i\times\boldsymbol{F}_i^{(e)}+\sum_{i=1}^{n}\boldsymbol{r}_i\times\boldsymbol{F}_i^{(i)}.$$

由式（5.2.2），$\boldsymbol{M}_O^{(i)}=\sum\boldsymbol{r}_i\times\boldsymbol{F}_i^{(i)}=0$，则

$$\dot{\boldsymbol{L}}_O=\sum_{i=1}^{n}\boldsymbol{r}_i\times\boldsymbol{F}_i^{(e)}=\boldsymbol{M}_O^{(e)}.$$

2. 质点组对固定轴的角动量定理

在固定 $\boldsymbol{e}_l$ 轴上取固定点 O，用 $\boldsymbol{e}_l$ 点乘式（5.4.4），因 $\boldsymbol{e}_l$ 为常矢量，则得到质点组对固定 $\boldsymbol{e}_l$ 轴的角动量定理

$$\dot{L}_l=M_l^{(e)}=\sum_{i=1}^{n}M_{il}^{(e)}.\tag{5.4.5}$$

3. 质点组的角动量守恒定律

（1）作为质点组对固定点 O 的角动量定理式（5.4.4）的推论，质点组对固定点 O 的角动量守恒定律表述为：若在某一过程中，质点组所受对固定点 O 的外力矩的矢量和恒为零，即 $\boldsymbol{M}_O^{(e)}\equiv 0$，则在该过程中质点组对固定点 O 的角动量守恒，即

$$\boldsymbol{L}_O=\sum_{i=1}^{n}\boldsymbol{L}_{iO}=\text{常矢量}.\tag{5.4.6}$$

（2）作为式（5.4.5）的推论，质点组对固定 $\boldsymbol{e}_l$ 轴的角动量守恒定律表述为：若在某过程中，质点组所受对固定 $\boldsymbol{e}_l$ 轴的外力矩之和恒为零，即 $M_l^{(e)}\equiv 0$，则在该过程中质点组对固定 $\boldsymbol{e}_l$ 轴的角动量守恒，即

$$L_l=\sum_{i=1}^{n}L_{il}=\text{常量}.\tag{5.4.7}$$

三、质点组在质心系中对质心的角动量定理

（1）质点组在质心系中对质心的角动量定理为

$$\dot{\boldsymbol{L}}_c'=\frac{\mathrm{d}}{\mathrm{d}t}\left(\sum_{i=1}^{n}\boldsymbol{r}_i'\times m_i\boldsymbol{v}_i'\right)=\sum_{i=1}^{n}\boldsymbol{r}_i'\times\boldsymbol{F}_i^{(e)}=\sum_{i=1}^{n}\boldsymbol{M}_{ic}^{(e)}=\boldsymbol{M}_c^{(e)},\tag{5.4.8}$$

式中$\boldsymbol{L}_c'$为质点组在质心系中对质心的角动量，$\boldsymbol{M}_c^{(e)}$ 为质点组所受外力对质心力矩的矢量和. 式（5.4.8）与惯性系中对固定点的角动量定理形式相同，均与内力矩无关.

证明 在作为非惯性系的质心系中讨论质点组的运动时，与在惯性系中的差别仅在于需要在分析质点组内质点受力的时候，加上作为外力看待的惯性力（惯性力没有反作用力，因此它应视为外力）. 由于各质点所受惯性力$-m_i\boldsymbol{a}_c$ 对质心力矩的矢量和$\sum\boldsymbol{r}_i'\times(-m_i\boldsymbol{a}_c)=-(\sum m_i\boldsymbol{r}_i')\times\boldsymbol{a}_c=0$，所以质点组在质心系中对质心的角动量的时间变化率只与外力(相互作用力)有关，惯性力不会在方程中出现，定理有与惯性系内定理完全相同的形式.

（2）作为式（5.4.8）的推论，可得质点组在质心系中对质心的角动量守恒定律：若在某一过程中 $\boldsymbol{M}_c^{(e)}\equiv 0$，则 $\boldsymbol{L}_c'=\text{常矢量}$.

当然，和在惯性系中的情况一样，由式（5.4.8）可导出在质心系中对过质心而方向固定的轴的角动量定理以及相应的守恒定律. 对此不再赘述.

例题 5.5

质量为 m、长度为 l 的匀质杆被抛出后在竖直平面内运动. 已知抛出时质心速度为 $\boldsymbol{v}_{c0}$，角速度为 $\boldsymbol{\omega}_0$，如图 5.7 所示. 忽略空气阻力，试大致分析杆的运动.

解 由质心运动定理可知，质心 C 沿抛物线，做初速为 $\boldsymbol{v}_{c0}$ 的抛体运动.

在忽略空气阻力的情况下，作为质点组的杆所受外力只有重力，其合力 $\boldsymbol{W}=m\boldsymbol{g}$ 作用于质心 C，对质心 C 力矩为零，即 $\boldsymbol{M}_c^{(e)}=0$. 根据质点组在质心系中对质心的角动量守恒定律可知 $\boldsymbol{L}'_c=$ 常矢量，即 $\frac{1}{12}ml^2\boldsymbol{\omega}=\frac{1}{12}ml^2\boldsymbol{\omega}_0$，可见运动中角速度 $\boldsymbol{\omega}$ 保持不变.

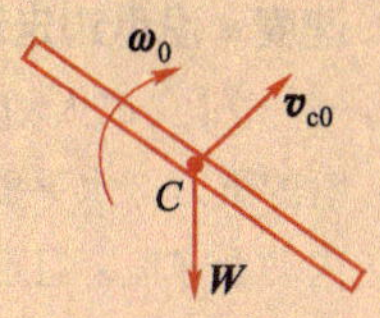

图 5.7 杆抛出后的运动

四、有关质心与内力的讨论

1. 利用质心系分解质点组的运动

根据质心运动定理，我们易于确定质心的运动. 根据质点组在质心系中对质心的角动量定理可见，在质心系中以质心为参考点又可以使问题得以简化. 因此，把质点组的运动分解为以质心为代表的“平动”和相对质心系的运动给研究问题带来方便，由例题 5.5 这个简单的例子即可见一斑.

2. 内力的作用

式 (5.3.2) 和式 (5.4.4) 指出质点组总动量 $\boldsymbol{p}$ 和总角动量 $\boldsymbol{L}_O$ 的时间变化率与内力无关，但应注意它们全是反映瞬时关系的微分方程，$\dot{\boldsymbol{p}}$ 和 $\dot{\boldsymbol{L}}_O$ 与内力无关绝非表明内力对质点组的运动没有贡献，也不表明内力对 $\boldsymbol{p}$ 和 $\boldsymbol{L}_O$ 的演化过程没有影响. 实际上，质点间有内力相互作用是构成质点组的条件，根本就没有必要把一个与其他质点没有相互作用的质点归于质点组之内. 质点组内的质点是在外力与内力的共同作用下运动的，对质点组内各质点的运动来说，内力与外力有等同的作用. 质点组内一对对的内力造成了各质点间动量与角动量的等量转移，内力对质点组的运动至关重要.

质点的动量 $\boldsymbol{p}_i$ 和角动量 $\boldsymbol{L}_{iO}$ 分别从线运动和角运动的角度描述质点的运动. 质点的动量定理和角动量定理 $\dot{\boldsymbol{p}}_i=\boldsymbol{F}_i$ 和 $\dot{\boldsymbol{L}}_{iO}=\boldsymbol{M}_{iO}$ 指出，力是质点动量变化率的度量，力矩是质点角动量变化率的度量. 进一步考虑由 $i=1$ 和 $i=2$ 两个质点构成的，不受外力的质点组，则

$$\dot{\boldsymbol{p}}_1=\boldsymbol{F}_{12}=-\boldsymbol{F}_{21}=-\dot{\boldsymbol{p}}_2,$$

$$\dot{\boldsymbol{L}}_{1O}=\boldsymbol{r}_1\times\boldsymbol{F}_{12}=-\boldsymbol{r}_2\times\boldsymbol{F}_{21}=-\dot{\boldsymbol{L}}_{2O}.$$

可见，动量和角动量都既不会凭空产生，也不会凭空消失，它们只是在不同质点间“流动”. 力描述了动量的“流动”，力矩描述了角动量的“流动”. 于是我们可以认为力就是动量“流速率”(单位时间的流量)，力矩就是角动量“流速率”，由此内力的作用得到了形象描述.

例题 5.6

有一匀质圆盘质量为 m_0、半径为 R，静止地放在光滑水平面上，圆盘可在水平面上自由运动. 质量为 m 的人，初始时静止地站在圆盘边缘上，如图 5.8 所示. 求当人以相对圆盘的速度 $\boldsymbol{u}$ 沿盘边走动后圆盘的运动.

解 以人和圆盘构成质点组作为研究对象. 所受外力（人与圆盘的重力，水平面的支撑力）均沿竖直方向，所以质点组在水平面内动量守恒，且沿竖直方向角动量的分量守恒. 由此可得到三个标量方程，而圆盘在平面内运动自由度 $s=3$，正好可以求解.

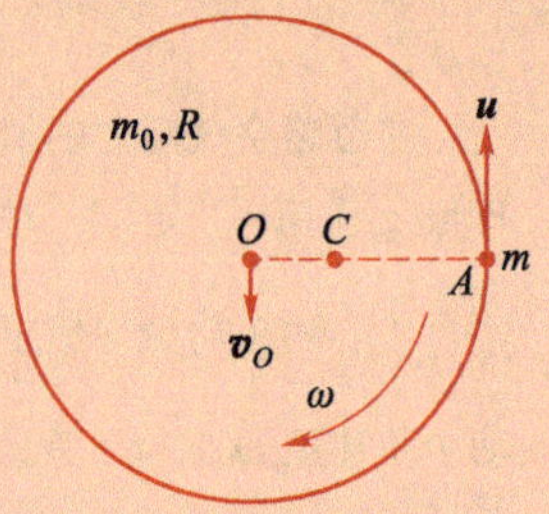

图 5.8 人在自由圆盘上的走动

首先分析运动图像. 初始时，人与盘均静止，系统质心 C 静止. 人走动后，因水平面内无外力，由质心运动定理可知，质心 C 仍应保持静止. 质心 C 位于盘心 O 与人 A 之间，$|OC|$ 与 $|CA|$ 均为常量，$|OC|=mR/(m_0+m)$，$|CA|=m_0R/(m_0+m)$. 因此，盘心 O 与人 A 均绕 C 点做圆周运动，但应注意 C 不是盘上的确定点. 此外，人走动后，由于人与盘间内力的作用，盘将反向转动而具有角速度 $\boldsymbol{\omega}$. 设人走动后，盘心 O 绕 C 做圆周运动的速度为 $\boldsymbol{v}_O$，如图所示.

于是系统在水平面内动最守恒表示为

$$m_0\boldsymbol{v}_O+m(\boldsymbol{v}_O+\boldsymbol{\omega}\times\overrightarrow{OA}+\boldsymbol{u})=0,$$

沿 $\boldsymbol{v}_O$ 方向的分量式为

$$m_0v_O+m(v_O+\omega R-u)=0. \tag{1}$$

系统对过 C 点竖直轴的角动量守恒表示为（图中以向纸面内为正）

$$-m_0v_O\frac{mR}{m_0+m}+I\omega+m(v_O+\omega R-u)\frac{m_0R}{m_0+m}=0. \tag{2}$$

利用 $I=\frac{1}{2}m_0R^2$，由式（2）求得

$$\omega=\frac{2mu}{(m_0+3m)R},$$

代入式（1）即可求出

$$v_O=\frac{m(u-\omega R)}{m_0+m}=\frac{mu}{m_0+3m}.$$

结果表明：人走动后，盘心 O 以速率 $v_O=mu/(m_0+3m)$ 绕质心（空间定点）C 做圆周运动，同时以大小为 $\omega=2mu/[(m_0+3m)R]$ 的角速度转动，转动方向如图 5.8 所示.

应特别注意，式（1）是水平面内动量守恒（矢量式）沿 $\boldsymbol{v}_O$ 方向的分量表达式，$\boldsymbol{v}_O$ 方向不是固定方向，因此式（1）不能理解为沿 $\boldsymbol{v}_O$ 方向的动量守恒！

5-5 质点组的动能定理和机械能守恒定律

一、质点组的动能

微视频

1. 质点组动能的定义

质点组的总动能 T 定义为质点组内每个质点动能之和，即

$$T=\sum_{i=1}^{n}T_i=\sum_{i=1}^{n}\frac{1}{2}m_iv_i^2. \tag{5.5.1}$$

2. 柯尼西定理

设质点组内第 i 个质点质量为 m_i，对惯性系速度为 $\boldsymbol{v}_i$，对质心系速度为 $\boldsymbol{v}_i'$，质点组总质量为 $m_t=\sum m_i$，如图 5.5 所示. 柯尼西定理表述为

$$T=T_c+T'=\frac{1}{2}m_tv_c^2+\sum_{i=1}^{n}\frac{1}{2}m_iv_i'^2, \tag{5.5.2}$$

式中 T_c 为位于质心的假想质点的动能，T' 为质点组在质心系中的动能.

证明 参见图 5.5，由 $\boldsymbol{r}_i=\boldsymbol{r}_c+\boldsymbol{r}_i'$ 可知 $\boldsymbol{v}_i=\boldsymbol{v}_c+\boldsymbol{v}_i'$，所以

$$\begin{aligned}T&=\sum_{i=1}^{n}\frac{1}{2}m_iv_i^2=\sum_{i=1}^{n}\frac{1}{2}m_i(\boldsymbol{v}_c+\boldsymbol{v}_i')\cdot(\boldsymbol{v}_c+\boldsymbol{v}_i')\\&=\sum_{i=1}^{n}\frac{1}{2}m_iv_c^2+\sum_{i=1}^{n}m_i\boldsymbol{v}_c\cdot\boldsymbol{v}_i'+\sum_{i=1}^{n}\frac{1}{2}m_iv_i'^2,\end{aligned}$$

由于 $\sum m_i\boldsymbol{v}_c\boldsymbol{v}_i'=\boldsymbol{v}_c\cdot\sum m_i\boldsymbol{v}_i'=\boldsymbol{v}_c\cdot m_t\boldsymbol{v}_c'=0$，所以有

$$T=\frac{1}{2}m_tv_c^2+\sum_{i=1}^{n}\frac{1}{2}m_iv_i'^2.$$

例题 5.7

质量为 m、半径为 R 的匀质圆盘，在 Oxy 平面内沿 x 轴做无滑滚动，盘心速度为 $\boldsymbol{v}_0$，如图 5.9 所示，求圆盘动能.

解 盘心即为圆盘质心，建立质心系 $Cx'y'$ 如图所示，则

$$\begin{aligned}T&=\frac{1}{2}mv_c^2+\frac{1}{2}I\omega^2\\&=\frac{1}{2}mv_0^2+\frac{1}{2}\cdot\frac{1}{2}mR^2\cdot\frac{v_0^2}{R^2}\\&=\frac{3}{4}mv_0^2.\end{aligned}$$

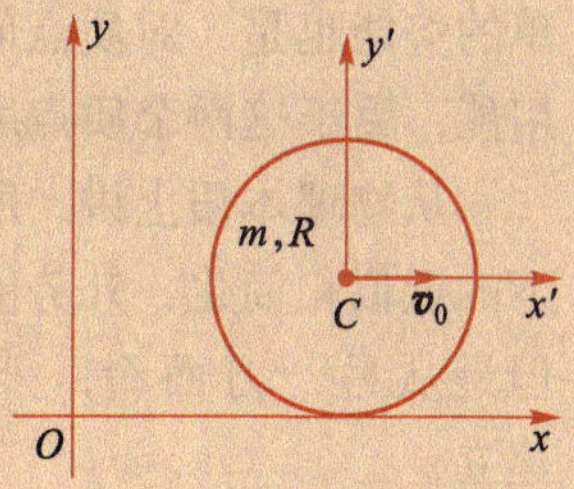

图 5.9 滚动圆盘的动能

二、质点组在惯性系中的动能定理和机械能守恒定律

微视频

1. 质点组的动能定理

质点组的动能定理表述为：在惯性系中，质点组动能的微分等于质点组所受所有外力和内力的元功之和，即

$$\mathrm{d}T=\text{đ}W^{(e)}+\text{đ}W^{(i)}=\sum_{i=1}^{n}\text{đ}W_i^{(e)}+\sum_{i=1}^{n}\text{đ}W_i^{(i)}=\sum_{i=1}^{n}\boldsymbol{F}_i^{(e)}\cdot\mathrm{d}\boldsymbol{r}_i+\sum_{i=1}^{n}\boldsymbol{F}_i^{(i)}\cdot\mathrm{d}\boldsymbol{r}_i. \tag{5.5.3}$$

证明 质点组内第 i 个质点的动能定理为

$$\mathrm{d}T_i=\boldsymbol{F}_i^{(e)}\cdot\mathrm{d}\boldsymbol{r}_i+\boldsymbol{F}_i^{(i)}\cdot\mathrm{d}\boldsymbol{r}_i.$$

对质点组内所有 n 个质点由 $i=1$ 到 $i=n$ 求和，则

$$\mathrm{d}T=\sum_{i=1}^{n}\boldsymbol{F}_i^{(\mathrm{e})}\cdot\mathrm{d}\boldsymbol{r}_i+\sum_{i=1}^{n}\boldsymbol{F}_i^{(\mathrm{i})}\cdot\mathrm{d}\boldsymbol{r}_i=\text{đ}W^{(\mathrm{e})}+\text{đ}W^{(\mathrm{i})}.$$

质点组的动能定理与动量及角动量定理不同，质点组动能的微分与内力元功有关.

由于刚体内力做功之和为零，即 $\text{đ}W^{(\mathrm{i})}=0$，所以当把质点组的动能定理应用于刚体时，刚体动能的微分与内力元功无关.

2. 内势能

从严格意义上讲动能与势能的转化，应用一对保守力做功之和来度量. 由于一对内力所做元功之和，可以归结为其中一个力在其受力质点相对另一质点的相对位移中所做元功，即

$$\boldsymbol{F}_{ij}\cdot\mathrm{d}\boldsymbol{r}_i+\boldsymbol{F}_{ji}\cdot\mathrm{d}\boldsymbol{r}_j=\boldsymbol{F}_{ij}\cdot\mathrm{d}\boldsymbol{r}_{ij}=\pm F_{ij}\mathrm{d}r_{ij},\tag{5.5.4}$$

因此，如果一对内力为保守力，其元功自然可以利用势能函数表示出来. 比如实际中涉及的内力，若其大小只是以这一对内力相互作用的两个质点相对距离的函数，即 $F_{ij}=F_{ij}(r_{ij})$，则有

$$\boldsymbol{F}_{ij}\cdot\mathrm{d}\boldsymbol{r}_i+\boldsymbol{F}_{ji}\cdot\mathrm{d}\boldsymbol{r}_j=-\mathrm{d}V_{ij}^{(\mathrm{i})}(r_{ij}),\tag{5.5.5}$$

这一对内力为保守内力. 为了与质点力学中讨论的外势能 $V^{(\mathrm{e})}$ 区分，一对保守内力的势能记为 $V^{(\mathrm{i})}$，称为内势能.

式 (5.5.5) 指出势能的微分等于与之相应的一对保守内力所做元功之和的负值，势能是以这一对保守内力相互作用的两个质点的位置的函数. 这就说明了最简单的势能也是一对质点间的势能，它是一对以保守内力相互作用的质点间的相互作用能，属于这两个质点所共有.

从物理本质上讲，所有势能全是内势能，这一点不容置疑. 外势能是一定条件下的近似和简化，外势能是对势能的一种理解方式，是简化功能关系的一种方法. 但是从另一方面看，外势能的概念又必须存在，否则完整的质点动力学就不能建立.

3. 质点组的机械能定理和机械能守恒定律

质点组所受的外力和内力都可能包括保守力和非保守力. 对于第 i 个质点所受保守外力 $\boldsymbol{F}_{ic}^{(\mathrm{e})}$，可引入外势能 $V_i^{(\mathrm{e})}$ 为

$$\boldsymbol{F}_{ic}^{(\mathrm{e})}\cdot\mathrm{d}\boldsymbol{r}_i=-\mathrm{d}V_i^{(\mathrm{e})},$$

则质点组总外势能

$$V^{(\mathrm{e})}=\sum_{i=1}^{n}V_i^{(\mathrm{e})}.\tag{5.5.6}$$

对于第 i 个质点与第 j 个质点间的一对保守内力 $[F_{ij}=F_{ij}(r_{ij})]$，可引入内势能 $V_{ij}^{(\mathrm{i})}$：

$$\boldsymbol{F}_{ij}\cdot\mathrm{d}\boldsymbol{r}_{ij}=-\mathrm{d}V_{ij}^{(\mathrm{i})}(r_{ij}),$$

则质点组总内势能

$$V^{(\mathrm{i})}=\frac{1}{2}\sum_{i,\ j=1,\ i\neq j}^{n}V_{ij}^{(\mathrm{i})}.\tag{5.5.7}$$

把第 i 个质点所受非保守外力所做元功记为 $\text{đ}W_{inc}^{(\mathrm{e})}$，把第 i 个质点与第 j 个质点间的

一对非保守内力所做元功记为 $đW_{ijnc}^{(i)}$，则由质点组的动能定理，即式（5.5.3）可导出

$$d(T+V^{(e)}+V^{(i)})=\sum_{i=1}^{n}đW_{inc}^{(e)}+\frac{1}{2}\sum_{i,\ j=1,\ i\neq j}^{n}đW_{ijnc}^{(i)}.\tag{5.5.8}$$

定义质点组总势能 $V=V^{(e)}+V^{(i)}$，总机械能 $E=T+V=T+V^{(e)}+V^{(i)}$，则上式称为质点组的机械能定理.

作为式（5.5.8）的推论，质点组的机械能守恒定律表述为：若在某一过程中，质点组所受非保守外力均恒不做功，$đW_{inc}^{(e)}\equiv 0$，$i=1,\ 2,\ \cdots,\ n$，每一对内非保守力做功之和均恒为零，$đW_{ijnc}^{(i)}\equiv 0$，$i,\ j=1,\ 2,\ \cdots,\ n$，且 $i\neq j$，则在该过程中质点组的总机械能守恒，即

$$E=T+V=T+V^{(e)}+V^{(i)}=\text{常量}.\tag{5.5.9}$$

质点组机械能守恒说明，在运动过程中质点组的动能与势能可以相互转化，但没有机械运动与其他形式的运动之间的能量转化.

三、质点组在质心系中的动能定理

质点组在质心系中的动能定理为

$$dT'=d\sum_{i=1}^{n}\frac{1}{2}m_iv_i'^2=\sum_{i=1}^{n}\boldsymbol{F}_i^{(e)}\cdot d\boldsymbol{r}_i'+\sum_{i=1}^{n}\boldsymbol{F}_i^{(i)}\cdot d\boldsymbol{r}_i',\tag{5.5.10}$$

式中 T' 为质点组在质心系中的总动能，$đW^{(e)\prime}=\sum\boldsymbol{F}_i^{(e)}\cdot d\boldsymbol{r}_i'$ 为质点组所受外力在质心系中所做元功之和，$đW^{(i)}=\sum\boldsymbol{F}_i^{(i)}\cdot d\boldsymbol{r}_i'=\dfrac{1}{2}\sum\boldsymbol{F}_{ij}\cdot d\boldsymbol{r}_{ij}$ 为质点组所受内力元功之和. 由于内力成对出现，每对内力元功之和与参考系无关，所以所有内力元功之和与参考系无关，故 $đW^{(i)}$ 上不加“′”. 式（5.5.10）亦与惯性系中的动能定理形式相同，均与内力元功有关.

证明 在作为非惯性系的质心系中讨论质点组运动时，需考虑惯性力，且视惯性力为外力. 由于各质点所受惯性力在质心系内做功之和 $\sum -m_i\boldsymbol{a}_c\cdot d\boldsymbol{r}_i'=-\boldsymbol{a}_c\cdot d(\sum m_i\boldsymbol{r}_i')=0$，所以惯性力不在方程中出现，定理形式与惯性系内定理形式相同.

四、小结

至此，我们已经建成了牛顿力学基本理论框架，其基本结构为：从牛顿第二定律出发，导出质点力学的三个定理及相应守恒定律，再由质点力学的三个定理及牛顿第三定律导出质点组力学的三个定理及相应守恒定律，在引入质心及质心系概念的基础上，质点组力学的定理全部有两种不同的形式.

在质点力学中，牛顿运动定律为基本出发点，原则上可解决全部问题. 质点力学的三个定理为解决质点力学问题提供了重要的辅助方法，三个定理所包含的 7 个标量方程中仅有 3 个是互相独立的.

在质点组力学中，在讨论解析解的情况下，质点组力学的三个基本普遍定理是讨论问题的基本出发点. 三个定理最多也只能提供 7 个标量方程，只能完全确定自由度 $s\leqslant 7$ 的质点组的运动问题，比如二体问题和刚体运动问题. 一般情况下，质点

组力学的三个定理只能对质点组的运动进行整体描述，而不能确定其中每个质点的运动细节.

依据牛顿第三定律对内力加以妥善处理是导出质点组力学三个基本普遍定理的一个要点，掌握内力特点是学好质点组力学的关键之一. 建立质心和质心系的概念是研究三个基本普遍定理的另一个要点，从整体上研究质点组运动的基本思想是把其整体运动分解为以质心为代表的“平动”和相对质心系的运动. 掌握质心及质心系的特点是学好质点组力学的关键之二. 质心的运动由质心运动定理确定，相对质心系的运动由相对质心系的角动量定理及动能定理确定.

在后续章节关于刚体及二体等问题的讨论中，虽然还会涉及许多重要的理论和方法，但从理论体系上仅处于质点组基本普遍定理的应用和延伸. 建立了理论框架后，我们应回顾普通物理中力学的知识，并把它们安放在理论框架的适当位置上. 在今后的学习中，也要注意把相关知识纳入理论框架之中. 只有这样，牛顿力学的理论才能完整体现.

在质点力学中由于应用牛顿运动定律是解决问题的基本方法，所以运用不同方法解决问题虽有优劣之分，但常有异曲同工之效. 在质点组力学中三个基本定理有相对的独立性，因此如何选取适当的定理去解决问题，往往是成败的关键. 一方面我们应从例题、习题中领悟并总结方法；但更重要的是要对三个基本定理的两种形式熟知其表述并深刻理解其内涵，如此才有可能游刃有余地处理各种问题.

例题 5.8

如图 5.10 所示，绞车安装在水平梁上，梁的两端搁在支座 A 和 B 上，质量为 m_1 的重物向下做加速运动，并通过不可伸长的轻绳带动滑轮转动，滑轮质量为 m_2，半径为 R，可视为匀质圆盘. 梁及支架总质量为 m_3，其质心 C 在 AB 的垂直平分线上. 滑轮轴承光滑，$|AB|=2l$，$|AD|=d$，设初时各物体均为静止、绳与滑轮间无滑动. 试求：(1) 重物 m_1 的加速度；(2) A 处支座对梁的作用力.

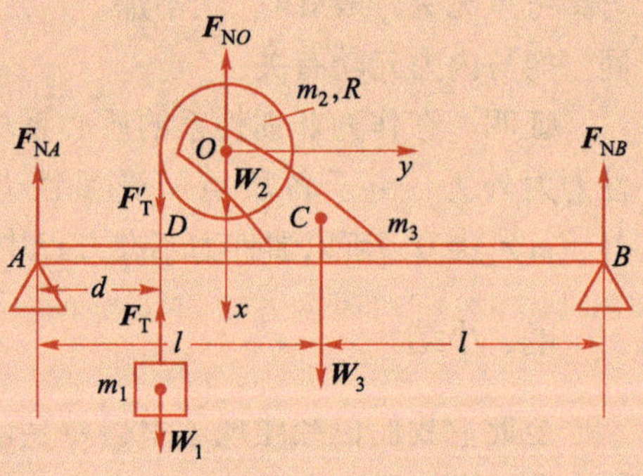

图 5.10　绞车的运动

解　先分析各物体运动情况，以重物 m_1 为系统，受力 $\boldsymbol{W}_1=m_1\boldsymbol{g}$ 和 $\boldsymbol{F}_T$ 沿竖直方向，所以重物 m_1 沿竖直方向下落. 以滑轮 m_2 和梁 m_3 为系统，在水平方向所受外力只可能是支座 A 和 B 施与的摩擦力 $\boldsymbol{F}_{fA}$ 和 $\boldsymbol{F}_{fB}$，由于梁是刚性的，故梁相对支座 A 和 B 的运动趋势必然同向，所以 $\boldsymbol{F}_{fA}$ 和 $\boldsymbol{F}_{fB}$ 同向；因为 $\boldsymbol{F}_{fA}$ 和 $\boldsymbol{F}_{fB}$ 为约束力，单靠它们不能引起接触点的相对运动，所以可知支座对梁的作用力 $\boldsymbol{F}_{NA}$ 和 $\boldsymbol{F}_{NB}$ 沿竖直方向（即 $\boldsymbol{F}_{fA}=\boldsymbol{F}_{fB}=0$），在重物下落过程中梁固定不动.

(1) 以重物、绳和滑轮构成系统，受外力 $\boldsymbol{W}_1=m_1\boldsymbol{g}$，$\boldsymbol{W}_2=m_2\boldsymbol{g}$，$\boldsymbol{F}_{NO}$（由于系统质心在水平方向上无运动，$\boldsymbol{W}_1$ 和 $\boldsymbol{W}_2$ 沿竖直方向，由质心运动定理可知 $\boldsymbol{F}_{NO}$ 沿竖直方向）. 建立坐标系 $Oxyz$ 如图所示，由对 z 轴的角动量定理

$$\frac{\mathrm{d}}{\mathrm{d}t}\left(Rm_1\dot{x}+\frac{1}{2}m_2R^2\ \frac{\dot{x}}{R}\right)=Rm_1g,$$

所以

$$\ddot{x}=\frac{2m_1g}{2m_1+m_2}.$$

（2）以重物、绳、滑轮及梁构成系统，受外力 $\boldsymbol{W}_1=m_1\boldsymbol{g}$，$\boldsymbol{W}_2=m_2\boldsymbol{g}$，$\boldsymbol{W}_3=m_3\boldsymbol{g}$，$\boldsymbol{F}_{\mathrm{NA}}$，$\boldsymbol{F}_{\mathrm{NB}}$，建立 BZ 轴与 z 轴同向，注意到滑轮质心静止，因此它对 BZ 轴的角动量为$\frac{1}{2}m_2R^2\dot{x}/R$，梁对 BZ 轴角动量为零，由对 BZ 轴的角动量定理

$$\frac{\mathrm{d}}{\mathrm{d}t}\left[(2l-d)m_1\dot{x}+\frac{1}{2}m_2R^2\ \frac{\dot{x}}{R}\right]=(2l-d)m_1g+(2l-d-R)m_2g+lm_3g-2lF_{\mathrm{NA}},$$

利用 $\ddot{x}=2m_1g/(2m_1+m_2)$，可求得

$$F_{\mathrm{NA}}=\frac{1}{2l}\left\{(2l-d)(m_1+m_2)g-Rm_2g+lm_3g-\frac{m_1g}{(2m_1+m_2)}[2(2l-d)m_1+m_2R]\right\}.$$

讨论：

（1）可以根据动能定理求 $\ddot{x}$. 以重物、绳、滑轮为系统，由于在运动中只有保守力 $\boldsymbol{W}_1=m_1\boldsymbol{g}$ 做功，所以系统机械能守恒，以 O 为重力势能零点，则

$$\frac{1}{2}m_1\dot{x}^2+\frac{1}{2}\cdot\frac{1}{2}m_2R^2\left(\frac{\dot{x}}{R}\right)^2-m_1gx=-m_1gx_0,$$

x_0 为重物初始位置. 把上式对时间求导数即可求出 $\ddot{x}$.

（2）当我们用角动量定理求 $\ddot{x}$ 时，若以重物为系统，则有两个未知量（$\ddot{x}$，$\boldsymbol{F}_{\mathrm{T}}$）而只有一个方程，无法求解. 当把系统扩大为重物、绳、滑轮后，未知量仍有两个（$\ddot{x}$ 和 $\boldsymbol{F}_{\mathrm{N}O}$），但选 z 轴为参考轴则可使 $\boldsymbol{F}_{\mathrm{N}O}$ 不在方程中出现，于是可求出 $\ddot{x}$. 若再把系统扩大为重物、绳、滑轮、梁，则可发现不管如何选择参考轴均无法求解.

（3）用动量定理无法求出 $\ddot{x}$. 以重物为系统，动量定理为 $m_1\ddot{x}=m_1g-F_{\mathrm{T}}$，以重物、绳、滑轮为系统，动量定理为 $m_1\ddot{x}=m_1g+m_2g-F_{\mathrm{N}O}$. 以重物、绳、滑轮、梁为系统，动量定理为 $m_1\ddot{x}=m_1g+m_2g+m_3g-F_{\mathrm{NA}}-F_{\mathrm{NB}}$，各情况中方程数均小于未知量个数，无法求解.

（4）求出 $\ddot{x}$ 后，可用动量定理 $m_1\ddot{x}=m_1g+m_2g-F_{\mathrm{N}O}$ 求出 $F_{\mathrm{N}O}$，再以梁为系统求出 F_{NA}.

通过该例题的讨论我们可以看到，选定合适的系统（质点组），选用合适的定理，对角动量定理选择合适的参考点（或轴），是解决问题的重要技巧. 选取得当，可简化求解过程；选取不当，可能无法求解. 选取系统、定理和参考点（轴）的原则是：尽量减少在方程中出现的未知量个数，特别是那些不必求出的未知量，最好使它们不在方程中出现. 减少未知量的依据是：（1）选用动量和角动量定理时，内力不在方程中出现；（2）选用角动量定理时，对参考点（轴）力矩为零的外力也不在方程中出现；（3）应用动能定理时，不做功的外力及内力均不在方程中出现. 和质点力学一样，在质点组力学中优先选用守恒定律解决问题，依然是重要的原则.

例题 5.9

一水平匀质细管长为 L，质量为 m_0，能绕过管一端并与其固连的竖直轴转动. 轴质量可忽略，轴承处光滑. 管内放有一质量为 m 的小球，如图 5.11 所示. 初始时，管的角速度为 $\boldsymbol{\omega}_0$，小球位于管的中点，小球相对管的速度为零. 设小球与管壁间无摩擦，试求小球出管口时的速率.

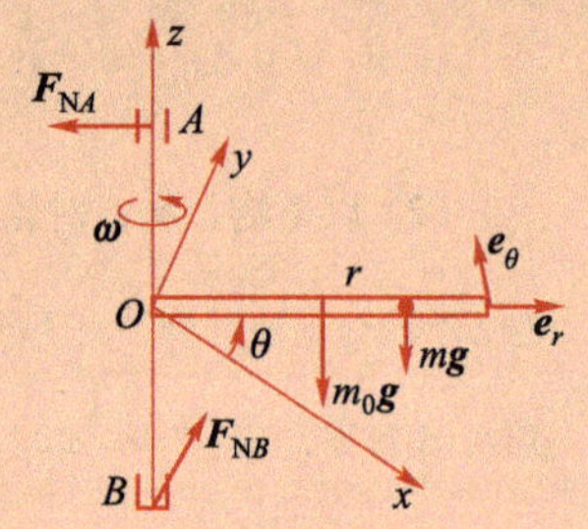

图 5.11　可转动直管内小球出口速度

解　以小球、管和轴构成系统，建立如图 5.11 所示的柱坐标系 $(r,\ \theta,\ z)$，极轴沿管的初始位置. 系统受外力 $\boldsymbol{W}_1=m_0\boldsymbol{g}$，$\boldsymbol{W}_2=m\boldsymbol{g}$，$\boldsymbol{F}_{NA}$和 $\boldsymbol{F}_{NB}$对 z 轴力矩均为零（$\boldsymbol{W}_1$ 和 $\boldsymbol{W}_2$ 与 z 轴平行，$\boldsymbol{F}_{NA}$，$\boldsymbol{F}_{NB}$与 z 轴相交），所以系统对 z 轴角动量守恒. 设小球出管口时管的角速度为 $\boldsymbol{\omega}$，小球速度为 $\boldsymbol{v}$，则

$$\frac{1}{3}m_0L^2\omega+mL^2\omega=\frac{1}{3}m_0L^2\omega_0+m\left(\frac{L}{2}\right)^2\omega_0,$$

所以

$$\omega=\frac{4m_0+3m}{4(m_0+3m)}\omega_0.$$

由于系统所受所有外力、内力均不做功（$\boldsymbol{W}_1$ 和 $\boldsymbol{W}_2$ 与其受力质点位移垂直，$\boldsymbol{F}_{NA}$和 $\boldsymbol{F}_{NB}$受力质点不动，小球与管间相互作用力与它们之间的相对位移垂直），所以系统机械能守恒

$$\frac{1}{2}\cdot\frac{1}{3}m_0L^2\omega^2+\frac{1}{2}mv^2=\frac{1}{2}\cdot\frac{1}{3}m_0L^2\omega_0^2+\frac{1}{2}m\left(\frac{L}{2}\omega_0\right)^2,$$

故

$$v=\frac{L\omega_0}{4(m_0+3m)}\sqrt{28m_0^2+69m_0m+36m^2}.$$

5-6　刚体动力学中的简单问题

在这一节中我们将讨论刚体动力学中的一些较简单的问题：刚体平动动力学、刚体定轴转动动力学和刚体平面平行运动动力学. 说它们比较简单是基于以下两点：其一，这里的讨论将在牛顿力学的基础上展开；其二，这些问题都可以作为质点组动力学的直接应用，无须再做专门的理论准备.

一、刚体平动动力学

刚体的平动可用基点的运动代表，在动力学中必须选用质心为基点，用质心运动定理足以确定以质心为代表的刚体的平动. 为保证刚体不发生转动，作用在刚体上的外力对质心的力矩之和必须为零.

二、刚体定轴转动动力学

做定轴转动刚体的自由度 $s=1$，确定其转动规律仅需一个方程. 设固定转动轴为 Oz 轴，规定描述其转动的角坐标 φ 的正向与 Oz 轴正向成右手关系，则刚体

角速度 $\boldsymbol{\omega}=\dot{\varphi}\boldsymbol{k}$. 根据质点组对 Oz 轴的角动量定理

$$\dot{L}_z=M_z,$$

定轴转动刚体对固定轴 Oz 的角动量

$$L_z=I\dot{\varphi},$$

I 为刚体对 Oz 轴的转动惯量，则得到

$$I\ddot{\varphi}=M_z, \tag{5.6.1}$$

此即刚体定轴转动的运动微分方程. 式 (5.6.1) 在牛顿力学中常被称为转动定理，式中 M_z 为刚体所受外力对 Oz 轴力矩的代数和.

当然，我们也可以用定轴转动刚体的动能定理，即

$$\mathrm{d}\left(\frac{1}{2}I\dot{\varphi}^2\right)=M_z\mathrm{d}\varphi$$

来确定其转动规律. 如果定轴转动刚体在运动中满足机械能守恒条件，则也可以用机械能守恒，即

$$\frac{1}{2}I\dot{\varphi}^2+V=常量$$

作为其动力学方程. 在重力场中，刚体势能 $V=mgh_c$，m 为刚体质量，h_c 为其质心高度.

例题 5.10

矩形匀质薄片 $ABCD$，边长分别为 a 和 b，质量为 m，初始时绕竖直固定轴 AB 以角速度 $\boldsymbol{\omega}_0$ 转动. 此薄片每一部分均受空气阻力，其方向与薄片垂直，其大小与面积及速率平方成正比，比例系数为 k. 设固定轴轴承光滑，求经过多少时间后，薄片角速度的大小减为初始值的一半.

解 建立与薄片固连的坐标系 $Axyz$，刚体受力分析如图 5.12 所示. 薄片对 Ay 轴转动惯量 $I=ma^2/3$，薄片上面元 $\mathrm{d}x\mathrm{d}y$ 所受阻力为 $\mathrm{d}\boldsymbol{F}_{\mathrm{R}}=kx^2\omega_y^2\mathrm{d}x\mathrm{d}y\boldsymbol{k}$，轴承的约束力和重力对 Ay 轴力矩为零，则薄片转动运动微分方程为

$$\frac{1}{3}ma^2\dot{\omega}_y=-\int_0^a\int_0^b k\omega_y^2x^3\mathrm{d}x\mathrm{d}y=-\frac{1}{4}ka^4b\omega_y^2,$$

上式可化为

$$\int_{\omega_0}^{\omega_0/2}\frac{\mathrm{d}\omega_y}{\omega_y^2}=-\frac{3}{4}\frac{ka^2b}{m}\int_0^t\mathrm{d}t,$$

由此求出角速度大小减至 $\omega_0/2$ 的时间为 $t=4m/(3ka^2b\omega_0)$.

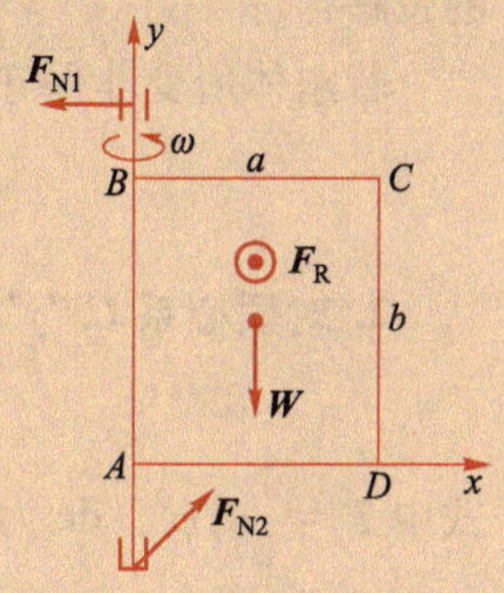

图 5.12 薄片在空气阻力作用下的定轴转动

三、刚体平面平行运动动力学

微视频

刚体做平面平行运动时，自由度 $s=3$. 我们在惯性系 $Oxyz$ 中研究其动力学问题，如图 5.13 所示. 在动力学中必须选取刚体的质

心 C 为基点，因此图 5.13 所选取的刚体截面为过质心且平行于固定平面的截面．这样，确定刚体位置的 3 个变量为 x_c，y_c 和 φ，一般情况下我们规定 φ 角的正向与 z 轴的正向成右手关系．

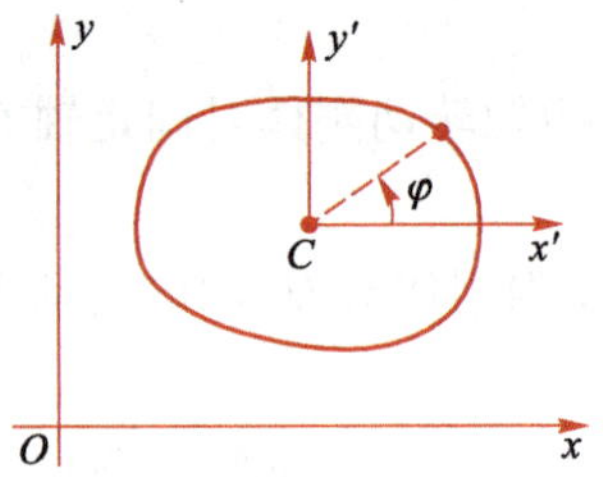

图 5.13　平面平行运动

用质心运动定理和质心系 $Cx'y'z'$ 中对 Cz' 轴的角动量定理，可构成刚体平面平行运动的基本动力学方程组．设刚体质量为 m，对 Cz' 轴转动惯量为 $I_{z'}$．以 F_x，F_y 为分别表示刚体所受外力沿 Ox，Oy 方向分量的代数和，$M_{z'}$ 表示外力对 Cz' 轴力矩的代数和，则基本动力学微分方程组为

$$\begin{cases} m\ddot{x}_c = F_x, \\ m\ddot{y}_c = F_y, \\ I_{z'}\ddot{\varphi} = M_{z'}. \end{cases} \tag{5.6.2}$$

做平面平行运动的刚体还可能受到约束，此时刚体所受外力包括主动力和约束力．此时应将式（5.6.2）与约束方程联立构成刚体动力学方程组，求解该动力学方程组可确定刚体的运动并同时求出约束力．

此外，还可以用以下几个定理来建立刚体的运动微分方程，并用之替换式（5.6.2）中的某些方程而建立刚体动力学方程组．

1. 对惯性系 $Oxyz$ 的动能定理

$$\mathrm{d}T = \sum_{i=1}^{n} \boldsymbol{F}_i \cdot \mathrm{d}\boldsymbol{r}_i, \tag{5.6.3}$$

式中 $T=\frac{1}{2}mv_c^2+\frac{1}{2}I_{z'}\dot{\varphi}^2$，$\boldsymbol{F}_i$ 为刚体所受第 i 个外力，$\mathrm{d}\boldsymbol{r}_i$ 为 $\boldsymbol{F}_i$ 受力质点相对 $Oxyz$ 系的位移．

若刚体所受非保守力不做功，则机械能守恒，即

$$T+V=\frac{1}{2}mv_c^2+\frac{1}{2}I_{z'}\dot{\varphi}^2+V=\text{常量}. \tag{5.6.4}$$

2. 对质心系 $Cx'y'z'$ 的动能定理

$$\mathrm{d}T' = \sum \boldsymbol{F}_i \cdot \mathrm{d}\boldsymbol{r}'_i, \tag{5.6.5}$$

式中 $T'=\frac{1}{2}I_{z'}\dot{\varphi}^2$，$\mathrm{d}\boldsymbol{r}'_i$ 为 $\boldsymbol{F}_i$ 受力质点相对 $Cx'y'z'$ 系的位移．

3. 惯性系 $Oxyz$ 中对固定轴 Oz 的角动量定理

$$\dot{L}_z = M_z, \tag{5.6.6}$$

式中 $L_z=(\boldsymbol{r}_c\times m\boldsymbol{v}_c)\cdot\boldsymbol{k}+I_{z'}\dot{\varphi}$，$M_z$ 为刚体所受外力对 z 轴力矩的代数和．

4. 在惯性系 $Oxyz$ 中对瞬心 P_0 的角动量定理

$$I_{P_0z}\ddot{\varphi} = \sum_{i=1}^{n} M_{iP_0z}, \tag{5.6.7}$$

式中 P_0z 指过瞬心 P_0 与 Oz 平行的轴，I_{P_0z} 为刚体对 P_0z 轴的转动惯量，M_{iP_0z} 为刚体

所受第 i 个外力对 P_0z 轴的力矩.

定理成立的条件：I_{P_0z}为常量，或瞬心到质心的距离为常量.

定理的适用范围：均匀圆柱形（可空心）、均匀圆球形（可为球壳）刚体的无滑滚动问题.

定理的优点：刚体在约束物体上做无滑滚动时，与约束物体的接触点为瞬心. 作用于接触点的约束力对 P_0z 轴力矩为零，在不需要求出约束力时可简化求解过程.

证明 设 O 为惯性系 $Oxyz$ 中固定参考点，P_0 为瞬心，m_i 为刚体上任一质点，如图 5.14 所示. $\boldsymbol{r}_i$ 为 m_i 对 O 点位置矢量，$\boldsymbol{r}_i''$为m_i 对 P_0 的位置矢量，$\boldsymbol{r}_{P_0}$为 P_0 对 O 点的位置矢量，显然

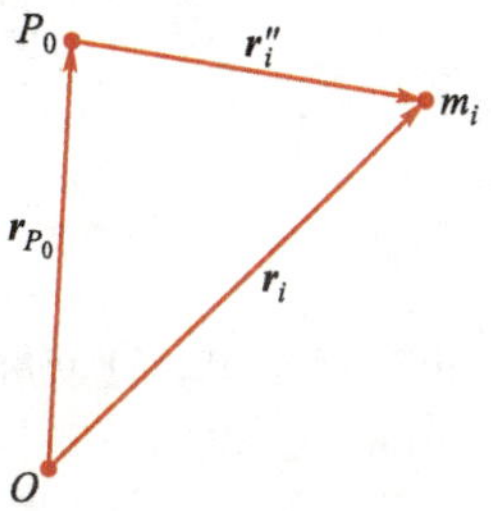

图 5.14 对瞬心的角动量定理

$$\boldsymbol{r}_i''=\boldsymbol{r}_i-\boldsymbol{r}_{P_0},$$

$$\boldsymbol{L}_{P_0}=\sum_{i=1}^{n}\boldsymbol{r}_i''\times m_i\boldsymbol{v}_i,$$

其中 $\boldsymbol{v}_i$ 为 m_i 相对 $Oxyz$ 系的速度. 此时

$$\begin{aligned}\frac{\mathrm{d}\boldsymbol{L}_{P_0}}{\mathrm{d}t}&=\frac{\mathrm{d}}{\mathrm{d}t}\left[\sum_{i=1}^{n}(\boldsymbol{r}_i-\boldsymbol{r}_{P_0})\times m_i\boldsymbol{v}_i\right]\\&=\sum_{i=1}^{n}[\dot{\boldsymbol{r}}_i\times m_i\boldsymbol{v}_i-\dot{\boldsymbol{r}}_{P_0}\times m_i\boldsymbol{v}_i+\boldsymbol{r}_i''\times m_i\dot{\boldsymbol{v}}_i]\\&=-\dot{\boldsymbol{r}}_{P_0}\times m\boldsymbol{v}_{\mathrm{c}}+\sum_{i=1}^{n}\boldsymbol{r}_i''\times(\boldsymbol{F}_i^{(\mathrm{e})}+\boldsymbol{F}_i^{(\mathrm{i})})\\&=-\dot{\boldsymbol{r}}_{P_0}\times m\boldsymbol{v}_{\mathrm{c}}+\sum_{i=1}^{n}\boldsymbol{r}_i''\times\boldsymbol{F}_i^{(\mathrm{e})}.\end{aligned}$$

我们知道刚体上位于瞬心的质点的速度为零，但$\dot{\boldsymbol{r}}_{P_0}$不是该质点的速度，$\dot{\boldsymbol{r}}_{P_0}$是瞬心空间点的移动速度. 若瞬心到质心距离不变，则$\dot{\boldsymbol{r}}_{P_0}/\!/\ \boldsymbol{v}_{\mathrm{c}}$，在此条件下有

$$\dot{\boldsymbol{L}}_{P_0}=\sum_{i=1}^{n}\boldsymbol{r}_i''\times\boldsymbol{F}_i^{(\mathrm{e})}. \tag{5.6.8}$$

式 (5.6.8) 沿 P_0z 方向的投影即式 (5.6.7).

刚体平面平行运动是普通物理的力学中讨论过的问题，在理论力学中仍为一个重点，此时应特别注意提高以下几方面的认识：(1) 会用不同形式的动力学方程组处理较复杂的问题；(2) 能正确表达较复杂的无滑条件；(3) 会处理有滑滚动和无滑滚动的判断及其相互转化的问题.

例题 5.11

半径为 R、质量为 m 的匀质圆柱体，沿倾角为 α 的固定斜面无滑滚下，试求圆柱质心沿斜面方向的加速度及圆柱所受的约束力；并判断保持无滑滚动，圆柱与斜面间摩擦因数应满足的条件.

解 以圆柱为研究对象，圆柱受重力 $\boldsymbol{W}=m\boldsymbol{g}$、支撑力 $\boldsymbol{F}_{\mathrm{N}}$、摩擦力 $\boldsymbol{F}_{\mathrm{f}}$ 的作用，如图 5.15 所示. 建立坐标系 Oxy，并规定 θ 正方向如图所示，CP 为定线，CB 为动线，设 $t=0$ 时 B 点与 O 点重合.

圆柱无滑条件可用两种方法写出：

（1）根据圆柱上与斜面接触的点的速度为零，则

$$\boldsymbol{v}_P=(\dot{x}_c-R\dot{\theta})\boldsymbol{i}=0 \quad 即 \quad \dot{x}_c-R\dot{\theta}=0.$$

（2）根据弧长$\widehat{PB}$与$|PO|$相等，则$x_c=R\theta$.

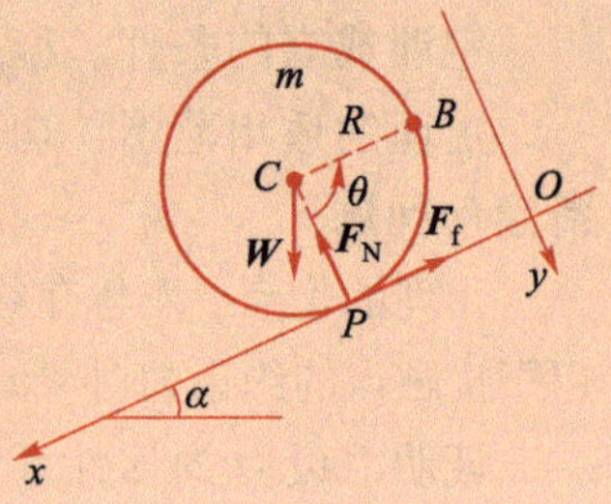

图 5.15 圆柱沿斜面的无滑滚动

方法一：根据基本运动微分方程组，得

$$m\ddot{x}_c=mg\sin\alpha-F_f, \tag{1}$$

$$m\ddot{y}_c=0=mg\cos\alpha-F_N, \tag{2}$$

$$\frac{1}{2}mR^2\ddot{\theta}=F_fR, \tag{3}$$

$$无滑条件：\dot{x}_c-R\dot{\theta}=0. \tag{4}$$

由式（1）~式（4）可解出

$$\ddot{x}_c=\frac{2}{3}g\sin\alpha,\ F_N=mg\cos\alpha,\ F_f=\frac{1}{3}mg\sin\alpha.$$

保持无滑，要求$F_f\leqslant\mu F_N$，即要求$\mu\geqslant\frac{1}{3}\tan\alpha$.

方法二：用机械能守恒定律求$\ddot{x}_c$. 因无滑滚动，故非保守力$\boldsymbol{F}_N$与$\boldsymbol{F}_f$不做功，所以圆柱体在运动过程中机械能守恒，以$t=0$时质心C位置为势能零点，则

$$\frac{1}{2}m\dot{x}_c^2+\frac{1}{2}\cdot\frac{1}{2}mR^2\dot{\theta}^2-mgx_c\sin\alpha=常量.$$

利用无滑条件$\dot{x}_c=R\dot{\theta}$，并将上式对时间求导数，即可求出$\ddot{x}_c=\frac{2}{3}g\sin\alpha$. 此法求$\ddot{x}_c$简单，但要求出$\boldsymbol{F}_N$和$\boldsymbol{F}_f$仍需借助式（1）和式（2）.

方法三：用对瞬心的角动最定理求$\ddot{x}_c$. 因圆柱做无滑滚动，则P点为瞬心. 刚体对Pz轴转动惯量

$$I_{Pz}=\frac{1}{2}mR^2+mR^2=\frac{3}{2}mR^2=常量,$$

由对瞬心的角动量定理

$$\frac{3}{2}mR^2\ddot{\theta}=mgR\sin\alpha,$$

可求出$\ddot{\theta}=\frac{2}{3R}g\sin\alpha$，$\ddot{x}_c=R\ddot{\theta}=\frac{2}{3}g\sin\alpha$. 此法因$\boldsymbol{F}_N$和$\boldsymbol{F}_f$不在方程中出现，故求解简单，但要求$\boldsymbol{F}_N$和$\boldsymbol{F}_f$仍需借助式（1）和式（2）.

讨论：只有当$F_f\leqslant\mu F_N$时才能维持无滑滚动. 否则，当μ较小或倾角α较大时，圆柱将连滑带滚地运动，此时无滑条件式（4）不能成立，但可用$F_f=\mu F_N$代替式（4）与式（1）~式（3）联立求解. 无滑滚动时$\boldsymbol{F}_f$为静摩擦力，方向可任意假设；当有滑滚动时$\boldsymbol{F}_f$为滑动摩擦力，分析力时$\boldsymbol{F}_f$必须按真实方向标明，否则会发生错误.

例题 5.12

微视频

放在水平面内的行星齿轮机构，如图 5.16 所示. 曲柄 OO' 上受不变力矩 M 的作用，使其可绕过 O 点的竖直固定轴转动，并带动小齿轮在大齿轮上滚动. 设曲柄 OO' 长为 l，质量为 m_1，可视为匀质细杆；小齿轮半径为 r，

质量为 m_2，可视为匀质圆盘；轴承 O，O'处光滑. 试求：(1) 曲柄的角加速度；(2) 两齿轮间的切向相互作用力.

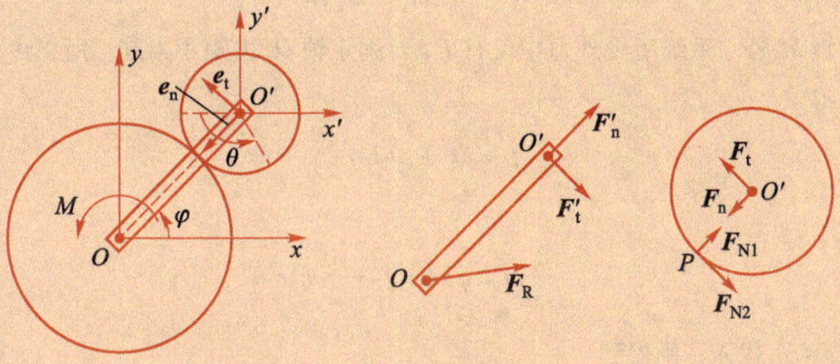

图 5.16　行星齿轮在力矩作用下的运动

解法一　曲柄做定轴转动，规定 φ 正方向及单位矢量 $\boldsymbol{e}_t$，$\boldsymbol{e}_n$ 如图所示，曲柄受主动力矩 $\boldsymbol{M}$ 的作用，小齿轮于 O' 处施与的作用力 $\boldsymbol{F}'=\boldsymbol{F}'_n+\boldsymbol{F}'_t$，固定轴施与的约束力为 $\boldsymbol{F}_R$. 由对固定轴 Oz 的角动量定理可得

$$\frac{1}{3}m_1 l^2\ddot{\varphi}=M-F'_t l. \tag{1}$$

小齿轮做平面平行运动，在 O' 受曲柄 OO' 的作用力 $\boldsymbol{F}=\boldsymbol{F}_n+\boldsymbol{F}_t$，在与大齿轮接触的 P 点受大齿轮沿 $-\boldsymbol{e}_t$ 及 $-\boldsymbol{e}_n$ 方向的作用力 $\boldsymbol{F}_{N2}$和 $\boldsymbol{F}_{N1}$. 规定 θ 角正方向如图所示，由质心运动定理和质心系中对质心的角动量定理可得

$$m_2\dot{v}_{O'}=F_t-F_{N2}, \tag{2}$$

$$m_2\frac{v_{O'}^2}{l}=F_n-F_{N1}, \tag{3}$$

$$\frac{1}{2}m_2 r^2\ddot{\theta}=F_{N2}r. \tag{4}$$

由式 (1)、式 (2)、式 (4) 和

$$F_t=F'_t,\ v_{O'}=l\dot{\varphi},$$

以及无滑条件 $l\dot{\varphi}=r\dot{\theta}$，联立即可解出

$$\dot{\omega}_z=\ddot{\varphi}=\frac{6M}{(2m_1+9m_2)l^2},\quad F_{N2}=\frac{3m_2M}{(2m_1+9m_2)l}.$$

如果需要可由式 (3) 求出 F_{N1}.

解法二　以曲柄和小齿轮构成刚体组，由于外力 $\boldsymbol{F}_R$ 的受力质点不动，$\boldsymbol{F}_{N1}$和 $\boldsymbol{F}_{N2}$的受力质点速度为零，均不做功. $\boldsymbol{F}$ 和 $\boldsymbol{F}'$的受力质点相对位移垂直于力，亦不做功. 因此，由质点组动能定理可得

$$\mathrm{d}T=M\mathrm{d}\varphi.$$

因

$$T=T_1+T_2=\frac{1}{2}\cdot\frac{1}{3}m_1 l^2\dot{\varphi}^2+\frac{1}{2}m_2 v_{O'}^2+\frac{1}{2}\cdot\frac{1}{2}m_2 r^2\dot{\theta}^2,$$

将 $v_{O'}=l\dot{\varphi}$ 及无滑条件 $l\dot{\varphi}=r\dot{\theta}$ 代入，则

$$\left(\frac{1}{6}m_1+\frac{3}{4}m_2\right)l^2\mathrm{d}(\dot{\varphi}^2)=M\mathrm{d}\varphi,$$

除以 dt 后即可求出

$$\dot{\omega}_z=\ddot{\varphi}=\frac{6M}{(2m_1+9m_2)l^2}.$$

因为除力矩 $\boldsymbol{M}$ 外，系统所受外力中仅有 $\boldsymbol{F}_{N2}$ 对固定轴 Oz 力矩不为零，所以由对固定轴 Oz 的角动量定理可得

$$\dot{L}_z=M-F_{N2}(l-r),$$

而

$$L_z=\frac{1}{3}m_1l^2\dot{\varphi}+lm_2v_{O'}+\frac{1}{2}m_2r^2\dot{\theta}.$$

将 $v_{O'}=l\dot{\varphi}$ 及 $l\dot{\varphi}=r\dot{\theta}$ 代入，则得到

$$\left(\frac{1}{3}m_1l^2+m_2l^2+\frac{1}{2}m_2rl\right)\ddot{\varphi}=M-F_{N2}(l-r),$$

将 $\ddot{\varphi}$ 的结果代入即可求出 $F_{N2}=\dfrac{3m_2M}{(2m_1+9m_2)l}$.

解法三 当我们用解法二求出 $\dot{\omega}_z=\ddot{\varphi}$ 后，可再以小齿轮为研究对象. 在质心系 $O'x'y'z'$ 中，$\boldsymbol{F}$，$\boldsymbol{F}_{N1}$，$\boldsymbol{F}_{N2}$ 均为外力，$\boldsymbol{F}$ 的受力质点相对质心系静止，$\boldsymbol{F}_{N1}$ 与受力质点相对质心系的位移垂直，故在质心系中 $\boldsymbol{F}$ 和 $\boldsymbol{F}_{N1}$ 不做功. 根据相对质心系的动能定理，即

$$\mathrm{d}\left(\frac{1}{2}\cdot\frac{1}{2}m_2r^2\dot{\theta}^2\right)=\boldsymbol{F}_{N2}\cdot\mathrm{d}\boldsymbol{r}'_P.$$

上式除以 dt，$\boldsymbol{v}'_P=\dfrac{\mathrm{d}\boldsymbol{r}'_P}{\mathrm{d}t}$ 为 P 点相对质心系的速度，考虑到 $\boldsymbol{v}'_P=-r\dot{\theta}\boldsymbol{e}_1$，则

$$\frac{\mathrm{d}}{\mathrm{d}t}\left(\frac{1}{4}m_2r^2\dot{\theta}^2\right)=F_{N2}r\dot{\theta},$$

于是求出 $F_{N2}=\dfrac{1}{2}m_2r\ddot{\theta}$. 由 $l\dot{\varphi}=r\dot{\theta}$，可知 $F_{N2}=\dfrac{1}{2}m_2l\ddot{\varphi}=\dfrac{3m_2M}{(2m_1+9m_2)l}$.

例题 5.13

半径为 R 的球，以初始质心速度 $\boldsymbol{v}$ 及初始角速度 $\boldsymbol{\omega}$ 沿倾角为 α 的斜面向上滚动，$\boldsymbol{\omega}$ 方向如图 5.17 所示. 已知 $v>\omega R$，且摩擦因数 $\mu>(2\tan\alpha)/7$，试证经过 $(5v+2\omega R)/5g\sin\alpha$ 的时间，球将停止上升.

分析与求解 （1）以球为研究对象，设其质量为 m，建立坐标系 Oxy 并规定 θ 角正方向如图 5.17 所示. 球受重力 $\boldsymbol{W}=m\boldsymbol{g}$、支撑力 $\boldsymbol{F}_N$、摩擦力 $\boldsymbol{F}_f$，球的动力学方程组为

$$m\ddot{x}=-F_f-mg\sin\alpha,\tag{1}$$

$$m\ddot{y}=0=F_N-mg\cos\alpha,\tag{2}$$

$$I_{cz}\ddot{\theta}=F_fR.\tag{3}$$

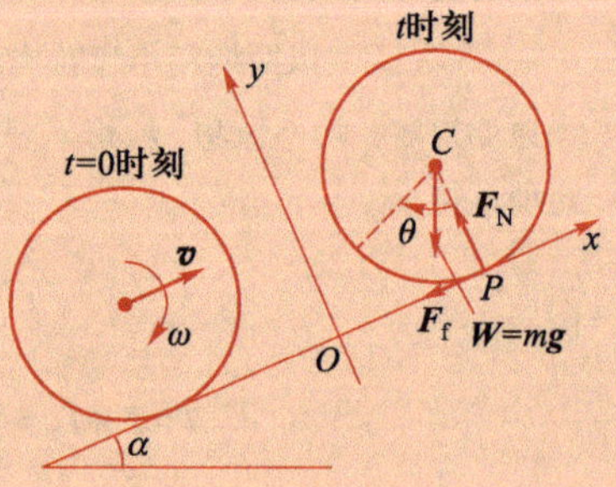

图 5.17 球沿斜面滚动

已知 $I_{cz}=2mR^2/5$，由式（1）、式（3）消去 F_f 并乘 dt，则得

$$\frac{2}{5}R\mathrm{d}\dot{\theta}+\mathrm{d}\dot{x}=-g\sin\alpha\mathrm{d}t.$$

由于 $t=0$ 时 $\dot{x}=v$，$\dot{\theta}=\omega$，将上式积分

$$\int_{\omega}^{0}\frac{2}{5}R\mathrm{d}\dot{\theta}+\int_{v}^{0}\mathrm{d}\dot{x}=-\int_{0}^{t}g\sin\alpha\mathrm{d}t,$$

即

$$-\frac{2}{5}R\omega-v=-gt\sin\alpha,$$

所以

$$t=\frac{5v+2R\omega}{5g\sin\alpha},$$

证明得以完成. 但条件$\mu>(2\tan\alpha)/7$没有用到，这是为什么呢?

(2) 实际上，由初始时$v>\omega R$可知，开始时球连滑带滚地上升，与斜面接触的P点向前滑动，所以设$\boldsymbol{F}_{\mathrm{f}}$向后合理，方程式 (1)~式 (3) 正确. 随着时间推移，由式 (1) 可知$\dot{x}$将减小，由式 (3) 可知$\dot{\theta}$将增大，所以球有多种可能的运动情况: (a) 停止上升时仍保持开始的连滑带滚的状态，$\dot{x}=0$，$\dot{\theta}>0$; (b) 先达到无滑滚动状态，并保持无滑滚动状态直到停止上升，$\dot{x}=\dot{\theta}=0$; (c) 先达到无滑滚动状态，但不能保持，还是连滑带滚地停止上升，$\dot{x}=0$，$\dot{\theta}\neq 0$ (正负未知). 因此，我们无法断定方程式 (1)~式 (3) 在整个过程中全是正确的，即停止上升时一定有$\dot{x}=\dot{\theta}=0$成立，可见上述证法推理有误，是不正确的.

(3) 球运动的第一阶段为连滑带滚上升，因$\dot{x}$将减小而$\dot{\theta}$增大，会趋于无滑滚动. 分析方法如前，动力学方程组为式 (1)~式 (3) 与$F_{\mathrm{f}}=\mu F_{\mathrm{N}}$联立. 由于$F_{\mathrm{f}}=\mu mg\cos\alpha$，由式 (1)、式 (3) 可求出

$$\dot{x}=-(\mu\cos\alpha+\sin\alpha)gt+v, \tag{4}$$

$$\dot{\theta}=\frac{5\mu g\cos\alpha}{2R}t+\omega. \tag{5}$$

设于t_1时刻达到无滑状态，$\dot{x}=R\dot{\theta}$，由式 (4)、式 (5) 可得

$$-(\mu\cos\alpha+\sin\alpha)gt_1+v=\left(\frac{5\mu\cos\alpha}{2R}t_1+\omega\right)R,$$

求出

$$t_1=\frac{v-\omega R}{\left(\frac{7}{2}\mu\cos\alpha+\sin\alpha\right)g}.$$

代入式 (4) 求出t_1时刻的$\dot{x}$，即

$$\dot{x}_{t_1}=\frac{\frac{5}{2}\mu v\cos\alpha+\omega R(\mu\cos\alpha+\sin\alpha)}{\frac{7}{2}\mu\cos\alpha+\sin\alpha}>0,$$

可知球的运动达到无滑后还要继续上升.

球运动的第二阶段为由t_1时刻起到停止上升，设球一直保持无滑状态. 受力情况依然如图 5.17 所示，动力学方程组为式 (1)~式 (3) 与无滑条件$\dot{x}=R\dot{\theta}$联立. 由式 (1)、式 (3) 中消去F_{f}得

$$\ddot{x}+\frac{2}{5}R\ddot{\theta}=-g\sin\alpha. \tag{6}$$

由无滑条件可得

$$\ddot{x}=R\ddot{\theta}. \tag{7}$$

由式 (6)、式 (7) 求出

$$\ddot{x}=-\frac{5}{7}g\sin\alpha,$$

代入式 (1) 可得

$$F_{\mathrm{f}}=-\frac{2}{7}mg\sin\alpha,$$

F_{f} 取负值表明此时摩擦力实际沿 Ox 轴正方向. 开始假设球一直保持无滑滚动是否正确, 可由关系式 $|F_{\mathrm{f}}|\leqslant\mu F_{\mathrm{N}}$, 即

$$\frac{2}{7}mg\sin\alpha\leqslant\mu mg\cos\alpha$$

能否被满足而判定. 由上式可见保持无滑滚动要求 $\mu\geqslant(2\tan\alpha)/7$, 此条件题中已给定, 所以可知球达到无滑状态后一直保持这种运动状态. 证明至此再用 (1) 中的方法即可完成证明.

若 $\mu<(2\tan\alpha)/7$, 情况又会如何呢? 在这种条件下, 球达到无滑滚动状态以后, 这种无滑状态不能保持下去, 球将再次进入连滑带滚的状态, 而当球再次进入有滑状态以后, P 点滑动方向与开始的第一阶段不同, 将沿 Ox 负方向 (向后) 滑动, $\boldsymbol{F}_{\mathrm{f}}$ 沿 Ox 轴正方向, 与图 5.17 所示恰恰相反. 因此, 若 $\mu<(2\tan\alpha)/7$, 再次进入有滑状态后, 方程式 (1) 和式 (3) 均要修正 (F_{f} 前改变正负号), 而且停止上升时, $\dot{x}=0$ 而 $\dot{\theta}>0$.

思考题

5.1. 相同的两匀质杆 AO 和 OB 用铰链连接于固定点 O, 并可在水平面内绕 O 点转动. 某时刻 AOB 位于同一直线上, 二杆以同样大小的角速度 $\boldsymbol{\omega}$ 转动, 如思考题 5.1 图所示. 有人认为: "以二杆为系统, 此时质心为 O 点, O 点为固定点, 故此时质心速度为零." 这种说法对吗?

5.2. 有时称 $\boldsymbol{r}_{\mathrm{c}}\times m_{\mathrm{t}}\boldsymbol{v}_{\mathrm{c}}$ 为质心对 O 点的角动量, 称 $\frac{1}{2}m_{\mathrm{t}}v_{\mathrm{c}}^{2}$ 为质心的动能. 这是否说明质心是一个质量为 m_{t}、位置矢量为 $\boldsymbol{r}_{\mathrm{c}}$、速度为 $\boldsymbol{v}_{\mathrm{c}}$ 的质点?

5.3. 有一半径为 R, 质量为 m 的匀质圆球被旋转抛出. 某时刻球心速度为 $\boldsymbol{v}$, 球旋转角速度为 $\boldsymbol{\omega}$, 求此时圆球的动量.

5.4. 将一半圆柱置于一光滑水平面上, 初始时半圆柱静止于如思考题 5.4 图所示的位置, 求质心 C 的运动轨迹.

5.5. 有一水平圆台, 可绕过其圆心的竖直轴 z 轴转动, 轴承处有较小但不可忽略的摩擦力. 有人站在台边上, 初始时圆台与人均静止, 如思考题 5.5 图所示. 之后人沿台边跑一段时间后, 又停止跑动. 问人停止跑动后, 人与圆台将如何运动? 在整个过程中, 以人、圆台和轴为质点组, 其对 z 轴的总角动量如何变化?

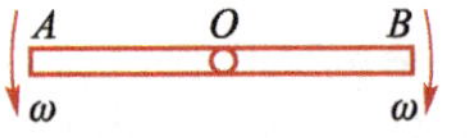

思考题 5.1 图

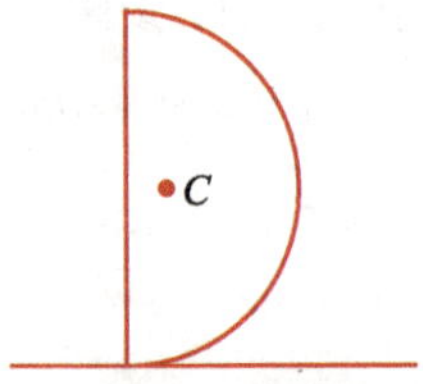

思考题 5.4 图

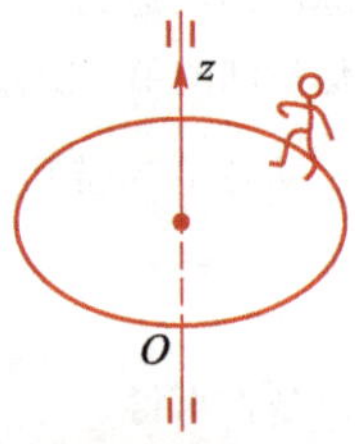

思考题 5.5 图

5.6. 思考题 5.5 中，把轴包括在质点组内，这样做有何好处？

5.7. 思考题 5.5 中，如果轴承是光滑的，情况又当如何？

5.8. 思考题 5.5 中，人与盘运动状态的改变是由人跑动引起的．而质点组的角动量定理指出，质点组角动量的变化与内力无关．这两者之间是否发生矛盾？

5.9. 试证明：若质点组总动量为零，则质点组对任意固定点的总角动量均相等．

5.10. 有两个形状相同的匀质齿轮位于同一竖直面内，可绕过各自中心的水平轴 O_1 和 O_2 转动，转动惯量同为 I，如思考题 5.10 图所示．开始时轮 1 绕固定轴 O_1 以角速度 $\boldsymbol{\omega}$ 转动，轮 2 静止．之后，可沿竖直线移动的轴 O_2 向下移动使两齿轮啮合，已知齿轮啮合后转动角速度的大小均为 $\omega/2$．有人说："以两齿轮为质点组，所受外力对轮轴力矩均为零，且啮合前总角动量为 $I\omega$，啮合后总角动量仍为

$$I\cdot\frac{\omega}{2}+I\frac{\omega}{2}=I\omega,$$

可见啮合过程角动量守恒．" 试分析该说法是否正确．

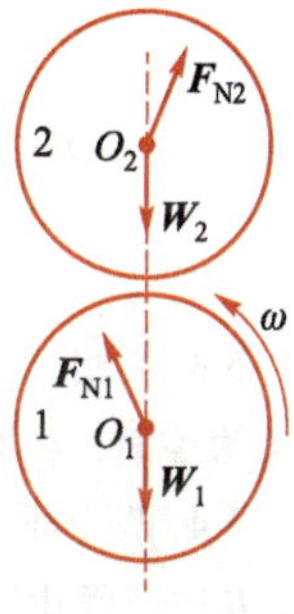

思考题 5.10 图

5.11. 质量相同的两小球用轻杆相连，静止地放在光滑水平面上．初始时给其中一小球以垂直于杆的水平初速度 $\boldsymbol{v}_0$，试证两球各自的轨道均为旋轮线．

5.12. 自行车由静到动，其动量变化靠的是地面对后轮向前的摩擦力 $\boldsymbol{F}_f$，这个摩擦力 $\boldsymbol{F}_f$ 对自行车做的功是否为 $W=F_f\times$(自行车向前移动距离)？

5.13. 以一般的动坐标系 $O'x'y'z'$ 代替质心系，关系式 $\boldsymbol{L}_O=\boldsymbol{r}_{O'}\times m_t\boldsymbol{v}_{O'}+\boldsymbol{L}'_{O'}$ 和 $T=\frac{1}{2}m_t v_{O'}^2+T'$（$\boldsymbol{L}'_{O'}$ 和 T' 分别为质点组在 $O'x'y'z'$ 系中对 O' 点的角动量和动能）能否成立？

5.14. 一匀质细杆可绕过端点的水平轴无摩擦地转动，初始时杆静止于竖直位置，如思考题 5.14 图所示，之后一小球沿水平方向飞来与杆做完全弹性碰撞．以小球和杆为质点组，在碰撞过程中系统动量、角动量和机械能是否守恒？

5.15. 在光滑水平面上有一长为 l、质量为 m 的匀质细杆，绕过其中点的竖直轴以角速度 $\boldsymbol{\omega}_0$ 转动，但其中心不固定，如思考题 5.15 图所示．现突然将杆的 A 端按住，以杆为研究对象，有人认为："用手按住 A 点，系统在 A 点受外力作用，但在按住 A 点的过程中 A 点无位移，故该外力不做功，所以杆的机械能守恒．" 你认为这样的看法正确吗？

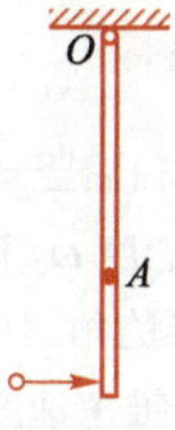

思考题 5.14 图

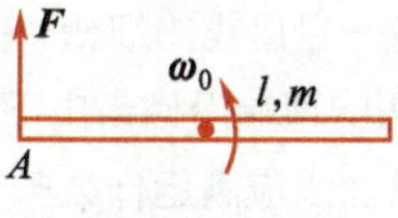

思考题 5.15 图

习　题

5.1. 椭圆规尺 AB 质量为 $2m_1$，曲柄 OC 质量为 m_1，套管 A，B 质量为 m_2，$|OC|=|AC|=|CB|=l$，尺和曲柄的质心均位于其中点，曲柄以匀角速度 $\boldsymbol{\omega}$ 绕 z 轴转动，如题 5.1 图所示．求此机构总动量的大小和方向．

5.2. 质量分别为 m_1 和 m_2 的重物以跨过滑轮 A 的不可伸长的轻绳相连，并可沿直角三棱柱的

斜面滑动. 三棱柱底面放在光滑水平面上，如题 5.2 图所示. 已知三棱柱质量 $m=4m_1=16m_2$，初始时各物体均静止，求当重物下降高度为 0.10 m 时，三棱柱沿水平面的位移.

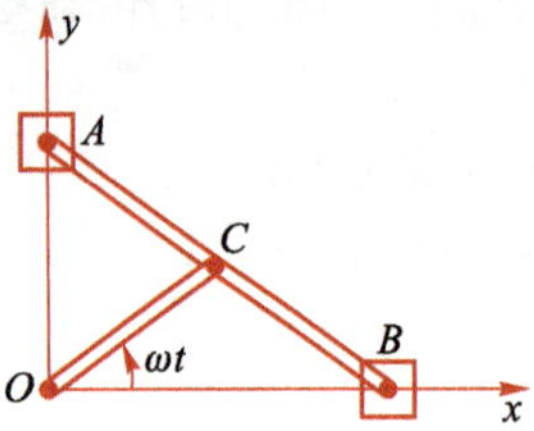

题 5.1 图

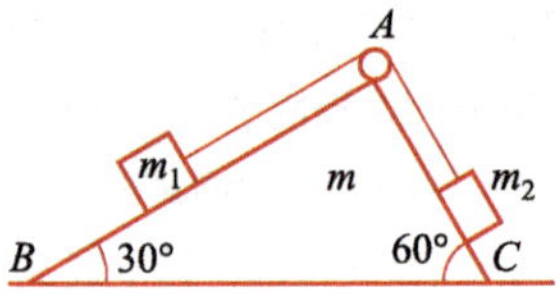

题 5.2 图

5.3. 质量为 m_0 的人手持质量为 m 的物体，此人以与地面成 α 角的初速度 $\boldsymbol{v}_0$ 向前跳出. 当他跳到最高点时，将物体以相对自己的速度 $\boldsymbol{u}$ 水平向后抛出. 问由于物体的抛出，跳的距离增加了多少?

5.4. 两个质点 A 和 B 质量分别为 m_A 和 m_B，初始时位于同一竖直线上，A 质点有水平初速度 $\boldsymbol{v}_0$，B 质点静止，B 点高度为 h，A 点在 B 点的上方，A 和 B 间距离为 l. 在以下 3 种情况中求质点 A 和 B 的质心轨迹. (1) A 和 B 两质点间没有相互作用；(2) 质点 A 和 B 以万有引力相互作用；(3) A 和 B 间以轻杆相连.

5.5. 质量为 m 的薄板在竖直面内，绕过 O 点的水平轴按 $\theta=\theta_0\cos\omega t$ 规律转动，其质心 C 离 O 点的距离为 a，如题 5.5 图所示. 求在任一瞬时水平轴对板的约束力.

5.6. 瓦特调速器装置如题 5.6 图所示，二杆长 $|OA|=|OB|=l$，A 和 B 二球质量均为 m. 初始时 A 和 B 二球被一根线连接，装置以角速度 $\boldsymbol{\omega}_0$ 绕竖直轴转动，杆的张角为 θ_0. 自某一时刻线被烧断，求角速度 $\boldsymbol{\omega}$ 与张角 θ 的关系. 设轴承光滑，不受主动力矩，杆的质量均可忽略不计. 若杆的质量不可忽略，但各杆质量分布均匀，结果又当如何?

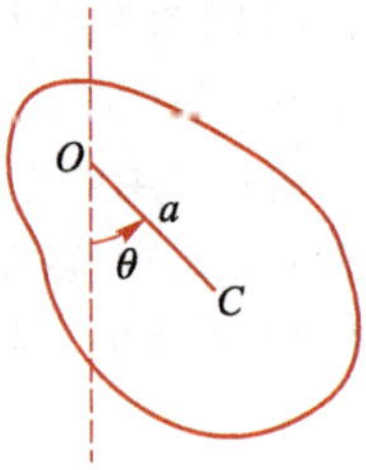

题 5.5 图

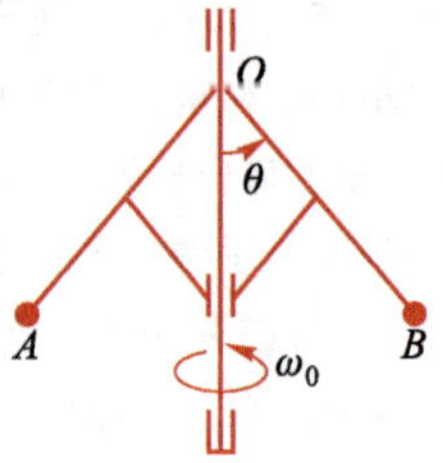

题 5.6 图

5.7. 一质量为 m_0、底半径为 R 的匀质圆锥，它的光滑固定对称轴沿竖直方向，圆锥尖端向上，在圆锥表面上有一沿母线的细槽. 初始时，圆锥绕其对称轴以角速度 $\boldsymbol{\omega}_0$ 转动，同时有一质量为 m 的小球开始自槽的顶端沿槽自由下滑. 试求小球滑出槽口时圆锥的角速度. 若此槽不是沿母线的直线，试问此槽曲线应满足什么条件，才能使小球滑出槽口时圆锥角速度与槽为沿母线的直线情况相同.

5.8. 质量为 m_1 和 m_2 的两个质点，用一根长为 l 的不可伸长的轻绳相连. 初始时 m_1 被握在手中不动，m_2 以匀速率 v_0 绕 m_1 做圆周运动. 在某瞬时将 m_1 放手，试求以后两质点的运动，并证明绳内张力 $F_{\mathrm{T}}=m_1m_2v_0^2/[(m_1+m_2)l]$. 不考虑重力及质点间引力作用，并已知绳一直是张紧的.

5.9. 传送机由两个相同的滑轮 B 和 C 和套在其上的传送带构成，每个滑轮质量为 m_1、半径为 R，均可视为匀质圆盘，传送带质量为 m_2，相对水平面倾角为 α，被传送物体质量为 m_3. 初始时各物体均静止，在 B 上施加一不变力矩 M，如题 5.9 图所示. 设滑轮轴承处光滑，传送带与滑轮及传送带与被传送物体间均无滑动，传送带在 EF 间为直线. 试求当被传送物体在 EF 间运动时，

传送带运行速率 v 与运行距离 s 间的关系．

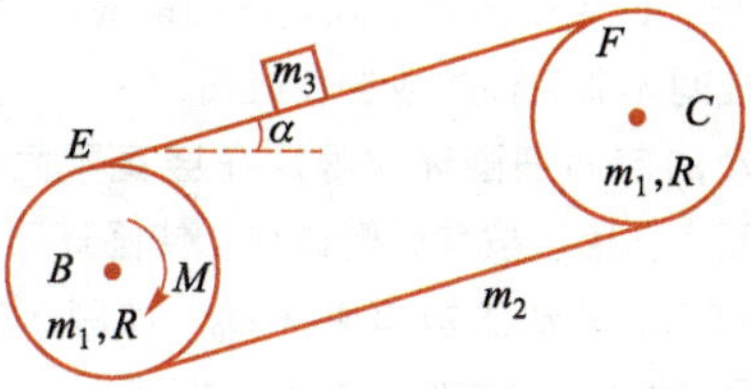

题 5.9 图

5.10. 一炮弹质量为 m_1+m_2，发射时水平及竖直速度大小分别为 v_{0x} 和 v_{0y}．当炮弹达到最高点时，其内部炸药爆炸产生能量 E，使此炮弹分为 m_1 和 m_2 两部分，开始时两部分均沿原方向飞行，不计空气阻力，试求炮弹的两部分落地时相距的距离．

5.11. 质量为 m_0、半径为 R 的光滑半球，其底面放在光滑水平面上，有一质量为 m 的质点沿球面滑下．初始时二物体均静止，质点初位置与球心连线和竖直向上的直线间夹角为 α．求质点滑到它与球心连线和竖直向上直线间夹角为 θ 时 $\dot{\theta}$ 的值．

5.12. 轻杆 AB 长为 l，两端固定有质量分别为 m_1 和 m_2 的质点 A 和 B，杆只能在竖直平面内运动，某瞬时 A 点速度为 $\boldsymbol{v}_1$，B 点速度为 $\boldsymbol{v}_2$，与杆夹角分别为 α_1 和 α_2，如题 5.12 图所示．(1) 试求此系统在质心系中相对质心的角动量；(2) 考虑重力作用，试求此系统在以后的运动中角速度的变化情况．

5.13. 一质量为 m，长为 $2a$ 的细杆 AB，它的两端可沿一水平固定圆环无摩擦地滑动，圆环半径为 $R(R>a)$．初始时杆静止，同时有一质量亦为 m 的质点静止地位于杆的中点 C．自某一瞬时开始，质点以相对杆的不变速度 $\boldsymbol{v}_0$ 沿杆运动，如题 5.13 图所示，试求当质点运动到杆的端点 A 时，杆相对自己的初始位置转过多少角度？

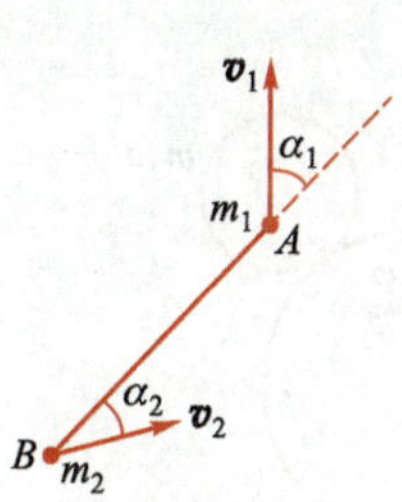

题 5.12 图

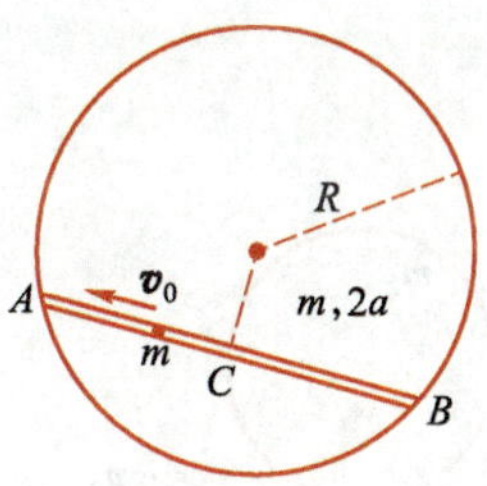

题 5.13 图

5.14. 质量分别为 m_1 和 m_2 的两自由质点，它们以万有引力互相吸引．开始时，两质点均处于静止状态，其间距离为 a．试求两质点相距为 $a/2$ 时两质点的速度．

5.15. 参见思考题 5.14，试证明若小球撞击在距 O 点 2/3 杆长的 A 点时，系统沿水平方向动量守恒．

5.16. 参见思考题 5.15，试求按住 A 点后瞬时杆的角速度，及按住 A 点的过程中杆的动能损失的百分比．

5.17. 电风扇的转动部分对其固定转动轴的转动惯量为 I，所受空气阻力矩与角速度大小成正比，比例系数为 k．通电时风扇以匀角速度 $\boldsymbol{\omega}_0$ 转动，求断电以后经过多长时间其角速度的大小减为初始时的一半，在这段时间内风扇又转过了多少圈？

5.18. 由薄片刚体构成的复摆可绕与其垂直的光滑水平固定轴转动，对转动轴的回转半径为 k（k 定义为 $k=\sqrt{I/m}$，I 为刚体对转动轴的转动惯量，m 为刚体质量），转动轴到刚体质心的距离为 a．已知复摆无初速地自偏离平衡位置 θ_0 角处开始摆动，求复摆在悬点处所受约束力的水平分量和垂直分量.

5.19. 有一半径为 r 的小圆柱，自半径为 R 的大圆柱的最高位置无滑滚下，同时大圆柱也沿水平面做无滑滚动，试写出两圆柱间无滑条件的数学表达式.

5.20. 质量为 m，半径为 R 的匀质细圆环被限定在竖直平面内运动，开始时将其放在粗糙水平面上，用手按其后侧边缘，使圆环质心获得向前的初速度 $\boldsymbol{v}_0$，同时圆环有向后转动的初角速度 $\boldsymbol{\omega}_0$，如题 5.20 图所示. 设圆环与水平面间摩擦因数为 μ，试求圆环的运动规律

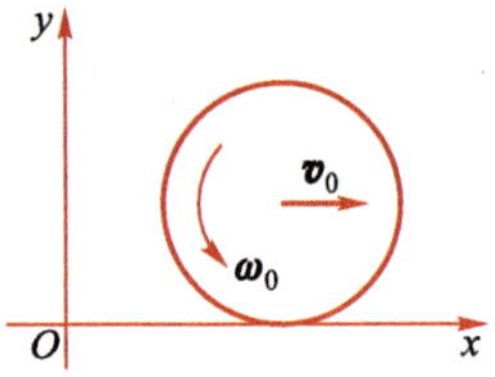

题 5.20 图

5.21. 长为 $2a$ 的匀质棒 AB，以光滑铰链悬于 A 点，棒可在竖直面内摆动. 初始时棒自水平位置无初速地开始运动，当棒摆至垂直位置时铰链突然脱落，试证在以后的运动中棒质心的运动轨迹为一抛物线，并求当棒的质心下落 h 距离后，棒一共转了几圈?

5.22. 一匀质棒被限制在竖直平面内运动，开始时把棒一端置于光滑水平地面上，一端靠在光滑的竖直墙上，且棒与地面夹角为 α，并任其从此位置开始无初速地滑动. 试证当棒与地面夹角变为 $\arcsin\left(\frac{2}{3}\sin\alpha\right)$ 时，棒与墙分离.

5.23. 试研究习题 5.22 中棒与墙分离后的运动，设棒长为 $2a$，求棒落地时的角速度.

5.24. 如题 5.24 图所示，一面光滑一面粗糙的平板，质量为 m_1. 将其光滑的一面放在光滑水平桌面上，粗糙面上放一质量为 m_2 的球. 初始时板与球均静止，若板沿其长度方向突然获得一速度 $\boldsymbol{v}_0$，问经多少时间后球开始做无滑滚动? 设球与板间摩擦因数为 μ，板的长度足够长.

5.25. 如题 5.25 图所示，一质量为 m，半径为 a 的匀质小圆球，初始时位于另一个半径为 b 的固定大圆球的顶点，并无初速地无滑滚下. 设球一直保持无滑状态，试证当两球心连线与竖直向上的直线间夹角 $\varphi=\arccos(10/17)$ 时，两球将分离.

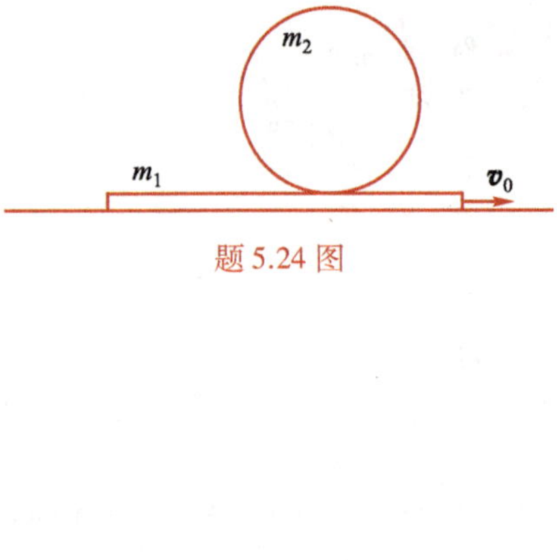

题 5.24 图

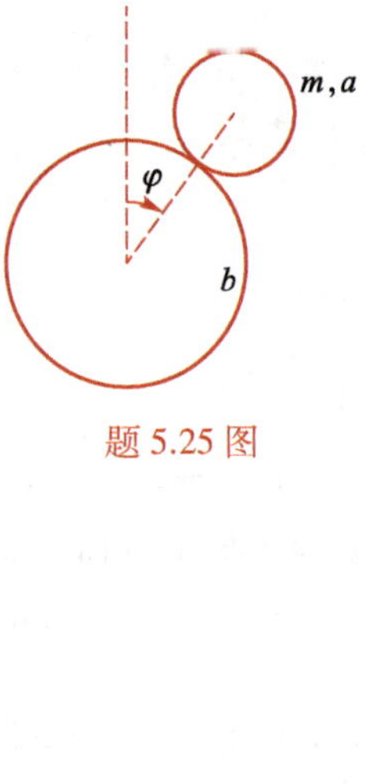

题 5.25 图

习题参考答案

第六章

有心力和散射问题

课件资源

自然界有一种特殊类型的力，称为有心力，它的作用线始终通过某一中心，即力心，力心相对惯性系可以静止或运动. 例如，两质点间的万有引力，两荷电质点间的库仑引力或斥力，都是有心力. 两质点间的有心力的方向始终沿它们的连线方向. 本章研究质点和质点组在有心力作用下的运动，上述两种力与两质点间距离的关系是平方反比关系，是非线性的，会给求解问题带来一定的困难.

最简单、最基本的有心力问题是单体问题，经前人的努力已完全解决. 以此为基础，进一步得到完全解决的是二体问题；二体问题是最简单的存在相互作用的体系，而且它可以转化成单体问题来看待并解决. 有心力作用下质点的运动有束缚态和散射态两种基本类型.行星围绕太阳运动、经典图像下电子绕原子核的运动都属于束缚态问题，而卢瑟福完成的著名的 α 粒子散射实验则是典型的散射问题.

6-1 质点在有心力场中运动的一般规律

一、单体问题

最简单最基本的有心力问题是单体问题，只研究一个质点的运动，质点所受的作用力的作用线始终都通过惯性系中一固定点，即力心是固定的. 行星绕太阳运动时受到的万有引力，电子绕原子核运动时受到的库仑引力或斥力，都可近似视为有心力单体问题.

忽略其他行星的影响，只研究一个行星绕太阳运动，把行星和太阳视为质点，在万有引力的相互作用下，二者的运动是互相耦合的，本来属于二体问题，万有引力并无惯性系中固定的力心. 在极端条件下，即在太阳质量远远大于行星质量的条件下（事实上，太阳质量占整个太阳系总质量的 99.865%），行星对太阳反作用的影响可忽略，太阳的加速度近似为零，日心坐标系（以日心为原点，三个坐标轴指向遥远的恒星）实际上是很好的惯性系，因此可在日心系中研究行星的运动，此时太阳成为不动的固定点，问题也从二体问题化为单体问题. 因此，我们可以把行星绕太阳运动这类研究质点在有心力场中的运动简化为单体问题. 类似地，由于原子核的质量远大于电子的质量，电子绕核运动问题也可简化为单体问题处理.

微视频

二、质点在有心力场中运动具有的守恒律和动力学方程

假设质点仅受有心力的作用，若取力心为参考点，则在运动中所受力矩恒为零

$$\boldsymbol{r}\times\boldsymbol{F}=0, \tag{6.1.1}$$

因此有角动量守恒

$$\boldsymbol{r}\times m\boldsymbol{v}=\boldsymbol{c}\ (\text{常矢量}). \tag{6.1.2}$$

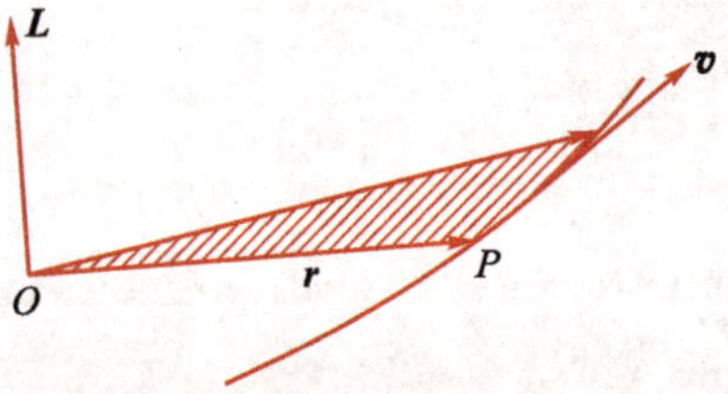

图 6.1　掠面速度

如图 6.1 所示，有：（1）由于 $\boldsymbol{r}$ 和 $\boldsymbol{v}$ 始终在垂直于角动量的平面内，所以质点必做平面曲线运动；（2）从角动量大小为常量可得出位矢的掠面速度

为常量，用平面极坐标表示得

$$r^2\dot{\theta}=h, \tag{6.1.3}$$

h 是两倍的掠面速度.

其次，通常有重要意义的有心力的大小都是质点到力心距离的函数，即

$$\boldsymbol{F}=F(r)\frac{\boldsymbol{r}}{r}.$$

容易证明此力的旋度为零，即

$$\nabla\times\boldsymbol{F}=0. \tag{6.1.4}$$

由于力场是稳定的，这样的有心力是保守力，质点在运动过程中满足机械能守恒，它的平面极坐标表示式为

$$\frac{1}{2}m(\dot{r}^2+r^2\dot{\theta}^2)+V(r)=E(\text{常量}). \tag{6.1.5}$$

既已证明在有心力场中质点做的是平面曲线运动，其自由度 $s=2$，由两个守恒律给出的式（6.1.3）和式（6.1.5）作为解决单体问题的动力学方程是完备的. 根据力场具有球对称性，我们采用平面极坐标系是最适宜的.

我们也可从牛顿运动定律出发建立动力学基本方程：

$$m(\ddot{r}-r\dot{\theta}^2)=-\frac{\partial V}{\partial r}, \tag{6.1.6}$$

$$m(r\ddot{\theta}+2\dot{r}\dot{\theta})=0 \quad \text{或} \quad \frac{\mathrm{d}}{\mathrm{d}t}(mr^2\dot{\theta})=0, \tag{6.1.7}$$

它们与上述两个守恒律是完全等价的.

三、等效势

利用角动量守恒消去 θ 变量，即利用

$$mr^2\dot{\theta}=mh=L \quad \text{或} \quad \dot{\theta}=\frac{L}{mr^2}, \tag{6.1.8}$$

机械能守恒方程式（6.1.5）可改写为

$$\frac{1}{2}m\dot{r}^2+V(r)+\frac{L^2}{2mr^2}=E.$$

引入等效势能（简称等效势）V_{eff}，令

$$V_{\text{eff}}(r)=V(r)+\frac{L^2}{2mr^2}, \tag{6.1.9}$$

于是机械能守恒方程变为

$$\frac{1}{2}m\dot{r}^2+V_{\text{eff}}(r)=E. \tag{6.1.10}$$

显然，引入等效势能的好处是把原来二维问题化为了一维问题，即化为质点在一维势场中运动，这给了解整体运动情况、运动轨道和讨论其运动稳定性等带来极大方便，是一种重要的处理问题的方法. 在不同问题中，等效势能的表达式是不

同的.

从式（6.1.10）可得

$$\frac{\mathrm{d}r}{\mathrm{d}t}=\sqrt{\frac{2}{m}[E-V(r)]-\frac{L^2}{m^2r^2}},\tag{6.1.11}$$

因而可得

$$t=\int_{r(t=0)}^{r(t)}\frac{\mathrm{d}r}{\sqrt{\frac{2}{m}[E-V(r)]-\frac{L^2}{m^2r^2}}},$$

原则上从这个积分可求出 $r=r(t)$. 再将求得的 r 随时间 t 的变化关系式代入式（6.1.8），可得积分

$$\theta=\int\frac{L\mathrm{d}t}{mr^2}+c,\tag{6.1.12}$$

式中 c 为积分常量，原则上通过积分可求得 θ 与 t 的关系：$\theta=\theta(t)$. 这样，理论上讲单体问题似乎得到完全解决，但实际上这两个积分并不容易求出. 进一步，从式（6.1.11）求出 $\mathrm{d}t$ 并代入式（6.1.12）得轨道方程

$$\theta=\int\frac{\frac{L}{r^2}\mathrm{d}r}{\sqrt{2m[E-V(r)]-\frac{L^2}{r^2}}}+c.\tag{6.1.13}$$

从式（6.1.11）可知，当

$$\frac{2}{m}[E-V(r)]-\frac{L^2}{m^2r^2}=0\tag{6.1.14}$$

时，r 将取极值. 假定上式有两个根，通常一个是极小值 $r_{\min}$，另一个是极大值 $r_{\max}$，质点径矢的大小在极小值和极大值之间往复变化，轨道一般不闭合. 质点从 $r_{\max}\to r_{\min}\to r_{\max}$，径矢转过的角度为

$$\Delta\theta=2\int_{r_{\min}}^{r_{\max}}\frac{\frac{L}{r^2}\mathrm{d}r}{\sqrt{2m[E-V(r)]-\frac{L^2}{r^2}}},\tag{6.1.15}$$

只有当经 n 次这样的循环后，径矢转过的角度 $n\Delta\theta$ 等于 2π 的整数（m）倍时，即 $\Delta\theta=2\pi(m/n)$，而 (m/n) 为有理数时，轨道才是闭合曲线. 经研究证明，当有心力大小与距离平方成反比或与距离一次方成正比（即各向同性谐振子情况）时，轨道是闭合曲线，问题是可积的. 对一般情况，(m/n) 为无理数，轨道将不闭合，经无限长时间后，轨道将填满两个同心圆之间的区域，如图 6.2 所示.

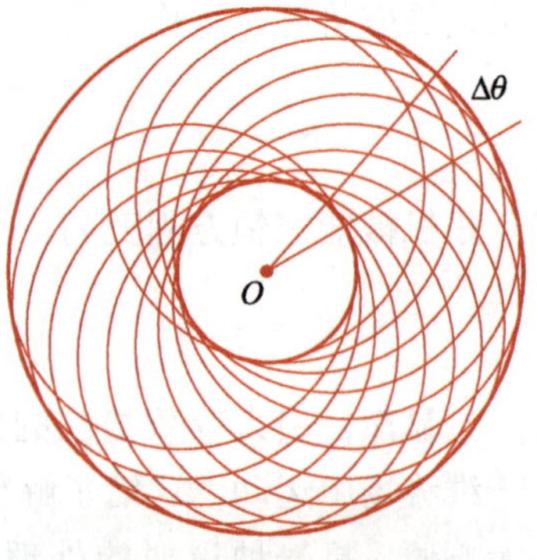

图 6.2　非闭合的轨道

四、轨道微分方程

微视频

为了避开求运动方程 $r(t)$，$\theta(t)$ 积分的困难，可以尝试直接解决人们比较关心的运动轨道问题. 从运动微分方程开始，通过变量变换，消去 t，建立轨道微分方程，即建立力和轨道之间的直接联系：

$$力\Leftrightarrow轨道.$$

一旦这样的方程建立，不但可从已知的力求轨道，而且可以反过来，通过观测知道质点的运动轨道，也可求出质点应受的力.

从式（6.1.6）和式（6.1.7）出发，引入变量 $u=1/r$ 代替 r，可以使所得方程容易求解. 因为 $\dot{\theta}=\dfrac{h}{r^2}=hu^2$，所以

$$\dot{r}=\frac{\mathrm{d}r}{\mathrm{d}t}=\frac{\mathrm{d}r}{\mathrm{d}\theta}\dot{\theta}=\left(\frac{\mathrm{d}}{\mathrm{d}\theta}\frac{1}{u}\right)hu^2=-\frac{1}{u^2}\frac{\mathrm{d}u}{\mathrm{d}\theta}hu^2=-h\frac{\mathrm{d}u}{\mathrm{d}\theta},$$

$$\ddot{r}=\frac{\mathrm{d}}{\mathrm{d}t}\left(-h\frac{\mathrm{d}u}{\mathrm{d}\theta}\right)=\frac{\mathrm{d}}{\mathrm{d}\theta}\left(-h\frac{\mathrm{d}u}{\mathrm{d}\theta}\right)\dot{\theta}$$

$$=\frac{\mathrm{d}}{\mathrm{d}\theta}\left(-h\frac{\mathrm{d}u}{\mathrm{d}\theta}\right)hu^2=-h^2u^2\frac{\mathrm{d}^2u}{\mathrm{d}\theta^2},$$

把这些结果代入式（6.1.6），并以 $F(r)$ 代替$-\dfrac{\partial V}{\partial r}$，即得轨道微分方程

$$-mh^2u^2\left(\frac{\mathrm{d}^2u}{\mathrm{d}\theta^2}+u\right)=F\left(\frac{1}{u}\right). \qquad (6.1.16)$$

这个方程就是著名的比尼公式，式中 $F(1/u)$ 是有心力在径向的投影. 如果是斥力，$F(1/u)$ 取正值；如果是引力，$F(1/u)$ 取负值.

引入变量 $u=1/r$，进行变量变换，是一种巧妙的方法，它不仅导出了轨道微分方程，而且有利于微分方程的求解. 通过这种变换，对于与距离的 2 次、3 次幂成反比的有心力，它的轨道微分方程都将由非线性方程变为线性的.

例题 6.1

已知一行星在有心力场中运行的轨道为圆锥曲线

$$r=\frac{p}{1+e\cos\theta}, \qquad (1)$$

其中 p 为半正焦弦，e 为偏心率，极轴沿椭圆长轴方向（图 6.3）. 为了计算方便，列出以下一些常用的关系式

$$e=\frac{c}{a},$$

$$a^2-b^2=c^2,$$

$$b=a\sqrt{1-e^2},$$

$$p=a(1-e^2)=\frac{b^2}{a},$$

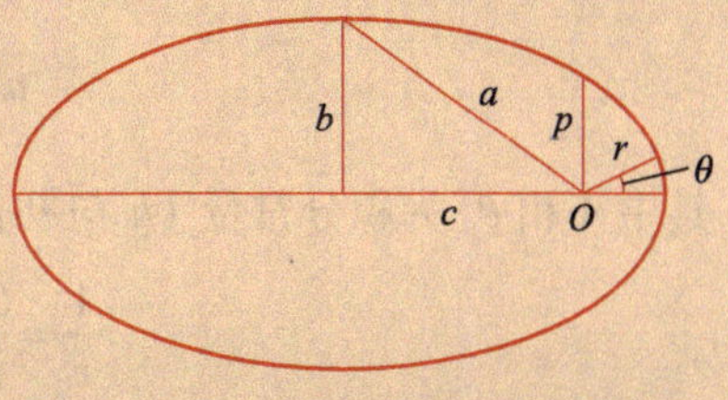

图 6.3　椭圆的几何关系

其中 a，b，c 分别为半长轴、半短轴和半焦距. 试利用比尼公式求出行星所受的力.

解 将轨道方程用 u 来表达，则为

$$u=\frac{1+e\cos\theta}{p}. \tag{2}$$

将它代入式（6.1.16），得

$$F=-mh^2u^2\left(\frac{-e\cos\theta}{p}+\frac{1+e\cos\theta}{p}\right)=-\frac{mh^2}{p}u^2,$$

即

$$F(r)=-\frac{mh^2}{p}\frac{1}{r^2}. \tag{3}$$

对某一行星而言，行星质量 m、两倍的面积速度 h 及半正焦弦 p 都为常量，所以行星所受的力与其离日心的距离平方成反比，负号表示引力. 对不同的行星，m，h，p 三个常量将取不同的数值，进一步研究将导致万有引力定律的发现.

6-2 平方反比引力场中的运动

微视频

行星绕太阳运动，人造地球卫星绕地球运动，电子绕原子核运动（在一定条件下，可按经典方法处理）等都可归结为质点在平方反比引力场中的运动. 本节将以行星在太阳的万有引力场中运动为例进行推导和阐述，其结论具有普遍性，甚至有些结果在库仑斥力情况下也是成立的.

一般质点动力学问题的最终目的是求出质点的运动学方程，然而对于平方反比引力情况，其运动学方程的直接积分还是比较困难的. 本节将直接解决运动轨道问题，并通过两个守恒律得出有关重要结论.

一、从平方反比引力求轨道

根据比尼公式可直接写出质点的轨道微分方程

$$-mh^2u^2\left(\frac{\mathrm{d}^2u}{\mathrm{d}\theta^2}+u\right)=-GMmu^2,$$

化简后得

$$\frac{\mathrm{d}^2u}{\mathrm{d}\theta^2}+u=\frac{GM}{h^2}, \tag{6.2.1}$$

此方程的通解为

$$u=\frac{GM}{h^2}+A\cos(\theta-\theta_0), \tag{6.2.2}$$

其中 A 和 θ_0 为积分常量（h 与初值有关）. 上式也可写成

$$\frac{1}{r}=\frac{GM}{h^2}\left[1+\frac{Ah^2}{GM}\cos(\theta-\theta_0)\right],$$

引入

$$p=\frac{h^2}{GM},\quad e=\frac{Ah^2}{GM},\tag{6.2.3}$$

则轨道方程成为

$$r=\frac{p}{1+e\cos(\theta-\theta_0)}.\tag{6.2.4}$$

显然，轨道为圆锥曲线，p 为半正焦弦，e 为偏心率，而且根据 e 的大小可确定轨道的类型，具体判断轨道是双曲线，抛物线还是椭圆.

求 r 对 θ 的导数

$$\frac{\mathrm{d}r}{\mathrm{d}\theta}=\frac{pe\sin(\theta-\theta_0)}{[1+e\cos(\theta-\theta_0)]^2},$$

可见当 $\theta=\theta_0$ 时，r 取极值，对应点称为拱点. 不失一般性，如把指向拱点的直线作为极轴，则 $\theta_0=0$，此时轨道方程成为

$$r=\frac{p}{1+e\cos\theta}.\tag{6.2.5}$$

两个常量 p 和 e 由初始条件确定，也可由初始时的总能量 E 和角动量 L（两个守恒量）确定. 由式（6.2.3）得

$$p=\frac{L^2}{GMm^2}.$$

由于总能量为

$$E=\frac{1}{2}m\dot{r}^2+\frac{L^2}{2mr^2}-\frac{GMm}{r},\tag{6.2.6}$$

而 $\dot{r}=\frac{\mathrm{d}r}{\mathrm{d}\theta}\frac{\mathrm{d}\theta}{\mathrm{d}t}=\frac{h^2}{GM}\frac{e\sin\theta}{(1+e\cos\theta)^2}\frac{h}{r^2}=\frac{GM}{h}e\sin\theta=\frac{GMm}{L}e\sin\theta$，并考虑轨道方程式（6.2.5），上式可变为

$$\begin{aligned}E&=\frac{(GM)^2m^3}{2L^2}e^2\sin^2\theta+\frac{(GM)^2m^3}{2L^2}[1+e\cos\theta]^2-\frac{(GM)^2m^3}{L^2}[1+e\cos\theta]\\&=\frac{(GM)^2m^3}{2L^2}(e^2-1),\end{aligned}$$

整理得

$$e=\sqrt{1+\frac{2EL^2}{(GM)^2m^3}},\tag{6.2.7}$$

可见偏心率确实可由总能量 E 和角动量 L 决定.

二、轨道与守恒量关系的几点讨论

1. 轨道类型的确定

我们知道，圆锥曲线的类型由偏心率 e 的数值大于、等于、小于 1 确定，由式（6.2.7）可见，轨道类型仅由总能量是大于、等于还是小于零确定，如图 6.4 所示.

若 $E>0$，则 $e>1$，轨道为双曲线.

若 $E=0$，则 $e=1$，轨道为抛物线.

若 $E<0$，则 $0<e<1$，轨道为椭圆.

轨道类型还可利用等效势能曲线来判断，在万有引力场中等效势能为

$$V_{\text{eff}}=-\frac{GMm}{r}+\frac{L^2}{2mr^2}, \tag{6.2.8}$$

质点的运动相当于在一维势场中运动，有

$$\frac{1}{2}m\dot{r}^2+V_{\text{eff}}=E, \tag{6.2.9}$$

根据 $m\dot{r}^2/2=E-V_{\text{eff}}$必须恒正可确定质点的运动范围. 如图 6.5 所示，若 $E>0$，此时能量守恒对应于标有 E_1 的一条水平虚线，质点向内运动只能到达 r_3，从这里开始转折，做向外运动，并可以一直到无限远处，这种运动对应于双曲线运动. 若 $E<0$，此时能量守恒对应于标有 E_2 的一条水平虚线，质点只能在$[r_1, r_2]$区间内运动，运动中有两个转折点 r_1，r_2，这种运动对应于椭圆运动. 类似地，$E=0$ 相应于抛物线运动，质点离力心最近距离为 r_0；$E=E_c$ 相应于圆运动，圆的半径为 r_c.

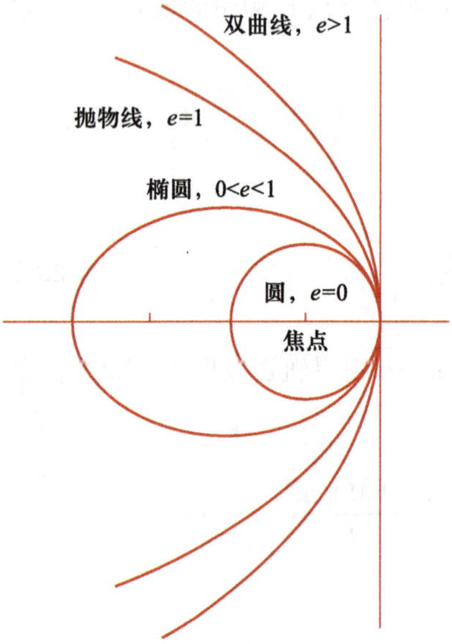

图 6.4　轨道类型与总能量的关系

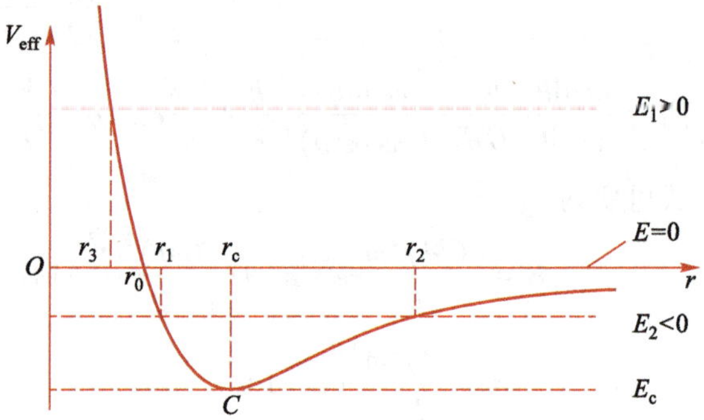

图 6.5　从有效势能曲线分析质点的运动

2. 总能量与椭圆半长轴的关系

在近日点 $r_{\min}$，质点的总机械能为

$$E=\frac{1}{2}mr_{\min}^2\dot{\theta}^2-\frac{GMm}{r_{\min}}=\frac{mh^2}{2r_{\min}^2}-\frac{GMm}{r_{\min}}.$$

利用下列关系

$$r_{\min}=a(1-e),\ h^2=GMp=GMa(1-e^2),$$

可得

$$E=-\frac{GMm}{2a}. \tag{6.2.10}$$

因此，只要知道行星（或人造地球卫星）运动轨道半长轴的长度，就可知道它的单位质量具有的总能量. 在氢原子理论中，电子绕核运动的能量只取决于轨道的半长轴，即氢原子的能级只与主量子数有关.

3. 质点角动量对轨道的影响

角动量不能影响轨道的半长轴，不能影响轨道的类型，但要影响轨道的偏心率. 对椭圆而言，角动量越大，偏心率越小，如图 6.6 所示.

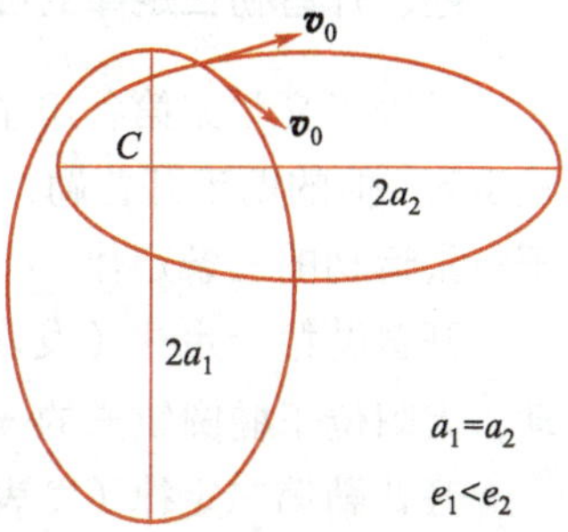

图 6.6　总能量和角动量对轨道的影响

三、隆格-楞次矢量

在平方反比引力场情况下，除角动量守恒和机械能守恒外，还有一个重要的守恒的矢量：隆格-楞次矢量，其表达式为

$$\boldsymbol{B}=\frac{\mathrm{d}\boldsymbol{r}}{\mathrm{d}t}\times\boldsymbol{L}-GMm\,\frac{\boldsymbol{r}}{r}. \tag{6.2.11}$$

证明如下：

$$\begin{aligned}\frac{\mathrm{d}}{\mathrm{d}t}\left(\frac{\mathrm{d}\boldsymbol{r}}{\mathrm{d}t}\times\boldsymbol{L}\right)&=\frac{\mathrm{d}^2\boldsymbol{r}}{\mathrm{d}t^2}\times\boldsymbol{L}=-\frac{GMm}{r^2}\,\frac{\boldsymbol{r}}{r}\times\left(\boldsymbol{r}\times\frac{\mathrm{d}\boldsymbol{r}}{\mathrm{d}t}\right)\\&=-\frac{GMm}{r^2}\left[\frac{\boldsymbol{r}}{r}\left(\boldsymbol{r}\cdot\frac{\mathrm{d}\boldsymbol{r}}{\mathrm{d}t}\right)-r\frac{\mathrm{d}\boldsymbol{r}}{\mathrm{d}t}\right]\\&=-\frac{GMm}{r^2}\frac{\mathrm{d}r}{\mathrm{d}t}\boldsymbol{r}+\frac{GMm}{r}\frac{\mathrm{d}\boldsymbol{r}}{\mathrm{d}t}\\&=\frac{\mathrm{d}}{\mathrm{d}t}\left(\frac{GMm\boldsymbol{r}}{r}\right),\end{aligned}$$

移项后可得$\dfrac{\mathrm{d}\boldsymbol{B}}{\mathrm{d}t}=0$，即 $\boldsymbol{B}$ 为守恒的常矢量.

利用式（6.2.11），通过代数运算就可求出轨道方程. 既已证明隆格-楞次矢量 $\boldsymbol{B}$ 为常矢量，则可取它为极坐标的极轴方向. 以 $\boldsymbol{r}$ 点乘式（6.2.11），得

$$\boldsymbol{r}\cdot\boldsymbol{B}=\boldsymbol{r}\cdot(\boldsymbol{v}\times\boldsymbol{L})-GMmr,$$

$$rB\cos\theta=\frac{L^2}{m}-GMmr,$$

整理得

$$r=\frac{\dfrac{h^2}{GM}}{1+\dfrac{B}{GMm}\cos\theta},$$

可见轨道为圆锥曲线，轨道类型由偏心率

$$e=\frac{B}{GMm} \tag{6.2.12}$$

决定. 可以得出两个结论：（1）偏心率由矢量 $\boldsymbol{B}$ 的大小决定（只差一个常数因子），

故隆格-楞次矢量又称为偏心率矢量.（2）从轨道方程中看出，当 $\theta=0$ 时，$r=r_{\min}$，所以隆格-楞次矢量是指向轨道的近日点的.

由于隆格-楞次矢量守恒的存在，所以轨道近日点在空间的位置不变，使式（6.1.15）中的 $\Delta\theta=0$，使轨道成为闭合的椭圆轨道.

四、开普勒三定律的证明

微视频

丹麦天文学家第谷用了 20 年时间观测研究行星运动，积累了大量资料. 他的助手开普勒，在整理研究第谷资料基础上，总结出了关于行星运动的三条定律.

开普勒第一定律（发表于 1609 年）：行星绕太阳做椭圆轨道运动，太阳位于椭圆轨道的一个焦点上.

开普勒第二定律（发表于 1609 年）：行星与太阳的连线在相等的时间内所扫过的面积相等.

开普勒第三定律（发表于 1619 年）：各行星运动周期的平方与它们轨道的半长轴的立方成正比，即

$$\frac{T^2}{a^3}=\text{常量（对各行星相同）}.$$

这三条定律精确地描述了行星的运动，但开普勒不能解释这些定律，直到 50 多年后牛顿运用他自己获得的动力学规律研究行星运动发现了万有引力定律，然后又用万有引力定律求出行星运动才有了满意的解释. 通过前面的阐述，开普勒第一、二定律已得到证明，现给出第三定律的证明：掠面速度等于椭圆面积除以周期 T，即

$$\frac{h}{2}=\frac{\pi ab}{T},$$

其中 a，b 是椭圆的半长轴和半短轴的长度. 因此

$$T=\frac{2\pi ab}{h}. \tag{6.2.13}$$

利用两个关系 $b=a\sqrt{1-e^2}$ 和 $p=\dfrac{h^2}{GM}=a(1-e^2)$，易得

$$T=2\pi\sqrt{\frac{a^3}{GM}},$$

即

$$\frac{T^2}{a^3}=\frac{4\pi^2}{GM}. \tag{6.2.14}$$

上式右端只与太阳质量有关，与行星质量无关，这就证明了开普勒第三定律. 利用这一定律，只要测出行星（卫星）的 T 和 a，我们就可推算出太阳（行星）的质量.

例题 6.2

如图 6.7 所示，一人造地球卫星沿半径为 $2R$（R 为地球的半径）的环绕地球的圆形轨道运动，在某一时刻，卫星运动方向朝地球一边改变了 α 角，而速率不变，欲使卫星轨道擦着地球表面而过，试求 α 角之值.

解 不改变卫星的速率，只改变卫星速度的方向，即只改变卫星的角动量而不改变卫星的总能量，所以改变后的轨道仍然是椭圆（圆是 $e=0$ 的椭圆），其半长轴也不改变，等于 $2R$，只是偏心率发生了改变. 卫星的总能量为

$$E=-\frac{GMm}{2a}=-\frac{GMm}{4R}. \tag{1}$$

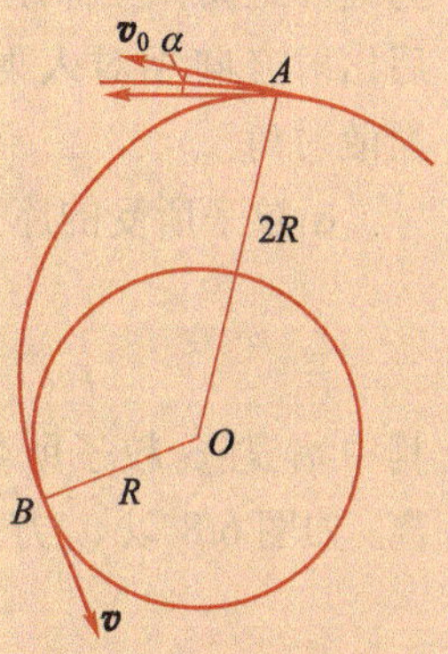

图 6.7　根据要求改变卫星轨道

卫星做圆运动时的速率满足

$$\frac{mv_0^2}{2R}=\frac{GMm}{4R^2}, \tag{2}$$

解得

$$v_0=\sqrt{\frac{GM}{2R}}.$$

新轨道与地球表面相切，切点必是轨道的近地点. 我们可以求出卫星在切点的速率 v 和守恒量 h. 根据能量守恒

$$\frac{1}{2}mv^2-\frac{GMm}{R}=-\frac{GMm}{4R}, \tag{3}$$

所以

$$v=\sqrt{\frac{3GM}{2R}}.$$

根据沿新轨道运动角动量守恒可得

$$h=Rv=2Rv_0\cos\alpha, \tag{4}$$

将 v，v_0 值代入，求出

$$\cos\alpha=\frac{\sqrt{3}}{2}\text{即 }\alpha=30°.$$

6-3　α 粒子散射

微视频

α 粒子是氦的原子核，由两个质子和两个中子组成，因而带正电荷. 研究 α 粒子入射到重金属的原子核附近发生的偏转，因为重金属的原子核的质量远大于 α 粒子的质量，以致当 α 粒子与之相互作用时，可以认为重金属原子核静止不动. 因此，α 粒子在重金属核的库仑静电场中运动可以看作在有心力场中运动，即质点在平方反比斥力场中的运动.

α 粒子从一个方向入射，经过与重金属核（称为靶核）相互作用后，出射方向将发生偏转，这个过程称为散射. 由于这种相互作用时间非常短，而相互作用又很强，这个过程可看作碰撞. 通过实验测出散射的规律，可以反过来研究未知的相互作用的性质. α 粒子散射实验是物理学发展史上著名的实验，这个实验表明：在一

定范围内 α 粒子与靶核之间的相互作用仍遵循库仑定律，实验结果确立了原子结构的有核模型，首次形成原子内部存在原子核的概念.

设一 α 粒子以速度 $\boldsymbol{v}_0$ 从无限远处射向一个具有正电荷 $q_2=ze$（z 为质子数，e 为电子电荷量的绝对值）的靶核，如图 6.8 所示. 入射方向与靶核间的垂直距离 b 称为瞄准距离，又称碰撞参量，经相互作用后出射方向相对入射方向的偏转角 φ 称为散射角.

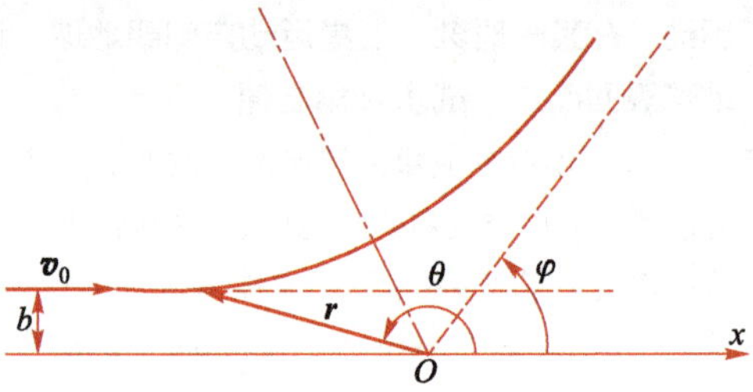

图 6.8　α 粒子散射

α 粒子所受的库仑斥力为

$$F=\frac{1}{4\pi\varepsilon_0}\frac{q_1q_2}{r^2},\tag{6.3.1}$$

其中 q_1 为 α 粒子所带的电荷量，ε_0 为真空介电常量，r 是 α 粒子与靶核之间的距离. 如图 6.8 以 $\boldsymbol{v}_0$ 方向为极轴方向建立极坐标系，并引入

$$k=\frac{q_1q_2}{4\pi\varepsilon_0},$$

则

$$F=\frac{k}{r^2}=ku^2.$$

代入比尼公式（6.1.16），化简后得

$$\frac{\mathrm{d}^2u}{\mathrm{d}\theta^2}+u=-\frac{k}{mh^2},\tag{6.3.2}$$

此方程的通解为

$$u=A\cos\theta+B\sin\theta-\frac{k}{mh^2},\tag{6.3.3}$$

其中 A 和 B 为积分常量，由如下初始条件确定

$$t=0\text{ 时，}\theta\approx\pi,\ r\approx\infty\ (u=0),\ \dot{\boldsymbol{r}}\approx-\boldsymbol{v}_0.$$

同时，这些初值也确定了两个运动常量

$$h=r^2\dot{\theta}=-bv_0,$$

$$E=\frac{1}{2}mv_0^2,$$

h 取负值是由于 $\boldsymbol{v}_0$ 的方向使 θ 减小，$\mathrm{d}\theta$ 取负值.

为了确定 A 和 B，将式（6.3.3）写成

$$\frac{1}{r}=A\cos\theta+B\sin\theta-\frac{k}{mh^2},$$

两侧对时间求导数，整理得

$$\dot{r}=(-A\sin\theta+B\cos\theta)(bv_0).\tag{6.3.4}$$

将初始条件代入式（6.3.3）和式（6.3.4），求得

$$A=-\frac{k}{mh^2},\ B=\frac{1}{b},$$

于是得到 α 粒子的轨道方程为

$$\frac{1}{r}=-\frac{k}{mh^2}(1+\cos\theta)+\frac{1}{b}\sin\theta. \tag{6.3.5}$$

从总能量大于零判断，此轨道为双曲线.

现求 α 粒子的出射方向，即求散射角 φ. 当 $\theta=\varphi$ 时，$r\to\infty$，则从式（6.3.5）得

$$0=-\frac{k}{mh^2}(1+\cos\varphi)+\frac{1}{b}\sin\varphi,$$

移项后化为

$$\frac{mh^2}{bk}=\frac{1+\cos\varphi}{\sin\varphi}=\cot\frac{\varphi}{2},$$

将 h 值代入，得

$$\cot\frac{\varphi}{2}=\frac{mv_0^2b}{k}\ \text{或}\ b=\frac{k}{mv_0^2}\cot\frac{\varphi}{2}. \tag{6.3.6}$$

可见，散射角与 b，m，v_0，k 等四个因素有关：(1) 瞄准距离 b 越小，散射角越大；(2) k 越大，即相互作用越强，散射角越大；(3) 初速 v_0 越大，散射角越小；(4) 质量 m 越大，散射角越小.

式（6.3.6）是针对单个 α 粒子散射的规律，但其中的瞄准距离 b 和散射角 φ 不能够直接测量. 实验中需要利用大量具有相同速度的粒子与散射靶碰撞，利用散射截面的概念，通过测量不同散射角散射的粒子数来验证式（6.3.6）的正确性.

α 粒子散射实验是由卢瑟福和他的学生在 1910 年前后完成的，他们用 $v_0=2.09\times10^9$ cm/s 的粒子束射向厚度仅有 4×10^{-5} cm 的金箔进行实验，结果证实了当 α 粒子与靶核间的距离小到 10^{-12} cm 前，它们之间相互作用仍遵守库仑定律，如果 α 粒子进入离核更近的区域，进入了核力范围，则实验与理论之间就会偏离. 实验还发现有极少数 α 粒子的散射角甚至大于 π/2，这种反向散射的粒子所占比例仅万分之一左右. 正是这一事实，使卢瑟福惊讶不已，并引起他的深思，正如他自己所说的："这简直是我一生中所遇到的最难以置信的事件. 这几乎同你们如果把一发 15 英寸炮弹射向一张薄纸面它会回过来打中你们一样难以置信. " 因为按当时的汤姆孙模型，原子被想象成一个均匀带正电荷的球，电子嵌在球中，按照这一模型计算，绝不可能提供这样强的斥力，使具有巨大能量的 α 粒子做反向散射. 卢瑟福在 α 粒子散射实验结果的基础上形成了"原子具有一带有正电荷的，很小很重的核心"这一革命性的新观念，并根据这个观念从数学上推算出散射应遵从的规律，最后他的两个学生以一系列精美的实验予以证实.

微视频

6-4 圆轨道运动的稳定性

运动稳定性与平衡稳定性类似，通俗地说某种运动具有稳定性

是指这种运动能够经受微小扰动，即受扰后的运动对未扰运动只有小的偏离，好像存在某种力，把它吸引在未扰运动的周围. 与之相反，有一种运动，稍受一点微小扰动，就偏离未扰运动越来越大，偏离按时间的指数规律增长，这种运动是不稳定的. 在自然界中，各种微小的干扰因素总是客观存在的，所以任何现实的运动都不能设想为不受微扰，只有稳定的运动才能得以保持和实现. 因此，任何系统的运动都存在运动稳定性问题，它与通常研究系统运动规律是不同类型的问题，虽然动力学规律是相同的，但解决这类问题有特殊的方法和理论，在现代科学技术中，运动稳定性理论已成为重要的专门学科.

通信卫星在赤道上空绕地球做圆周运动，它能否稳定地运动，是一个极为重要的问题. 众所周知，只要有适当的初始条件，不管力与距离是什么函数关系，质点在有心引力场中都能够做圆轨道运动. 但是，是否所有这些圆运动轨道都是稳定的，以及在什么条件下能够稳定，这是需要研究的. 下面用两种方法解决这一问题.

一、把问题化为平衡稳定性问题

引入等效势能的概念，可以把有心力场中二维运动化为一维运动，此时二维的圆运动就化为一维的静平衡. 通过平衡条件即等效势能取极值可求出平衡位置，也就是圆轨道的半径为 r_0，由式（6.1.9）从极值条件得

$$\frac{\mathrm{d}V_{\mathrm{eff}}}{\mathrm{d}r}=\frac{\mathrm{d}V}{\mathrm{d}r}-\frac{L^2}{mr^3}=-F_r-\frac{L^2}{mr^3}=0. \tag{6.4.1}$$

现设引力的大小为 $F(r)$，则 $F_r=-F(r)$，代入上式后可知 r_0 应满足方程

$$F(r_0)-\frac{L^2}{mr_0^3}=0, \tag{6.4.2}$$

即

$$mr_0\dot{\theta}_0^2=F(r_0), \tag{6.4.3}$$

其中 $\dot{\theta}_0$ 是与半径 r_0 相应圆运动的角速度.

一维等效运动平衡的稳定条件就是圆运动的稳定条件，它要求等效势能在 r_0 处具有极小值，即要求

$$\left.\frac{\mathrm{d}^2V_{\mathrm{eff}}}{\mathrm{d}r^2}\right|_{r=r_0}>0. \tag{6.4.4}$$

通过求导计算，上式可化为

$$F'(r_0)+\frac{3L^2}{mr_0^4}>0,$$

将式（6.4.2）代入，得

$$F(r_0)>-\frac{r_0}{3}\left.\frac{\mathrm{d}F}{\mathrm{d}r}\right|_{r=r_0}. \tag{6.4.5}$$

可见，欲使圆轨道运动稳定，力随距离变化的函数 $F(r)$ 必须满足式（6.4.5），并不是任意函数都能满足这个条件的. 让我们考察 $F(r)=k/r^n$ 的情况，将这种函数关系

代入式（6.4.5），得

$$\frac{k}{r_0^n}>-\frac{r_0}{3}(-n)\frac{k}{r_0^{n+1}},$$

化简得

$$n<3. \tag{6.4.6}$$

说明只有当 $n<3$ 时，圆轨道运动才是稳定的；当 $n\geqslant 3$ 时，圆轨道运动将是不稳定的. 因此，当有心力为平方反比引力时（即 $n=2$），或为与距离成正比的弹性力时（即 $n=-1$），圆轨道运动都是稳定的.

二、微扰法

这种方法的思路为：质点以角速度 $\dot{\theta}_0$，沿半径为 r_0 的圆做匀角速运动，这是未扰运动，应满足动力学方程

$$mr_0\dot{\theta}_0^2=F(r_0). \tag{6.4.7}$$

当质点受到一个小的扰动后，质点离力心的距离 r 和角速度 $\dot{\theta}$ 都会在未扰运动的基础上发生小的变化，即

$$\begin{cases} r=r_0+r', \\ \dot{\theta}=\dot{\theta}_0+\dot{\theta}', \end{cases} \tag{6.4.8}$$

其中 r'，$\dot{\theta}'$ 代表小的变化量，它们是时间的函数，我们认为它们是一阶小量.

受扰后的运动应满足有心力场中一般运动方程

$$\begin{cases} m(\ddot{r}-r\dot{\theta}^2)=-F(r), \\ r^2\dot{\theta}=r_0^2\dot{\theta}_0. \end{cases} \tag{6.4.9}$$

将式（6.4.8）代入上式，求出 r'，$\dot{\theta}'$ 满足的方程，研究它们的演化情况. 若能始终保持为小量，则运动是稳定的；若有无限增大的行为，则运动是不稳定的.

现将式（6.4.8）代入式（6.4.9），得

$$\begin{cases} m[\ddot{r}'-(r_0+r')(\dot{\theta}_0+\dot{\theta}')^2]=-F(r_0+r'), \\ (r_0+r')^2(\dot{\theta}_0+\dot{\theta}')=r_0^2\dot{\theta}_0. \end{cases}$$

展开并忽略二阶及二阶以上的小量，同时将函数 $F(r_0+r')$ 在 r_0 附近作泰勒展开到一级，考虑到式（6.4.7），于是得

$$\begin{cases} m[\ddot{r}'-2r_0\dot{\theta}_0\dot{\theta}'-r'\dot{\theta}_0^2]=-\left.\dfrac{\mathrm{d}F}{\mathrm{d}r}\right|_{r=r_0}r', \\ \dot{\theta}'=-\dfrac{2r'}{r_0}\dot{\theta}_0. \end{cases} \tag{6.4.10}$$

这两个方程关于未知函数 r' 和 $\dot{\theta}'$ 是一次的，所以是线性方程. 得出上述方程的过程称为线性化过程，在这过程中利用了 r' 和 $\dot{\theta}'$ 是一阶小量，及一个式子两端同一量级的项之和相等的原则. 线性方程能够且便于求解，这是线性化过程带来的好处.

另一方面，用线性方程代替原来的非线性方程，这是一种近似，只有当 r' 和 $\dot{\theta}'$ 取较小值时适用，当它发展变大到一定程度，线性方程不再适用；更值得注意的是，线性方程与非线性方程是两种性质根本不同的方程，这种替换有时会得出与实际不符的结果.

利用式（6.4.10）中第二式消去第一式中 $\dot{\theta}'$，得

$$m(\ddot{r}'+3r'\dot{\theta}_0^2)=-\left.\frac{\mathrm{d}F}{\mathrm{d}r}\right|_{r=r_0}r'.$$

用式（6.4.7）消去上式中 $\dot{\theta}_0$，得

$$\ddot{r}'=-\frac{1}{m}\left[\left.\frac{\mathrm{d}F}{\mathrm{d}r}\right|_{r=r_0}+\frac{3F(r_0)}{r_0}\right]r',\tag{6.4.11}$$

其中方括号内表达式是一个数值，该值的正负决定着 r' 变化截然不同的性质. 当方括号内表达式为正值时，此方程与谐振动方程形式相同

$$\ddot{r}'=-\omega^2r',$$

此时有

$$\frac{1}{m}\left[\left.\frac{\mathrm{d}F}{\mathrm{d}r}\right|_{r=r_0}+\frac{3F(r_0)}{r_0}\right]=\omega^2>0,$$

即

$$F(r_0)>-\frac{r_0}{3}\left.\frac{\mathrm{d}F}{\mathrm{d}r}\right|_{r=r_0},\tag{6.4.12}$$

此时方程式（6.4.11）才有振动解

$$r'=r_0'\cos(\omega t+\alpha),$$

r' 才能保持为小量，从而运动具有稳定性. 相反，若

$$\left.\frac{\mathrm{d}F}{\mathrm{d}r}\right|_{r=r_0}+\frac{3F(r_0)}{r_0}\leqslant 0,$$

则 r' 将按指数规律或直线规律增长，运动是不稳定的. 这些结果都与第一种方法得出的结果相同，但这一方法还能获得更多的信息. 如果是稳定的话，可以求出径向振动的圆频率；如果是不稳定的话，将得到 r' 随时间按指数规律或直线规律增长解，同一式子则给出 r' 的增长率.

6－5 二体问题

研究两个质点仅在相互作用下发生的运动，称为二体问题. 单体问题是二体问题在满足一定条件下的近似处理模型，较之单体问题，二体问题是更普遍的理论. 在宇宙中相互绕转的双星系统，在物理学中重粒子的散射、二体碰撞等都属于二体问题.

微视频

不作任何近似，二体问题通过适当的方法可化为单体问题，利用前面取得的结果，使问题能够得到彻底的解决.

一、二体运动的分解

二体运动可以分解为二体质心的运动加上它们相对质心的运动．由于二体不受外力作用，所以其质心的运动非常简单，它相对惯性系做匀速直线运动．因此，只需求两质点相对质心的运动．

设二质点的质量分别为 m_1，m_2，相对惯性系 $Oxyz$ 的位矢为 $\boldsymbol{r}_1$，$\boldsymbol{r}_2$，相对质心系的位矢为 $\boldsymbol{r}_1'$，$\boldsymbol{r}_2'$，质心的位矢为 $\boldsymbol{R}$，m_2 相对 m_1 的位矢为 $\boldsymbol{r}$．从图 6.9 可知

$$\boldsymbol{r}_1=\boldsymbol{R}+\boldsymbol{r}_1',\quad \boldsymbol{r}_2=\boldsymbol{R}+\boldsymbol{r}_2', \tag{6.5.1}$$

$$\boldsymbol{r}=\boldsymbol{r}_2-\boldsymbol{r}_1=\boldsymbol{r}_2'-\boldsymbol{r}_1'. \tag{6.5.2}$$

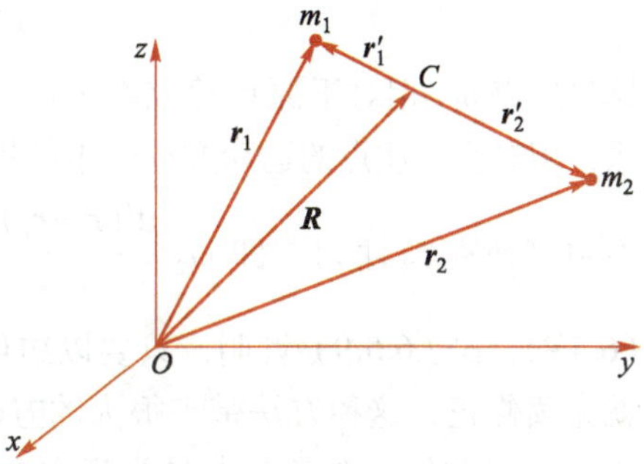

图 6.9　二体问题中的几何关系

根据质心定义可得

$$\boldsymbol{r}_1'=-\frac{m_2}{m_1+m_2}\boldsymbol{r},\quad \boldsymbol{r}_2'=\frac{m_1}{m_1+m_2}\boldsymbol{r}, \tag{6.5.3}$$

说明二体相对质心的运动可以通过二体的相对运动求得．

将式（6.5.3）代入式（6.5.1），得二体相对惯性系 $Oxyz$ 的运动

$$\begin{cases}\boldsymbol{r}_1(t)=\boldsymbol{R}(t)-\dfrac{m_2}{m_1+m_2}\boldsymbol{r}(r),\\[2ex] \boldsymbol{r}_2(t)=\boldsymbol{R}(t)+\dfrac{m_1}{m_1+m_2}\boldsymbol{r}(t).\end{cases} \tag{6.5.4}$$

从前述知，质心的运动由初始条件确定

$$\boldsymbol{R}(t)=\boldsymbol{R}_0+\boldsymbol{v}_c t, \tag{6.5.5}$$

其中 $\boldsymbol{R}_0$，$\boldsymbol{v}_c$ 是质心的初位矢和初速度．剩下的问题就是求二体的相对运动 $\boldsymbol{r}(t)$ 了．

二、二体的相对运动、约化质量

现在来建立二体相对运动的方程．考虑一般情况，对二质点间的相互作用力不作特殊规定，但其遵守牛顿第三定律．设质量为 m_2 的质点受到的作用力为 $\boldsymbol{F}$，则每个质点相对惯性系的运动方程为

$$\begin{cases}m_1\dfrac{\mathrm{d}^2\boldsymbol{r}_1}{\mathrm{d}t^2}=-\boldsymbol{F}\rightarrow\dfrac{\mathrm{d}^2\boldsymbol{r}_1}{\mathrm{d}t^2}=-\dfrac{\boldsymbol{F}}{m_1},\\[2ex] m_2\dfrac{\mathrm{d}^2\boldsymbol{r}_2}{\mathrm{d}t^2}=\boldsymbol{F}\rightarrow\dfrac{\mathrm{d}^2\boldsymbol{r}_2}{\mathrm{d}t^2}=\dfrac{\boldsymbol{F}}{m_2},\end{cases} \tag{6.5.6}$$

两式相减，得

$$\frac{\mathrm{d}^2}{\mathrm{d}t^2}(\boldsymbol{r}_2-\boldsymbol{r}_1)=\left(\frac{1}{m_1}+\frac{1}{m_2}\right)\boldsymbol{F}. \tag{6.5.7}$$

若定义约化质量μ为

$$\frac{1}{\mu}=\frac{1}{m_1}+\frac{1}{m_2} \quad 或 \quad \mu=\frac{m_1m_2}{m_1+m_2}, \tag{6.5.8}$$

则得 m_2 相对 m_1 的运动方程

$$\mu\frac{\mathrm{d}^2\boldsymbol{r}}{\mathrm{d}t^2}=\boldsymbol{F}, \tag{6.5.9}$$

这是质点 m_2 相对于原点建立在 m_1 上的平动坐标系的运动方程. 此坐标系为非惯性系，相对它，质点的运动方程即牛顿第二定律应作修正，这个修正表现在质点所受的力中需补充惯性力，即 $m_2\frac{\mathrm{d}^2(\boldsymbol{r}_2-\boldsymbol{r}_1)}{\mathrm{d}t^2}=\boldsymbol{F}-m_2\frac{\mathrm{d}^2\boldsymbol{r}_1}{\mathrm{d}t^2}=\boldsymbol{F}+m_2\frac{\boldsymbol{F}}{m_1}$，稍加整理即可得式 (6.5.9). 式 (6.5.9) 说明，只要以约化质量代替原来的质量 m_2，在质点所受的力上就无须修正，这种方法带来很大的方便. 因力始终通过质点 m_1（即动坐标的原点)，所以 m_2 相对 m_1 的运动归结为质点在有心力场中的运动. 如果相互作用力是与距离平方成反比的引力或斥力，则前述的结论和公式都可搬过来用，只需将质点的质量 m 改为约化质量μ，同时根据我们现在所采用的参考系来计算公式中有关的物理量即可.

如果 $m_1\gg m_2$，则从式 (6.5.8) 可得$\mu\approx m_2$，即质量无须修正，意味着此时与 m_1 一起运动的动坐标系可视为惯性系.

三、对开普勒第三定律的修正

按二体问题考虑，太阳不是不动的，行星对太阳的运动方程应修正为

微视频

$$\mu\frac{\mathrm{d}^2\boldsymbol{r}}{\mathrm{d}t^2}=-\frac{Gm_{\mathrm{S}}m}{r^2}\boldsymbol{e}_r, \tag{6.5.10}$$

其中 m_{S}，m 为太阳和行星的质量，$\mu=\frac{m_{\mathrm{S}}m}{m_{\mathrm{S}}+m}$，于是上式可写为

$$m\frac{\mathrm{d}^2\boldsymbol{r}}{\mathrm{d}t^2}=-\frac{G(m_{\mathrm{S}}+m)m}{r^2}\boldsymbol{e}_r, \tag{6.5.11}$$

与认为太阳静止时行星的运动方程

$$m\frac{\mathrm{d}^2\boldsymbol{r}}{\mathrm{d}t^2}=-\frac{Gm_{\mathrm{S}}m}{r^2}\boldsymbol{e}_r$$

相比，如果把式 (6.5.11) 右端仍视为“万有引力”，这相当于太阳质量应修正为 $m_{\mathrm{S}}'=m_{\mathrm{S}}+m$.

将式 (6.2.14) 中的 m_{S} 用 m_{S}'替换，便得到修正后的开普勒第三定律

$$\frac{T^2}{a^3}=\frac{4\pi^2}{G(m_{\mathrm{S}}+m)}, \tag{6.5.12}$$

可见，严格说来 T^2/a^3 这一比值并不是对所有行星都相同. 然而，实际上对太阳系八大行星来说，这比值的差别非常小，即使对质量最大的木星，两者质量之比也仅为

$m/m_S=1/1\ 047\ll 1$，因此

$$\frac{T^2}{a^3}=\frac{4\pi^2}{Gm_S\left(1+\frac{m}{m_S}\right)}\approx\frac{4\pi^2}{Gm_S}.$$

但是，对于质量较大的卫星的运动或质量相近的双星系统，则必须考虑这种修正．修正后的开普勒第三定律给我们提供了计算某些卫星或双星系统中星体的质量的依据，即测出 T，a 并已知中心天体的质量 m_1，应用式（6.5.12）就可计算出另一星体的质量．

6-6　两体散射　实验室坐标系和质心坐标系

微视频

研究粒子散射时，假如靶核（或称中心粒子）质量不是非常大，则当入射粒子与之相互作用后，不仅入射粒子的出射方向发生偏转，靶粒子也将获得一个反冲运动，入射粒子的运动与靶粒子的运动互相影响、互相耦合，这种情况称为两体散射（或两体碰撞），属两体问题．

我们将看到，在质心坐标系中研究两体碰撞问题的规律特别简单，然后找出质心坐标系中的结果与实验室坐标系中的结果间的变换关系，从而可求出经散射后二质点相对于实验室坐标系的散射速度．

由于微观粒子的能级都是分立的，通常的粒子碰撞都属于弹性散射，即两粒子在碰撞后其内部状态不发生改变，在运用能量守恒定律时可不考虑粒子内能的情况，碰撞前后两粒子的动能之和相等．

一、在质心坐标系中两体碰撞的规律

取质心系为参考系．以 $\boldsymbol{v}_{r1}$，$\boldsymbol{v}_{r2}$ 表示二粒子在碰撞前的速度，以 $\boldsymbol{v}'_{r1}$，$\boldsymbol{v}'_{r2}$ 表示二粒子在碰撞后的速度．因质点组对质心系的总动量恒为零，故有

$$m_1\boldsymbol{v}_{r1}+m_2\boldsymbol{v}_{r2}=0,$$
$$m_1\boldsymbol{v}'_{r1}+m_2\boldsymbol{v}'_{r2}=0,$$

即

$$m_1\boldsymbol{v}_{r1}=-m_2\boldsymbol{v}_{r2},\qquad(6.6.1)$$
$$m_1\boldsymbol{v}'_{r1}=-m_2\boldsymbol{v}'_{r2},\qquad(6.6.2)$$

碰撞前后在质心系中两质点的动量总是等值反向的，如图 6.10 所示．根据这一特性，质心系又称零动量系．

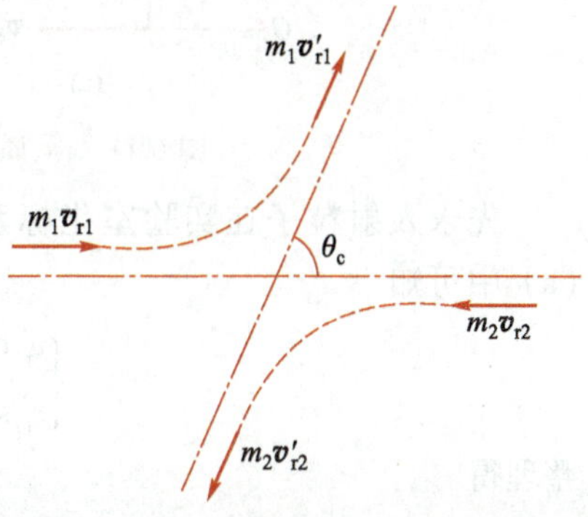

图 6.10　在质心系中二粒子碰撞的图像

其次，根据弹性碰撞的性质可以得出：每个粒子在碰撞前后速度大小不改变，只是速度方向发生了一个旋转．证明如下：因碰撞前后动能守恒，所以

$$\frac{1}{2}m_1v_{r1}^2+\frac{1}{2}m_2v_{r_2}^2=\frac{1}{2}m_1v_{r1}'^2+\frac{1}{2}m_2v_{r_2}'^2, \tag{6.6.3}$$

利用式（6.6.1）和式（6.6.2），在上式中消去 v_{r2} 和 v'_{r2}，得

$$v_{r1}=v'_{r1}. \tag{6.6.4}$$

同理可得

$$v_{r2}=v'_{r2}. \tag{6.6.5}$$

至于求经碰撞后粒子偏转的角度 θ_c，即质心系中观察到的散射角，可由相对靶粒子参考系的散射角得出，因为通过不复杂的论证可得出：相对质心系的散射角等于相对靶粒子参考系的散射角，因此，如果两粒子间的相互作用力为 $f=k/r^2$，其中 $k>0$ 表示斥力，$k<0$ 也可以表示引力的情况，则 θ_c 可通过下式求得

$$b=\frac{k}{\mu v_0^2}\cot\frac{\theta_c}{2}, \tag{6.6.6}$$

其中 μ 为约化质量，v_0 为入射粒子相对靶粒子的初速.

二、从质心坐标系到实验室坐标系的变换

实验室坐标系即通常进行实验观察的惯性参考系. 以 $\boldsymbol{v}_1$，$\boldsymbol{v}_2(=0)$ 表示二粒子在碰撞前相对此参考系的速度，以 $\boldsymbol{v}'_1$，$\boldsymbol{v}'_2$ 表示它们碰撞后相对此系的速度. 以 $\boldsymbol{v}_c$ 表示质心相对此系的速度，则

$$\boldsymbol{v}'_1=\boldsymbol{v}_c+\boldsymbol{v}'_{r1}, \tag{6.6.7}$$

$$\boldsymbol{v}'_2=\boldsymbol{v}_c+\boldsymbol{v}'_{r2}, \tag{6.6.8}$$

它们的几何关系如图 6.11 所示.

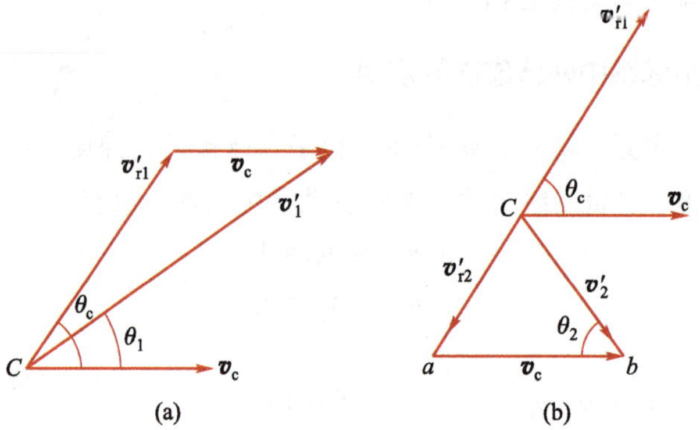

图 6.11　从质心坐标系到实验室坐标系的变换

先求入射粒子在实验室坐标系中的散射速度的大小 v'_1 和散射角 θ_1. 从图 6.11（a）中可知

$$\begin{cases}v'_{r1}\cos\theta_c+v_c=v'_1\cos\theta_1,\\ v'_{r1}\sin\theta_c=v'_1\sin\theta_1,\end{cases} \tag{6.6.9}$$

整理得

$$\tan\theta_1=\frac{v'_{r1}\sin\theta_c}{v'_{r1}\cos\theta_c+v_c}. \tag{6.6.10}$$

而质心速度为

$$v_c=\frac{m_1v_1}{m_1+m_2}, \tag{6.6.11}$$

以及

$$v'_{r1}=v_{r1}=v_1-v_c=\frac{m_2v_1}{m_1+m_2}. \tag{6.6.12}$$

将这两式代入式（6.6.10），就可求得两散射角的变换关系

$$\tan\theta_1=\frac{\sin\theta_c}{\cos\theta_c+\dfrac{m_1}{m_2}}. \tag{6.6.13}$$

从上式看出：（1）当 $m_1/m_2\ll1$，则 $\theta_1\approx\theta_c$；（2）当 $m_1/m_2=1$，则 $\theta_1=\theta_c/2$.

从式（6.6.9）可得出

$$v'_1=\sqrt{(v'_{r1}\cos\theta_c+v_c)^2+v'^2_{r1}\sin\theta_c},$$

将式（6.6.11）和式（6.6.12）代入上式，得

$$v'_1=\frac{\sqrt{m_1^2+m_2^2+2m_1m_2\cos\theta_c}}{m_1+m_2}v_1. \tag{6.6.14}$$

参阅图 6.11（b），再来求靶粒子在碰撞后的反冲运动. 由于靶粒子初始静止，所以 $v'_{r2}=v_{r2}=v_c$，$\triangle abc$ 为等腰三角形，于是反冲速度的大小为

$$v'_2=2v_{r2}\cos\theta_2,$$

而

$$v'_{r2}=v_{r2}=v_c=\frac{m_1v_1}{m_1+m_2}, \tag{6.6.15}$$

反冲速度与入射方向的夹角为

$$\theta_2=\frac{\pi-\theta_c}{2},$$

所以

$$v'_2=\frac{2m_1v_1}{m_1+m_2}\sin\frac{\theta_c}{2}. \tag{6.6.16}$$

当入射粒子与靶粒子质量相等，靶粒子初始静止，散射后 $\theta_1=\theta_c/2$，于是 $\theta_1+\theta_2=\pi/2$，即二粒子的散射方向必互相垂直. 这一结果为质子-质子碰撞实验所证实，在照相乳剂中可清晰显示二质子碰撞后的径迹相互垂直.

思考题

6.1. 试从数学上证明有心力场 $\boldsymbol{F}=F(r)\boldsymbol{r}/r$ 是保守力场.

6.2. 可以试一试，若用二维直角坐标系建立行星的运动方程是否便于求解.

6.3. 方程式（6.2.1）及其解在适当改变后能否适用于平方反比斥力情况？

6.4. 研究人造地球卫星的运动采用的是什么参考系？ 三个宇宙速度是相对什么参考系而言的？

6.5. 我国发射的第一颗人造地球卫星的轨道平面和地球赤道平面的交角为 68.5°，比苏联和美国第一次发射的都要大. 为什么说交角越大，发射的难度越大？ 交角大的优点是什么？

6.6. 已知太阳的质量为 $m_S=1.99\times10^{30}$ kg，设想太阳在不断收缩，密度不断增大. 试证当半径缩小为 3 km 时，太阳的逃逸速度将等于光速 $c=2.998\times10^8$ m/s. 此时，太阳的引力将强到使一切物质都不能从太阳逃逸出来，这种高密度的恒星被称为黑洞.

6.7. 将 α 粒子换为带负电荷的粒子，它的散射轨道应是怎样的？

6.8. 试证两体散射问题中相对质心系的散射角等于相对靶粒子参考系的散射角.

6.9. 试从非惯性系中动力学方程出发，推导出二体相对运动方程式（6.5.9）.

6.10. 在二体问题中，若 $\boldsymbol{r}$ 表示质点 m_2 相对质点 m_1 的位矢，$\boldsymbol{v}$ 表示质点 m_2 相对质点 m_1 的相对速度，试证：

（1）二体相对质心的角动量为 $\boldsymbol{r}\times\mu\boldsymbol{v}$；（2）二体相对质心的动能为 $(1/2)\mu v^2$.

习　题

6.1. 某天体沿偏心率为 e 的椭圆轨道运动，如 v_p 和 v_a 为质点在近日点和远日点处的速率，试证

$$\frac{v_p}{v_a}=\frac{1+e}{1-e}.$$

6.2. 如题 6.2 图所示，质量为 m 的质点在有心斥力场 mc/r^3 中运动，式中 r 为质点到力心 O 的距离，c 为常量. 当质点离 O 点很远时，质点的速度为 v_∞，而其轨道渐近线与 O 的垂直距离为 ρ. 试求质点与 O 点的最近距离 a.

6.3. 如题 6.3 图所示，一彗星离太阳的最近距离是地球圆轨道半径的 1/2，而彗星在该点的速率为地球轨道速率的 2 倍，试求彗星与地球轨道相交时的速率和交角，并判断其轨道类型.

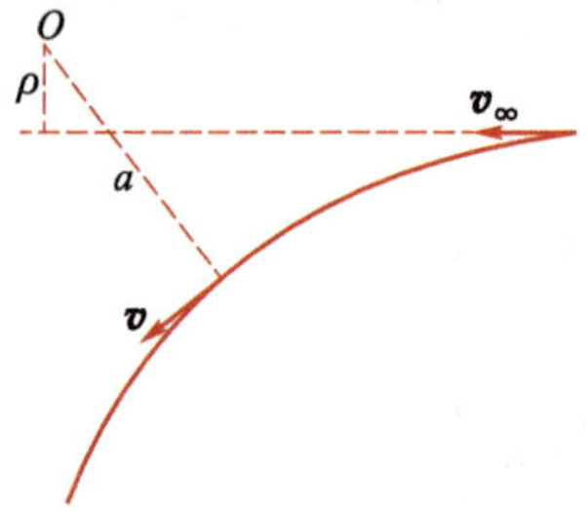

题 6.2 图

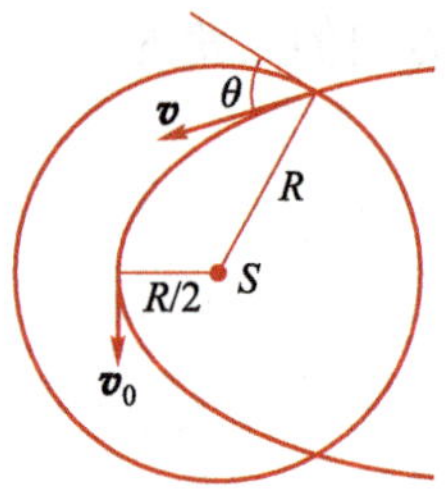

题 6.3 图

6.4. 在距月球中心为 5 倍月球半径处，以速度 v_0 发射一探测器，欲使探测器与月球表面相切着陆，试求发射角 θ.

6.5. 氢原子中，带正电荷的核和带负电荷的电子之间的吸引力为 $F=-ke^2/r^2$，设核固定不动，原来在半径为 R_1 的圆周上绕核运动的电子，突然跳入较小的半径 R_2 的圆轨道上运动，试求在这过程中原子总能量的变化.

6.6. 一质量为 m 的质点在有心力场中运动，已知它的掠面速度为 $h/2$，某时刻从力心到质点所在处轨道切线的垂直距离为 p. 试证此有心力的大小为

$$F=\frac{mh^2}{2}\frac{\mathrm{d}p^{-2}}{\mathrm{d}r}.$$

6.7. 如质点受有心力作用做双纽线 $r^2=a^2\cos 2\theta$ 运动，试证质点所受力为

$$F=-\frac{3ma^4h^2}{r^7}.$$

6.8. 质点在有心力作用下运动，此力的大小为质点到力心距离 r 的函数，而质点的速率与此距离成反比，即 $v=a/r$. 如果 $a^2>h^2$，其中 h 为掠面速度的 2 倍，求质点的轨道方程. 设当 $r=r_0$ 时，$\theta=0$.

6.9. 质量为 m 的质点受到一静止中心的吸引力 $F=-2m/r^3$ 作用，其中 r 是质点到引力中心的距离，初始时，$r_0=1$，$\theta_0=0$，$v_0=\sqrt{2}$，且初速方向与径向成 45° 角，试求质点的轨道.

6.10. 根据汤川的核力理论，中子与质子之间的引力具有如下形式的势能

$$V(r)=\frac{k\mathrm{e}^{-\alpha r}}{r},\quad k<0,\ \alpha>0.$$

试求：

（1）中子与质子间的引力表达式，并与平方反比力相比较；

（2）在半径为 a 的圆运动中质点的角动量 L 和能量 E，设质点的质量为 m；

（3）圆运动的周期、稳定的条件及径向微振动的周期.

6.11. 1970 年 4 月 24 日，我国成功地发射了第一颗人造地球卫星，它的近地点离地面的距离为 439 km，远地点离地面为 2 384 km，试求此卫星在近地点和远地点的速率 v_1 和 v_2 以及它绕地运行的周期.

6.12. 一质点在有心力场 $F(r)=-kr^{-2}+Cr^{-3}$ 中运动.

（1）试证它的轨道方程可以写成如下形式：$r=p/(1+e\cos\alpha\theta)$. 当 $\alpha=1$ 时，轨道是椭圆；当 $\alpha\neq 1$ 时，轨道是一个进动的椭圆.

（2）试求出后一个近日点比前一个近日点进动了多少角度.

6.13. 一质量为 m 的人造地球卫星在离地心距离为 R 的圆轨道上运行，由于受稀薄气体的黏性阻力 $F_{\mathrm{R}}=Av^{\alpha}$ 的作用，其中 v 为卫星的速率，A，α 为常量，卫星与地心距离 r 的变化率为 $\mathrm{d}r/\mathrm{d}t=-c$，$c$ 是一足够小的正的常量，使得卫星运行一周损失的能量与总能量相比是小量. 设地球质量为 m_{E}，试求 A 和 α 的表示式.

6.14. 设质量为 m 的质点受重力作用，约束在半顶角为 α 的光滑圆锥面上运动. 试研究质点在锥面上做水平圆运动的稳定性.

6.15. 两质点在引力作用下相互绕转，做周期为 τ 的圆运动. 假设在某一时刻运动突然停止，两质点开始在引力作用下相互靠近，试证经过时间 $\tau/4\sqrt{2}$ 后发生碰撞.

6.16. 历史上有人对火星的两个卫星是否由火星上的人发射的问题进行了有趣的探索，其中有些科学家算出卫星的质量小，但体积大，因而认为其内部是空的，由此认为是人发射的. 设火星绕太阳的运动和卫星绕火星的运动都是二体问题. 太阳质量已知，通过哪些量的测量可以计算出卫星的质量？

6.17. 以速率 v_1 运动的质量为 m_1 的粒子与另一质量为 m_2 的静止粒子相碰，试证动能中能够转化为热能部分的最大值正好等于碰撞前在质心坐标系中观察到的总动能.

习题参考答案

6.18. 质量分别为 m_1 和 m_2 的两自由质点，它们以万有引力互相吸引. 开始时，两质点均处于静止状态，其间距离为 a. 试求两质点相距为 $a/2$ 时它们的速度.

第七章

非线性动力学

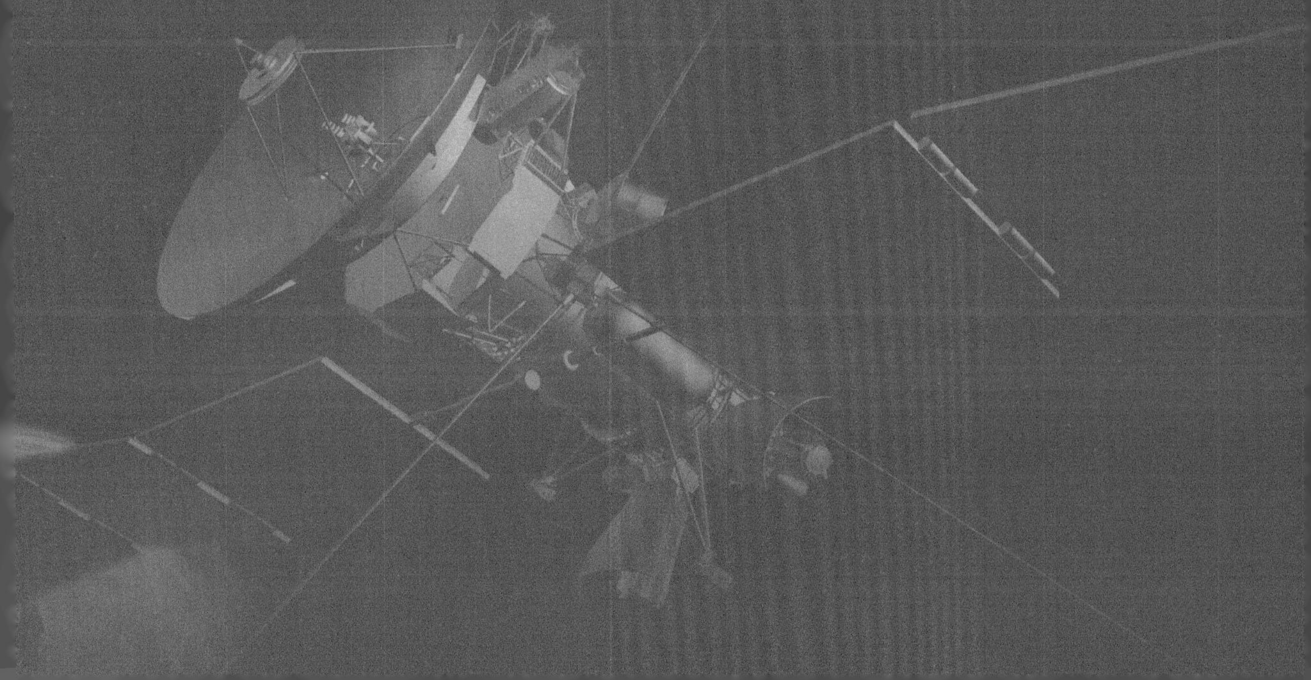

课件资源

质点运动微分方程可分为两类：线性微分方程和非线性微分方程. 自然界的现象本质上都是非线性的，用线性微分方程描述自然界的现象是近似的、有条件的. 如考虑空气阻力且按实际设定阻力与速率二次方及以上成正比时的抛体运动、大摆角的单摆运动、天体运动等无不是非线性问题. 在数学上，线性微分方程的求解已比较成熟，有一般的求解方法. 而非线性微分方程只有少部分是可积的，而且要用各不相同的特殊方法才能求出其解析解，因而可贴切地说这种非线性方程是具有“个性”的. 大部分非线性微分方程是不可积的，不可能求得它们的准确的解析解，因此非线性微分方程所包含的规律和现象有待我们去探索、去揭示.

20 世纪 60 年代以来，由于计算机技术的发展为非线性微分方程的数值研究提供了便利条件，导致在非线性领域，诸如混沌、耗散结构、孤立子、分形等研究领域取得了一系列突破性进展，使原有的观念发生极大的改变. 这些进展被认为是 20 世纪中与相对论、量子力学并列的三大成就之一，它使有近三百年历史的经典力学的研究进入新阶段，并在科学界产生革命性的影响.

在自然界中，振动是最普遍的现象之一，振动现象本质上是非线性的，而线性振动只是在一定条件下对实际振动的近似. 非线性振动的规律与线性振动的规律从根本上是不同的，非线性振动将产生复杂现象. 非线性振动的研究是 21 世纪科学研究前沿之一——非线性科学的基础.

本章作为了解非线性现象的一个窗口和研究非线性动力学的入门，将首先回顾一维线性振动的基本内容和特点，以便与非线性振动比较，然后阐述非线性振动与线性振动的根本区别，研究处理非线性振动问题的常用方法，并通过一些著名的实例阐明非线性振动中的主要概念及其特有的动力学行为，包括非线性振动在一定条件下导致混沌现象的发生等内容. 最后，还对非线性动力学中的虫口模型，以及分形与分维的概念进行了简单的介绍.

7-1 一维线性振动

微视频

一维线性振动是指一个自由度系统的线性振动，它包括自由振动、阻尼振动和受迫振动，这种振动系统的最简单的例子是弹簧振子. 我们采取从一般到特殊的方法，一开始就研究弹簧振子的最一般的振动——受迫振动，它在物理和数学方面包含了一维线性振动中所有重要内容，所得结论适用于其他一维线性振动系统，自由振动和阻尼振动都是它的特殊情况.

一、运动微分方程的建立

设振子的质量为 m，以平衡位置为直线坐标的原点，振子的坐标为 x，弹性回复力为 $F(x)$，根据泰勒展开得

$$F(x)=F(0)+F'(0)x+\frac{1}{2!}F''(0)\ x^2+\frac{1}{3!}F'''(0)x^3+\cdots.$$

由于 $x=0$ 是平衡位置，所以 $F(0)=0$，并假设 $F'(0)=-k$，$\frac{1}{3!}F'''(0)=-\alpha$. 又由于通常弹性回复力对平衡位置具有反对称的特点，x 的偶次方项不应存在［即要求 $F''(0)=0$］，所以

$$F(x)=-kx-\alpha x^3+\cdots. \tag{7.1.1}$$

通常 α 是小量，当 x 为小量时，$-\alpha x^3$ 项可忽略，弹性回复力是线性的；当 x 为较大值时，此项不能忽略，弹性回复力不再是线性的. 类似地，单摆的回复力可展开为(设摆角为 θ，摆锤质量为 m，重力加速度为 g)

$$-mg\sin\theta=-mg\theta+\frac{1}{6}mg\theta^3+\cdots. \tag{7.1.2}$$

另外，振动的阻尼力在速率较小时与速率成正比；当速率较大时，一般与速率平方成正比. 同时，我们假设驱动力是时间的谐函数，这种情况具有基础意义.

在回复力和阻尼力满足线性关系条件下，受迫振动的微分方程为

$$m\ddot{x}+\delta\dot{x}+kx=F_0\cos\omega t, \tag{7.1.3}$$

其中 δ 为阻尼系数，k 为弹簧的弹性系数，F_0，ω 为驱动力的振幅和圆频率，它们均为常量. 引入 $2\beta=\delta/m$，$\omega_0^2=k/m$，$f=F_0/m$，则

$$\ddot{x}+2\beta\dot{x}+\omega_0^2x=f\cos\omega t, \tag{7.1.4}$$

这是一个二阶线性常系数常微分方程.

二、运动微分方程的求解

一般线性振动微分方程的求解问题已完全解决，它的通解由齐次方程的通解加非齐次方程的特解组成. 先求齐次方程的通解，设解取 $x=e^{rt}$ 形式，代入齐次方程可得

$$r^2+2\beta r+\omega_0^2=0,$$

它有两个根，为

$$r=-\beta\pm i\sqrt{\omega_0^2-\beta^2}\ (设\ \omega_0^2>\beta^2).$$

引入 $\omega_1=\sqrt{\omega_0^2-\beta^2}$，则齐次方程的通解为

$$x=e^{-\beta t}(c_1e^{i\omega_1 t}+c_2e^{-i\omega_1 t}),$$

其中 c_1，c_2 为积分常数，它可变换成

$$x=Ae^{-\beta t}\cos(\omega_1 t+\alpha), \tag{7.1.5}$$

其中 A 和 α 为积分常数.

下面求非齐次方程的特解，设特解为

$$x=B\cos(\omega t+\gamma), \tag{7.1.6}$$

代入式 (7.1.4) 可求得

$$B=\frac{f}{\sqrt{(\omega_0^2-\omega^2)^2+4\beta^2\omega^2}}, \tag{7.1.7}$$

$$\tan\gamma=\frac{-2\beta\omega}{\omega_0^2-\omega^2}, \tag{7.1.8}$$

于是方程式（7.1.4）的通解为

$$x=Ae^{-\beta t}\cos(\omega_1 t+\alpha)+\frac{f}{\sqrt{(\omega_0^2-\omega^2)^2+4\beta^2\omega^2}}\cos(\omega t+\gamma). \tag{7.1.9}$$

三、解的讨论

微视频

（1）若 $\beta=0$，$f=0$，则 $\omega_1=\omega_0$，于是式（7.1.9）退化为质点的自由振动

$$x=A\cos(\omega_0 t+\alpha), \tag{7.1.10}$$

式中 ω_0 是固有频率．此时质点的运动是周期性的简谐振动，表明质点在线性自由振动中振动频率是固有的，由系统结构的参量确定，与运动的初始条件无关，自然也与振幅无关．

（2）若 $\beta\neq0$，$f=0$，则式（7.1.9）还原为质点的阻尼振动

$$x=Ae^{-\beta t}\cos(\omega_1 t+\alpha). \tag{7.1.11}$$

它不是一个周期运动，它的振幅随时间按指数规律衰减，经过一段时间后振子将趋于静止．另一现象是振子通过平衡位置的时间间隔是相等的，即有一定周期性，与它相应的频率 ω_1 小于固有频率 ω_0．振子的位移随时间的变化曲线，又称时间历程图，如图 7.1 所示．

（3）当 $\beta\neq0$，$f\neq0$ 时，式（7.1.9）代表受迫振动方程的解，它具有如下两个特点．

① 振动过程分为暂态过程和稳态过程．式（7.1.9）中第一项是随时间衰减的函数，第二项是不随时间衰减的周期函数．实际上，经过一般时间后，第一项趋于零而在方程中消失．因此，过程的第一阶段是两项都起作用，运动图像比较复杂，称为暂态过程；第一项消失后进入第二阶段，即稳态过程，它是不衰减的简谐振动，是周期性运动，振动频率等于驱动力频率，与固有频率无关．由于在实际问题中阻尼力总是存在的，所以在线性振动中要真正实现周期性运动需要有周期性的驱动力来维持．受迫振动的时间历程图如图 7.2 所示．

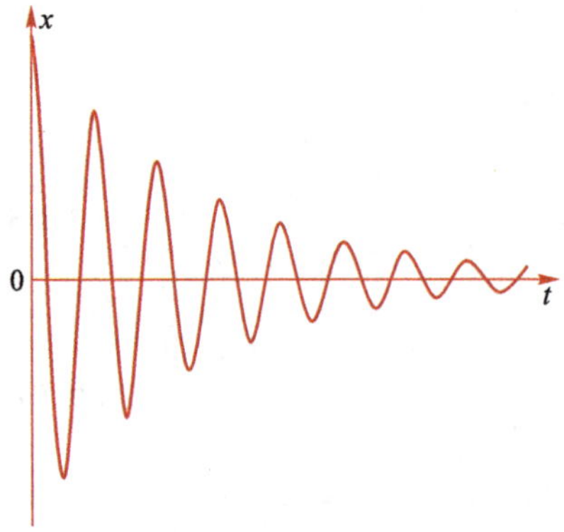

图 7.1　阻尼振动的时间历程图

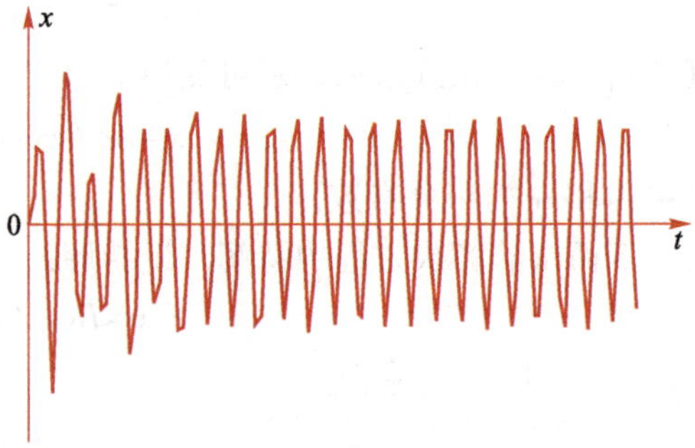

图 7.2　受迫振动的时间历程图

② 稳态过程的振幅与初始条件无关，并将随驱动力频率的变化而改变，满足一定条件时会产生共振现象. 通过对振幅求极值的方法，可求得当驱动力的圆频率等于某一值 ω_{r} 时，振幅将具有最大值 $B_{\max}$，为

$$\omega_{\mathrm{r}}=\sqrt{\omega_0^2-2\beta^2}, \tag{7.1.12}$$

$$B_{\max}=\frac{f}{2\beta\sqrt{\omega_0^2-\beta^2}}. \tag{7.1.13}$$

四、叠加原理

方程式（7.1.4）可以写成如下的一般形式

$$\left[\frac{\mathrm{d}^2}{\mathrm{d}t^2}+2\beta\frac{\mathrm{d}}{\mathrm{d}t}+\omega_0^2\right]x=f(t), \tag{7.1.14}$$

括号部分是一个线性算子 L. 线性算子的定义如下：设有多个函数 x_1，x_2，… 和多个常量 a_1，a_2，…，若

$$L(a_1x_1+a_2x_2+\cdots)=a_1L(x_1)+a_2L(x_2)+\cdots, \tag{7.1.15}$$

则 L 为线性算子，这说明一个线性算子作用在一些函数的线性组合上等同于将算子移入上式左端括号内分别作用于各个函数上. 于是，式（7.1.14）可写成

$$Lx=f(t). \tag{7.1.16}$$

设 $f(t)$ 可分解为 n 项的线性叠加，即 $f(t)=\sum a_if_i(t)$，a_i 是已知常量. 而每一项（相当于一个分力）都有一个相应的解

$$\begin{aligned}Lx_1(t)&=f_1(t),\\Lx_2(t)&=f_2(t),\\&\cdots\cdots\\Lx_n(t)&=f_n(t).\end{aligned} \tag{7.1.17}$$

根据线性算子的定义和式（7.1.16），立即可得

$$L\sum a_ix_i(t)=\sum a_iLx_i(t)=\sum a_if_i(t)=f(t).$$

与方程式（7.1.16）比较，知此方程的解为

$$x=\sum a_ix_i(t). \tag{7.1.18}$$

线性微分方程式（7.1.14）的解是多个单独分力产生的解相加的结果，这就是叠加原理，它是线性微分方程或线性算子的重要性质. 它意味着各种运动同时存在时，它们之间并不发生相互作用和耦合，一种运动不受其他运动影响，就像它单独存在那样，多种运动共同存在不会诱发出新的运动形态，总的结果只是原来那些运动的叠加. 此时，似乎各个运动之间存在着一种“壁垒”保护其独立性，这种“壁垒”通常称为线性“壁垒”.

假如驱动力是非谐周期力，甚至是非周期力，则先通过傅里叶级数、傅里叶积分方法把它们化为有限项或无限项谐函数之和，再根据叠加原理就可求得方程的解.

7-2 一维非线性振动及其微分方程的近似解法

微视频

一维非线性振动，其一般微分方程形式如下：

$$m\ddot{x}+F_{\mathrm{R}}(\dot{x})+F(x)=F_0\sin\omega_1 t, \tag{7.2.1}$$

其中 F_0 和 ω_1 是驱动力的振幅和圆频率，$F(x)$ 是回复力项，$F_{\mathrm{R}}(\dot{x})$ 是阻尼力项，只有当 x 和 $\dot{x}$ 很小时，这两项按泰勒级数展开可近似看作分别正比于 x 和 $\dot{x}$，上述方程还原为式（7.1.4），为一维线性振动方程．当 x 和 $\dot{x}$ 较大时，这两项不再是 x 和 $\dot{x}$ 的线性函数，则方程式（7.2.1）成为二阶非线性微分方程，它描述的是非线性振动．

研究非线性振动的方法有 3 种．一是解析法，是指在无法求出准确解析解的情况下，发展起来的各种近似求解方法，通过得出的近似解我们对非线性振动的规律和现象有一些理性上的认识．我们只介绍解非线性微分方程常用的小参数展开的近似方法，称为微扰法，又称摄动法．二是几何法，在无法进行解析求解的情况下，法国科学家庞加莱创立了微分方程的定性理论，发展了相图和拓扑学方法，开拓了一个数学新领域．我们只就一维情况，简单介绍相平面法．三是数值计算方法，即利用计算机进行数值求解．这是在现代条件下应采用的快速、高效的方法，它对新现象的发现、新理论的建立起到了重要作用．另外，也需要用前两种方法获得的理性认识从物理上来分析、评估数值计算的结果，理论研究与数值计算两种方法是相辅相成的．

一、非线性振动和线性振动的根本区别

两种振动的根本区别在数学上归结于非线性微分方程与线性微分方程的根本区别．线性微分方程的解满足叠加原理，非线性微分方程的解则不满足叠加原理．例如，若微分方程中存在 x^2 形式的非线性项，假设方程有 $x_1=x_1(t)$，$x_2=x_2(t)$ 两个解，可以叠加为解 x_1+x_2 代入方程进行验证．从非线性项展开式可看出它们的作用

$$(x_1+x_2)^2=x_1\cdot x_1+2x_1\cdot x_2+x_2\cdot x_2,$$

等号右端第二项不可能由原来的运动叠加得出，它表征由两个解相互作用产生的新的现象．这说明由于非线性的存在，将使运动之间发生相互作用和耦合，这种相互作用给事物带来质的变化，产生多样性、复杂性．因此，非线性将导致自然界中复杂现象的产生，这是线性现象中不可能有的，同时这种复杂现象的产生也给解非线性微分方程带来了极大的困难．

二、用小参数展开方法求解非线性自由振动问题

微视频

非线性自由振动是指质点不受阻尼力和驱动力的作用，仅受非线性回复力作用而产生的振动，例如，弹簧振子在振动幅度较大时需要考虑弹性力展开中三次方项，此时振动方程为

$$\ddot{x}+\omega_0^2x=\varepsilon x^3, \tag{7.2.2}$$

其中 $\varepsilon=-\alpha/m$，假设它为小量．

由于 ε 是小量，说明非线性项的作用是弱的，可想象它的解可在非线性项不存

在时的解即式（7.1.10）的基础上做微小变化而得，故设其解可以展成小量 ε 的级数形式

$$x=x_0+\varepsilon x_1+\varepsilon^2 x_2+\varepsilon^3 x_3+\cdots. \tag{7.2.3}$$

由于 ε 是小量，上式右端各项为不同量级的项，分别称零级项、一级项、二级项，……后一级比前一级小很多，这样我们可以逐级求近似，求解可精确到任一级，这种求解方法称为微扰法或摄动法. 微扰法是非线性物理中常用的近似方法，它适用于弱非线性情况.

其次，假设振动频率也需要在固有频率 ω_0 基础上逐级修正

$$\omega^2=\omega_0^2-\varepsilon a_1-\varepsilon^2 a_2-\cdots,$$

即

$$\omega_0^2=\omega^2+\varepsilon a_1+\varepsilon^2 a_2+\cdots, \tag{7.2.4}$$

其中 a_1，a_2，…是待定常量. 将式（7.2.3）和式（7.2.4）代入方程式（7.2.2），利用等式左右同一量级的量应相等，得出各级解满足的方程. 需要精确到哪一级应根据所需的精确度而定，假设我们需要求精确到第二级的解，则零级、一级、二级解满足的方程为

$$\ddot{x}_0+\omega^2 x_0=0, \tag{7.2.5}$$

$$\ddot{x}_1+\omega^2 x_1=x_0^3-a_1 x_0, \tag{7.2.6}$$

$$\ddot{x}_2+\omega^2 x_2=3x_0^2 x_1-a_1 x_1-a_2 x_0. \tag{7.2.7}$$

设初始条件为

$$x(0)=A,\ \dot{x}(0)=0.$$

从式（7.2.3）可知各级解的初始条件为

$$x_0(0)=A,\ \dot{x}_0(0)=0;$$

$$x_1(0)=0,\ \dot{x}_1(0)=0;$$

$$x_2(0)=0,\ \dot{x}_2(0)=0.$$

求解的顺序是先从方程式（7.2.5）求出零级解；再将零级解代入方程式（7.2.6）右端，解此方程，得一级解；同理，将零级、一级解代入方程式（7.2.7）右端后，可求出二级解. 我们注意到，上述得到的各级解的方程都是便于求解的线性方程.

求解中还会遇到久期项的出现，通过消除久期项刚好可以求出式（7.2.4）中的待定常量 a_1，a_2，….

首先，满足初始条件的零级解容易从方程式（7.2.5）中求出为

$$x_0=A\cos\omega t, \tag{7.2.8}$$

代入式（7.2.6），得一级解满足的方程

$$\begin{aligned}\ddot{x}_1+\omega^2 x_1&=A^3\cos^3\omega t-a_1 A\cos\omega t\\&=\left(\frac{3}{4}A^3-a_1 A\right)\cos\omega t+\frac{1}{4}A^3\cos 3\omega t.\end{aligned} \tag{7.2.9}$$

这是一个无阻尼强迫振动方程，等号右端相当于两个强迫力，第一项的频率为 ω，它将产生共振，使解的振幅随时间增长出现无限大，此项称为久期项. 为了符合物理实际，必须消除此项，令该项系数为零，则

$$\frac{3}{4}A^3-a_1A=0, \tag{7.2.10}$$

从而求得

$$a_1=\frac{3}{4}A^2. \tag{7.2.11}$$

而方程式（7.2.9）成为

$$\ddot{x}_1+\omega^2x_1=\frac{1}{4}A^3\cos 3\omega t, \tag{7.2.12}$$

其满足初始条件的通解为

$$x_1=\frac{A^3}{32\omega^2}(\cos \omega t-\cos 3\omega t). \tag{7.2.13}$$

因此，准确到第一级的完全解为

$$x=x_0+\varepsilon x_1=\left(1+\frac{\varepsilon A^2}{32\omega^2}\right)A\cos \omega t-\frac{\varepsilon A^3}{32\omega^2}\cos 3\omega t, \tag{7.2.14}$$

准确到一级的振动频率可从式（7.2.4）求得

$$\omega=\omega_0\left(1-\varepsilon\frac{3A^2}{4\omega_0^2}\right)^{1/2}\approx\omega_0\left(1-\varepsilon\frac{3A^2}{8\omega_0^2}\right). \tag{7.2.15}$$

用类似方法求出二级解和确定 a_2，我们得到精确到第二级的结果为

$$x=\left(1+\frac{\varepsilon A^2}{32\omega^2}-\frac{\varepsilon^2A^4}{1\ 024\omega^4}\right)A\cos \omega t-\left(\frac{\varepsilon A^2}{32\omega^2}\right)A\cos 3\omega t+\left(\frac{\varepsilon^2A^4}{1\ 024\omega^4}\right)A\cos 5\omega t, \tag{7.2.16}$$

$$\omega\approx\omega_0\left(1-\varepsilon\frac{3A^2}{8\omega_0^2}+\varepsilon^2\frac{3A^4}{256\omega_0^4}\right). \tag{7.2.17}$$

可见，非线性自由振动有一些普遍规律.（1）出现谐频频率的振动. 从精确到一级的解中看到有频率分别为 ω 和 3ω 的两种振动；从精确到二级的解中看到，除上述两种振动外，还有频率为 5ω 的振动. 可见求解的精度越高，解中会出现更多频率的振动. 最低频率称为基频，为基频整数倍的称为各种谐频. 上述谐频是由非线性项 εx^3 产生的，若非线性项为 εx^2，则产生的谐频将是 2ω，4ω，….（2）以倍数越高的谐频振动的分振动，其振幅越小.（3）不存在固有频率，基频不仅与系统结构有关（由 ω_0 体现），还与振幅及解的精度有关，ω_0 仅当作参量看待.

式（7.2.2）可近似描述大幅角单摆的运动，根据大幅角单摆的回复力的近似表达式（7.1.2），大幅角单摆的运动微分方程为

$$\ddot{\theta}+\frac{g}{l}\theta=\frac{g}{6l}\theta^3. \tag{7.2.18}$$

若取 $x=\theta$，$\omega_0^2=g/l$，$\varepsilon=g/6l$，上式就是式（7.2.2），前面讨论的结果完全适用于大幅角单摆运动，可用来研究其周期与幅角的近似关系.

7-3 相平面法

相平面法是一种直观的几何方法，它适用于系统的一维运动. 以位置 x、速度 $\dot{x}$

为坐标建立坐标系，通常也称此坐标平面为相平面．相平面中任一点代表某时刻系统的运动状态，称为相点．相点连续变化形成的轨道则描述了运动状态变化的过程，这条轨道称为相轨道，又称相轨线，简称轨线，这种图形也称相图．用相平面来描述系统的运动在物理学中，尤其在非线性物理中是重要的常用方法．

一、相轨道方程

一维系统的动力学方程一般可写成

微视频

$$\ddot{x}=f(x,\ \dot{x}),\tag{7.3.1}$$

这时 f 中未显含时间 t，这种情况的系统称为自治系统．若系统处于随时间变化的外场中或受随时间变化的外力作用，则 f 中将显含时间 t，运动方程变为 $\ddot{x}=f'(x,\ \dot{x},\ t)$，则系统称为非自治系统．式（7.3.1）可以化为

$$\begin{cases}\dot{x}=y,\\ \dot{y}=f(x,\ y),\end{cases}\tag{7.3.2}$$

二式相除即得相轨道方程

$$\frac{\mathrm{d}y}{\mathrm{d}x}=\frac{f(x,\ y)}{y}.\tag{7.3.3}$$

此时，若方程式（7.3.1）进行解析求解有困难，若能利用方程式（7.3.2）或式（7.3.3）作出相轨道，就可对系统的运动进行几何的、定性的研究．

二、相轨线的作法

不管系统是保守的还是耗散的，利用式（7.3.2），运用计算机进行数值计算作相轨线是一种普遍使用的方法．

对保守系统，可利用势能曲线作相图．这种情况，相点的运动方程式（7.3.2）可写为

$$\begin{cases}\dot{x}=y,\\ \dot{y}=f(x,\ y)=-\dfrac{\mathrm{d}V}{\mathrm{d}x},\end{cases}\tag{7.3.4}$$

其中 V 为单位质量的势能，可得能量守恒方程

$$\frac{1}{2}y^2+V(x)=E,$$

式中 E 为单位质量的总能量，而 $E-V=T$ 为单位质量的动能，于是

$$\dot{x}=y=\pm\sqrt{2\left[E-V(x)\right]}.$$

此时，可以很方便地利用势能曲线作出相轨线，如图 7.3 所示，其中上图为势能曲线图，下图为与之对应的相图．在势能曲线图上作一条高度等于总能 E 的水平直线，此线与势能曲线的交点确定了质点的运动范围 $[x_1,\ x_2]$，在此范围内任一坐标 x 处的势能 $V(x)$ 可通过势能曲线求得，进而从图上求得 $E-V(x)$，通过公式求出相应的两个 y 值，得到与 x 轴对称的两个相点．连接 $[x_1,\ x_2]$ 内所有 x 的相应得到的所有相点，得到与总能 E 对应的相轨线，与此势能曲线对应的相轨线是一条闭合

曲线. 显然, 改变总能量的取值, 可得不同的相轨线.

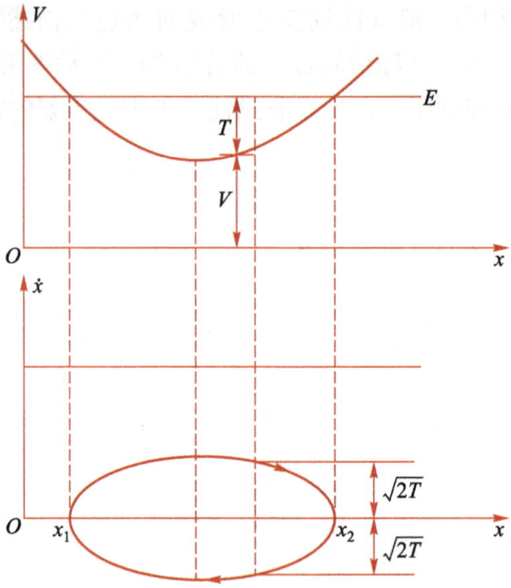

图 7.3　势能曲线与相图

例题 7.1

求简谐振动的相图.

解　简谐振动相图可以解析地得出, 由于势能函数已知, 能量守恒方程为

$$\frac{1}{2}m\dot{x}^2+\frac{1}{2}kx^2=E,$$

其中 m 为质点的质量, k 为弹性系数. 从它可直接得出相轨道方程

$$\frac{\dot{x}^2}{\left(\sqrt{\frac{2E}{m}}\right)^2}+\frac{x^2}{\left(\sqrt{\frac{2E}{k}}\right)^2}=1,$$

相轨道是闭合的椭圆, 运动是周期性的. 相应于质点在势阱中运动, 一条相轨道是一条等能线, 对应不同能量有一系列椭圆, 能量大的相轨道在外, 能量小的相轨道在内, 一个包围一个, 互不相交.

例题 7.2

求线性阻尼振动相图.

解　线性阻尼振动相轨道方程为

$$\begin{cases}\dfrac{\mathrm{d}x}{\mathrm{d}t}=y,\\ \dfrac{\mathrm{d}y}{\mathrm{d}t}=-2\beta y-\omega_0^2x.\end{cases}$$

由于系统是耗散的, 能量随时间不断减少, 所以它的相轨道应是不断向内收缩的螺旋形状的曲线, 最后趋近于原点. 用数值计算方法求出的相图如图 7.4 所示.

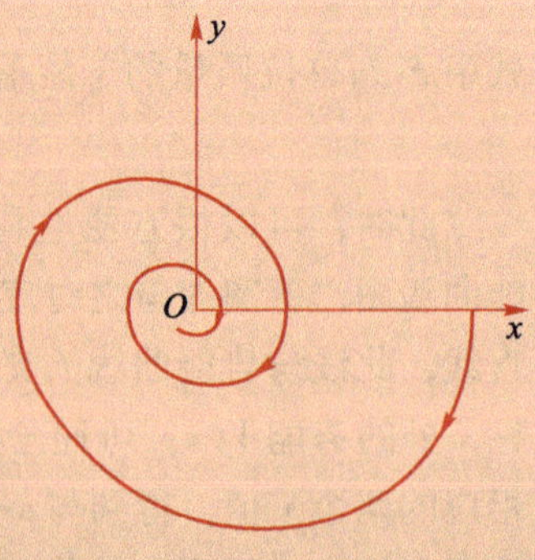

图 7.4　线性阻尼振动的相图

三、相轨线的普遍性质

微视频

（1）对于自治系统，从方程式（7.3.3）可知相轨线不随时间改变，并互不相交．若相轨道是一条闭合曲线，则系统做周期运动，图7.3中的相轨线表示系统做周期运动．

（2）相轨线的方向即相点沿相轨线运动的方向，由相点位置确定．若相点处于相平面的上半部，即相点的纵坐标 $y=\dot{x}>0$，则运动方向向右；若相点处于相平面的下半部，即相点的纵坐标 $y=\dot{x}<0$，则运动方向向左．

（3）$(\dot{x},\ \dot{y})$ 是相点运动速度矢量 $\boldsymbol{v}$ 的两个分量．在相平面上各点作出这个速度矢量，就构成速度场，可以把相平面类比为流体力学中的流场，把相点的运动称为相流．对于保守系统，根据式（7.3.4），这个速度场的散度为

$$\operatorname{div}\ \boldsymbol{v}=\frac{\partial\dot{x}}{\partial x}+\frac{\partial\dot{y}}{\partial y}=0,$$

表明在流动过程中相体积（对于二维情况，体积退化为面积）守恒．如图7.5所示，在相同时间内流过的面积（如 $abcd$ 和 $a'b'c'd'$ 所围面积）保持不变．对于耗散系统，我们以线性阻尼振动为例说明它的相体积是不断减少的，因为根据例题7.2中相点运动的方程，有

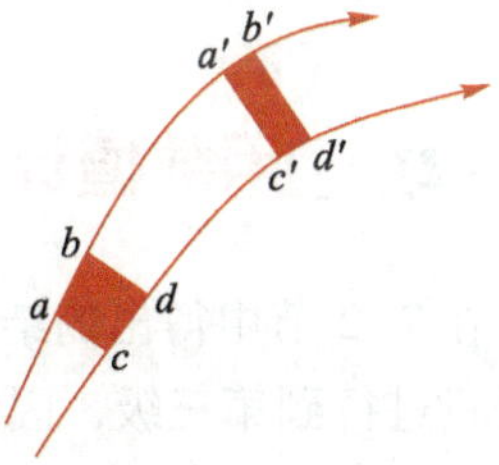

图7.5　保守系统的相体积守恒

$$\operatorname{div}\ \boldsymbol{v}=\frac{\partial\dot{x}}{\partial x}+\frac{\partial\dot{y}}{\partial y}=-2\beta.$$

对于保守系统和耗散系统，上述有关相体积变化的两个结论是普遍正确的．

四、奇点及其附近的相轨线

在相平面上，满足 $\dot{x}=0$，$\dot{y}=0$ 的点称为奇点，因为对此点有 $\mathrm{d}y/\mathrm{d}x=0/0$，即相轨道方向是不确定的．从力学角度看，奇点即平衡点，表明系统处于平衡态，故又称不动点．了解奇点的性质（类型）及奇点附近相轨道的情况，就可以了解系统在平衡点受微扰后的发展情况．对于保守系统，奇点有三种类型．奇点的条件除要求速度为零外，还要求加速度为零，即要求 $\mathrm{d}V/\mathrm{d}x=0$，因而奇点必与势能曲线的极值点（极大值、极小值）和拐点三种情况对应，分别形成奇点的三种类型．常见的是前两种，根据势能曲线情况容易作出这两种奇点附近的相轨线，如图7.6（a）、（b）所示．与势能极小值相应的奇点属于稳定的奇点，它附近的相轨线情况说明质点在平衡位置受微扰后仍在平衡位置附近围绕它做周期运动，此平衡为稳定的；与势能极大值相应的奇点属于不稳定的奇点，它附近的相轨线情况说明质点在平衡位置受微扰后最终将偏离平衡点，此平衡为不稳定的．

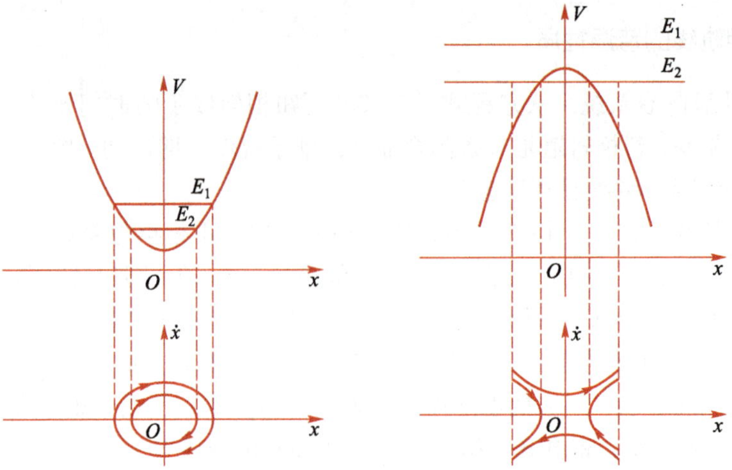

(a) 与极小值对应的奇点　　(b) 与极大值对应的奇点

图 7.6　奇点附近的相图

7-4　用数值计算和相平面法研究大幅度单摆的运动

微视频

在 7-2 节中得出的结果虽然适用于大幅度单摆运动，但 $\sin\theta$ 的展开只进行到第三级，因此在结果的应用中最大幅角受到限制. 本节要研究最大幅角不受限制的单摆运动，它的运动微分方程为

$$\ddot{\theta}+\frac{g}{l}\sin\theta=0, \tag{7.4.1}$$

这个非线性方程是可积的，它的解可用第一类椭圆积分表示. 现在我们用数值计算和相图方法研究它，先将它化为两个一阶方程

$$\begin{cases}\dfrac{\mathrm{d}x}{\mathrm{d}t}=y,\\[2mm] \dfrac{\mathrm{d}y}{\mathrm{d}t}=-\dfrac{g}{l}\sin x.\end{cases} \tag{7.4.2}$$

取悬挂点为势能零点，则相应的势能函数为

$$V=-\int_{\pi/2}^{x}\left(-\frac{g}{l}\sin x\right)\mathrm{d}x=-\frac{g}{l}\cos x, \tag{7.4.3}$$

能量守恒方程为

$$\frac{1}{2}\dot{x}^2-\frac{g}{l}\cos x=E. \tag{7.4.4}$$

利用计算机进行数值计算和作图，得到势能曲线和与不同总能对应的相轨线，如图 7.7 所示. 从图中可看出：

（1）存在两类奇点. $x=0, 2\pi, 4\pi, \cdots$各点是中心，$x=\pi, 3\pi, 5\pi, \cdots$各点是鞍点.

（2）存在两类相轨线. 通过鞍点的相轨线称为分界线（图中用虚线表示），它相

应于总能量 $E=g/l$；被包围在分界线之内的相轨线是围绕中心的闭合曲线（图中用实线表示），相应于做周期振动，其总能量应满足 $-g/l<E<g/l$；分界线之外的相轨线是不闭合的（图中用点线表示），它代表另一种周期运动，即转动，因为转角 x 与 $x+2n\pi$（n 为整数）代表同一位置，与之相应的总能应满足 $E>g/l$.

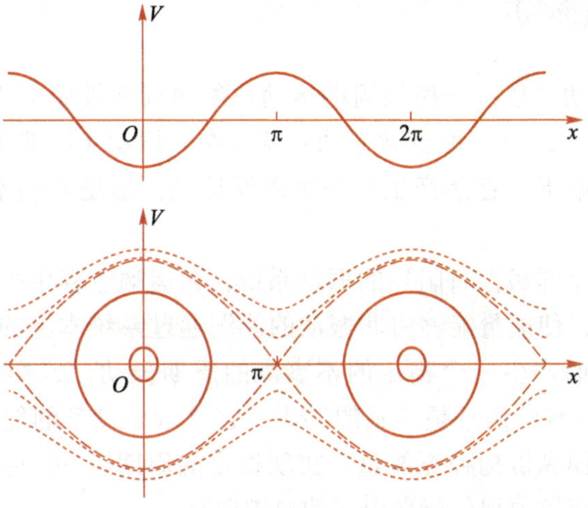

图 7.7　大幅度单摆的势能曲线和相图

对应于能量较大（即摆角较大）的摆动，因有谐频出现，它的闭合相轨线不是椭圆，与简谐振动的相轨线是不同的，其摆动周期与初始条件有关，通过数值计算可得出周期与振幅的关系曲线如图 7.8 所示，从图中可以看到振幅越大周期越大，当振幅接近 π 时周期趋于无穷大.

对数值解进行快速傅里叶变换可求得其功率谱图，如图 7.9 所示（功率谱与光谱类似，一条谱线对应一个频率，谱线长度与振动的强度即振幅的平方成正比）. 从图上看出，除基频谱线外，还看到一条 3 倍的谐频谱线，谐频振动的振幅随其级数的增加而迅速减小，因此更高倍的谐频谱线在图上显示不出来.

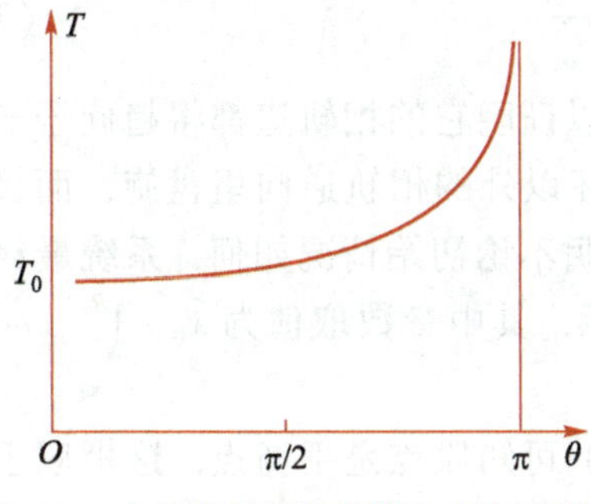

图 7.8　大幅度单摆的周期与振幅的关系

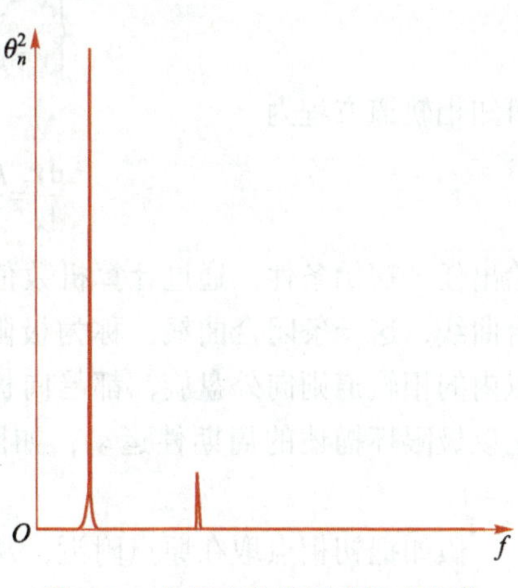

图 7.9　大幅度单摆运动的功率谱

大幅度单摆运动在无外界驱动和无阻尼的情况下属于保守、自治系统的运动，相轨线不随时间改变，且不能相交. 计算结果表明它只可能做周期性的摆动或转动，不可能产生混沌现象.

7－5 自激振动

微视频

对线性阻尼振动系统，严格的周期运动只能由周期性驱动力产生；而对非线性系统，有一种自激振动系统，在非振动（即非周期性变化）的能源供给下，它能产生严格的周期运动，这是人们十分感兴趣的现象.

自激系统是一个非线性有阻尼的振动系统，在运动过程中伴随有能量损耗，但系统存在一种机制，使能量能够由非振动的能源通过系统本身的反馈调节，及时适量地得到补充，从而产生一个稳定的不衰减的周期振动，这样的振动称为自激振动. 最常见的自激系统的例子是老式的钟表，它是依靠发条的能量或重物的势能等非振动能源，通过擒纵机构补充能量，实现稳定的周期运动. 弓在琴弦上拉动发出悦耳的琴声，是干摩擦力提供能量引起的自激振动.

下面介绍一个典型的自激系统——三极管振荡系统，描述它的振荡方程称为范·德·波尔方程，为

$$\ddot{x}-\mu(x_0^2-x^2)\dot{x}+\omega_0^2x=0, \tag{7.5.1}$$

其中μ是一个小的正参量，方程中$-\mu(x_0^2-x^2)$是阻尼系数，它是变化的. 如果$|x|>|x_0|$（x_0是临界值，为常量），则阻尼系数为正，系统将受阻尼，能量将减少；但如果$|x|<|x_0|$，则发生负阻尼，意味着不仅不消耗系统的能量，反而给系统提供能量. 若在一个振动过程中，补充的能量正好等于消耗的能量，则系统能实现稳定的周期振动. 方程式（7.5.1）可以化为两个一阶方程

$$\begin{cases}\dot{x}=y,\\ \dot{y}=\mu(x_0^2-x^2)y-\omega_0^2x,\end{cases} \tag{7.5.2}$$

可知相轨道方程为

$$\frac{\mathrm{d}y}{\mathrm{d}x}=\frac{\mu(x_0^2-x^2)y-\omega_0^2x}{y}. \tag{7.5.3}$$

给出任一初始条件，通过计算机数值求解，可以证明它的相轨道都将趋向于一条闭合曲线，这一条闭合曲线，称为极限环. 极限环以外的相轨道向里盘旋，而极限环以内的相轨道则向外盘旋，都趋向极限环，说明不论初始情况如何，系统最终都到达以极限环描述的周期性运动，如图 7.10 所示，其中参数取值为$x_0=1$，$\mu=0.3$，$\omega_0=1$.

假如把初相点取在原点附近，从式（7.5.2）可知原点是平衡点，这相应于系统在平衡态受到极微小的扰动，接着系统就会通过自激机制迅速振荡起来，最终达到稳定的周期运动，所以有些自激振动似乎从平静中突然发生.

从式（7.5.3）可得出相轨道通过横坐标轴时必然垂直于横坐标轴，通过纵坐标

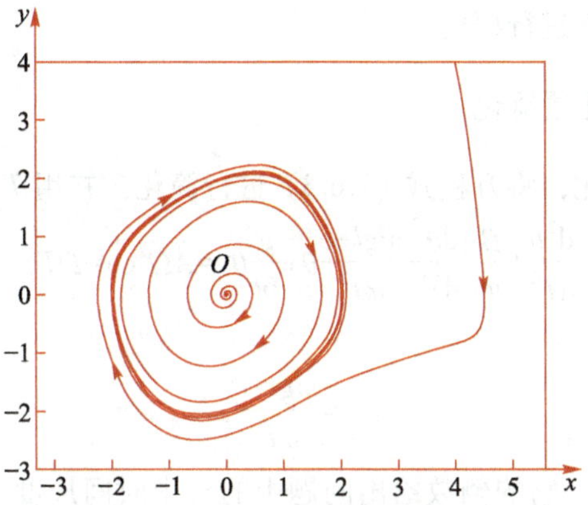

图 7.10　范·德·波尔方程中的极限环

轴时必然取同一斜率，从由数值计算得出的图 7.10 是符合这些规律的.

自激振动现象是一种普遍现象. 如钟摆、弦乐器以及人的心脏的周期性跳动、活塞发动机的周期性运动等都是利用这种现象来建立不衰减的周期运动；但有些自激振动是十分有害的，如自来水管突然剧振啸叫、车刀在加工时出乎意料地振动，飞机的机翼在非振动的升力作用下也会产生自激振动，它在一定飞行速度下发生，危害极大，这些现象应设法避免.

微视频

7-6　能导致混沌的倒摆的受迫振动

一、运动方程的建立

倒摆受迫振动的装置如图 7.11 所示. 摆锤质量为 m，无质量轻杆长为 l，倒摆的底座以微小的幅度做简谐摆动，$\varphi=A\cos\Omega t$（A，Ω 为已知常量）. 以 θ 表示杆对底座的垂线的偏离，由于 $\varphi\ll\theta$，所以 θ 可近似表示杆对铅垂线的偏离；弹簧产生的力矩为 $-c\theta$（c 为常数）；空气阻力为 $-\beta l(\dot\theta+\dot\varphi)$（$\beta$ 为阻尼系数），因为 $\dot\varphi$ 项的结果与后续 $\ddot\varphi$ 项的结果在动力学方程中的作用相似，不影响倒摆问题的最终结果，所以后面可略去 $\dot\varphi$ 项.

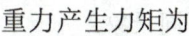

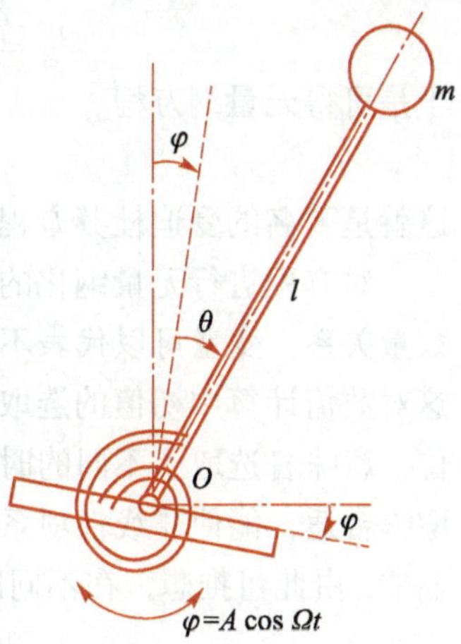

图 7.11　倒摆受迫振动的装置图

重力产生力矩为

$$mgl\sin(\theta+\varphi)\approx mgl\sin\theta\approx mgl\left(\theta-\frac{\theta^3}{6}\right). \tag{7.6.1}$$

倒摆的运动微分方程为

$$ml^2(\ddot\theta+\ddot\varphi)=-c\theta+mgl\sin(\theta+\varphi)-\beta l^2(\dot\theta+\dot\varphi), \tag{7.6.2}$$

近似处理为

$$ml^2\ddot\theta+\beta l^2\dot\theta+(c-mgl)\theta+\frac{1}{6}mgl\theta^3=ml^2\Omega^2A\cos\Omega t, \tag{7.6.3}$$

我们仅在 $c<mgl$ 条件下进行研究.

二、对方程进行无量纲化

为了进行无量纲化，将方程式（7.6.3）进行简化，并用 T 表示时间，于是得

$$\frac{\mathrm{d}^2\theta}{\mathrm{d}T^2}+\frac{\beta}{m}\frac{\mathrm{d}\theta}{\mathrm{d}T}-\frac{mgl-c}{ml^2}\theta+\frac{g}{6l}\theta^3=A\Omega^2\cos\Omega T, \tag{7.6.4}$$

设

$$\Omega_0^2=\frac{mgl-c}{ml^2},$$

Ω_0 具有圆频率的量纲，它的倒数给出问题中的一个时间尺度 T_0. 同时，在无驱动力时系统具有 3 个平衡位置：$\theta=0$ 为不稳定的平衡位置，还有两个稳定平衡位置

$$\theta_0=\pm\sqrt{6-\frac{6c}{mgl}},$$

θ_0 的数值给出问题中角度的一个尺度. 现取 θ_0 作为角度的量度单位，取 $T_0(=1/\Omega_0)$ 作为时间的量度单位，则无量纲的角度变量、无量纲的时间变量分别为

$$x=\frac{\theta}{\theta_0},\quad t=\frac{T}{T_0}.$$

对式（7.6.4）进行变量替换，得

$$\frac{\mathrm{d}^2x}{\mathrm{d}t^2}+\frac{\beta}{m\Omega_0}\frac{\mathrm{d}x}{\mathrm{d}t}-x+x^3=\frac{A}{\theta_0}\left(\frac{\Omega}{\Omega_0}\right)^2\cos\left(\frac{\Omega}{\Omega_0}t\right).$$

现分别引入无量纲的阻尼系数、无量纲的角频率和无量纲的驱动力的振幅

$$\delta=\frac{\beta}{m\Omega_0},\quad \omega=\frac{\Omega}{\Omega_0},\quad f=\frac{A}{\theta_0}\left(\frac{\Omega}{\Omega_0}\right)^2,$$

于是可得无量纲方程

$$\ddot{x}+\delta\dot{x}-x+x^3=f\cos\omega t, \tag{7.6.5}$$

这就是著名的受迫杜芬方程.

对方程进行无量纲化的好处至少有两方面：（1）无量纲化后的方程涉及的只是数量关系，变量可以代表不同学科领域中的量，尤其在运算时无须顾及单位换算，这对数值计算中初值的选取是方便的；（2）无量纲化时取不同的长度单位和时间单位，意味着选取了不同的时空尺度，无量纲化后方程中各项系数的大小不同，如选取得合适，能使非线性项系数为小量，这说明在这样的时空尺度内非线性的作用是弱的. 由此可推想，在不同时空尺度研究同一方程，会显示出不同景象.

微视频

三、数值计算的结果和对结果的分析

将方程式（7.6.5）化为两个一阶方程

$$\begin{cases}\dfrac{\mathrm{d}x}{\mathrm{d}t}=y,\\ \dfrac{\mathrm{d}y}{\mathrm{d}t}=-\delta y+x-x^3+f\cos\omega t,\end{cases} \tag{7.6.6}$$

取参数 $\delta=0.26$，$f=2$，$\omega=2$ 进行数值计算，结果显示出如下的特点.

1. 运动方程长期演化对初值的敏感依赖

如图 7.12 所示的两条位移-时间曲线是由初始条件只有极微小差别的两种情况计算作出的（取初位置的差别为 0.001，初速相同），在时间不长的初始阶段，两曲线的差别并不大，只是在长时间后两者才有明显差别，即在不长时间内它们的行为是可预言的，而在长时间以后变成无法预言的“随机”行为. 说它是“随机”行为是因为在实践上无法准确给出初始条件，这种由确定性方程产生的对初值敏感依赖的现象通常称为混沌现象，这是混沌现象比较通用的定义.

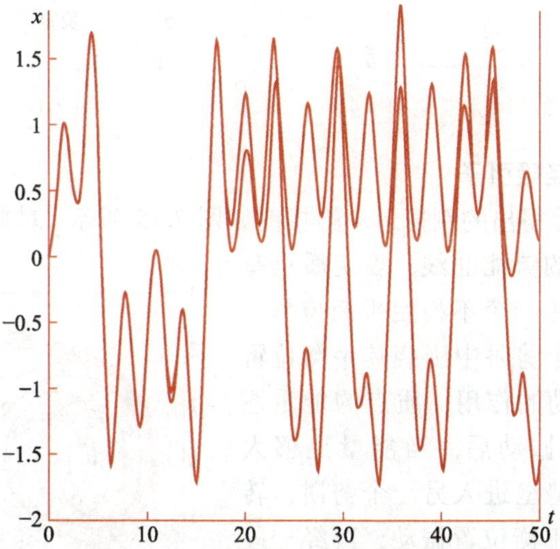

图 7.12　系统具有对初值敏感的特性

2. 分叉现象

在建立倒摆受迫振动方程时曾要求满足 $c<mgl$ 的条件，因为只有满足这一条件，系统才能从原来的单稳态经过分叉变为双稳态，这与系统产生混沌现象有重要关系. 设摆在竖直方向弹簧未变形时重力势能为零，系统的势能为

$$V=\frac{1}{2}c\theta^2-mgl(1-\cos\theta),\tag{7.6.7}$$

将 $\cos\theta$ 展开，并引入 $\lambda=mgl/c$，于是

$$\frac{V}{c}=-(\lambda-1)\frac{\theta^2}{2}+\frac{\lambda}{24}\theta^4.\tag{7.6.8}$$

我们作出 λ 取不同值时的势能曲线，如图 7.13 所示. 从曲线形状可看出，对于 $\lambda<1$，$\lambda=1$ 两条曲线，实际上是对于 $0<\lambda\leqslant1$ 各值，在 $\theta=0$ 位置有一个稳定的平衡位置；而对于 $\lambda>1$，这条曲线有 3 个平衡位置，具体位置由极值条件 $\mathrm{d}V/\mathrm{d}\theta=0$ 得出

$$\theta_1=0,\quad \theta_{2,\,3}=\pm\sqrt{6-\frac{6}{\lambda}}.\tag{7.6.9}$$

从曲线形状或从势能的二阶导数都可证明此时 $\theta_1=0$ 位置已变成不稳定平衡位置，一个稳定平衡位置消失了，却出现了两个新的稳定平衡位置 θ_2 和 θ_3，这就是分叉现

象. 我们可以作出分叉图显示平衡位置及其性质随参数 λ 的变化情况, 如图 7.14 所示, $\lambda=1$ 处称为分叉点, 随着参数变化, 在分叉点附近解的性质发生重大变化的现象称为分叉现象, 这种突变称为系统的结构不稳定性.

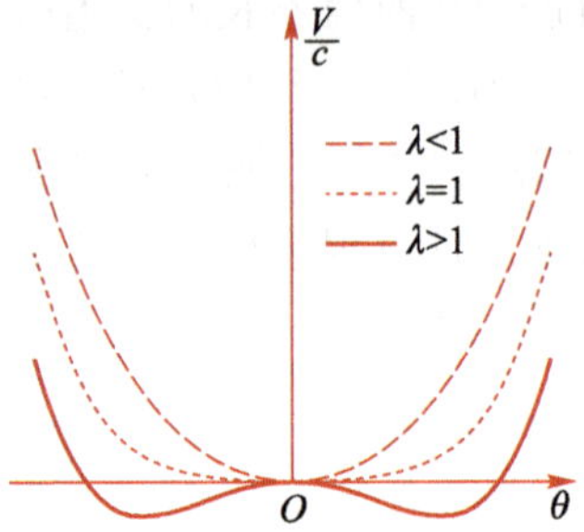

图 7.13　势能曲线随 λ 变化的情况

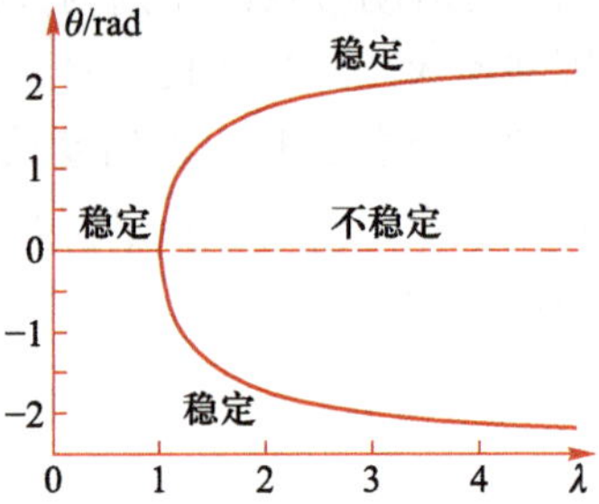

图 7.14　分叉图

3. 吸引子和奇怪吸引子

计算机数值计算得出的倒摆运动的相图如图 7.15 所示. 对此图可作如下理解: 系统具有双稳形态的势能曲线, 表明质点有两个稳定平衡位置和一个不稳定平衡位置, 起初质点可能在一个势阱中围绕其平衡位置振动. 由于受外激励的作用, 质点的能量逐渐增大, 经若干次振动后, 当能量足够大时, 质点可能翻越势垒进入另一个势阱, 转而围绕这个势阱的平衡位置振动; 再经一段时间后, 质点又可能翻越势垒回到原来的势阱并在其中振动. 因此, 质点运动的相图大致是: 围绕一个平衡位置振动几次后, 跳到另一边, 转而围绕另一稳定平衡位置振动若干次后, 又跳回这一边, 围绕先前的平衡位置振动, ……这样往复不止, 而且每次情况都不相同, 它不是周期运动, 相轨道极其复杂.

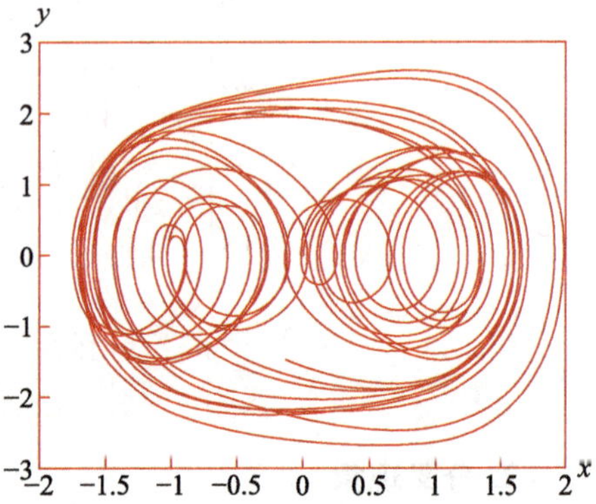

图 7.15　倒摆运动的相图

设有两个质量相同的质点初始时都在同一势阱中振动, 由于两者初始条件有微小的差别导致两者总能量有微小差别, 结果在同样的外激励下, 其中一个质点刚好能翻越势垒进入另一个势阱, 而另一个质点由于能量有微小的欠缺, 不能翻越势垒, 仍留在原势阱中, 这样就造成了以后两者运动的极大差异, 依此演化, 这种差异会越来越大.

对倒摆运动的相图还可以这样理解: 一方面它的轨道具有局部不稳定性, 另一方面由于系统是耗散的, 相体积是不断收缩的, 因而具有全局稳定性, 最终被吸引于图中的暗带附近, 这种混沌的形态称为奇怪吸引子. 通俗地说, 吸引子是耗散系统演化的最后归宿或极限运动状态, 由于耗散系统在演化过程中相体积是不断减少的, 当它演化至极限状态时将位于较低维数的区域. 吸引子可以是一个不动点, 具有零维, 如线性阻尼振动的归宿; 吸引子可以是极限环, 具有一维, 如自激振动系统的归宿．这些具有整数维数的吸引子称为平凡吸引子，而类似倒摆的奇怪吸引子则是指耗散系统混沌运动的归宿，它具有分数维数．保守系统由于遵守相体积守恒，故不存在吸引子，保守系统的混沌现象也不能称为奇怪吸引子．

4. 混沌运动的功率谱是连续谱

用快速傅里叶变换研究非线性振动的功率谱是比较好的判断其行为是否为混沌的直观方法．倒摆运动的功率谱如图 7.16 所示，因为混沌运动是非周期运动，具有无穷多的频率，故它的功率谱是连续谱．而周期运动或准周期运动的功率谱为离散的有限数目的谱线，尤其准周期运动的相图与混沌运动的相图不易区分，需要用功率谱来区分．

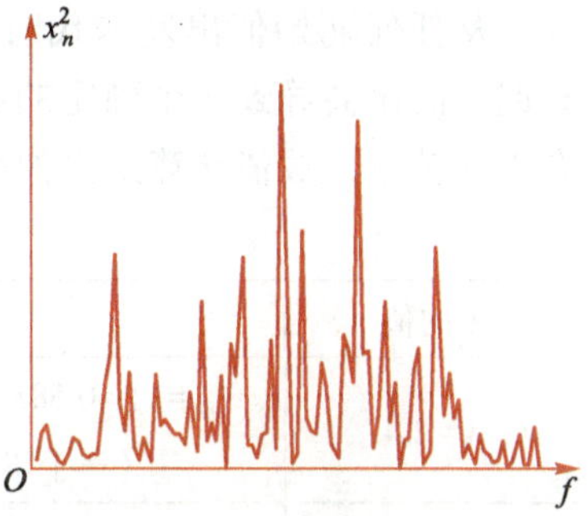

图 7.16　倒摆运动的功率谱

5. 关于混沌的产生

并不是所有非线性方程都能产生混沌现象，只有方程中的参数或参数的组合满足一定条件才能产生．我们只说明可能和不可能产生混沌现象的一些结论．二阶自治系统的相轨线是不随时间改变的，并且是不可能相交或紊乱的，故不可能产生混沌现象．二阶非自治系统有可能产生混沌现象，如倒摆的受迫振动系统和受迫的大幅度单摆振动系统．只要对非自治系统多引入一个变量就可将它化为自治系统，如引入$\varphi=\omega t$，倒摆运动的方程式（7.6.6）就可化为

$$\begin{cases}\dfrac{\mathrm{d}x}{\mathrm{d}t}=y,\\ \dfrac{\mathrm{d}y}{\mathrm{d}t}=-\delta y+x-x^3+f\cos\varphi,\\ \dfrac{\mathrm{d}\varphi}{\mathrm{d}t}=\omega.\end{cases}$$

可见，二阶非自治系统等价于三阶自治系统，而三阶自治系统是可能产生混沌现象的．虽然三阶自治系统在三维相空间中的相轨线是不相交的，但它在二维平面上的投影是交错的．

7-7　周期倍化分叉——一种通向混沌的道路

微视频

本节通过一个简单的例子揭示一种典型的通向混沌的道路，它是生物学家梅在 1976 年给出的，是反映生态学中昆虫繁殖情况的．昆虫繁殖可作为一个动力系统，它由状态（并给出描述状态的量）和动态特性（状态演化规则）组成．设某种昆虫第 n 代的虫口数为 x_n，第 $n+1$ 代的虫口数为 x_{n+1}，则这种昆虫的演化规律可表示为

$$x_{n+1}=\lambda x_n(1-x_n),\quad n=1,\ 2,\ 3,\ \cdots, \tag{7.7.1}$$

其中 λ 为参数，$n+1$ 代的昆虫数正比于第 n 代的昆虫数，同时要减去因食物有限及接触传染导致的昆虫死亡数．方程中因存在 λx_n^2 项，使其成为非线性迭代方程，这

种迭代关系也称为逻辑斯谛映射. 为了简化, 设 x_n 的取值范围为 [0, 1], λ 的取值范围为 (0, 4].

一、周期倍化分叉过程

从任何初始值出发迭代时, 一般有个暂态过程, 但当迭代次数很大, 即当 $n\to\infty$ 时, 演化会导致一个确定的终态. 我们关心的是终态, 终态情况与参数 λ 的取值有很大关系, 数值计算结果如表 7.1 所示.

表 7.1　终态与参数 λ 的关系

λ 的值	终　　态
$\lambda=2.4$	$x_{n+1}=x_n=0.583\,3$　　周期为 1 （一个不动点）
$\lambda=3.2$	$x_{n+2}=x_n$　　周期为 2 $0.799\,5\Leftrightarrow 0.513\,0$
$\lambda=3.5$	$x_{n+4}=x_n$　　周期为 4 $\to 0.382\,8\to 0.862\,9\to$ $\leftarrow 0.875\,0\leftarrow 0.500\,9\leftarrow$
⋮	周期为 8, 16, …等周期倍化分叉过程
$\lambda=3.569\sim4$	基本上为混沌区（即周期为∞）, 其中还有周期窗口, 并具有一定结构

设 $x_n\big|_{n\to\infty}=\xi$, 则终态集 ξ 和 λ 的关系可用图 7.17 表示, 注意此图是示意性质的, 未按比例画.

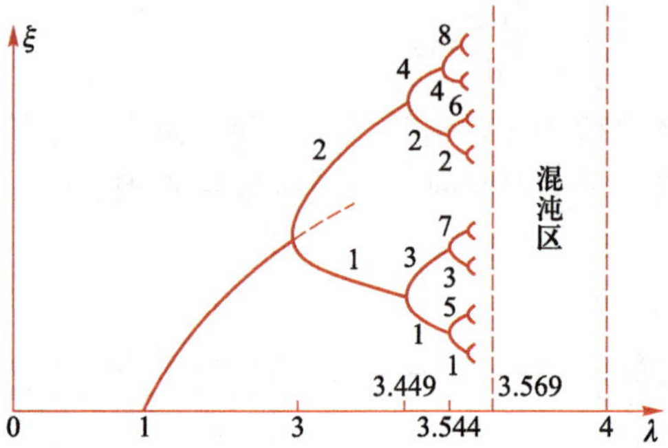

图 7.17　逻辑斯谛映射中的周期倍化分叉过程

结合表 7.1 和图 7.17, 我们可以看到混沌产生和发展的过程. 当 $1<\lambda<3$ 时, 迭代的终态是一个确定值（或称不动点）, 不管初值取何值, 终态是同一值, 此值只与 λ 有关, 与 λ 值一一对应, 例如 $\lambda=2.4$ 时, $\xi=0.583\,3$. 到达终态后, 每经过一次迭代都回到迭代前的值, 故称其周期为 1.

当 $3<\lambda<3.449$ 时, 看到曲线从 $\lambda=3$ 处开始分叉为 2 支, 即与一个 λ 值对应将有 2 个 ξ 值, 终态是 2 个值轮流取值, 经 2 次迭代后回到原先的值, 故周期为 2.

当 $3.449<\lambda<3.544$ 时, 曲线进一步倍分叉, 终态是 4 个值轮流取值, 周期变为

4. 当 λ 继续增大时，曲线将继续倍分叉，出现周期为 8，16，32，…，这个过程称为周期倍化分叉过程.

当 $\lambda=3.569$ 时，周期变为∞，即终态可取无穷多的各种不同值，终态对初值极为敏感，使之成为不可预测，即开始出现混沌现象. 在此之前（即 $\lambda<3.569$ 时），终态都是周期的，可预测的，并与初值无关. 在 $3.569\leqslant\lambda\leqslant4$ 区间，基本上是混沌区，但不是“铁板一块”，其中还有周期窗口等结构.

为了对混沌现象有一个感性认识，我们把 $\lambda=4$ 时所做的数值计算结果列在表 7.2 中. 3 个初值的差别是非常小的，仅在小数点后第七八位上有差别，经过 10 次迭代后所得结果差别不大，经 50 次迭代后所得结果差别就很大了，对初值的敏感性充分显示出来了. 3 个初值差别如此小，在物理上可能已无法分辨，而把它们视为“同一”初值. 在前 10 步迭代过程，它们几乎有相同的演化规律，即演化可预测，但到了 50 步迭代后，3 个“同一”初值却产生了极不相同的结果，好像演化规律出现了随机性，这就是混沌现象.

二、费根鲍姆常数

1978 年费根鲍姆发现在周期倍化分叉过程中存在着普适常数. 设 λ_m 为第 m 个分叉点的参数值，我们从图 7.17 看到，相邻分叉点间的间隔随着分叉过程是越来越小，通过计算发现相邻分叉间隔之比趋于一个常数

$$\lim_{m\to\infty}\frac{\lambda_m-\lambda_{m-1}}{\lambda_{m+1}-\lambda_m}=\delta=4.669\ 201\ 609\ 102\ 990\ 9\cdots,\qquad(7.7.2)$$

这个常数具有普适性，被命名为费根鲍姆常数.

表 7.2　$\lambda=4$ 时逻辑斯谛映射对初值的敏感性

n	$x_{n+1}=4x_n(1-x_n)$		
0	0.100 000 000 0	0.100 000 010 0	0.100 000 100 0
1	0.360 000 000 0	0.360 000 003 2	0.360 000 032 0
2	0.921 600 000 0	0.921 600 035 8	0.921 600 358 4
…	…	…	…
10	0.147 836 559 9	0.147 824 444 9	0.147 715 428 1
…	…	…	…
50	0.277 569 081 0	0.435 057 399 7	0.937 349 588 2
51	0.802 094 386 2	0.983 129 834 6	0.104 139 309 1
52	0.634 955 927 4	0.066 342 251 5	0.373 177 253 6

周期倍化分叉过程是一条通向混沌的典型道路，不仅逻辑斯谛映射是这样，实验证明许多混沌现象，如受迫的倒摆振动、受迫的大幅度单摆运动等，它们的混沌现象都是通过这条道路产生的，这些过程中同样存在这个普适常数.

三、倒分叉

通过细化研究混沌区中存在的结构发现，首先存在倒分叉的结构，其次还存在

许多周期窗口. 当参数 λ 从 4 开始逐渐减小时，混沌区将发生倒分叉现象，开始时混沌区是一整片，但当 λ 值减小到小于一个值 $\lambda_{(1)}=3.678\,6$ 时，单片混沌开始变成 2 片混沌，即 ξ 值分布在两个区间，每迭代一次，其数值从其中一个跳到另一个. 当 λ 再减小跨越 $\lambda_{(2)}=3.592\,6$ 时，2 片混沌又分为 4 片. λ 继续减小，将相继分化为 8 片、16 片、32 片……，分叉值 $\lambda_{(1)}$，$\lambda_{(2)}$，$\lambda_{(3)}\cdots$收敛到 3.569 9. 这个倒分叉过程如图 7.18 所示. 相邻分叉值间距比又收敛于费根鲍姆数，即

$$\lim_{m\to\infty}\frac{\lambda_{(m-1)}-\lambda_{(m)}}{\lambda_{(m)}-\lambda_{(m+1)}}=\delta.$$

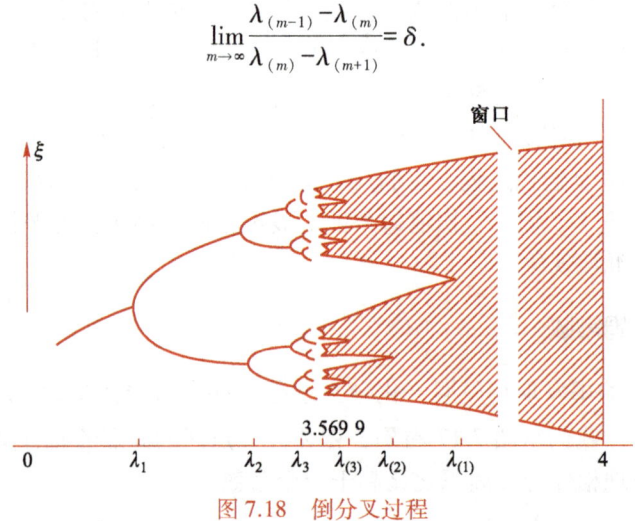

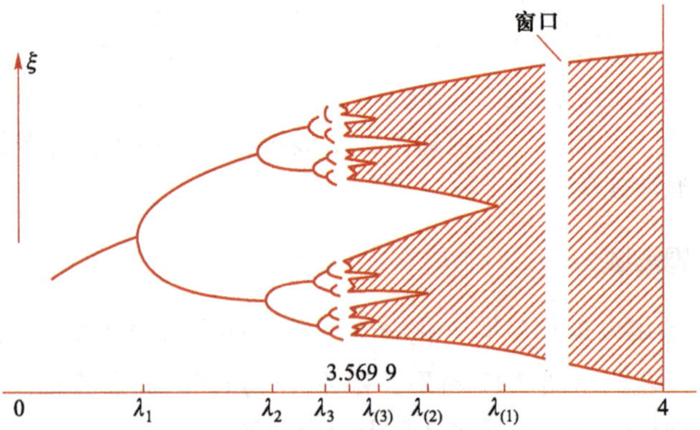

图 7.18　倒分叉过程

四、窗口

在 $3.569\,9\leqslant\lambda\leqslant 4$ 的混沌区中还存在窗口，如图 7.19 所示，即 λ 在某个范围内取值时，终态是稳定的周期解. 如在 $3.828\,4\leqslant\lambda\leqslant 3.856\,8$ 区间存在一个窗口，在 $\lambda=3.828\,4$ 时出现周期为 3 的解，在图 7.19 上呈现出 3 条曲线，随着 λ 值继续增大，又会发生周期倍化分叉过程，相继出现周期为 6，12，24，…的解，最初 3 条曲线每一条都演化成一个混沌区，共有 3 个混沌区；在每一个混沌区中又上演着倒分叉过程，并且在混沌区中同样也存在周期窗口. 与图 7.17 比较我们看到在 $\lambda=1\sim4$ 区间中的演化与在 $\lambda=3.828\,4\sim3.856\,8$ 窗口中的演化是完全相似的，只是尺度不同而已. 这个从周期 3 开始的窗口称窗口 3，除此窗口外还存在许多其他窗口.

在窗口 3 内的混沌区中又会存在窗口，以此类推，在这个更小的窗口内也将重复相似的演化. 因此，从理论上可以想象，图 7.17 是一幅精美的图画，显示出无穷套嵌着的自相似结构. 这些都说明混沌现象与随机现象有着根本区别.

混沌现象产生于不可积系统，由于方程解的长期行为对初值十分敏感，出现了貌似随机的行为. 在同一时期，非线性研究中也揭示了与之相反的另一极端现象，发现了孤立波的存在. 它产生于一批非线性完全可积系统，它们的解具有规则性和出奇的稳定性，说明非线性还在产生有序性方面有重要作用.

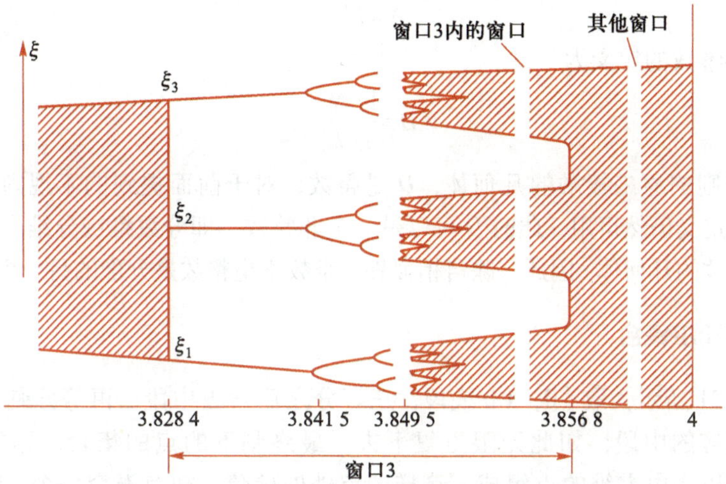

图 7.19　窗口 3 的结构

7-8　分形与分维简介

逻辑斯谛映射中周期倍化分叉产生的混沌图像中具有许多无穷嵌套的自相似结构，对这种自相似结构的一种科学描述方法称为分形几何. 面对自然界中山石嶙峋的峰峦、支干交错的江河、蜿蜒曲折的海岸线、千姿百态的云朵等复杂的形状结构，需要用分形几何才能够进行科学的描述、计算和处理，因此分形也是十分重要且应用广泛的物理概念.

分形最重要的一个特征是具有自相似性或者称为标度不变性. 蜿蜒曲折的海岸线，即使是最详尽的地图也无法描绘出海岸线的所有细节. 然而，人们发现，利用卫星以数千米为标度画出的海岸线，与利用地面丈量工具以数米为标度绘出的海岸线，其复杂程度是相似的. 同样，布朗运动中粒子的运动轨迹，如图 7.20 所示，如果把每次记录布朗粒子瞬时位置的时间间隔延长或缩短，虽然得到的图像不尽相同，但它们具有一样的复杂表现，两者可以视为尺度上的适当放大或缩小的结果，具有标度不变性. 这种标度不变性表明，这些尺度不同的几何图形具有某种共同的几何性质，应该可以用某种几何参数来描述，这就是分数维或称分维. 以前我们接触的几何体的维数是整数，如一条直线或一段圆弧的维数是 1，一个平面或球面的维数是 2，一个立方体或圆球的维数是 3，等等. 事实上，维数可以这样理解：平面中一个边长为 L 的正方形，它的面积是 L^2，当边长放大到 l 倍后，它的面积是原来的 l^2 倍. 如果三维空间中的正方体，边长放大到 l 倍后，它的体积是原来的 l^3 倍. 一般地，如果 D 维空间中有一个几何体，把它在每个方向都放大 l 倍，得到的“体积”与原来的“体积”之比为

图 7.20　布朗粒子的运动轨迹

$$N = l^D. \tag{7.8.1}$$

变换上式得维数的定义为

$$D = \frac{\lg N}{\lg l}. \tag{7.8.2}$$

对于形状规则的原来接触的几何体，D 是整数；对于前面提到的不规则的几何体，这个维数的定义仍然可用，此时 D 可以是一个非整数，即分数维或分维，而分形就是具有分数维数的几何体. 因此，除自相似外，维数不是整数是分形的另一个显著特征.

一、康托尔集合

如图 7.21 所示，取［0，1］线段，三等分之后舍去中段；再等分剩下的两段，同样舍去相应的中段；如此无限重复下去，最终剩下的点的集合，称为康托尔集合. 康托尔集合由零维的点组成，这样的点处处稀疏，却有无穷多个. 这些点的分布是非均匀的，却有自相似性. 取［0，1/3］线段，把尺度放大 $l=3$ 倍，会得到［0，1/3］和［2/3，1］两个与原来相当的几何体，由式（7.8.2）有

$$D = \frac{\lg 2}{\lg 3} = 0.630\ 9\cdots \tag{7.8.3}$$

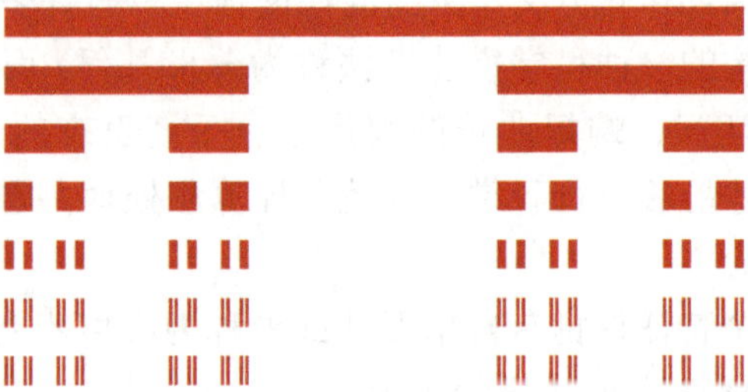

图 7.21　康托尔集合

由于 $0<D<1$，因此康托尔集合是一种介于点和线段之间的几何图形.

二、科克曲线

把一条单位长的线段分成三段，将中间一段用两条折线来代替，称为一个生成元，如图 7.22 所示. 然后，再把每一条线段用生成元替换，如法炮制进行下去，经无穷多次迭代后，就呈现出一条有无穷多弯曲结构的科克曲线，它可以用来描述自然界中的海岸线. 科克曲线的总体与局部相似，曲线的复杂结构是由简单的生成元迭代而成，具有典型的分形特征. 由于科克曲线由四个与整体相似的局部组成，相似比为 3，因此

$$D = \frac{\lg 4}{\lg 3} = 1.261\ 8\cdots \tag{7.8.4}$$

可见，$1<D<2$，科克曲线是一种介于一维线段和二维面之间的几何图形.

图 7.22　科克曲线的生成

实际上，维数的定义式（7.8.2）可以改写为

$$D=-\lim_{r\to 0}\frac{\lg N(r)}{\lg r},\tag{7.8.5}$$

其中 r 表示把几何图形缩小 r 倍，N（r）表示整个几何图形中包含边长为 r 的小单元的数量，式（7.8.5）的定义即意味着 $N(r)=r^{-D}$，此式可用来估算几何对象所占空间的大小，即其相应的长度、面积或体积，此时 r 相当于测量这一大小所用的单元几何体，即尺子．对科克曲线，我们可以计算它的长度为

$$L(r)=rN(r)=r^{1-D}.\tag{7.8.6}$$

可见，由于 $D=1.26$，因此当 $r\to 0$ 时，$L(r)\to\infty$，即科克曲线的长度是与测量单元的大小有关的．类似地，可以计算科克曲线的面积

$$S(r)=r^2N(r)=r^{2-D}.\tag{7.8.7}$$

可见，当 $r\to 0$ 时，$S(r)\to 0$．无穷大的长度和零面积表明，经典的长度和面积概念不能用来描述科克曲线的大小，$D=1.26$ 的分数维数正好反映了科克曲线的不规则性和复杂程度，分形的维数是几何形体不规则的一种度量．

三、布朗运动

康托尔集合和科克曲线均属于规则的分形结构，其生成过程遵循严格确定的法则．然而，自然界中存在的分形通常应该是不规则的，例如布朗运动的轨迹．设布朗粒子在 Δt 时间内的位移是 $\Delta\boldsymbol{x}(\Delta t)$，则 $\Delta\boldsymbol{x}$ 的空间高斯分布函数为

$$P(\Delta\boldsymbol{x},\ \Delta t)=\frac{1}{\sqrt{4\pi D\Delta t}}\exp\left(-\frac{\Delta\boldsymbol{x}^2}{4D\Delta t}\right),\tag{7.8.8}$$

其中 D 是粒子的扩散系数．易得 $\Delta\boldsymbol{x}$ 的平均值和方均值为

$$<\Delta\boldsymbol{x}(\Delta t)>=0,$$

$$\sigma(\Delta t)\equiv<\Delta\boldsymbol{x}^2(\Delta t)>=2D\Delta t.$$

如果将布朗运动的观察时间间隔作一标度变换，令 $\tau=b\Delta t$，则

$$<\Delta\boldsymbol{x}^2(b\Delta t)>=2Db\Delta t=b<\Delta\boldsymbol{x}^2(\Delta t)>.$$

可见，Δt 与 $\sigma(\Delta t)$ 的标度变换是一致的，因此布朗运动具有时间标度变换下的不变性，是一种分形．

为求布朗运动轨迹的分形维数，取某一瞬时位置为坐标原点，计算粒子走了 N 步后与原点的距离．由于粒子的总位移矢量 $\boldsymbol{x}=\sum\limits_{i=1}^{N}\boldsymbol{x}_i$ 满足 $<\boldsymbol{x}>=0$，故应取 $<\boldsymbol{x}^2>$ 来度量粒子位移，此时有

$$\begin{aligned}<\boldsymbol{x}^2>&=\sum_{i=1}^{N}<\boldsymbol{x}_i^2>+\sum_{i,\ j(i\neq j)}^{N}<\boldsymbol{x}_i\cdot\boldsymbol{x}_j>\\&=\sum_{i=1}^{N}<\boldsymbol{x}_i^2>=Nr^2,\end{aligned}\tag{7.8.9}$$

其中 r 为每步位移大小的平均值．

由式（7.8.9）得

$$\lg<\boldsymbol{x}^2>=\lg N+2\lg r,$$

整理得

$$\frac{\lg N}{\lg r}=\frac{\lg\langle x^2\rangle}{\lg r}-2,$$

代入式 (7.8.5)，得

$$D=-\lim_{r\to 0}\frac{\lg N(r)}{\lg r}=-\left[\lim_{r\to 0}\frac{\lg\langle x^2\rangle}{\lg r}-2\right]. \tag{7.8.10}$$

当总位移一定时$\langle x^2\rangle$为有限值，$r\to 0$ 时上式第一项趋于零，易得布朗运动的分维数是 $D=2$. 对于布朗运动轨迹，把观察时间间隔缩短，则原来轨迹中的一段直线段将变为若干折线，即粒子的运动轨迹将变长. 如果观察的时间间隔缩短到极小，且整个观察时间延续到足够长，则粒子的轨迹最终将填满整个平面.

思考题

7.1. 线性振动与非线性振动有什么根本区别?

7.2. 基频与固有频率有何不同?

7.3. 用小参量级数展开方法求解非线性振动问题时，什么情况下会出现久期项? 应如何处理久期项?

7.4. 如何理解吸引子的概念? 你知道有哪些类型的吸引子?

7.5. 如何理解混沌运动? 如何判断混沌运动?

习　题

7.1. 试用微扰法求方程

$$\ddot{x}+\omega_0^2x-\varepsilon x^2=0$$

准确到第二级的解，设初始条件为 $t=0$ 时，$x(0)=A$，$\dot{x}(0)=0$.

7.2. 做一维运动的质点的质量为 m，当 $x<0$ 时受到恒力$+F_0$ 的作用，当 $x>0$ 时受到恒力$-F_0$ 的作用. 画出描述此运动的相图，计算运动的周期 (以 m，F_0 和总能量 E 表示) 和振幅 A. 不考虑阻尼.

7.3. 在非线性动力学发展过程中有三大著名的方程起了重大作用，除了已介绍过的杜芬方程和范·德·波尔方程外，还有洛伦茨方程，它是由洛伦茨 (E. N. Lorenz) 在研究大气对流问题中引进的，他在对此方程进行数值计算研究中首次发现混沌现象. 经过许多简化后得到的洛伦茨方程是一个由 3 个一阶的无量纲的常微分方程构成的方程组:

$$\begin{cases}\dfrac{\mathrm{d}x}{\mathrm{d}t}=-10x+10y,\\[2mm]\dfrac{\mathrm{d}y}{\mathrm{d}t}=28x-y-xz,\\[2mm]\dfrac{\mathrm{d}z}{\mathrm{d}t}=-\dfrac{8}{3}z+xy.\end{cases}$$

试用计算机数值计算方法作出它的相图 (通常称为洛伦茨吸引子).

7.4. 用近似计算方法证明方程式 (7.5.1) (即范·德·波尔方程) 具有精确到一级的稳态周期解 (其中取 $x_0=1$)，为

$$x=2\cos\,\omega t+\frac{\mu}{4\omega}(3\sin\,\omega t-\sin\,3\omega t),$$

并证明

$$\omega\approx\omega_0,$$

其周期为 $T=2\pi/\omega$ 近于常量，与初始条件无关.

习题参考答案

第八章

虚功原理

课件资源

用牛顿力学的基本定律和基本定理能有效地解决大量力学问题. 但是，对复杂的约束系统，使用牛顿力学的方法会显得繁杂累赘. 原因主要来自约束越多，约束力就越多，方程数随之增加，给计算造成困难.

十八世纪，欧洲出现工业革命，结构复杂的机器的研制对牛顿力学提出了新的挑战，正是在这种形势下，分析力学的奠基人法国力学家拉格朗日于 1788 年出版了《分析力学》一书，建立了拉格朗日方程，首先有效地解决了牛顿力学存在的困难. 1834 年，英国力学家哈密顿成功地将数学的变分法运用到分析力学中，建立了哈密顿原理，继而还建立了哈密顿正则方程.

分析力学是在牛顿力学的基础上发展起来的，但又有别于牛顿力学，它是经典力学的一种新的理论体系，是经典力学理论发展的最高阶段，也是近代物理发展的理论基础. 因此，这部分内容是本课程的重点.

分析力学的变分原理分为微分变分原理和积分变分原理，前者将力学系统在约束条件下的某状态附近的可能运动状态和真实运动状态进行比较，用特定的方法，将真实运动状态从可能运动状态中挑选出来，虚功原理即属于微分变分原理. 积分变分原理是在一定的时间间隔中，用变分学中求泛函极值的方法，将系统的真实运动从一切可能运动中挑选出来，哈密顿原理属于积分变分原理.

8-1 约束的分类　广义坐标

微视频

分析力学是在研究约束系统的力学问题中发展起来的. 约束、约束方程和约束的分类等成为分析力学的重要概念.

一、约束方程

由约束物体预先给定的对力学系统运动的限制称为约束，它表现为在运动过程中各质点位置和速度必须满足一定的关系. 若系统由 n 个质点组成，以 x_i，y_i，z_i 表示第 i 个质点的坐标，则约束可用数学方程表示

$$f(x_i,\ y_i,\ z_i,\ \dot{x}_i,\ \dot{y}_i,\ \dot{z}_i,\ t)=0,\ i=1,\ 2,\ \cdots,\ n. \tag{8.1.1}$$

这个表示约束条件的数学方程称为约束方程. 下面举例说明.

(1) 长为 l 的刚性轻杆，一端被光滑铰链悬挂在天花板上，另一端与小球连接组成球面摆，建立以悬挂点为坐标原点的直角坐标系 $Oxzy$，小球的约束方程为

$$x^2+y^2+z^2-l^2=0. \tag{8.1.2}$$

(2) 半径为 R 的车轮沿水平直线轨道做无滑滚动，车轮受轨道约束，建立如图 8.1 所示的直角坐标系 Oxy，并设立转角 φ 的正方向，则约束方程表示为

$$\begin{cases}\dot{y}_C=0,\\ \dot{x}_C-R\dot{\varphi}=0,\end{cases} \tag{8.1.3}$$

式中的 $\dot{x}_C$ 和 $\dot{y}_C$ 是车轮质心的速度分量，$\dot{\varphi}$ 是车轮的

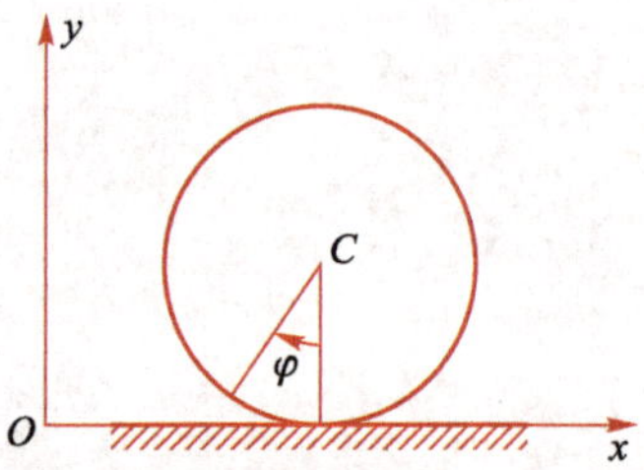

图 8.1　车轮的无滑滚动

角速度. 在一定的初始条件下，经积分，式（8.1.3）成为

$$\begin{cases} y_C = R, \\ x_C - R\varphi = 0. \end{cases} \tag{8.1.4}$$

约束方程式（8.1.3）和式（8.1.4）分别表明了地面对车轮的位置和速度的限制. 这两组约束方程可以互相推导，不能作为两组独立的约束方程.

（3）一质点始终在球心固定的球面上运动，球的半径以 $R=R_0+at$ 的规律增大（a 为常量，$a>0$），R_0 是 $t=0$ 时的半径. 以球心为原点建立直角坐标系 $Oxzy$，则质点的约束方程为

$$x^2+y^2+z^2-(R_0+at)^2=0. \tag{8.1.5}$$

（4）如图 8.2 所示，在水平冰面上滑行的冰鞋上装有冰刀，冰面对冰刀横向运动的限制使冰刀质心的速度方向只能沿着冰刀的纵向.

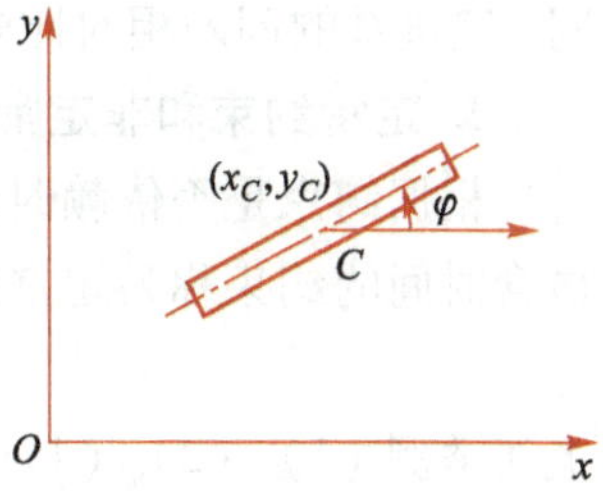

图 8.2　冰刀的运动

以冰刀的质心坐标 x_C，y_C 和转角 φ 作为冰刀的位置坐标，则冰刀的约束方程为

$$\frac{\dot{x}_C}{\dot{y}_C}=\cot\varphi. \tag{8.1.6}$$

上式还可写成

$$\mathrm{d}x_C=\cot\varphi\,\mathrm{d}y_C, \tag{8.1.7}$$

该约束方程反映了冰刀的运动受到限制. 由于 $\cot\varphi$ 与 y_C 的函数关系不能确定，所以式（8.1.7）不可积分.

二、约束的分类

由 n 个质点组成的力学系统，所有质点的坐标和速度分量用（x_i，y_i，z_i）和（$\dot{x}_i$，$\dot{y}_i$，$\dot{z}_i$），$i=1$，2，…，n 表示. 在不同的约束条件下，含有这些坐标和速度分量的约束方程会呈现不同的特点，我们可以根据约束方程的不同特点对约束进行分类.

1. 完整约束和非完整约束

约束方程仅含质点的坐标和时间的约束称为完整约束，约束方程形式为

$$f(x_i, y_i, z_i, t)=0 \tag{8.1.8}$$

将约束方程对时间求导，得

$$\sum_{i=1}^{n}\left(\frac{\partial f}{\partial x_i}\dot{x}_i+\frac{\partial f}{\partial y_i}\dot{y}_i+\frac{\partial f}{\partial z_i}\dot{z}_i\right)+\frac{\partial f}{\partial t}=0, \tag{8.1.9}$$

该式是完整约束的微商形式，是速度分量的线性方程，表示完整约束对速度分量也有限制. 上述举例（1）、（2）、（3）中的约束均为完整约束，系统的位置和速度都受到限制.

式（8.1.9）还可写成

$$\sum_{i=1}^{n}\left(\frac{\partial f}{\partial x_i}\mathrm{d}x_i+\frac{\partial f}{\partial y_i}\mathrm{d}y_i+\frac{\partial f}{\partial z_i}\mathrm{d}z_i\right)+\frac{\partial f}{\partial t}\mathrm{d}t=0, \tag{8.1.10}$$

方程中包含坐标的微分，左端是$f(x_i, y_i, z_i, t)$的全微分. 经积分，能回到式（8.1.8），说明约束方程式（8.1.8）、式（8.1.9）、式（8.1.10）均等价.

如果约束方程不仅包含质点的坐标，还包含坐标对时间的导数或坐标的微分，而且不能通过积分使之转化为仅包含坐标和时间的完整约束方程，则这种约束称为非完整约束，其约束方程形式为

$$f(x_i, y_i, z_i, \dot{x}_i, \dot{y}_i, \dot{z}_i, t)=0, \tag{8.1.11}$$

前面举例（4）中的约束属于非完整约束.

不受非完整约束的系统称为完整系，受有非完整约束的系统称为非完整系. 由于完整系和非完整系受到的约束性质不同，因此研究方法和动力学方程也有所不同. 完整系的问题相对比较简单，我们后续只研究完整系.

2. 定常约束和非定常约束

根据约束是否依赖时间，可把约束分为定常约束和非定常约束. 约束方程中不显含时间的约束称为定常约束，方程形式为

$$f(x_i, y_i, z_i, \dot{x}_i, \dot{y}_i, \dot{z}_i)=0, \tag{8.1.12}$$

上面举例（1）、（2）、（4）中的约束都是定常约束.

约束方程显含时间的约束称为非定常约束，方程形式为

$$f(x_i, y_i, z_i, \dot{x}_i, \dot{y}_i, \dot{z}_i, t)=0, \tag{8.1.13}$$

举例（3）中的约束就是非定常约束.

3. 双侧约束和单侧约束

若约束方程是等式，这种约束就是双侧约束. 若约束方程含有不等式，就称为单侧约束. 举例（1）中球面摆的小球被约束在一个球面上，小球既不能位于球面以外，也不能位于球面以内，小球在球面的两侧都受到约束，约束方程只能用等式表示，因此小球受到双侧约束. 如果将刚性杆换成细绳，由于小球有可能因绳松弛而掉到球面以内，所以约束条件要用不等式表示，写成

$$x^2+y^2+z^2-l^2\leqslant 0, \tag{8.1.14}$$

此时小球受到的是单侧约束.

研究单侧约束比研究双侧约束要复杂得多，我们后续只研究双侧约束.

4. 理想约束和非理想约束

根据约束力的虚功是否为零的性质，约束可分为理想约束和非理想约束，后面我们再详细讨论.

每个力学系统的约束都可以从上述四个独立的方面考察. 例如，举例（1）中的小球受到了完整的、定常的、双侧的约束，而举例（4）中冰刀受到的约束是非完整的、定常的、双侧的.

三、自由度

微视频

对于完整系，确定系统位置所需要的独立坐标的数目，称为该系统的自由度，用s表示，完整系自由度的多少与约束方程的数目有着简单的关系. 由n个质点组成的系统，确定位置需要$3n$个坐标，即

$(x_1, y_1, z_1, \cdots, x_i, y_i, z_i, \cdots, x_n, y_n, z_n)$，假如此系统存在 k 个完整约束方程

$$f_\mu(x_1, y_1, z_1, \cdots, x_i, y_i, z_i, \cdots, x_n, y_n, z_n, t)=0, \mu=1, 2, \cdots, k, \quad (8.1.15)$$

则 $3n$ 个坐标中可以独立变化的只有 $3n-k$ 个，系统的自由度为 $s=3n-k$.

例题 8.1

确定细杆 AB 的自由度. 如图 8.3 所示，杆的一端被约束在水平桌面上，长为 l.

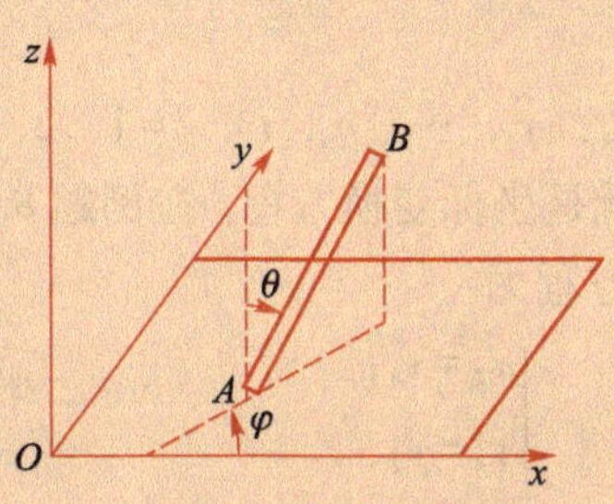

图 8.3　一端受约束的细杆的自由度

解　细杆的位置由杆的两端的坐标 (x_A, y_A, z_A) 和 (x_B, y_B, z_B) 确定，因存在着 2 个约束方程：

$$\begin{cases} z_A=0, \\ (x_A-x_B)^2+(y_A-y_B)^2+(z_A-z_B)^2=l^2, \end{cases}$$

杆的自由度为 $s=6-2=4$，即只需要 4 个独立坐标，就能确定细杆的位置.

四、广义坐标

我们把在给定的约束条件下用来确定力学系统的一组独立变量称为该系统的广义坐标. 所谓独立变量，指它们之间不存在任何关系，可以独立地变化. 在完整系中，广义坐标的数目与自由度数目相等，是确定系统位置的最小变量数. 对于一个给定的系统，广义坐标的数目是一定的，而广义坐标的选择不是唯一的. 例如，为了确定例题 8-1 中细杆的位置，既可选择 x_A，y_A，x_B，y_B 作为广义坐标，也可选择 x_A，y_A，θ，φ 作为广义坐标，其中 θ 是杆与 z 轴的夹角，φ 是杆在 Oxy 平面上的投影和 x 轴的夹角，如图 8.3 所示. 前一组广义坐标需通过约束方程把 z_A，z_B 求出来才能直接标定杆的位置，而后一组广义坐标能很直观地马上确定杆的位置，在这个意义上说后一组广义坐标比前一组优越. 广义坐标的多种选择，促使我们根据需要去寻找描述系统位置的最佳方案.

广义坐标一般用符号 q 表示，如果系统有 s 个自由度，就需要 s 个广义坐标 q_1，q_2，…，q_s，这 s 个广义坐标也可缩写成 q_α，$\alpha=1, 2, \cdots, s$.

广义坐标的选取有很大的灵活性，既可选沿某一直线或曲线的长度作为广义坐标，也可以选某一角度作为广义坐标，甚至可以选择某一面积或体积作为广义坐标，某些坐标的组合也可以作为广义坐标等. 在物理学中，广义坐标已完全摆脱了牛顿力学对坐标的限制. 牛顿力学中的直角坐标、平面极坐标、柱坐标、球坐标等都可看作广义坐标的特例.

在理论推演和解题中，往往需要建立系统的广义坐标与系统中每个质点的直角坐标之间的变换关系，即坐标变换方程. 既然系统的位置由 s 个广义坐标 q_1，q_2，…，q_s 单值确定，则系统中每个质点的坐标都可以表示为广义坐标的函数，即

$$\begin{cases} x_i = x_i(q_1, q_2, \cdots, q_s, t), \\ y_i = y_i(q_1, q_2, \cdots, q_s, t), \quad i=1, 2, \cdots, n. \\ z_i = z_i(q_1, q_2, \cdots, q_s, t), \end{cases} \tag{8.1.16}$$

写成矢量形式，得

$$\boldsymbol{r}_i = \boldsymbol{r}_i(q_1, q_2, \cdots, q_s, t), \quad i=1, 2, \cdots, n. \tag{8.1.17}$$

式（8.1.16）或式（8.1.17）就是坐标变换方程. 在例题 8.1 中，如果选择 x_A，y_A，θ，φ 为广义坐标，则坐标变换方程为

$$\begin{cases} x_A = x_A, \\ y_A = y_A, \\ z_A = 0, \\ x_B = x_A + l\sin\theta\cos\varphi, \\ y_B = y_A + l\sin\theta\sin\varphi, \\ z_B = l\cos\theta. \end{cases} \tag{8.1.18}$$

广义坐标对时间的导数称为与该广义坐标对应的广义速度，写成 $\dot{q}_\alpha = \mathrm{d}q_\alpha/\mathrm{d}t$，系统的运动状态需用广义坐标与广义速度共同描述.

8-2 虚位移和虚功　理想约束

微视频

分析力学处理问题的方法与牛顿力学不同，它采用把真实运动与在约束条件下的各种可能运动进行比较的方法，从中找出真实运动满足的条件. 基本理论需要在分析力学中引入虚位移和虚功的概念.

一、虚位移

在图 8.4 中，质点受完整约束，被限制在一个曲面上，而这个曲面是向上运动的，曲面方程为

$$f(x, y, z, t) = 0, \tag{8.2.1}$$

该曲面方程就是质点的约束方程.

质点的真实运动除了要满足约束方程外，还要由动力学方程和初始条件确定. 在 Δt 时间内，质点的位移只有一个，以 $\Delta\boldsymbol{r}$ 表示，如图中的 $\overrightarrow{PP'}$ 所示，当 $\Delta t \to 0$ 时，位移表示为元位移 $\mathrm{d}\boldsymbol{r}$. 质点在真实运动中的位移称为实位移，它们由真实运动产生，与一定的时间相对应.

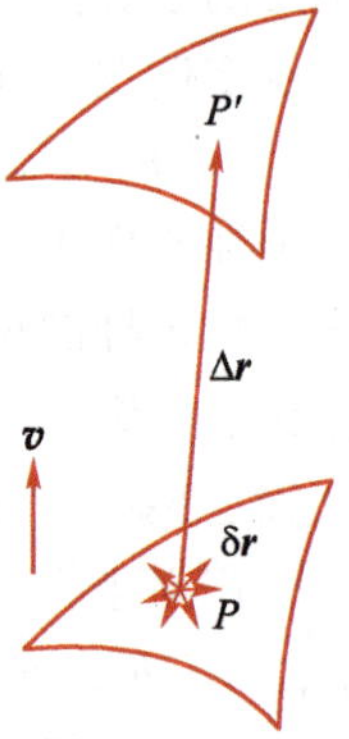

图 8.4　实位移和虚位移

设时间变化为 $t \to t+\mathrm{d}t$，质点位置从 P 点（x，y，z）到 P' 点（$x+\mathrm{d}x$，$y+\mathrm{d}y$，$z+\mathrm{d}z$）. 在 $t+\mathrm{d}t$ 时刻，质点坐标应满足

$$f(x+\mathrm{d}x,\ y+\mathrm{d}y,\ z+\mathrm{d}z,\ t+\mathrm{d}t)=0, \tag{8.2.2}$$

将式（8.2.2）作泰勒级数展开并忽略高阶小量，就可得出实位移满足的方程，为

$$\frac{\partial f}{\partial x}\mathrm{d}x+\frac{\partial f}{\partial y}\mathrm{d}y+\frac{\partial f}{\partial z}\mathrm{d}z+\frac{\partial f}{\partial t}\mathrm{d}t=0,$$

而

$$\frac{\partial f}{\partial x}\mathrm{d}x+\frac{\partial f}{\partial y}\mathrm{d}y+\frac{\partial f}{\partial z}\mathrm{d}z=\nabla f\cdot\mathrm{d}\boldsymbol{r},$$

其中∇f是曲面的梯度，方向沿曲面法线方向．由于在一般情况下 $\partial f/\partial t\neq 0$，所以

$$\nabla f\cdot\mathrm{d}\boldsymbol{r}\neq 0, \tag{8.2.3}$$

实位移 $\mathrm{d}\boldsymbol{r}$ 与法线不垂直，一般不在质点所在的切平面内．实位移的概念是我们早已熟悉的，加上“实”字是为了与虚位移区别．

虚位移的定义是：质点在满足当时约束条件下一切可能的无限小位移，称为该时刻质点的虚位移，通常用 $\delta\boldsymbol{r}$ 表示，在直角坐标系中，有

$$\delta\boldsymbol{r}=\delta x\boldsymbol{i}+\delta y\boldsymbol{j}+\delta z\boldsymbol{k}, \tag{8.2.4}$$

其中 δx，δy，δz 是 $\delta\boldsymbol{r}$ 在坐标轴上的投影，称为坐标的变分．

按照虚位移的定义，对虚位移应有如下理解．

（1）“满足当时约束条件下”的含义是指某时刻（如 $t=t_1$）的虚位移 $\delta\boldsymbol{r}$ 必须满足 $t=t_1$ 时刻的约束方程，即虚位移是在一确定时刻发生的，是不需要时间的，这也是冠以“虚”字的原因．可以这样认为，虚位移是质点在当时的约束条件下一切可能的位移．

就图 8.4 中质点而论，在 t_1 时刻的虚位移应满足的方程是

$$f(x+\delta x,\ y+\delta y,\ z+\delta z,\ t_1)=0, \tag{8.2.5}$$

其中 δx，δy，δz 都是在该时刻一切可能的又满足约束条件的位置坐标的变分．将上式进行泰勒级数展开，因是等时变分 $\delta t=0$，忽略高阶小量得

$$\frac{\partial f}{\partial x}\delta x+\frac{\partial f}{\partial y}\delta y+\frac{\partial f}{\partial z}\delta z=0,$$

即

$$\nabla f\cdot\delta\boldsymbol{r}=0. \tag{8.2.6}$$

可见$\nabla f\perp\delta\boldsymbol{r}$，说明该时刻质点的虚位移 $\delta\boldsymbol{r}$ 与曲面的法线垂直，位于质点所在位置的切平面上．

（2）虚位移包括一切可能的无限小位移，故有多个甚至无穷多个．图 8.4 中的质点始终被约束在曲面上，在切平面上的虚位移就有无穷多个．

（3）虚位移是一级无穷小位移，正因为这一点，在泰勒展开中包括 δx，δy，δz 的二次方以上的项都被略去，使得虚位移能处于切平面内．

虚位移和实位移是两个本质不同的概念．比较式（8.2.3）和式（8.2.6），可以看出，对于非定常约束，虚位移所满足的方程和实位移所满足的方程是根本不同的．

用类似的方法可以导出定常约束情况下实位移和虚位移满足的方程．由于定常约束的约束方程中不显含 t，所以 $\mathrm{d}t=0$，式（8.2.2）变为

$$\frac{\partial f}{\partial x}\mathrm{d}x+\frac{\partial f}{\partial y}\mathrm{d}y+\frac{\partial f}{\partial z}\mathrm{d}z=0, \tag{8.2.7}$$

实位移和虚位移满足同一个方程，实位移和虚位移都必须在同一切平面内，说明在定常约束中，实位移是虚位移中的一个.

二、虚功和广义力

作用在质点上的力 $\boldsymbol{F}$ 与质点任一虚位移 $\delta\boldsymbol{r}$ 的标积，称为此力在虚位移 $\delta\boldsymbol{r}$ 上的虚功，写成

$$\delta W=\boldsymbol{F}\cdot\delta\boldsymbol{r}. \tag{8.2.8}$$

虽然虚功有功的量纲，但由于虚位移是想象中可能发生的位移，所以它与实功不同，没有能量转化过程与之联系.

在分析力学中，为了便于研究，通常将相互作用力分为主动力和约束力，因此就存在着主动力的虚功和约束力的虚功. 设系统由 n 个质点组成，以 $\boldsymbol{F}_i$ 代表第 i 个质点受到的主动力之和，$\delta\boldsymbol{r}_i$ 表示第 i 个质点的虚位移，则系统所有主动力的虚功之和为

$$\delta W=\sum_{i=1}^{n}\boldsymbol{F}_i\cdot\delta\boldsymbol{r}_i. \tag{8.2.9}$$

在分析力学中，往往需要通过坐标变换，将主动力的虚功式（8.2.9）化为广义坐标表示的形式，并引入广义力.

设坐标变换方程为

$$\boldsymbol{r}_i=\boldsymbol{r}_i(q_1,\ q_2,\ \cdots,\ q_s,\ t),\qquad i=1,\ 2,\ \cdots,\ n,$$

则各质点的虚位移都可以通过广义坐标的变分计算，即

$$\delta\boldsymbol{r}_i=\sum_{\alpha=1}^{s}\frac{\partial\boldsymbol{r}_i}{\partial q_\alpha}\delta q_\alpha,\ i=1,\ 2,\ \cdots,\ n, \tag{8.2.10}$$

将上式代入式（8.2.9），得

$$\delta W=\sum_{i=1}^{n}\boldsymbol{F}_i\cdot\sum_{\alpha=1}^{s}\frac{\partial\boldsymbol{r}_i}{\partial q_\alpha}\delta q_\alpha,$$

调换两个取和号的顺序，写成

$$\delta W=\sum_{\alpha=1}^{s}\left(\sum_{i=1}^{n}\boldsymbol{F}_i\cdot\frac{\partial\boldsymbol{r}_i}{\partial q_\alpha}\right)\delta q_\alpha, \tag{8.2.11}$$

引入

$$Q_\alpha=\sum_{i=1}^{n}\boldsymbol{F}_i\cdot\frac{\partial\boldsymbol{r}_i}{\partial q_\alpha}, \tag{8.2.12}$$

式（8.2.9）成为

$$\delta W=\sum_{\alpha=1}^{s}Q_\alpha\delta q_\alpha, \tag{8.2.13}$$

其中 Q_α 被称为与广义坐标 q_α 对应的广义力，式（8.2.12）是广义力的定义式，其本质是所有主动力的虚功之和在广义坐标变分上的重新分配.

引入广义力后，式（8.2.13）虽然仍是主动力的虚功之和，但它的形式已变成所有广义力与相关的广义坐标变分的乘积之和.

需要指出的是，广义力 Q_α 已不是原来牛顿力学意义上的力了. 由于式（8.2.13）中的 $Q_\alpha \delta q_\alpha$ 具有功的量纲，因此，当 q_α 是长度量纲时，Q_α 就是力的量纲；当 q_α 是角度时，Q_α 就是力矩的量纲；如果 q_α 具有面积的量纲，Q_α 的量纲就成为[力／长度]量纲了. 可见，广义力的量纲取决于广义坐标的量纲，它有着比力广泛得多的意义.

主动力均为有势力的力学系统称为有势系，其广义力形式特殊. 设系统的势能为 V，它是位置坐标的函数，写成

$$V=V(x_i,\ y_i,\ z_i,\ t). \tag{8.2.14}$$

通过坐标变换，V 成为广义坐标的函数，为

$$V=V(q_1,\ q_2,\ \cdots,\ q_s,\ t). \tag{8.2.15}$$

由于主动力与势能有数学关系：

$$F_{ix}=-\frac{\partial V}{\partial x_i},\quad F_{iy}=-\frac{\partial V}{\partial y_i},\quad F_{iz}=-\frac{\partial V}{\partial z_i}, \tag{8.2.16}$$

将这些式子代入广义力的定义式（8.2.12）中，得

$$Q_\alpha=-\sum_{i=1}^{n}\left(\frac{\partial V}{\partial x_i}\frac{\partial x_i}{\partial q_\alpha}+\frac{\partial V}{\partial y_i}\frac{\partial y_i}{\partial q_\alpha}+\frac{\partial V}{\partial z_i}\frac{\partial z_i}{\partial q_\alpha}\right),\quad \alpha=1,\ 2,\ \cdots,\ s,$$

于是

$$Q_\alpha=-\frac{\partial V}{\partial q_\alpha},\quad \alpha=1,\ 2,\ \cdots,\ s, \tag{8.2.17}$$

这就是有势系中广义力的表达式.

在分析力学中，除了要研究主动力的虚功外，还要研究约束力的虚功. 当以 $\boldsymbol{F}_{\mathrm{R}i}$ 表示系统中第 i 个质点受到的约束力的矢量和时，对于含 n 个质点的力学系统，全部约束力的虚功之和就表示为 $\sum\limits_{i=1}^{n}\boldsymbol{F}_{\mathrm{R}i}\cdot\delta\boldsymbol{r}_i$. 该和式是否为零，成为系统是否受理想约束的判据.

三、理想约束

如果某约束物作用于力学系统的所有约束力在任意虚位移上的虚功之和为零，即

微视频

$$\sum_{i=1}^{n}\boldsymbol{F}_{\mathrm{R}i}\cdot\delta\boldsymbol{r}_i=0, \tag{8.2.18}$$

则这种约束称为理想约束，不满足理想约束条件的约束为非理想约束.

（1）如果质点被约束在光滑的曲线和曲面上，由于约束力 $\boldsymbol{F}_{\mathrm{N}}$ 始终与质点的虚位移垂直，约束力对所有虚位移的虚功都为零，满足 $\boldsymbol{F}_{\mathrm{N}}\cdot\delta\boldsymbol{r}=0$，所以质点所受约束为理想约束.

（2）一个圆形刚体在另一表面粗糙的固定刚体上做无滑滚动，此时约束力 $\boldsymbol{F}_{\mathrm{R}}$ 作用在刚体的接触点上. 由于接触点的虚位移为零，即 $\delta\boldsymbol{r}=0$，所以 $\boldsymbol{F}_{\mathrm{R}}\cdot\delta\boldsymbol{r}=0$，此约

束为理想约束.

(3) 用光滑铰链连接物体，在连接处有一对约束力 $\boldsymbol{F}_{\mathrm{N}}$ 和 $\boldsymbol{F}'_{\mathrm{N}}$. 由于接触处光滑，这两个力必沿接触面的法线方向. 根据一对作用力和反作用力做功之和等于其中一个力与两个接触质点相对位移的标积，又知两接触点的相对位移必在接触面的切平面内，所以这对约束力的虚功之和 $\boldsymbol{F}_{\mathrm{N}} \cdot (\delta \boldsymbol{r})_{\mathrm{r}}=0$，说明光滑铰链的约束是理想约束.

除了上面三个例子外，还有其他理想约束的实例，如两个质点被刚性杆连接的约束以及互相接触的表面光滑的两个刚体所受到的约束等.

8-3 虚功原理

虚功原理是分析力学中解决静力学问题的基本原理，它阐明了力学系统保持静平衡的必要充分条件，并提供了解决各类力学系统静力学问题的统一观点和方法.

一、虚功原理

受有理想约束、定常约束的力学系统，保持静平衡的必要充分条件是作用于该系统的全部主动力的虚功之和为零. 由 n 个质点组成的质点组，以 $\boldsymbol{F}_i$ 表示作用在第 i 个质点上的主动力的合力，$\delta \boldsymbol{r}_i$ 是第 i 个质点的虚位移，则虚功原理的数学形式为

$$\sum_{i=1}^{n} \boldsymbol{F}_i \cdot \delta \boldsymbol{r}_i=0. \tag{8.3.1}$$

在直角坐标系中，上式写成

$$\sum_{i=1}^{n}\left(F_{ix} \delta x_i+F_{iy} \delta y_i+F_{iz} \delta z_i\right)=0. \tag{8.3.2}$$

证明 当力学系统相对惯性系处于静平衡时，系统中各个质点的合力必然为零. 以 $\boldsymbol{F}_i$ 和 $\boldsymbol{F}_{\mathrm{R}i}$ 分别表示系统中第 i 个质点受到的主动力和约束力的矢量和，则

$$\boldsymbol{F}_i+\boldsymbol{F}_{\mathrm{R}i}=0,\ i=1,\ 2,\ \cdots,\ n, \tag{8.3.3}$$

将上式与相应质点的虚位移 $\delta \boldsymbol{r}_i$，$i=1, 2, \cdots, n$ 取标积，得

$$\left(\boldsymbol{F}_i+\boldsymbol{F}_{\mathrm{R}i}\right) \cdot \delta \boldsymbol{r}_i=0,\ i=1,\ 2,\ \cdots,\ n, \tag{8.3.4}$$

再将 n 个方程相加，得

$$\sum_{i=1}^{n} \boldsymbol{F}_i \cdot \delta \boldsymbol{r}_i+\sum_{i=1}^{n} \boldsymbol{F}_{\mathrm{R}i} \cdot \delta \boldsymbol{r}_i=0. \tag{8.3.5}$$

对于理想约束，有

$$\sum_{i=1}^{n} \boldsymbol{F}_{\mathrm{R}i} \cdot \delta \boldsymbol{r}_i=0,$$

所以，式 (8.3.5) 成为

$$\sum_{i=1}^{n} \boldsymbol{F}_i \cdot \delta \boldsymbol{r}_i=0,$$

这就是受有理想约束的力学系统保持静平衡的必要条件.

若系统的主动力虚功之和为零，则

$$\sum_{i=1}^{n} \boldsymbol{F}_i \cdot \delta \boldsymbol{r}_i = 0.$$

对于受有理想约束的系统，在上式左侧加上 $\sum_{i=1}^{n} \boldsymbol{F}_{Ri} \cdot \delta \boldsymbol{r}_i$ 仍然为零，因此

$$\sum_{i=1}^{n} \boldsymbol{F}_i \cdot \delta \boldsymbol{r}_i + \sum_{i=1}^{n} \boldsymbol{F}_{Ri} \cdot \delta \boldsymbol{r}_i = 0. \tag{8.3.6}$$

如果力学系统的约束是定常的，各质点的无限小实位移必与其中一组虚位移重合，故系统的主动力和约束力的实功之和应满足

$$\sum_{i=1}^{n} \boldsymbol{F}_i \cdot \mathrm{d} \boldsymbol{r}_i + \sum_{i=1}^{n} \boldsymbol{F}_{Ri} \cdot \mathrm{d} \boldsymbol{r}_i = 0. \tag{8.3.7}$$

根据质点组的动能定理 $\mathrm{d}T = \sum_{i=1}^{n} \boldsymbol{F}_i \cdot \mathrm{d} \boldsymbol{r}_i + \sum_{i=1}^{n} \boldsymbol{F}_{Ri} \cdot \mathrm{d} \boldsymbol{r}_i = 0$，有

$$T = 常量. \tag{8.3.8}$$

说明系统开始时静止，以后就会始终保持静止. 这就证明了受有理想约束和定常约束的力学系统，主动力的虚功之和为零是保持静平衡的充分条件.

关于虚功原理，我们有几点说明.

（1）虚功原理是一条运用统一的观点和方法处理各类力学系统（质点、质点组、刚体等）静力学问题的基本原理，具有很大的普适性.

（2）虚功原理不是用静止的观点去解决静力学问题，而是采用变动的观点，在变动中寻找平衡的条件. 例如，单摆的平衡位置可从单摆的许多可能运动中挑选出来. 如果在摆锤所在位置处想象摆锤在此时刻作为主动力的重力所做的虚功，并寻找重力虚功为零的位置，我们会发现这个位置就是摆的平衡位置.

（3）与牛顿力学不同，分析力学的方法不是将注意力放在区分内力和外力上，而是放在区分主动力和约束力上. 虚功原理只涉及主动力，包括外力中的主动力和内力中的主动力，而未知的约束力不会在虚功原理中出现，从而给解决受有理想约束的多约束力学系统的静力学问题带来极大简化，这是此原理的突出优点. 如图 8.5 所示提升重物的装置，它的传动机构都装在一个箱子里，设该装置的约束都为理想约束. 为了提升重物，只要给把手施加作用力 $\boldsymbol{F}$（设力的方向与把手垂直），使把端做圆周运动就可以了. 现在我们讨论至少施加多大的力才能提升重物. 假如 $\boldsymbol{F}'$ 是 $\boldsymbol{F}$ 的最小值，该值就是使该装置处于平衡状态的 $\boldsymbol{F}$ 值. 如果用牛顿力学的方法，必须考虑箱内的传动机构以及各部件的受力分析，分别建立各部件的平衡方程，计算起来极其繁杂. 而利用虚功原理，就可以全然不管箱内的结构和约束力，只需考虑主动力的作用力 $\boldsymbol{F}$ 和重力 $\boldsymbol{W}$ 的虚功，从而使问题的解决大为简化. 以把手端点的弧坐标 s 为广义坐标，设重物距地面高度为 h. 根据虚功原理，有

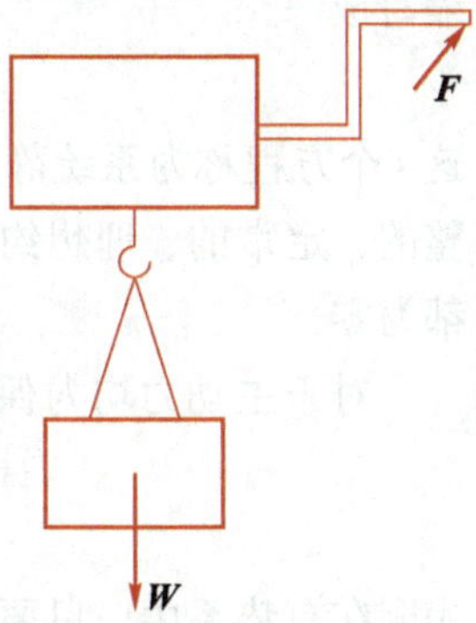

图 8.5　提升重物的装置

$$F' \delta s - W \delta h = 0, \tag{8.3.9}$$

得

$$F' = W\delta h/\delta s. \tag{8.3.10}$$

如果知道 h 和 s 的函数关系，就可求出 F'. 设 $\delta h/\delta s = 1/n$，且 $n>1$，即重物高度 h 的变化是弧坐标 s 变化的 $1/n$，由此可知 $F'/W = 1/n$，意味着只用比重物重力小得多的力就可以把重物提起，这正是起重机的优点.

由于虚功原理的方程中不出现约束力，因此不能由虚功原理求出约束力，但是，通过释放约束或不定乘子法，可以求出约束力.

（4）虚功原理中所说的主动力所做虚功之和为零，是对任意的虚位移而言的，而不是针对特殊的虚位移，这是因为虚位移本身包含了任意性.

二、广义平衡方程

微视频

运用虚功原理，可进一步导出广义平衡方程，使解算力学系统的平衡位置或静平衡时各个主动力之间的关系等问题具有统一的程序和方法. 为了得到广义平衡方程，需要将虚功原理化为以广义坐标表述的形式

根据式（8.2.13），主动力的虚功之和可用广义坐标的形式表示，即

$$\delta W = \sum_{i=1}^{n} \boldsymbol{F}_i \cdot \delta \boldsymbol{r}_i = \sum_{\alpha=1}^{s} Q_\alpha \delta q_\alpha, \tag{8.3.11}$$

使得虚功原理变成

$$\sum_{\alpha=1}^{s} Q_\alpha \delta q_\alpha = 0,$$

展开后写成 $Q_1\delta q_1 + Q_2\delta q_2 + \cdots + Q_s\delta q_s = 0$. 由于在完整系中，$s$ 个广义坐标的变分 δq_1，δq_2，…，δq_s 相互独立，所以上式成立的条件为各个广义力都为零，即

$$Q_1 = 0,\ Q_2 = 0,\ \cdots,\ Q_s = 0,$$

缩写成

$$Q_\alpha = 0,\ \alpha = 1,\ 2,\ \cdots,\ s, \tag{8.3.12}$$

这 s 个方程称为系统静平衡的广义平衡方程. 据此，虚功原理又可叙述为：对于受完整的、定常的、理想约束的力学系统，保持静平衡的必要充分条件是所有的广义力都为零.

对于主动力均为保守力的有势系，根据式（8.2.17），广义平衡方程成为

$$\frac{\partial V}{\partial q_\alpha} = 0,\ \alpha = 1,\ 2,\ \cdots,\ s, \tag{8.3.13}$$

表明在有势系中，只要算出系统的总势能，就能得到广义平衡方程.

此时，虚功原理写为 $\sum_{\alpha=1}^{s} \frac{\partial V}{\partial q_\alpha}\partial q_\alpha = 0$，即

$$\delta V = 0, \tag{8.3.14}$$

表明处于静平衡的系统的势能取极值（极小值、极大值或是稳定值）. 由此得出：对有势系，势能取极值是静平衡的充要条件.

例题 8.2

有一固定的直角三棱柱，其斜边是水平的. 现有一条匀质的绳索跨在棱的两边，如图 8.6 所示. 不计摩擦，试证明绳索平衡时，它的两端点必在同一水平面上.

证明 系统所受约束符合虚功原理的适用条件（分析略）.

绳索的自由度为 1，设跨在左边棱上绳的长度 s 为广义坐标. 又设绳总长为 l，则右边棱上的绳长为 $l-s$. 设绳的线密度为 ρ，则两段绳索的质量分别为 $m_1=\rho s$，$m_2=\rho(l-s)$. 在直角坐标系 Oxy 中，根据虚功原理写出

$$m_1 g\delta y_1+m_2 g\delta y_2=0, \tag{1}$$

y_1，y_2 分别是两段绳的质心的纵坐标. 设 α 为三棱柱的右倾角，由于

$$y_1=\frac{1}{2}s\cos\alpha,\ y_2=\frac{1}{2}(l-s)\sin\alpha, \tag{2}$$

所以

$$\delta y_1=\frac{1}{2}\cos\alpha\delta s,\ \delta y_2=-\frac{1}{2}\sin\alpha\delta s, \tag{3}$$

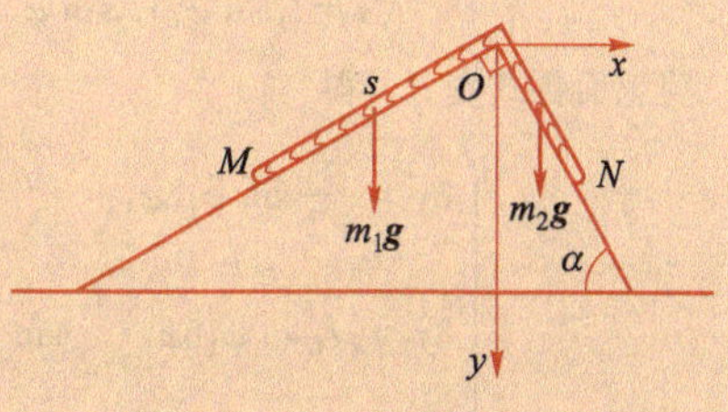

图 8.6 在三棱柱上的绳索

则

$$\left[\frac{1}{2}\rho sg\cos\alpha-\frac{1}{2}\rho(l-s)g\sin\alpha\right]\delta s=0. \tag{4}$$

因 δs 是任意的，上式要求

$$\frac{1}{2}\rho sg\cos\alpha-\frac{1}{2}\rho(l-s)g\sin\alpha=0, \tag{5}$$

即

$$s\cos\alpha=(l-s)\sin\alpha. \tag{6}$$

由上式可知，如果绳的两个端点用 M，N 表示，则

$$y_M=y_N, \tag{7}$$

即绳的两端点在同一水平面上.

由于主动力均为保守力，此题可先计算绳索的势能

$$V=-\frac{1}{2}\rho gs^2\cos\alpha-\frac{1}{2}\rho g(l-s)^2\sin\alpha,$$

然后应用 $Q_s=\mathrm{d}V/\mathrm{d}s=0$，便可得到广义平衡方程式（5），运用此方法很容易进一步证明此平衡是不稳定的.

例题 8.3

如图 8.7 所示，匀质杆 OA，质量为 m_1，长为 l_1，能在竖直平面内绕固定的光滑铰链 O 转动，此杆的 A 端用光滑铰链与另一根质量为 m_2、长为 l_2 的匀质杆 AB 相连. 在 B 端有一水平作用力 $\boldsymbol{F}$，求处于静平衡时，两杆与铅垂线的夹角 φ_1 和 φ_2.

解 系统所受约束符合虚功原理的适用条件（分析略）.

系统自由度为 2，以 φ_1 和 φ_2 为广义坐标. 系统的主动力有 $m_1\boldsymbol{g}$，$m_2\boldsymbol{g}$ 和 $\boldsymbol{F}$，根据虚功原理，有

$$m_1\boldsymbol{g}\cdot\delta\boldsymbol{r}_1+m_2\boldsymbol{g}\cdot\delta\boldsymbol{r}_2+\boldsymbol{F}\cdot\delta\boldsymbol{r}_3=0, \tag{1}$$

其中 $\delta\boldsymbol{r}_1$，$\delta\boldsymbol{r}_2$，$\delta\boldsymbol{r}_3$ 分别是 3 个主动力的受力质点的虚位移.

建立如图的直角坐标系 Oxy，上式成为

$$m_1 g\delta y_1+m_2 g\delta y_2+F\delta x_3=0. \tag{2}$$

坐标变换方程为

$$\begin{cases} y_1=\dfrac{l_1}{2}\cos\varphi_1, \\ y_2=l_1\cos\varphi_1+\dfrac{l_2}{2}\cos\varphi_2, \\ x_3=l_1\sin\varphi_1+l_2\sin\varphi_2, \end{cases} \tag{3}$$

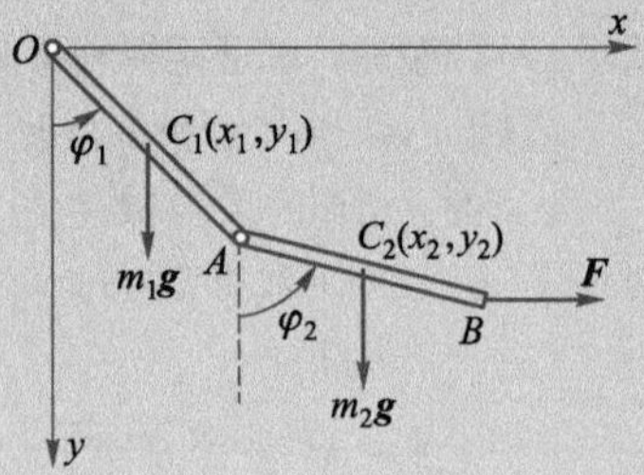

图 8.7　铰接双杆在重力场中的平衡

将上面各式变分，得

$$\begin{cases} \delta y_1=-\dfrac{l_1}{2}\sin\varphi_1\delta\varphi_1, \\ \delta y_2=-l_1\sin\varphi_1\delta\varphi_1-\dfrac{l_2}{2}\sin\varphi_2\delta\varphi_2, \\ \delta x_3=l_1\cos\varphi_1\delta\varphi_1+l_2\cos\varphi_2\delta\varphi_2. \end{cases} \tag{4}$$

将式（4）代入式（2），得

$$\left(F\cos\varphi_1-\frac{1}{2}m_1 g\sin\varphi_1-m_2 g\sin\varphi_1\right)l_1\delta\varphi_1+\left(F\cos\varphi_2-\frac{1}{2}m_2 g\sin\varphi_2\right)l_2\delta\varphi_2=0. \tag{5}$$

由于 $\delta\varphi_1$ 和 $\delta\varphi_2$ 相互独立，所以

$$\begin{cases} F\cos\varphi_1-\dfrac{1}{2}m_1 g\sin\varphi_1-m_2 g\sin\varphi_1=0, \\ F\cos\varphi_2-\dfrac{1}{2}m_2 g\sin\varphi_2=0. \end{cases} \tag{6}$$

由这两个广义平衡方程，可求出系统处于静平衡时 φ_1 和 φ_2 所满足的方程：

$$\begin{cases} \tan\varphi_1=\dfrac{2F}{(2m_2+m_1)g}, \\ \tan\varphi_2=\dfrac{2F}{m_2 g}, \end{cases} \tag{7}$$

所以

$$\begin{cases} \varphi_1=\arctan\dfrac{2F}{(2m_2+m_1)g}, \\ \varphi_2=\arctan\dfrac{2F}{m_2 g}. \end{cases} \tag{8}$$

虚功原理主要用于求解：（1）系统的静平衡位置；（2）维持系统平衡时作用于系统上的主动力之间的关系.

应用虚功原理解题的主要步骤是：（1）明确系统的约束类型，看是否满足虚功原理所要求的条件；（2）正确判断系统的自由度，选择合适的广义坐标；（3）分析并用图表示系统受到的主动力；（4）通过坐标变换方程，将虚功原理化成 $\sum\limits_{\alpha=1}^{s}Q_\alpha\delta q_\alpha=0$ 的形式，进而得出广义平衡方程 $Q_\alpha=0$，$\alpha=1,2,\cdots,s$（对有势系，求出系统的势能 V 后，可通 $\partial V/\partial q_\alpha=0$，$\alpha=1,2,\cdots,s$ 得广义平衡方程）；（5）求解广义平衡方程.

8-4 约束力的求解　拉格朗日不定乘子法

微视频

对于受到理想约束的力学系统，由于虚功原理解题时其广义平衡方程中不出现约束力，因此无法直接求解约束力. 如果需要求解约束力，可通过解放约束的方法变约束力为主动力，也可以采用拉格朗日不定乘子法.

一、利用解放约束的方法求约束力

要求解约束力，最直接的想法是将约束力“转化”为主动力，使其出现在虚功原理的表达式中，这样得到的广义平衡方程中就会包含约束力，进而解得. 根据需要把约束释放，要求哪个约束力就释放与该约束力有关的那个约束，相关的约束力就“转化”为主动力出现在虚功原理中. 然后，正确分析由于约束释放增加了的自由度，并选择好广义坐标，最后将欲求的约束力与主动力一起代入虚功原理的方程中，就可求出约束力.

例题 8.4

试求例题 8.3 中 O 处的约束力.

解　设想 O 处的约束被释放后，杆端 O' 点在 Oxy 平面内便可自由运动，因此系统的自由度由 2 增加到 4. 选择 O' 点的坐标 x，y 和两杆与 y 轴的夹角 φ_1，φ_2 作为系统的广义坐标，并将 O' 点处约束力 $\boldsymbol{F}_{\mathrm{N}}$ 以主动力的身份与主动力 $m_1\boldsymbol{g}$，$m_2\boldsymbol{g}$，$\boldsymbol{F}$ 一起代入虚功原理的方程中，得

$$F_{\mathrm{N}x}\delta x+F_{\mathrm{N}y}\delta y+m_1g\delta y_1+m_2g\delta y_2+F\delta x_3=0. \tag{1}$$

由图 8.8 可知，坐标变换方程为

$$\begin{cases} y_1=y+\dfrac{l_1}{2}\cos\varphi_1, \\ y_2=y+l_1\cos\varphi_1+\dfrac{l_2}{2}\cos\varphi_2, \\ x_3=x+l_1\sin\varphi_1+l_2\sin\varphi_2, \end{cases} \tag{2}$$

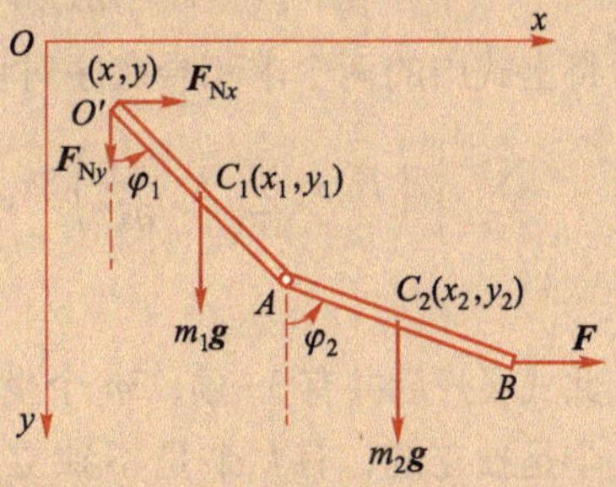

图 8.8　释放一个约束的双杆系统

求出 δy_1，δy_2，δx_3 并代入式 (1)，得

$$\begin{aligned} &(F_{\mathrm{N}x}+F)\delta x+(m_1g+m_2g+F_{\mathrm{N}y})\delta y \\ &+\left(F\cos\varphi_1-\frac{1}{2}m_1g\sin\varphi_1-m_2g\sin\varphi_1\right)l_1\delta\varphi_1 \\ &+\left(F\cos\varphi_2-\frac{1}{2}m_2g\sin\varphi_2\right)l_2\delta\varphi_2=0. \end{aligned} \tag{3}$$

由于 δx，δy，$\delta\varphi_1$，$\delta\varphi_2$ 相互独立，于是有

$$\begin{cases} F_{\mathrm{N}x}+F=0, \\ m_1g+m_2g+F_{\mathrm{N}y}=0, \\ F\cos\varphi_1-\dfrac{1}{2}m_1g\sin\varphi_1-m_2g\sin\varphi_1=0, \\ F\cos\varphi_2-\dfrac{1}{2}m_2g\sin\varphi_2=0. \end{cases} \tag{4}$$

从后两个方程，即例题 8.3 中的广义平衡方程式（6），可求出系统平衡时的 φ_1 和 φ_2. 从前两个方程，可解出约束力：

$$\begin{cases} F_{Nx}=-F, \\ F_{Ny}=-(m_1+m_2)g. \end{cases} \tag{5}$$

二、拉格朗日不定乘子法

微视频

不定乘子法是利用虚功原理和约束方程，引入作为不定乘子的待定常量 λ，得到约束力与不定乘子的关系式，从而求出约束力.

设一力学系统由 n 个质点组成，受到 k 个完整约束的限制

$$f_\mu(x_i, y_i, z_i)=0, \quad \mu=1, 2, \cdots, k, \tag{8.4.1}$$

则 $3n$ 个坐标中有 k 个是不独立的. 然而，现在我们不去寻找相互独立的广义坐标，而是以 $3n$ 个直角坐标作为描述系统位置的变量，当系统平衡时应满足虚功原理

$$\sum_{i=1}^{n}(F_{ix}\delta x_i+F_{iy}\delta y_i+F_{iz}\delta z_i)=0. \tag{8.4.2}$$

此时，式（8.4.2）中的 $3n$ 个 δx_i，δy_i，δz_i，$i=1, 2, \cdots, n$ 不是相互独立的，它们满足 k 个由完整约束式（8.4.1）给出的方程：

$$\sum_{i=1}^{n}\left(\frac{\partial f_\mu}{\partial x_i}\delta x_i+\frac{\partial f_\mu}{\partial y_i}\delta y_i+\frac{\partial f_\mu}{\partial z_i}\delta z_i\right)=0, \quad \mu=1, 2, \cdots, k. \tag{8.4.3}$$

把这 k 个等式分别乘待定常量（即不定乘子）λ_μ，$\mu=1, 2, \cdots, k$，然后相加，得

$$\sum_{\mu=1}^{k}\left[\left(\sum_{i=1}^{n}\lambda_\mu\frac{\partial f_\mu}{\partial x_i}\delta x_i\right)+\left(\sum_{i=1}^{n}\lambda_\mu\frac{\partial f_\mu}{\partial y_i}\delta y_i\right)+\left(\sum_{i=1}^{n}\lambda_\mu\frac{\partial f_\mu}{\partial z_i}\delta z_i\right)\right]=0,$$

将上式中的两个求和号次序对调，并与式(8.4.2)相加，得到

$$\sum_{i=1}^{n}\left[\left(F_{ix}+\sum_{\mu=1}^{k}\lambda_\mu\frac{\partial f_\mu}{\partial x_i}\right)\delta x_i+\left(F_{iy}+\sum_{\mu=1}^{k}\lambda_\mu\frac{\partial f_\mu}{\partial y_i}\right)\delta y_i+\left(F_{iz}+\sum_{\mu=1}^{k}\lambda_\mu\frac{\partial f_\mu}{\partial z_i}\right)\delta z_i\right]=0. \tag{8.4.4}$$

此式展开后共有 $3n$ 项，$3n$ 个坐标变分 δx_i，δy_i，δz_i，$\cdots$，δx_n，δy_n，δz_n 中只有 $3n-k$ 个是独立的，有 k 个是不独立的. 利用 λ_μ 的待定性质，选择 k 个 λ_μ 的值，使式（8.4.4）中 k 个不独立的坐标变分的系数为零，由于剩下的 $3n-k$ 个坐标变分是相互独立的，坐标变分间不存在任何关系，所以要求每个坐标变分前的系数为零. 这样，式（8.4.4）中各个坐标变分前的系数都为零，从而得到 $3n$ 个方程

$$\begin{cases} F_{ix}+\sum\limits_{\mu=1}^{k}\lambda_\mu\dfrac{\partial f_\mu}{\partial x_i}=0, \\ F_{iy}+\sum\limits_{\mu=1}^{k}\lambda_\mu\dfrac{\partial f_\mu}{\partial y_i}=0, \quad i=1, 2, \cdots, n. \\ F_{iz}+\sum\limits_{\mu=1}^{k}\lambda_\mu\dfrac{\partial f_\mu}{\partial z_i}=0, \end{cases} \tag{8.4.5}$$

这是系统的平衡方程，共 $3n$ 个. 假设主动力已知，当求平衡位置变量（x_1，y_1，

z_1，…，x_n，y_n，z_n）时，除了有 $3n$ 个未知量外，还包含有 k 个未知的待定常量 λ_μ，$\mu=1$，2，…，k，总共有 $3n+k$ 个未知量. 因此，求解时需将式（8.4.5）中的 $3n$ 个方程与 k 个约束方程式（8.4.1）联立求解. 这样，k 个 λ_μ 与平衡位置坐标便可同时求出，其中 λ_μ 称为不定乘子，又称拉格朗日乘子，这种方法称为不定乘子法.

事实上，不定乘子 λ_μ 就是一个与约束力有关的量. 为了看出这一点，需要约束力在虚功原理中出现. 采用约束释放的方法，将 k 个完整约束都释放，并将约束力都视为主动力，虚功原理成为

$$\sum_{i=1}^{n}(F_{ix}+F_{\mathrm{R}ix})\delta x_i+(F_{iy}+F_{\mathrm{R}iy})\delta y_i+(F_{iz}+F_{\mathrm{R}iz})\delta z_i=0, \tag{8.4.6}$$

其中 $F_{\mathrm{R}ix}$，$F_{\mathrm{R}iy}$，$F_{\mathrm{R}iz}$ 是作用在第 i 个质点上的约束力的 3 个投影量. 由于所有约束都释放了，$3n$ 个坐标变分变成完全独立的了，所以每一个坐标变分前的系数分别为零，即

$$\begin{cases}F_{ix}+F_{\mathrm{R}ix}=0,\\ F_{iy}+F_{\mathrm{R}iy}=0, \quad i=1,\ 2,\ \cdots,\ n.\\ F_{iz}+F_{\mathrm{R}iz}=0,\end{cases} \tag{8.4.7}$$

将上式与式（8.4.5）比较，可知

$$\begin{cases}F_{\mathrm{R}ix}=\sum_{\mu=1}^{k}\lambda_\mu\dfrac{\partial f_\mu}{\partial x_i},\\ F_{\mathrm{R}iy}=\sum_{\mu=1}^{k}\lambda_\mu\dfrac{\partial f_\mu}{\partial y_i}, \quad i=1,\ 2,\ \cdots,\ n,\\ F_{\mathrm{R}iz}=\sum_{\mu=1}^{k}\lambda_\mu\dfrac{\partial f_\mu}{\partial z_i},\end{cases} \tag{8.4.8}$$

由此可见，不定乘子 λ_μ 与约束力有着密切的关系. 例如，一个质点被约束在一个光滑曲面上，其约束力可从式（8.4.8）中求得

$$\boldsymbol{F}_{\mathrm{R}}=F_{\mathrm{R}x}\boldsymbol{i}+F_{\mathrm{R}y}\boldsymbol{j}+F_{\mathrm{R}z}\boldsymbol{k}=\lambda\frac{\partial f}{\partial x}\boldsymbol{i}+\lambda\frac{\partial f}{\partial y}\boldsymbol{j}+\lambda\frac{\partial f}{\partial z}\boldsymbol{k}, \tag{8.4.9}$$

即

$$\boldsymbol{F}_{\mathrm{R}}=\lambda\nabla f. \tag{8.4.10}$$

显然，约束力沿曲面的法线方向，λ 是约束力 $\boldsymbol{F}_{\mathrm{R}}$ 与梯度 ∇f 的比例系数.

例题 8.5

如图 8.9 所示，一质量为 m 的质点 P 被限制在光滑球面上运动. 已知球面的半径为 a，求质点的平衡位置和约束力.

解 建立原点在球心上的直角坐标系 $Oxyz$，质点的约束方程为

$$f(x,\ y,\ z)=x^2+y^2+z^2-a^2=0. \tag{1}$$

质点有两个自由度，但解题时仍以质点的 3 个坐标 x，y，z 作为确定质点位置的变量. 它们的变分不独立，满足以下关系：

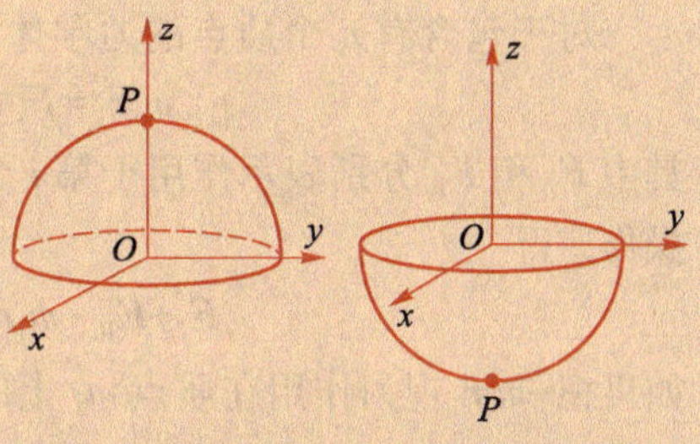

图 8.9　质点在光滑球面上的平衡问题

$$2x\delta x+2y\delta y+2z\delta z=0. \tag{2}$$

质点所受的主动力是重力 $m\boldsymbol{g}$，根据虚功原理，有

$$m\boldsymbol{g}\cdot\delta\boldsymbol{r}=0,$$

即

$$-mg\delta z=0. \tag{3}$$

以不定乘子 λ 乘式（2），再与式（3）相加，得

$$(-mg+2\lambda z)\delta z+2\lambda x\delta x+2\lambda y\delta y=0. \tag{4}$$

不定乘子的待定性可使 δx，δy，δz 相互独立，于是

$$\begin{cases}-mg+2\lambda z=0,\\ 2\lambda x=0,\\ 2\lambda y=0.\end{cases} \tag{5}$$

由于 $\lambda\neq0$，从式（5）的后两个方程以及式（1），可得到质点平衡位置的两组坐标：

$$(0,\ 0,\ a)\text{ 和 }(0,\ 0,\ -a).$$

从式（5）的第一式求出

$$\lambda=\frac{mg}{2z}, \tag{6}$$

可见不定乘子 λ 是坐标的函数．根据式（8.4.9），有

$$\boldsymbol{F}_{\mathrm{R}}=2\lambda x\boldsymbol{i}+2\lambda y\boldsymbol{j}+2\lambda z\boldsymbol{k}=\frac{mg}{z}x\boldsymbol{i}+\frac{mg}{z}y\boldsymbol{j}+mg\boldsymbol{k}, \tag{7}$$

以 $x=0$，$y=0$，$z=\pm a$ 代入，得到两个平衡位置的约束力均为

$$\boldsymbol{F}_{\mathrm{R}}=mg\boldsymbol{k}. \tag{8}$$

这个结果符合实际情况，并与用牛顿力学求得的结果完全一致．

8-5 达朗贝尔原理　拉格朗日方程

虚功原理是解决静力学问题的基本原理，为解决静力学问题提供了统一的观点和方法．对于一个一般的力学系统，利用达朗贝尔原理，可以把一个动力学问题在形式上转化为一个静力学问题．经过在虚功原理中得到广义平衡方程类似的推演，我们可以得出一般形式的拉格朗日方程，而拉格朗日方程提供了解决动力学问题的一般性方法，是分析力学的核心内容之一．

一、达朗贝尔原理

对于包含有 n 个质点的力学体系，每一质点的运动都应服从牛顿定律，即

$$m_i\ddot{\boldsymbol{r}}_i=\boldsymbol{F}_i+\boldsymbol{F}_{\mathrm{R}i},\quad i=1,\ 2,\ \cdots,\ n,$$

其中 $\boldsymbol{F}_i$ 和 $\boldsymbol{F}_{\mathrm{R}i}$ 分别表示作用于第 i 个质点的主动力和约束力．对上式进行简单的移项操作，得

$$\boldsymbol{F}_i+\boldsymbol{F}_{\mathrm{R}i}-m_i\ddot{\boldsymbol{r}}_i=0,\quad i=1,\ 2,\ 3,\ \cdots,\ n. \tag{8.5.1}$$

如果把 $-m_i\ddot{\boldsymbol{r}}_i$ 视为作用在质点 m_i 上的力，那么在任何时刻体系中第 i 个质点上的主动力 $\boldsymbol{F}_i$、约束力 $\boldsymbol{F}_{\mathrm{R}i}$ 和 $-m_i\ddot{\boldsymbol{r}}_i$ 总是平衡的，质点的动力学方程化成了静力学方程，这就是达朗贝尔原理，其中 $-m_i\ddot{\boldsymbol{r}}_i$ 称为达朗贝尔力或逆效力．

根据虚功原理的思想，由式（8.5.1）可得，体系中作用于各质点的所有力的虚功之和为零，即

$$\delta W=\sum_{i=1}^{n}(\boldsymbol{F}_i+\boldsymbol{F}_{\mathrm{R}i}-m_i\ddot{\boldsymbol{r}}_i)\cdot\delta\boldsymbol{r}_i=0.$$

对于理想约束的情况，有

$$\sum_{i=1}^{n}\boldsymbol{F}_{\mathrm{R}i}\cdot\delta\boldsymbol{r}_i=0,$$

此时可得出

$$\delta W=\sum_{i=1}^{n}(\boldsymbol{F}_i-m_i\ddot{\boldsymbol{r}}_i)\cdot\delta\boldsymbol{r}_i=0, \tag{8.5.2}$$

这个方程通常称为达朗贝尔-拉格朗日方程．由于在方程（8.5.2）中，约束力不在方程中出现，为求解约束体系的复杂系统问题带来了很大的方便．

二、拉格朗日方程

由坐标变换方程 $\boldsymbol{r}_i=\boldsymbol{r}_i(q_1,\ q_2,\ \cdots,\ q_s,\ t)$，$i=1,\ 2,\ \cdots,\ n$ 得

$$\delta\boldsymbol{r}_i=\sum_{\alpha=1}^{s}\frac{\partial\boldsymbol{r}_i}{\partial q_\alpha}\delta q_\alpha, \tag{8.5.3}$$

将上式代入方程式（8.5.2），得

$$\sum_{i=1}^{n}(\boldsymbol{F}_i-m_i\ddot{\boldsymbol{r}}_i)\cdot\sum_{\alpha=1}^{s}\frac{\partial\boldsymbol{r}_i}{\partial q_\alpha}\delta q_\alpha=\sum_{\alpha=1}^{s}\left[\sum_{i=1}^{n}(\boldsymbol{F}_i-m_i\ddot{\boldsymbol{r}}_i)\cdot\frac{\partial\boldsymbol{r}_i}{\partial q_\alpha}\right]\delta q_\alpha=0, \tag{8.5.4}$$

这里我们变换了求和的先后顺序．由于广义坐标是相互独立的，式（8.5.4）意味着每一项 δq_α 前面的系数表达式都为零，故

$$\sum_{i=1}^{n}(\boldsymbol{F}_i-m_i\ddot{\boldsymbol{r}}_i)\cdot\frac{\partial\boldsymbol{r}_i}{\partial q_\alpha}=0,\ \alpha=1,\ 2,\ \cdots,\ s. \tag{8.5.5}$$

考虑广义力的定义 $Q_\alpha=\sum\limits_{i=1}^{n}\boldsymbol{F}_i\cdot\dfrac{\partial\boldsymbol{r}_i}{\partial q_\alpha}$，式（8.5.5）可改写为

$$\sum_{i=1}^{n}m_i\ddot{\boldsymbol{r}}_i\cdot\frac{\partial\boldsymbol{r}_i}{\partial q_\alpha}=Q_\alpha,\ \alpha=1,\ 2,\ \cdots,\ s. \tag{8.5.6}$$

式（8.5.6）左侧可改写为

$$\sum_{i=1}^{n}m_i\ddot{\boldsymbol{r}}_i\cdot\frac{\partial\boldsymbol{r}_i}{\partial q_\alpha}=\frac{\mathrm{d}}{\mathrm{d}t}\sum_{i=1}^{n}\left(m_i\dot{\boldsymbol{r}}_i\cdot\frac{\partial\boldsymbol{r}_i}{\partial q_\alpha}\right)-\sum_{i=1}^{n}\left(m_i\dot{\boldsymbol{r}}_i\cdot\frac{\partial\dot{\boldsymbol{r}}_i}{\partial q_\alpha}\right), \tag{8.5.7}$$

而根据坐标变换方程 $\boldsymbol{r}_i=\boldsymbol{r}_i(q_1,\ q_2,\ \cdots q_s,\ t)$，我们有

$$\dot{\boldsymbol{r}}_i=\sum_{\alpha=1}^{s}\frac{\partial\boldsymbol{r}_i}{\partial q_\alpha}\dot{q}_\alpha+\frac{\partial\boldsymbol{r}_i}{\partial t},$$

因此

$$\frac{\partial\dot{\boldsymbol{r}}_i}{\partial\dot{q}_\alpha}=\frac{\partial\boldsymbol{r}_i}{\partial q_\alpha}. \tag{8.5.8}$$

由于 $\dot{\boldsymbol{r}}_i$ 是 q_α，$\dot{q}_\alpha$，t 的函数，因此动能也是 q_α，$\dot{q}_\alpha$，t 的函数，即

$$T=\sum_{i=1}^{n}\frac{1}{2}m_i\dot{\boldsymbol{r}}_i^2=T(q_1, q_2, \cdots, q_s, \dot{q}_1, \dot{q}_2, \cdots, \dot{q}_s, t),$$

因而

$$\frac{\partial T}{\partial \dot{q}_\alpha}=\sum_{i=1}^{n}\frac{\partial T}{\partial \dot{\boldsymbol{r}}_i}\frac{\partial \dot{\boldsymbol{r}}_i}{\partial \dot{q}_\alpha}=\sum_{i=1}^{n}m_i\dot{\boldsymbol{r}}_i\cdot\frac{\partial \boldsymbol{r}_i}{\partial q_\alpha}, \tag{8.5.9}$$

$$\frac{\partial T}{\partial q_\alpha}=\sum_{i=1}^{n}\frac{\partial T}{\partial \dot{\boldsymbol{r}}_i}\frac{\partial \dot{\boldsymbol{r}}_i}{\partial q_\alpha}=\sum_{i=1}^{n}m_i\dot{\boldsymbol{r}}_i\cdot\frac{\partial \dot{\boldsymbol{r}}_i}{\partial q_\alpha}. \tag{8.5.10}$$

考虑到式（8.5.8），并将式（8.5.9）、式（8.5.10）代入式（8.5.7），我们有

$$\sum_{i=1}^{n}m_i\ddot{\boldsymbol{r}}_i\cdot\frac{\partial \boldsymbol{r}_i}{\partial q_\alpha}=\frac{\mathrm{d}}{\mathrm{d}t}\frac{\partial T}{\partial \dot{q}_\alpha}-\frac{\partial T}{\partial q_\alpha}, \tag{8.5.11}$$

再将上式代回到式（8.5.6），得

$$\frac{\mathrm{d}}{\mathrm{d}t}\frac{\partial T}{\partial \dot{q}_\alpha}-\frac{\partial T}{\partial q_\alpha}=Q_\alpha,\ \alpha=1, 2, \cdots, s, \tag{8.5.12}$$

这就是受理想约束的一般完整系的拉格朗日方程.

三、完整有势系的拉格朗日方程

当主动力 $\boldsymbol{F}_i$ 均为保守力时，可以用势能函数 $V(\boldsymbol{r}_i)=V(q_1, q_2, \cdots, q_s)$ 来表示广义力，此时有

$$Q_\alpha=-\sum_{i=1}^{n}\frac{\partial V}{\partial \boldsymbol{r}_i}\cdot\frac{\partial \boldsymbol{r}_i}{\partial q_\alpha}=-\frac{\partial V}{\partial q_\alpha}, \tag{8.5.13}$$

将上式代入式（8.5.12），得

$$\frac{\mathrm{d}}{\mathrm{d}t}\frac{\partial T}{\partial \dot{q}_\alpha}-\frac{\partial (T-V)}{\partial q_\alpha}=0,\ \alpha=1, 2, \cdots, s,$$

令 $L=T-V=L(q_\alpha, \dot{q}_\alpha, t)$，则

$$\frac{\mathrm{d}}{\mathrm{d}t}\left(\frac{\partial L}{\partial \dot{q}_\alpha}\right)-\frac{\partial L}{\partial q_\alpha}=0,\ \alpha=1, 2, \cdots, s, \tag{8.5.14}$$

其中 L 称为完整有势系的拉格朗日函数.

上面给出的拉格朗日动力学并没有在根本上建立新的理论，因为它完全是由牛顿力学推演出来的. 对于任何给定的力学系统，拉格朗日方法的结果和牛顿力学的结果必然相同，只是用以获得这些结果的方法和过程不同而已. 然而，与牛顿力学相比，拉格朗日方法有下列优点：

（1）n 个质点、受到 k 个约束的质点组，牛顿力学需要联立 $3n+k$ 个方程进行求解，而拉格朗日方法只需 $3n-k$ 个方程. 由于广义坐标的引入，可以从三维空间变换到合适的位形空间思考和解决问题，使求解过程得到简化.

（2）牛顿力学分析的对象是力矢量，而拉格朗日方程分析的对象是具有能量性质的拉格朗日函数，数学上比较方便，而且不受坐标变换的影响，给出了统一的、普适的形式和方法. 更重要的是，能量是各种相互作用的普遍度量，拉格朗日方法可能不再局限于力学范围，可以应用到更广泛的物理学领域.

例题 8.6

如图 8.10 所示，一质点质量为 m_1，被约束在一光滑水平平台上运动，质点上系着一根长为 l 的轻绳，绳子穿过平台上的小孔 O，下端挂着质点 m_2. 给出此问题的运动方程.

解 如图所示，以经过小孔的竖直方向为 z 轴建立柱坐标系.

（1）用达朗贝尔原理和虚功原理求解

m_1 和 m_2 受到的主动力只有重力，分别为 $-m_1g\boldsymbol{k}$ 和 $-m_2g\boldsymbol{k}$，它们的位置矢量分别为 $\boldsymbol{r}_1=r\boldsymbol{e}_r$，$\boldsymbol{r}_2=-(l-r)\boldsymbol{k}$，因而其虚位移为

$$\delta\boldsymbol{r}_1=\delta r\boldsymbol{e}_r+r\delta\theta\boldsymbol{e}_\theta, \tag{1}$$

$$\delta\boldsymbol{r}_2=\delta r\boldsymbol{k}. \tag{2}$$

m_1 和 m_2 的加速度为

$$\ddot{\boldsymbol{r}}_1=(\ddot{r}-r\dot{\theta}^2)\boldsymbol{e}_r+(r\ddot{\theta}+2\dot{r}\dot{\theta})\boldsymbol{e}_\theta,$$

$$\ddot{\boldsymbol{r}}_2=\ddot{r}\boldsymbol{k},$$

因此相应的达朗贝尔力为

$$-m_1\ddot{\boldsymbol{r}}_1=-m_1[(\ddot{r}-r\dot{\theta}^2)\boldsymbol{e}_r+(r\ddot{\theta}+2\dot{r}\dot{\theta})\boldsymbol{e}_\theta], \tag{3}$$

$$-m_2\ddot{\boldsymbol{r}}_2=-m_2\ddot{r}\boldsymbol{k}. \tag{4}$$

将式（1）、式（2）、式（3）、式（4）代入 m_1，m_2 所满足的达朗贝尔方程，得

$$\{-m_1g\boldsymbol{k}-m_1[(\ddot{r}-r\dot{\theta}^2)\boldsymbol{e}_r+(r\ddot{\theta}+2\dot{r}\dot{\theta})\boldsymbol{e}_\theta]\}\cdot(\delta r\boldsymbol{e}_r+r\delta\theta\boldsymbol{e}_\theta)+(-m_2g\boldsymbol{k}-m_2\ddot{r}\boldsymbol{k})\cdot\delta r\boldsymbol{k}=0,$$

整理得

$$[(m_1+m_2)\ddot{r}-m_1r\dot{\theta}^2+m_2g]\delta r+m_1r(r\ddot{\theta}+2\dot{r}\dot{\theta})\delta\theta=0. \tag{5}$$

由于 r 和 θ 两个坐标独立，式（5）中 δr 和 $\delta\theta$ 前的系数表达式分别为零，即

$$\begin{cases}(m_1+m_2)\ddot{r}-m_1r\dot{\theta}^2+m_2g=0,\\ r\ddot{\theta}+2\dot{r}\dot{\theta}=0.\end{cases} \tag{6}$$

（2）用拉格朗日方程直接求解

整个体系有两个自由度，如图 8.10 所示，选 r 和 θ 为广义坐标，此时 m_1 和 m_2 构成的体系的动能和势能分别为

$$T=\frac{1}{2}m_1(\dot{r}^2+r^2\dot{\theta}^2)+\frac{1}{2}m_2\dot{r}^2, \tag{7}$$

$$V=-m_2g(l-r), \tag{8}$$

所以该体系的拉格朗日函数为

$$L=T-V=\frac{1}{2}m_1(\dot{r}^2+r^2\dot{\theta}^2)+\frac{1}{2}m_2\dot{r}^2+m_2g(l-r). \tag{9}$$

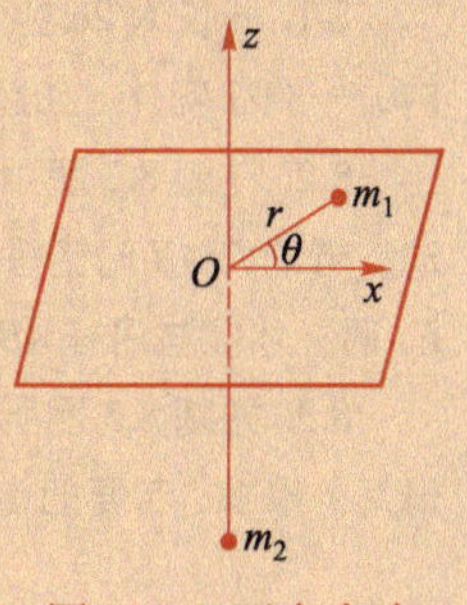

图 8.10 两个小球的运动

将式(9)代入拉格朗日方程并整理，得

$$\begin{cases}(m_1+m_2)\ddot{r}-m_1r\dot{\theta}^2+m_2g=0,\\ m_1(r\ddot{\theta}+2\dot{r}\dot{\theta})=0,\ 即\ r\ddot{\theta}+2\dot{r}\dot{\theta}=0.\end{cases} \tag{10}$$

思考题

8.1. 悬挂点以速度 $\boldsymbol{v}$ 做匀速直线运动的刚性摆长的单摆，摆锤受到何种类型的约束？

8.2. 一根不可伸长的细绳跨过定滑轮Ⅰ，绳的两端分别缠绕在滑轮Ⅱ和Ⅲ上，它们可自由地沿绳无滑滚下，如图所示. 设轴承光滑，并以3个滑轮和绳作为一个力学系统，请判断系统的自由度并选择广义坐标.

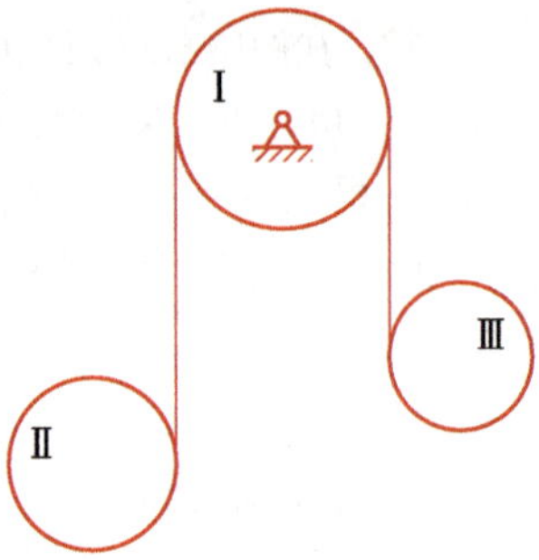

思考题 8.2 图

8.3. 假如一个质点的约束方程是 $x\dot{x}+y\dot{y}+z\dot{z}=0$，问质点受到的约束是否为完整约束？

8.4. 自由度的定义是什么？ 为何在完整系中，自由度与广义坐标的数目相等？

8.5. 广义坐标有哪些特点？

8.6. 圆轮在固定平面上做无滑滚动，圆轮受到理想约束. 如果圆轮放在平板上做无滑滚动，平板可在光滑的固定平面上运动，分两种情况：（1）平板运动规律是给定的；（2）平板运动没有预先给以限制. 试分析说明圆轮是否受到理想约束？ 如果以平板和圆轮作为一个力学系统，该系统的约束是否是理想约束？

8.7. 虚位移和实位移的主要区别是什么？

8.8. 试述虚功和实功的主要区别.

8.9. 有1和2两个质点，受到大小相等，方向相反，并在同一直线上的约束力 $\boldsymbol{F}_{R1}$ 和 $\boldsymbol{F}_{R2}$ 的作用，问在何种条件下，约束力 $\boldsymbol{F}_{R1}$，$\boldsymbol{F}_{R2}$ 的虚功之和为零？ 举例说明.

8.10. 广义力的定义是什么？ 如何去确定广义力的量纲？ 一个确定的力学系统，广义力的个数可由哪些量去确定？

习　题

8.1. 一长为 $2a$ 的匀质细杆靠在水平的半球形碗上，杆在过碗中心的竖直平面内，一端在碗内，一端在碗外，如题8.1图所示. 碗的半径为 R，忽略摩擦，求杆的平衡位置.

8.2. 在题8.2图中所示的连杆机构中，当曲柄 OC 绕水平轴 O 摆动时，滑块 A 沿曲柄 OC 滑动，带动杆 AB 沿铅垂滑槽运动. 已知 $OC=R$，$OK=l$，问在 C 点垂直于曲柄 OC 方向作用多大的力 $\boldsymbol{F}_1$ 时，才能与沿杆 AB、方向朝上的力 $\boldsymbol{F}_2$ 平衡？ 计算时忽略杆和滑块的质量.

8.3. 如题8.3图所示，右手螺旋千斤顶螺距为 h，手柄长 L，重物的重力为 $\boldsymbol{W}$，忽略螺栓和螺母间的摩擦. 若要把重物顶起来，手柄末端需要施加的与之垂直的水平力 $\boldsymbol{F}$ 至少为多大？

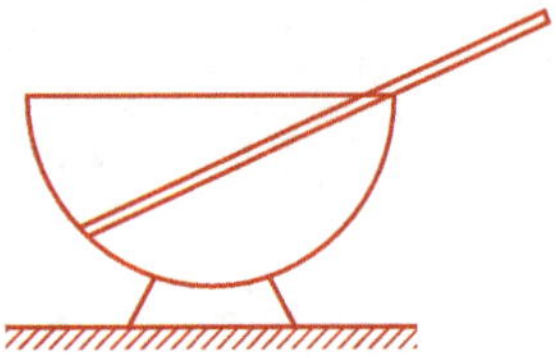

题 8.1 图

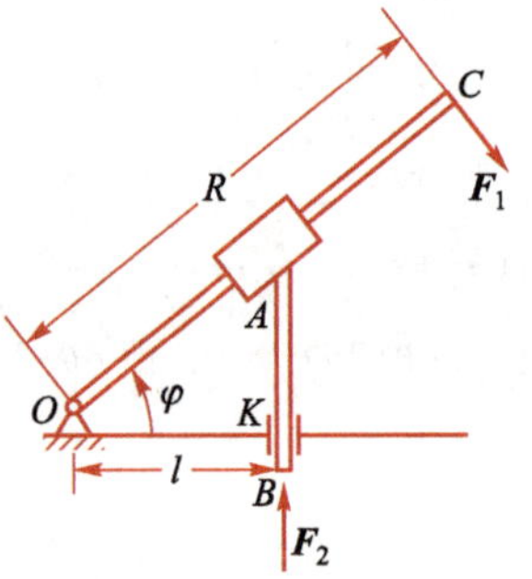

题 8.2 图

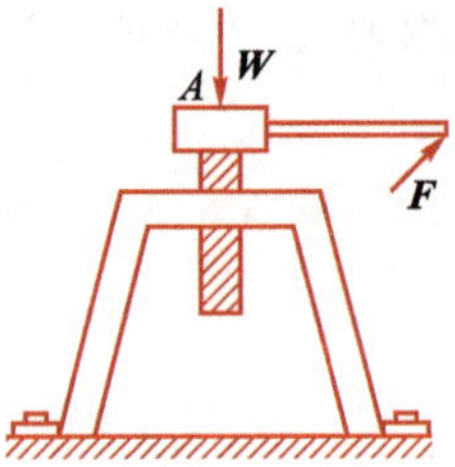

题 8.3 图

8.4. 重量为 W，原长为 l，弹性系数为 k 的弹簧圈，水平放置在顶角为 2α 的垂直放置的圆锥体上，锥体表面光滑，如题 8.4 图所示．求弹簧圈平衡时圈面到圆锥体顶角的距离 h．

8.5. 用铰链连接的刚性杆 AB 和 BC，重量分别为 W_1 和 W_2，杆长分别为 $2l_1$ 和 $2l_2$，A，C 两端分别靠在光滑墙壁上，如题 8.5 图所示．求两杆处于平衡时 φ_1 角和 φ_2 角的关系．

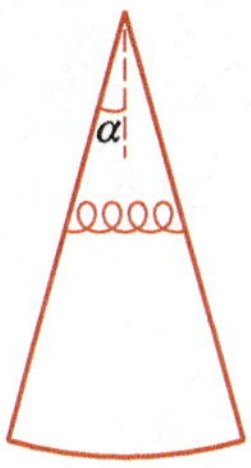

题 8.4 图

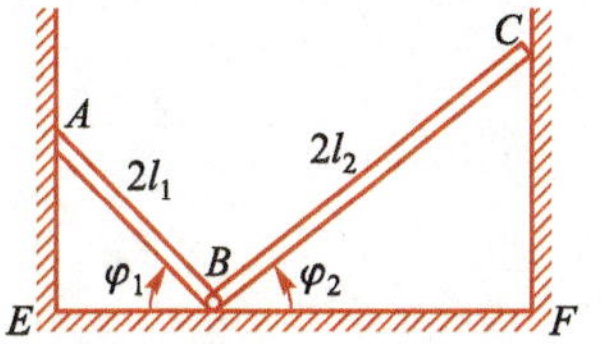

题 8.5 图

8.6. 如题 8.6 图所示，轻三脚架每足的长度等于 l，每足都与铅垂线成一角度 θ，三脚架置于光滑水平面上，并用一绳套在三足上，使其 θ 角保持不变，三足与水平面的接触点 A，B，C 的连线为一等边三角形．设三脚架的顶端受竖直向下的力 $\boldsymbol{F}$ 作用，试用虚功原理证明绳上张力的大小为 $F_{\mathrm{T}}=F\tan\theta/3\sqrt{3}$．

8.7. 如题 8.7 图所示，等边六角形连杆竖直放置，各杆间用光滑铰链连接，底边固定不动，C，D 点用绳连接，AB 中点受力 $\boldsymbol{F}$ 作用．已知平衡时$\angle ACD=\alpha$，试用虚功原理求平衡时 $\boldsymbol{F}$ 与绳内张力 $\boldsymbol{F}_{\mathrm{T}}$ 之间的关系．计算时忽略各杆的质量．

8.8. 如题 8.8 图所示，长度为 L 的四根轻杆，用光滑铰链连成一菱形 $ABCD$．AB 和 AD 支于相距为 $2a$ 的在同一水平线上两根钉子上，BD 间用一轻绳连接，C 点上施加力 $\boldsymbol{F}$．设 A 点的顶角为 2α，试用虚功原理求绳中张力．

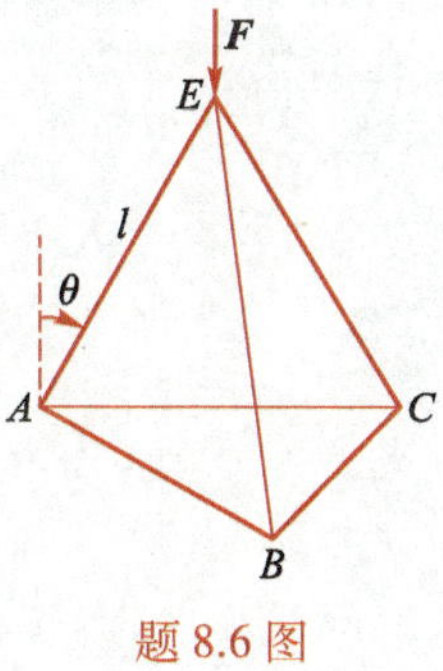

题 8.6 图

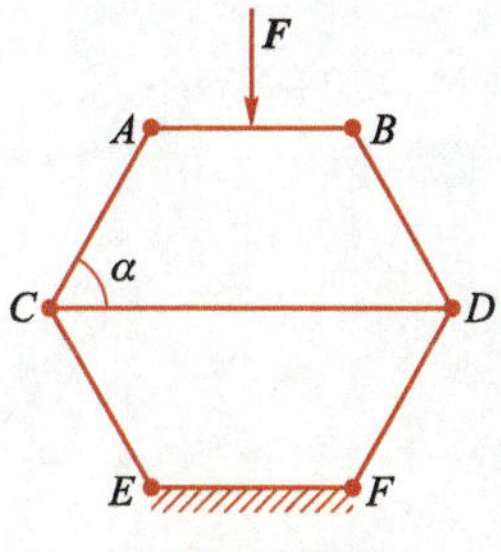

题 8.7 图

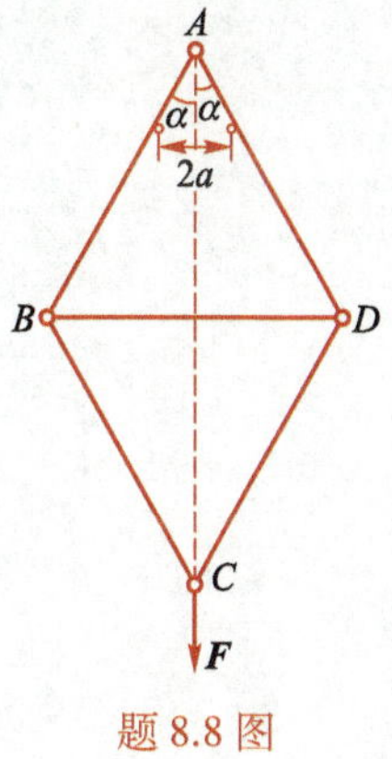

题 8.8 图

8.9. 一质点质量为 m，被约束在半径为 R 的光滑竖直的固定圆环上，质点除受到重力和约束力作用外，还受到水平力 $\boldsymbol{F}=k^2x\boldsymbol{i}$；（$k$ 为常量）的作用，以圆环中心 O 为原点，x 轴指向水平方向，y 轴竖直向上建立直角坐标系．试用不定乘子法求质点处于平衡时的位置和受到的约束力．

习题参考答案

第九章

拉格朗日力学

在自然科学的发展进程中，人们为了追求自然规律的统一、和谐，按照科学的审美观点，总是力图用尽可能少的原理去概括尽可能多的规律．力学也不例外，它是随着各种基本原理的发现而不断发展的．牛顿提出的三个运动定律，是力学的基本原理．由这些基本原理出发，经过严格的逻辑推理和数学演绎，可以获得经典力学的整个理论框架．哈密顿原理是分析力学的基本原理，它潜藏着经典力学的全部内容并把这门学科的所有命题统一起来，由它出发亦可得到经典力学的整个框架．

课件资源

哈密顿原理是力学中的积分变分原理．变分原理提供了一个准则，使我们能从约束许可条件下的一切可能运动中，将力学系统的真实运动挑选出来．变分原理的这一思想，不仅在力学中，而且在物理学科的其他领域中，都具有重要意义．例如电磁场、基本粒子以及光的运动规律都可用变分原理表述．

9-1 变分法简介

一、函数的变分

自变量为 x 的函数表示为 $y=y(x)$，函数的变分是函数的微变量，但它与函数的微分有本质的不同．函数的微分 $\mathrm{d}y=y'\mathrm{d}x$，粗略地讲，它是由自变量 x 的变化引起的．而函数的变分不是因为自变量 x 的变化，它来自函数形式的变化，这种由于函数形式变化造成的函数的变化称为函数的变分，记作 δy．

微视频

与函数 y 邻近但形式与 y 不同的函数有许多，可以表示为

$$y^{*}(x,\ \varepsilon)=y(x,\ 0)+\varepsilon\eta(x),\tag{9.1.1}$$

其中 ε 是任意小的参数，$\eta(x)$ 是任意给定的可微函数．当 $\varepsilon=0$ 时 $y(x,\ 0)=y(x)$，函数形式的变化取决于上式的第二项，因此函数的变分写成

$$\delta y=y^{*}(x,\ \varepsilon)-y(x,\ 0)=\varepsilon\eta(x).\tag{9.1.2}$$

为了对函数的变分有直观的理解，我们在自由度为 1 的力学系统中讨论变分的概念．设广义坐标为 q，它是时间 t 的函数，$q=q(t)$．如图 9.1 所示，建立以 q，t 为轴的二维时空坐标系，曲线 I 是 $q=q(t)$ 的函数曲线，代表了系统的真实运动．如果 t 变化了 $\mathrm{d}t$，则 q 就变化 $\mathrm{d}q$，$\mathrm{d}q$ 就是函数的微分．

在曲线 I 附近，存在着许多相邻曲线，这些曲线都满足力学系统的约束条件，称为可能运动曲线，它们的方程表示为

$$q^{*}(t,\ \varepsilon)=q(t,\ 0)+\varepsilon\eta(t).\tag{9.1.3}$$

在 t 不变的清况下，函数形式的改变也能引起函数的变化，这种变化纯粹是由函数形式变化引起的，它就是函数的变分 δq，即

$$\delta q=q^{*}(t,\ \varepsilon)-q(t,\ 0)=\varepsilon\eta(t).\tag{9.1.4}$$

与 $\mathrm{d}q$ 不同，δq 与时间变化无关，称为等时变分，从图

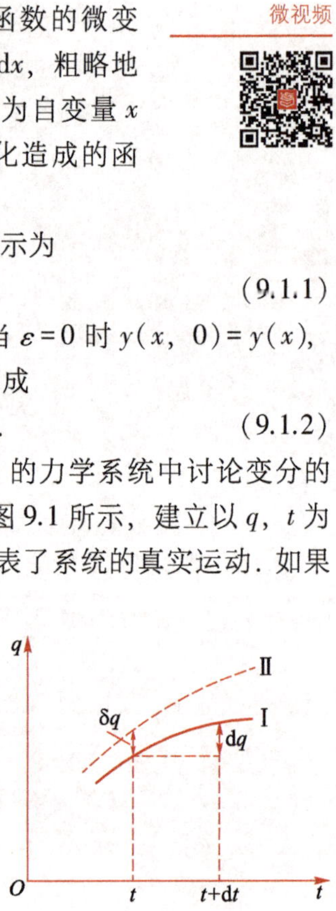

图 9.1　真实运动曲线和可能运动曲线

中可以看出它们的明显差别. 需要指出的是, 虚功原理中涉及的虚位移 $\delta \boldsymbol{r}$ 和广义坐标的变化 δq_α 都是等时变分.

变分的运算法则在形式上与微分运算法则相同, 它们都可以根据变分的定义得到证明. 下面罗列几条变分法则.

设 y_1 和 y_2 是自变量 x 的两个函数, 则

$$\delta(y_1+y_2)=\delta y_1+\delta y_2, \tag{9.1.5}$$

$$\delta(y_1 y_2)=y_1\delta y_2+y_2\delta y_1, \tag{9.1.6}$$

$$\delta \frac{y_1}{y_2}=\frac{y_2\delta y_1-y_1\delta y_2}{y_2^2}. \tag{9.1.7}$$

作为示范, 现给出式 (9.1.7) 的证明. 因为

$$\delta \frac{y_1}{y_2}=\left(\frac{y_1}{y_2}\right)^*-\frac{y_1}{y_2}=\frac{y_1+\varepsilon_1\eta_1}{y_2+\varepsilon_2\eta_2}-\frac{y_1}{y_2}=\frac{y_2\varepsilon_1\eta_1-y_1\varepsilon_2\eta_2}{y_2(y_2+\varepsilon_2\eta_2)},$$

又因上式分母中的 $\varepsilon_2\eta_2$ 与 y_2 相比可以略去, 所以

$$\delta \frac{y_1}{y_2}=\frac{y_2\delta y_1-y_1\delta y_2}{y_2^2}.$$

等时变分还有两个重要性质: (1) 变分与微分的运算可以交换, 即 δ 和 d 的运算可交换; (2) 变分和微商的运算可以交换, 即 δ 和 $\mathrm{d}/\mathrm{d}t$ 的运算可交换.

设力学系统的自由度为 1, 广义坐标为 q. 如图 9.2 所示, 在时空坐标系中, 曲线 Ⅰ 表示系统的真实运动, 曲线 Ⅱ 表示与曲线 Ⅰ 邻近的系统的可能运动. 此时, 我们通过两条途径, 令系统从位于线 Ⅰ 上的 P 点 (t, q) 出发, 到达位于线 Ⅱ 上的 Q' 点 $(t+\mathrm{d}t, q')$, 进而证明变分算符和微分算符在运算中可以交换.

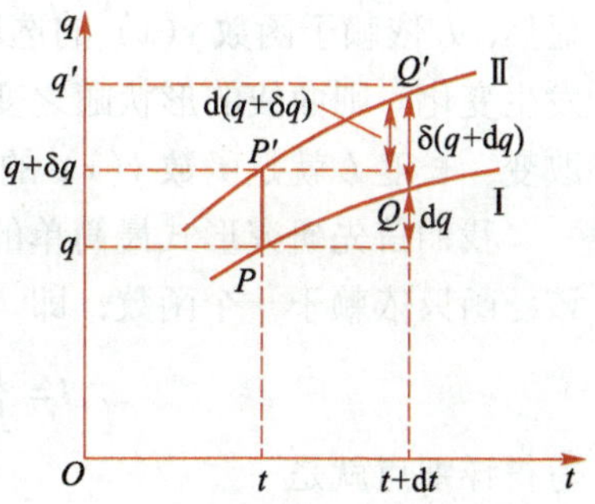

图 9.2　证明 $\delta(\mathrm{d}q)=\mathrm{d}(\delta q)$

第一条途径是 $P\to Q\to Q'$, 即先在 t 时刻从 P 点沿真实运动曲线 Ⅰ 经 $\mathrm{d}t$ 到达 Q 点, 纵坐标变为 $q+\mathrm{d}q$, 再在 $t+\mathrm{d}t$ 时刻经等时变分到达可能运动曲线 Ⅱ 上的 Q' 点. 因此, Q' 点的纵坐标为 $q+\mathrm{d}q+\delta(q+\mathrm{d}q)$.

第二条途径是 $P\to P'\to Q'$, 即 t 时刻从 P 点经等时变分到达可能运动曲线上的 P' 点, 纵坐标变为 $q+\delta q$, 再沿该曲线经 $\mathrm{d}t$ 时间到达 Q' 点. 因此, Q' 点的纵坐标成为 $q+\delta q+\mathrm{d}(q+\delta q)$. 于是

$$q+\mathrm{d}q+\delta(q+\mathrm{d}q)=q+\delta q+\mathrm{d}(q+\delta q),$$

经整理得

$$\delta(\mathrm{d}q)=\mathrm{d}(\delta q). \tag{9.1.8}$$

因为

$$\delta\left(\frac{\mathrm{d}q}{\mathrm{d}t}\right)=\frac{(\mathrm{d}t)\delta(\mathrm{d}q)-\mathrm{d}q\delta(\mathrm{d}t)}{(\mathrm{d}t)^2},$$

由于等时变分, $\delta(\mathrm{d}t)=\mathrm{d}(\delta t)=0$, 所以上式可写成

$$\delta\left(\frac{\mathrm{d}q}{\mathrm{d}t}\right)=\frac{\delta(\mathrm{d}q)}{\mathrm{d}t}=\frac{\mathrm{d}}{\mathrm{d}t}(\delta q). \tag{9.1.9}$$

在变分法中，除等时变分外，还有全变分. 全变分是由于函数自变量和函数形式的共同变化引起的，用 Δq 表示，即

$$\Delta y=y^*(x+\Delta x,\ \varepsilon)-y(x,\ 0),$$

$$\Delta y=\delta y+\frac{\mathrm{d}y}{\mathrm{d}x}\Delta x. \tag{9.1.10}$$

二、泛函的变分与泛函取极值的条件——欧拉方程

微视频

若变量 J 由一个或一组函数 $y_i=y_i(x)$，$i=1,\ 2,\ \cdots,\ n$ 的选取而确定，则变量 J 称为函数 $y_i=y_i(x)$，$i=1,\ 2,\ \cdots,\ n$ 的泛函，记作 $J[y_1(x),\ y_2(x),\ \cdots,\ y_n(x)]$. 泛函 J 由 n 个函数的形式确定，是函数的“函数”. 泛函与函数的概念有所不同，函数中的变量是可以变化的数值，而泛函中处于自变量地位的是形式可以变化的函数.

图 9.3 的平面中有 A，B 两个固定点，连接两固定点间的曲线的长度 L 为

$$L=\int_{x_A}^{x_B}\sqrt{1+(\mathrm{d}y/\mathrm{d}x)^2}\,\mathrm{d}x. \tag{9.1.11}$$

显然，L 依赖于函数 $y(x)$ 的选取，若函数 $y(x)$ 的形式发生变化，则曲线的形状随之变化，曲线的长度也跟着改变，长度 L 就是函数 $y(x)$ 的泛函.

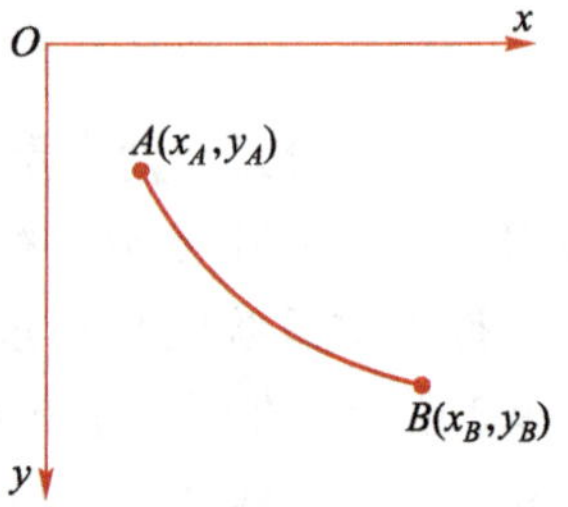

图 9.3　连接两固定点的曲线

我们首先研究形式最简单的泛函以及泛函的变分，该泛函只依赖于一个函数，即

$$J=\int_{x_0}^{x_1}F[y(x),\ y'(x),\ x]\,\mathrm{d}x. \tag{9.1.12}$$

写得详细点就是

$$J(\varepsilon)=\int_{x_0}^{x_1}F[y(x,\ 0)+\varepsilon\eta(x),\ y'(x,\ 0)+\varepsilon\eta'(x),\ x]\,\mathrm{d}x, \tag{9.1.13}$$

其中 $y'(x)=\dfrac{\mathrm{d}y(x)}{\mathrm{d}x}$.

被积函数 $F[y(x),\ y'(x),\ x]$ 的形式是已知的，积分的上下限是固定的. 当函数 $y(x)$ 在形式上发生变化时，泛函就会发生变化，这种由于函数形式的变化而引起的泛函的变化称为泛函的变分，记作 δJ.

现将被积函数 $F=F[y(x,\ 0)+\varepsilon\eta(x),\ y'(x,\ 0)+\varepsilon\eta'(x),\ x]$ 在 $\varepsilon=0$ 处展开，并只保留线性部分，得

$$\begin{aligned}&F[y(x,\ 0)+\varepsilon\eta(x),\ y'(x,\ 0)+\varepsilon\eta'(x),\ x]\\&=F[y(x),\ y'(x),\ x]+\left(\frac{\partial F}{\partial y}\right)_{\varepsilon=0}\varepsilon\eta(x)+\left(\frac{\partial F}{\partial y'}\right)_{\varepsilon=0}\varepsilon\eta'(x).\end{aligned}$$

可见函数的变分为

$$\delta F=F[y(x,\ 0)+\varepsilon\eta(x),\ y'(x,\ 0)+\varepsilon\eta'(x),\ x]-F[y(x),\ y'(x),\ x]$$

$$=\left(\frac{\partial F}{\partial y}\right)_{\varepsilon=0}\varepsilon\eta(x)+\left(\frac{\partial F}{\partial y'}\right)_{\varepsilon=0}\varepsilon\eta'(x)$$

$$=\left(\frac{\partial F}{\partial y}\right)_{\varepsilon=0}\delta y+\left(\frac{\partial F}{\partial y'}\right)_{\varepsilon=0}\delta y'.\qquad(9.1.14)$$

F 的变分是由于 y，y' 的变更引起的，与函数自变量 x 的变更无关，即 F 的变分是在 $\delta x=0$ 的情况下进行的. 在力学中，x 通常为时间 t，这种变分是等时变分.

由此，不难看出，泛函 J 的变分 δJ 是只保留了变化中的线性部分，并在求变分时自变量 x 保持不变. 现将 δJ 写成

$$\delta J=\int_{x_0}^{x_1}F[y(x,\ 0)+\varepsilon\eta(x),\ y'(x,\ 0)+\varepsilon\eta'(x),\ x]\mathrm{d}x-\int_{x_0}^{x_1}F[y(x),\ y'(x),\ x]\mathrm{d}x$$

$$=\int_{x_0}^{x_1}\{F[y(x,\ 0)+\varepsilon\eta(x),\ y'(x,\ 0)+\varepsilon\eta'(x),\ x]-F[y(x),\ y'(x),\ x]\}\mathrm{d}x$$

$$=\int_{x_0}^{x_1}\delta F\mathrm{d}x,\qquad(9.1.15)$$

上式表明当积分变量与变分无关时，变分算符和积分算符可以交换.

在数学中，变分法的基本问题是通过求泛函的极值（极大值，极小值，稳定值）去寻找函数 $y(x)$. 泛函中的函数 $y(x)$ 的形式需不断改变，直到 J 达到极值. 当 J 为极值时，$y(x)$ 就是我们所要寻找的函数. 而泛函（9.1.12）取极值的必要条件是 $y(x)$ 满足欧拉方程，下面我们推出欧拉方程.

与函数极值条件类似，处于极值的泛函，其变分一定为零，即

$$\delta J=\delta\int_{x_0}^{x_1}F[y(x),\ y'(x),\ x]\mathrm{d}x=0.\qquad(9.1.16)$$

由于变分和积分两算符可以交换，所以

$$\delta J=\int_{x_0}^{x_1}\delta F[y(x),\ y'(x),\ x]\mathrm{d}x=0.\qquad(9.1.17)$$

将式（9.1.14）代入，得

$$\int_{x_0}^{x_1}\left(\frac{\partial F}{\partial y}\delta y+\frac{\partial F}{\partial y'}\delta y'\right)\mathrm{d}x=0.\qquad(9.1.18)$$

考虑到 $\delta y'=\frac{\mathrm{d}}{\mathrm{d}x}(\delta y)$，并对上式中的第二项采用分部积分法，有

$$\int_{x_0}^{x_1}\frac{\partial F}{\partial y'}\delta y'\mathrm{d}x=\int_{x_0}^{x_1}\frac{\partial F}{\partial y'}\frac{\mathrm{d}}{\mathrm{d}x}(\delta y)\mathrm{d}x=\int_{x_0}^{x_1}\left[\frac{\mathrm{d}}{\mathrm{d}x}\left(\frac{\partial F}{\partial y'}\delta y\right)-\frac{\mathrm{d}}{\mathrm{d}x}\frac{\partial F}{\partial y'}\delta y\right]\mathrm{d}x,\qquad(9.1.19)$$

其中第一项为

$$\int_{x_0}^{x_1}\frac{\mathrm{d}}{\mathrm{d}x}\left(\frac{\partial F}{\partial y'}\delta y\right)\mathrm{d}x=\frac{\partial F}{\partial y'}\delta y\Bigg|_{x_0}^{x_1},\qquad(9.1.20)$$

因积分上下限是固定的，所以要求各函数曲线有相同的端点，即

$$\delta y\Big|_{x_0}=\delta y\Big|_{x_1}=0,$$

使式（9.1.20）为零. 这样，式（9.1.18）成为

$$\int_{x_0}^{x_1}\left(\frac{\partial F}{\partial y}-\frac{\mathrm{d}}{\mathrm{d}x}\frac{\partial F}{\partial y'}\right)\delta y\mathrm{d}x=0.\qquad(9.1.21)$$

由于 $\delta y=\varepsilon\eta$，而 η 是任意函数，所以 δy 也是任意的. 可见，要使上式成立，必须

$$\frac{\partial F}{\partial y}-\frac{\mathrm{d}}{\mathrm{d}x}\frac{\partial F}{\partial y'}=0, \tag{9.1.22}$$

这就是欧拉方程.

式（9.1.22）可推广到多个函数为变量的泛函中去，该泛函取极值的欧拉方程为

$$\frac{\partial F}{\partial y_\beta}-\frac{\mathrm{d}}{\mathrm{d}x}\frac{\partial F}{\partial y'_\beta}=0,\ \beta=1,\ 2,\ \cdots,\ l, \tag{9.1.23}$$

l 代表函数的个数.

三、变分问题

微视频

凡是与求泛函极值有关的问题都称为变分问题，下面列举三个曾在变分法的发展中发生过重要影响的变分问题.

（1）最速落径问题. 通过求泛函极值，得知竖直平面内不在同一铅垂线上的两个固定点之间的多条曲线中，能使质点以最短时间从高位置到低位置自由滑下的曲线是旋轮线（又称摆线）.

（2）短程线问题. 已知曲面方程，用求泛函极值的方法，可得出曲面上两固定点之间长度最短的线.

（3）等周问题. 将泛函求极值，可得知一平面内，长度一定的封闭曲线，所围面积最大的曲线是圆.

例题 9.1

最速落径问题.

解 如图 9.4 所示，设起点 A 的坐标为 $(x_1,\ y_1)$，终点 B 的坐标为 $(x_2,\ y_2)$，质点从 A 点沿曲线无摩擦下滑到 B 点. 因为质点的机械能守恒，$T+V=$ 常量，因此以 A 点为势能零点并选 A 点作为坐标原点时，不难得出质点下滑速率为 $v=\sqrt{2gy}$. 下滑的时间为

$$t=\int_{AB}\frac{\mathrm{d}s}{v}=\int_{x_1}^{x_2}\sqrt{\frac{1+y'^2}{2gy}}\mathrm{d}x. \tag{1}$$

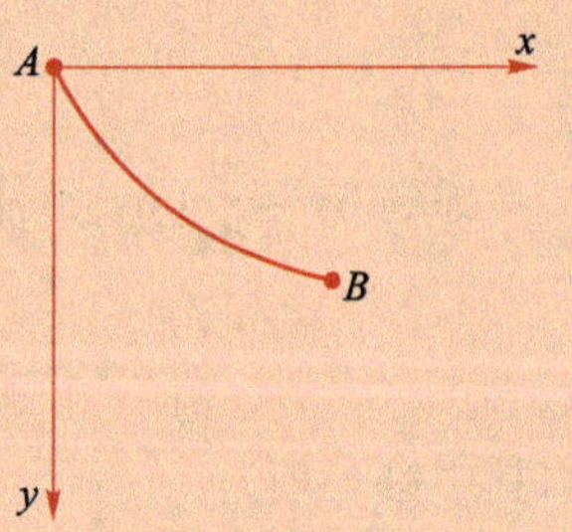

图 9.4　最速落径问题

可见，时间 t 是函数 $y=y(x)$ 的泛函，被积函数为

$$F(y,\ y')=\sqrt{\frac{1+y'^2}{2gy}}. \tag{2}$$

欧拉方程是

$$\frac{\partial F}{\partial y}-\frac{\mathrm{d}}{\mathrm{d}x}\left(\frac{\partial F}{\partial y'}\right)=0, \tag{3}$$

将 y' 乘这个方程，得

$$y'\frac{\partial F}{\partial y}-y'\frac{\mathrm{d}}{\mathrm{d}x}\left(\frac{\partial F}{\partial y'}\right)=0, \tag{4}$$

此式左边第二项可写成

$$-y'\frac{\mathrm{d}}{\mathrm{d}x}\left(\frac{\partial F}{\partial y'}\right)=-\frac{\mathrm{d}}{\mathrm{d}x}\left(y'\frac{\partial F}{\partial y'}\right)+\frac{\partial F}{\partial y'}y'', \tag{5}$$

将其代回式（4），得

$$y'\frac{\partial F}{\partial y}-\frac{\mathrm{d}}{\mathrm{d}x}\left(y'\frac{\partial F}{\partial y'}\right)+\frac{\partial F}{\partial y'}y''=0. \tag{6}$$

考虑到 $F(y, y')$ 不显含 x，所以

$$\frac{\mathrm{d}F}{\mathrm{d}x}=\frac{\partial F}{\partial y}y'+\frac{\partial F}{\partial y'}y''. \tag{7}$$

由式（6）和式（7），可得

$$\frac{\mathrm{d}}{\mathrm{d}x}\left(y'\frac{\partial F}{\partial y'}-F\right)=0, \tag{8}$$

可见，若 F 不显含 x，即 $\partial F/\partial x=0$，则欧拉方程存在初积分

$$y'\frac{\partial F}{\partial y'}-F=C. \tag{9}$$

将式（2）代入上式

$$y'\frac{y'}{\sqrt{y(1+y'^2)}}-\sqrt{\frac{1+y'^2}{y}}=C,$$

即

$$-\frac{1}{\sqrt{y(1+y'^2)}}=C,$$

$$y(1+y'^2)=a,$$

其中 a 是常量. 为方便计算，将上式写成

$$\mathrm{d}x=\sqrt{\frac{y}{a-y}}\mathrm{d}y.$$

作变量变换，设 $y=a\sin^2\varphi/2$，并代入上式，得

$$\mathrm{d}x=\frac{a}{2}(1-\cos\varphi)\mathrm{d}\varphi,$$

积分后为

$$x=\frac{a}{2}(\varphi-\sin\varphi)+C'. \tag{10}$$

设 $x=0$ 时 $y=0$，则

$$y=a\sin^2\frac{\varphi}{2}=\frac{a}{2}(1-\cos\varphi)=0, \tag{11}$$

得 $\varphi=0$. 代入式（10）得 $C'=0$. 于是，最后获得的曲线方程为

$$\begin{cases} x=\dfrac{a}{2}(\varphi-\sin\varphi), \\ y=\dfrac{a}{2}(1-\cos\varphi). \end{cases} \tag{12}$$

这是一条旋轮线，说明质点的最速落径是旋轮线.

9-2 哈密顿原理

一、位形空间、真实运动曲线和可能运动曲线

微视频

在分析力学中，由 s 个广义坐标 $q_1, q_2, \cdots, q_s$ 组成的 s 维空间

称为位形空间. 系统某一时刻的位形，即由广义坐标确定的系统的位置，与该空间中的一点相对应. 当位形随时间变化时，位形空间的位形点就会发生变化，在位形空间中形成一条曲线. 在位形空间中描述系统的运动时，时间 t 以参量的身份出现.

用位形空间描述系统运动的好处是：如果采用位形空间研究完整系的运动，就不用顾及约束对系统运动的影响了. 因为空间由 s 个广义坐标轴组成，每一个广义坐标都可以自由变化，因此，在位形空间中的任何一条曲线，都表示系统在完整约束下的一种可能的运动过程.

位形空间中的曲线有两类：真实运动曲线和可能运动曲线. 设方程组 $q_\alpha=q_\alpha(t)$，$\alpha=1, 2, \cdots, s$ 代表系统的真实运动，则由它们决定的曲线称为真实运动曲线. 而在约束许可的条件下，由于函数 $q_\alpha=q_\alpha(t)$ 形式发生变化而在真实曲线邻近出现的曲线称为可能运动曲线. 哈密顿原理将用变分法在一切可能运动曲线中将真实运动挑选出来.

二、完整有势系统的哈密顿原理

微视频

哈密顿原理是分析力学中的积分变分原理，它巧妙地运用泛函求极值的方法，将真实运动从约束允许的一切可能运动中挑选出来. 哈密顿原理是一条力学公理，它的正确性已被实践所证明.

首先，定义一个称为作用量的泛函：

$$S=\int_{t_0}^{t_1} L(q_\alpha, \dot{q}_\alpha, t)\,\mathrm{d}t, \tag{9.2.1}$$

式中的 L 称为拉格朗日函数，定义为

$$L=T-V, \tag{9.2.2}$$

上式中，T 是力学系统相对惯性系的动能，它是广义坐标、广义速度和时间的函数，即 $T=T(q_\alpha, \dot{q}_\alpha, t)$；势能 V 是广义坐标和时间的函数，写成 $V=V(q_\alpha, t)$. 这样，拉格朗日函数 L 就是 q_α，$\dot{q}_\alpha$ 和 t 的函数，即 $L=L(q_\alpha, \dot{q}_\alpha, t)$，拉格朗日函数定义的正确性已经过实践检验.

如图 9.5 所示，假定位形空间中有两个固定点 A 和 B，与 A 点相对应的时刻是 t_0，与 B 点相对应的时刻是 t_1. 设在两个固定点之间，存在着由方程组 $q_\alpha=q_\alpha(t)$，$\alpha=1, 2, \cdots, s$ 决定的真实运动曲线，与真实运动曲线相对应的作用量有一个确定的值. 而在约束允许的条件下，两固定点 A，B 间存在许多与真实运动曲线邻近的可能运动曲线，这些可能轨道取决于函数 $q_\alpha(t)$ 在形式上的变化，即它们是由

$$q_\alpha^*=q_\alpha+\delta q_\alpha,\ \alpha=1, 2, \cdots, s,$$

$$\delta q_\alpha\Big|_{t=t_0}=\delta q_\alpha\Big|_{t=t_1}=0,\ \alpha=1, 2, \cdots, s$$

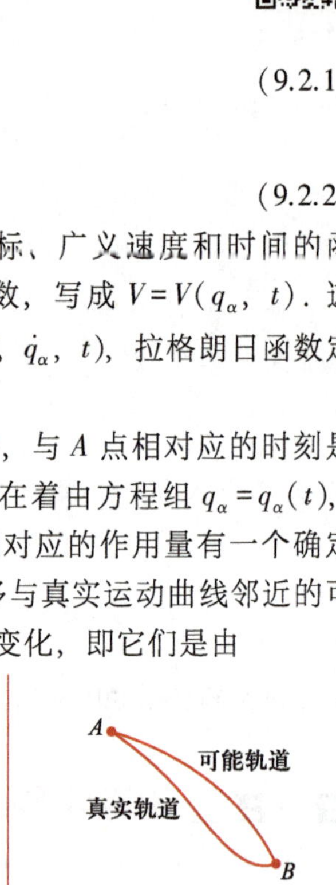

图 9.5　真实轨道和可能轨道

决定的. 由于在同一时刻对于不同轨道，系统的动能和势能是不相同的，造成它们的拉格朗日函数 L 也不相同，所以与一条可能轨道对应的作用量会随轨道的不同而不同. 可见，作用量是依赖于函数 $q_\alpha(t)$ 的泛函. 在位形空间的两个固定点间有许多可能运动轨道，其中有一

条是真实的．哈密顿原理就是通过变分法中求泛函极值的方法，将真实运动从这许多的可能运动中挑选出来的．

哈密顿原理的内容是：受完整约束的有势系，在位形空间中，相同时间内通过两位形点间的一切可能运动曲线中，真实运动曲线使作用量取极值．事实上，这个极值为极小值，故哈密顿原理又称为哈密顿最小作用量原理．

在哈密顿原理中，一切可能运动必须具有以下共同的特点：

（1）这些运动都是同一系统在相同的约束条件下的可能运动；

（2）这些可能运动都是设定在时刻 t_0 和时刻 t_1 之间相同时间间隔内完成的运动；

（3）这些可能运动在位形空间中有相同的起点和终点，即

$$\delta q_\alpha\Big|_{t=t_0}=\delta q_\alpha\Big|_{t=t_1}=0,\ \alpha=1,\ 2,\ \cdots,\ s.$$

哈密顿原理的数学表述为：在位形空间内，当 $\delta q_\alpha\Big|_{t=t_0}=\delta q_\alpha\Big|_{t=t_1}=0$，$\alpha=1$，2，…，$s$ 时，对于受完整约束的有势系，其真实运动使

$$\delta S=\delta\int_{t_0}^{t_1}L(q_\alpha,\ \dot{q}_\alpha,\ t)\,\mathrm{d}t=0. \tag{9.2.3}$$

综上所述，当作用量泛函取极值时，与该作用量所对应的位形空间曲线就是真实运动的曲线，描绘该曲线的 s 个函数 $q_\alpha=q_\alpha(t)$ 就是真实运动的运动学方程．

前面提到的拉格朗日函数 $L=T-V$ 是力学系统重要的特征函数．L 中的动能包含了反映系统结构的一些参量，如质量、转动惯量和结构的几何参量等，其中的广义坐标反映了系统的自由度和受约束情况；L 中的势能则反映了系统内外相互作用的情况．如果确定了系统的拉格朗日函数，则通过哈密顿原理，就可导出力学系统的动力学方程．

例题 9.2

质量为 m 的质点，在重力场中以与水平线成 α 角的初速度 v 抛射．根据哈密顿原理，求质点的运动微分方程．

解 在抛射体运动的平面内，以竖直方向为 y 轴，建立直角坐标系 Oxy，以 x，y 作为质点的广义坐标．拉格朗日函数为

$$L=\frac{1}{2}m(\dot{x}^2+\dot{y}^2)-mgy,$$

作用量写成

$$S=\int_{t_0}^{t_1}L\mathrm{d}t=\int_{t_0}^{t_1}\left[\frac{1}{2}m(\dot{x}^2+\dot{y}^2)-mgy\right]\mathrm{d}t. \tag{1}$$

根据哈密顿原理，真实运动使 $\delta S=0$．也就是

$$\delta S=\int_{t_0}^{t_1}[(m\dot{x}\delta\dot{x}+m\dot{y}\delta\dot{y}-mg\delta y)]\mathrm{d}t=0. \tag{2}$$

根据 δ 与 $\frac{\mathrm{d}}{\mathrm{d}t}$ 可交换的规则和运用分部积分，得

$$\int_{t_0}^{t_1} m\dot{x}\,\delta\dot{x}\,\mathrm{d}t = \int_{t_0}^{t_1} m\dot{x}\frac{\mathrm{d}}{\mathrm{d}t}(\delta x)\,\mathrm{d}t = m\dot{x}\,\delta x\,\Big|_{t_0}^{t_1} - \int_{t_0}^{t_1} m\ddot{x}\delta x\mathrm{d}t, \tag{3}$$

$$\int_{t_0}^{t_1} m\dot{y}\,\delta\dot{y}\,\mathrm{d}t = \int_{t_0}^{t_1} m\dot{y}\frac{\mathrm{d}}{\mathrm{d}t}(\delta y)\,\mathrm{d}t = m\dot{y}\,\delta y\,\Big|_{t_0}^{t_1} - \int_{t_0}^{t_1} m\ddot{y}\delta y\mathrm{d}t, \tag{4}$$

由于在 t_0，t_1 时刻，$\delta x = \delta y = 0$，所以

$$\delta S = \int_{t_0}^{t_1} [-m\ddot{x}\delta x - (m\ddot{y} + mg)\delta y]\,\mathrm{d}t = 0. \tag{5}$$

因为 δx 和 δy 是相互独立的，所以要使上式成立，必须

$$m\ddot{x} = 0, \qquad m\ddot{y} + mg = 0, \tag{6}$$

这正是用牛顿运动定律得出的质点的运动微分方程.

三、一般完整系的哈密顿原理

对一般完整系，主动力常含有非有势力，上述哈密顿原理不再适用，但可以将有势系的哈密顿原理的表达式（9.2.3）经修改后推广到一般完整系中. 在位形空间中，一般完整系的真实运动使

$$\int_{t_0}^{t_1}\left(\delta T + \sum_{\alpha=1}^{s} Q_\alpha \delta q_\alpha\right)\mathrm{d}t = 0 \tag{9.2.4}$$

得到满足，其中 T 是系统的动能，Q_α 是与广义坐标 q_α 对应的广义力.

对于一般完整系，不可能找到一个类似作用量 S 的泛函，使其真实运动的作用量取极值. 原因是一般完整系的主动力不全是有势力，$\sum\limits_{\alpha=1}^{s} Q_\alpha \delta q_\alpha$ 不能写成一个函数的变分. 如果主动力都是有势的，则广义力为 $Q_\alpha = -\dfrac{\partial V}{\partial q_\alpha}$，于是主动力的虚功之和可以用系统总势能的变分表示，即 $\sum\limits_{\alpha=1}^{s} Q_\alpha \delta q_\alpha = -\delta V$. 此时，式（9.2.4）就变成了式（9.2.3）. 可见，一般完整系的哈密顿原理具有更普遍的意义.

在物理学的研究中，大量的系统是有势的或可以化为有势的，因此完整有势系的哈密顿原理具有重要的理论价值. 由于作用量与广义坐标选取无关，故哈密顿原理对不同的广义坐标都能保持统一的、简洁完美的形式，即具有坐标交换的不变性，从而使哈密顿原理具有很大的普适性. 实际上，哈密顿原理不但适用于有限自由度的系统，也适用于无限自由度的系统，如流体、弹性体等. 哈密顿原理还可以推广到物理学其他领域中，如在电磁学、量子力学、相对论等领域中，哈密顿原理仍然适用. 哈密顿原理还可用于创建新的理论，如果根据实验结果和新的模型假设构造出拉格朗日函数，便可用哈密顿原理导出运动方程，其结果的正确性可由实验检验.

哈密顿原理是一条公理，不能从理论上论证其正确性，它的正确性只能由从原理演绎出的推论在实践中的检验而得到证实. 哈密顿原理也不依赖牛顿运动定律，其适用条件完全不受牛顿运动定律适用条件的限制，其普适性比牛顿运动定律大得多.

9-3 完整有势系的拉格朗日方程

微视频

由完整系哈密顿原理可以推导出完整系的拉格朗日方程，这种由力学的变分原理导出动力学基本方程的方法是分析力学的重要方法. 拉格朗日于1788年创立分析力学时，哈密顿原理还没问世，拉格朗日是用牛顿第二定律推导演绎出拉格朗日方程的. 拉格朗日的理论非常严谨，理论的抽象性使它能给各种力学系统提供统一的动力学方程.

对受完整约束的有势系，哈密顿原理告诉我们，真实运动能使作用量 $S=\int_{t_0}^{t_1}L(q_\alpha,\ \dot{q}_\alpha,\ t)\mathrm{d}t$ 取极值. 现在我们将作用量这个泛函与式（9.1.12）比较，看到它们的数学形式是完全相同的. 由于欧拉方程式（9.1.23）是作用量取极值的必要条件，所以，当作用量 S 取极值时，下面 s 个方程必然成立

$$\frac{\mathrm{d}}{\mathrm{d}t}\frac{\partial L}{\partial \dot{q}_\alpha}-\frac{\partial L}{\partial q_\alpha}=0,\quad \alpha=1,\ 2,\ \cdots,\ s, \tag{9.3.1}$$

这就是完整有势系的拉格朗日方程.

拉格朗日方程组共有 s 个二阶微分方程，方程数与广义坐标的数目（即自由度数目）相等. 方程中的 L 是系统的拉格朗日函数

$$L=T-V=L(q_\alpha,\ \dot{q}_\alpha,\ t), \tag{9.3.2}$$

它是广义坐标、广义速度和时间的函数.

只要确定了系统的自由度，选择好广义坐标，并正确写出拉格朗日函数，就可利用拉格朗日方程得到系统的运动微分方程. 由此可见，拉格朗日函数是系统的动力学特征函数.

拉格朗日方程式（9.3.1）是主动力均为有势力的完整系的普遍动力学方程，与牛顿力学中的基本定理和基本定律一样，都属于经典力学的范畴. 运用牛顿力学的方法建立系统的动力学方程，需要根据系统的构成和运动类型，运用相应的基本定理或基本定律去建立方程，因此牛顿动力学分为质点动力学、质点组动力学、刚体动力学等. 分析力学与牛顿力学不同，它不需要区分力学系统的构成和运动类型，而把所有力学系统的动力学方程统一起来.

例题 9.3

质量为 m 的质点，被约束在半顶角为 α 的光滑固定圆锥面内运动. 试通过拉格朗日方程，写出质点的运动微分方程.

解 建立如图9.6所示的与圆锥固连的柱坐标系，质点的位置由（ρ，θ，z）确定. 由于质点受到圆锥面的约束，约束方程为 $z=\rho\cot\alpha$，所以质点的广义坐标只有两个，选择 ρ，θ 为广义坐标.

质点的拉格朗日函数为

$$L=T-V=\frac{1}{2}m(\dot{\rho}^2+\rho^2\dot{\theta}^2+\dot{z}^2)-mgz, \tag{1}$$

其中规定了 O 点为重力势能零点.

将 L 变成仅含有 ρ，θ 和 $\dot{\rho}$，$\dot{\theta}$ 的函数，得

$$L=\frac{1}{2}m(\dot{\rho}^2+\rho^2\dot{\theta}^2+\dot{\rho}^2\cot^2\alpha)-mg\rho\cot\alpha. \tag{2}$$

根据拉格朗日方程（9.3.1），将式（2）代入下面两个方程：

$$\begin{cases}\dfrac{\mathrm{d}}{\mathrm{d}t}\dfrac{\partial L}{\partial\dot{\rho}}-\dfrac{\partial L}{\partial\rho}=0,\\ \dfrac{\mathrm{d}}{\mathrm{d}t}\dfrac{\partial L}{\partial\dot{\theta}}-\dfrac{\partial L}{\partial\theta}=0.\end{cases} \tag{3}$$

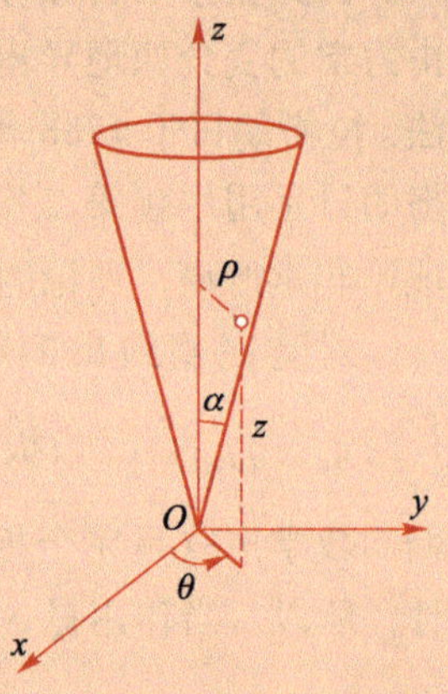

图 9.6 质点在重力场中沿圆锥面的运动

注意到$\partial L/\partial\theta=0$，经运算，得到质点的运动微分方程

$$\begin{cases}\ddot{\rho}-\rho\dot{\theta}^2\sin^2\alpha+g\sin\alpha\cos\alpha=0,\\ \rho\ddot{\theta}+2\dot{\rho}\dot{\theta}=0,\end{cases} \tag{4}$$

其中第二式可写成 $\rho^2\dot{\theta}=$常量，表示质点对 z 轴的角动量守恒，第一式则是质点在 $\boldsymbol{e}_\rho$ 和 z 轴两个方向动力学方程合并之后的结果.

广义坐标的选择直接关系到运动微分方程的结果和意义，如果选择 θ 和 z 作为质点的广义坐标，运动微分方程变为

$$\begin{cases}z^2\dot{\theta}\tan^2\alpha=\text{常量},\\ \ddot{z}-z\dot{\theta}^2\sin^2\alpha+g\cos^2\alpha=0,\end{cases} \tag{5}$$

其中第一个方程表示质点对 z 轴的角动量守恒，第二个方程是质点的动量定理在 z 轴上的投影.

按照牛顿力学的方法，质点的运动微分方程为

$$\begin{cases}m(\ddot{\rho}-\rho\dot{\theta}^2)=-F_\mathrm{N}\cos\alpha,\\ m\ddot{z}=F_\mathrm{N}\sin\alpha-mg,\\ \rho^2\dot{\theta}=\text{常量（由初始条件确定）},\end{cases} \tag{6}$$

方程中的 F_N 是锥面作用于质点的约束力的大小，它的方向垂直接触面并指向 z 轴. 要使方程可解，还需加上约束方程 $z=\rho\cot\alpha$.

经比较可见，运用拉格朗日的方法，方程中不出现约束力 F_N，使方程中的未知量减少，从而使方程的总数也减少.

例题 9.4

求弹簧摆的振动方程. 已知质量为 m 的摆锤挂在轻弹簧上，弹簧一端固定（图 9.7），系统静止时弹簧的长度为 l，原长为 l_0，弹性系数为 k.

解 取弹簧和摆锤为系统，自由度为 2. 选 r，θ 作广义坐标. 系统的动能为 $T=\frac{1}{2}\cdot m(\dot{r}^2+r^2\dot{\theta}^2)$，系统的势能为 $V=-mgr\cos\theta+\frac{1}{2}\cdot k(r-l_0)^2$. 当系统静止时，$mg=k(l-l_0)$，所以 $l_0=l-\frac{mg}{k}$. 这样，拉格朗日函数写成

$$L=\frac{1}{2}m(\dot{r}^2+r^2\dot{\theta}^2)+mgr\cos\theta-\frac{1}{2}\cdot k\left(r-l+\frac{mg}{k}\right)^2. \tag{1}$$

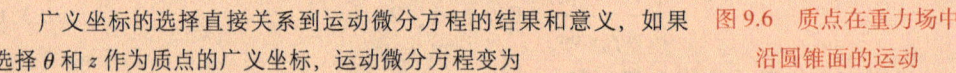

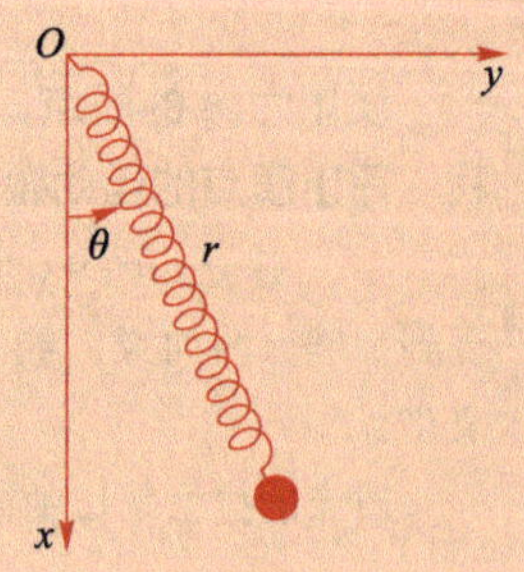

图 9.7 弹簧摆

将式（1）代入拉格朗日方程：

$$\begin{cases}\dfrac{\mathrm{d}}{\mathrm{d}t}\dfrac{\partial L}{\partial \dot r}-\dfrac{\partial L}{\partial r}=0,\\ \dfrac{\mathrm{d}}{\mathrm{d}t}\dfrac{\partial L}{\partial \dot\theta}-\dfrac{\partial L}{\partial \theta}=0,\end{cases} \tag{2}$$

经计算，得到系统的运动微分方程：

$$\begin{cases}m\ddot r-mr\dot\theta^2-mg\cos\theta+k\left(r-l+\dfrac{mg}{k}\right)=0,\\ r\ddot\theta+2\dot r\dot\theta+g\sin\theta=0,\end{cases} \tag{3}$$

这是一个非线性方程组，需在计算机上作数值计算. 在一定的初始条件下，摆锤的轨迹如图 9.8 所示.

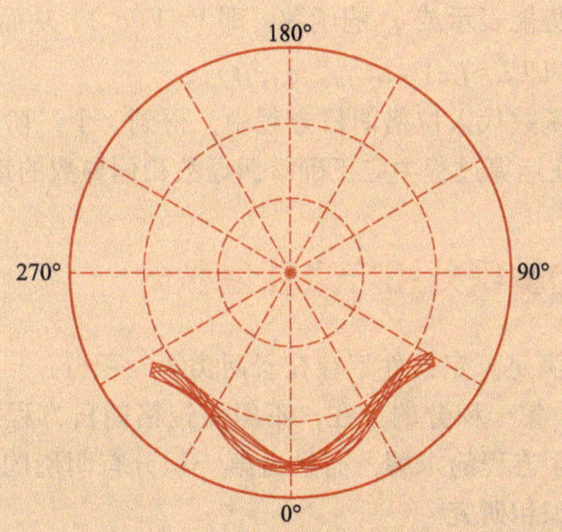

图 9.8　弹簧摆的轨迹

如果系统做小振动，则可进行近似计算，将非线性方程化为线性方程.

假若摆角 θ 很小，则 $\sin\theta\approx\theta$，$\cos\theta\approx1$，式（3）写成

$$\begin{cases}m\ddot r-mr\dot\theta^2-mg+k\left(r-l+\dfrac{mg}{k}\right)=0,\\ r\ddot\theta+2\dot r\dot\theta+g\theta=0.\end{cases} \tag{4}$$

为了求出摆动的周期，令 ξ 为弹簧相对平衡位置的相对伸长，即 $\xi=(r-l)/l$，则

$$r=(\xi+1)l. \tag{5}$$

将上式代入式（4）的第二式，得

$$(1+\xi)l\ddot\theta+2l\dot\xi\dot\theta+g\theta=0, \tag{6}$$

这仍是个比较复杂的方程. 若考虑摆动和沿弹簧方向的振动都为小振动，则 $\xi\ll1$，$\dot\xi$，$\dot\theta$ 为一阶小量，忽略二阶小量 $\dot\xi\dot\theta$，上式便可近似表示为

$$\ddot\theta+\frac{g}{l}\theta=0, \tag{7}$$

这就是在上述近似条件下得出的摆角的振动方程，振动周期为

$$T=2\pi\sqrt{\frac{l}{g}}, \tag{8}$$

该周期与摆长为 l 的单摆的振动周期相等.

如果将式（5）代入式（4）的第一式，可得到另一个小振动方程：

$$\ddot{\xi}+\frac{k}{m}\xi=0. \tag{9}$$

表明在近似条件下，ξ 随时间变化的周期与弹簧谐振子的周期相等.

综上两例，我们对用拉格朗日方法建立完整有势系的运动微分方程的基本步骤作一小结.

(1) 判断系统的自由度，选择合适的广义坐标，从全局上掌握由拉格朗日方程导出的运动微分方程的个数.

(2) 通过坐标变换方程，将系统相对惯性系的动能表示成 q_α，$\dot{q}_\alpha$，t 的函数，即 $T=T(q_\alpha,\ \dot{q}_\alpha,\ t)$. 将势能表示成 q_α 的函数，即 $V=V(q_\alpha)$. 从而，将拉格朗日函数写成 q_α，$\dot{q}_\alpha$，t 的函数，即 $L=T-V=L(q_\alpha,\ \dot{q}_\alpha,\ t)$.

(3) 将拉格朗日函数代入拉格朗日方程中，得到 s 个二阶微分方程，这就是系统的运动微分方程. 在运算过程中应正确掌握导数和偏导数的运算.

9-4 广义动量积分和广义能量积分

拉格朗日方程在满足一定条件下存在着两类第一积分，一个是广义动量积分，一个是广义能量积分. 第一积分的存在，不但使拉格朗日方程由二阶微分方程降为一阶微分方程，简化了方程的求解，而且当第一积分有明确的物理意义时，有利于我们对物理过程的认识和研究.

一、广义动量和广义动量积分

微视频

将拉格朗日方程 (9.3.1) 写成

$$\frac{\mathrm{d}}{\mathrm{d}t}\frac{\partial L}{\partial \dot{q}_\alpha}=\frac{\partial L}{\partial q_\alpha},\quad \alpha=1,\ 2,\ \cdots,\ s. \tag{9.4.1}$$

如果拉格朗日函数 L 不显含某个广义坐标 q_α，即 $\partial L/\partial q_\alpha=0$，则这个广义坐标 q_α 称为可遗坐标或循环坐标. 此时有 $\frac{\mathrm{d}}{\mathrm{d}t}\frac{\partial L}{\partial \dot{q}_\alpha}=0$，从而 $\frac{\partial L}{\partial \dot{q}_\alpha}=$ 常量. 定义 $p_\alpha=\frac{\partial L}{\partial \dot{q}_\alpha}$，$p_\alpha$ 称为与可遗坐标 q_α 对应的广义动量.

可见，若拉格朗日函数不显含广义坐标 q_α，即

$$\frac{\partial L}{\partial q_\alpha}=0, \tag{9.4.2}$$

必然存在与该广义坐标 q_α 对应的广义动量守恒，即

$$p_\alpha=\frac{\partial L}{\partial \dot{q}_\alpha}=\text{常量}, \tag{9.4.3}$$

称系统存在广义动量积分.

由于势能 $V=V(q_\alpha)$ 不含广义速度，所以

$$p_\alpha=\frac{\partial L}{\partial \dot{q}_\alpha}=\frac{\partial T}{\partial \dot{q}_\alpha},\tag{9.4.4}$$

说明广义动量可以通过动能计算.

现将广义动量写成

$$p_\alpha=\frac{\partial T}{\partial \dot{q}_\alpha}=\sum_{i=1}^{n} m_i\boldsymbol{v}_i\cdot\frac{\partial \dot{\boldsymbol{r}}_i}{\partial \dot{q}_\alpha}.\tag{9.4.5}$$

因为 $\boldsymbol{r}_i=\boldsymbol{r}_i(q_\alpha, t)$，所以

$$\dot{\boldsymbol{r}}_i=\sum_{\alpha=1}^{s}\frac{\partial \boldsymbol{r}_i}{\partial q_\alpha}\dot{q}_\alpha+\frac{\partial \boldsymbol{r}_i}{\partial t},$$

而$\dfrac{\partial \boldsymbol{r}_i}{\partial q_\alpha}$，$\dfrac{\partial \boldsymbol{r}_i}{\partial t}$不含 $\dot{q}_\alpha$，所以

$$\frac{\partial \dot{\boldsymbol{r}}_i}{\partial \dot{q}_\alpha}=\frac{\partial \boldsymbol{r}_i}{\partial q_\alpha},\tag{9.4.6}$$

于是广义动量写成

$$p_\alpha=\sum_{i=1}^{n} m_i\boldsymbol{v}_i\cdot\frac{\partial \boldsymbol{r}_i}{\partial q_\alpha}.\tag{9.4.7}$$

因此，广义动量的量纲式为

$$[p_\alpha]=\frac{[\text{动量}][\text{长度}]}{[\text{广义坐标}]}.\tag{9.4.8}$$

由此可知：若广义坐标为长度量纲，则广义动量是动量的量纲；若广义坐标是角度（无量纲），则广义动量就是角动量的量纲；若广义坐标是其他量纲，则广义动量随之为其他意义的量纲. 因此，广义动量比动量有更广泛的意义.

系统有多少个可遗坐标，就会有多少个广义动量积分. 可遗坐标的多少，与广义坐标的选取有密切关系. 同时，若广义坐标的选取不同，则与之相应的广义动量的物理意义也不同.

例如，自由质点在重力场中运动，建立与地面固连的直角坐标系 $Oxyz$，x，y 轴在水平方向，z 轴竖直向上，选择直角坐标（x，y，z）为广义坐标，则质点的拉格朗日函数为

$$L=\frac{1}{2}m(\dot{x}^2+\dot{y}^2+\dot{z}^2)-mgz.\tag{9.4.9}$$

由于拉格朗日函数不显含 x，y 坐标，即

$$\frac{\partial L}{\partial x}=0,\ \frac{\partial L}{\partial y}=0,\tag{9.4.10}$$

所以存在与 x，y 对应的两个广义动量积分：

$$p_x=\frac{\partial L}{\partial \dot{x}}=m\dot{x}=\text{常量},\ p_y=\frac{\partial L}{\partial \dot{y}}=m\dot{y}=\text{常量},\tag{9.4.11}$$

它们表示质点沿 x 轴和 y 轴的动量分量守恒.

如果选择球坐标（r，θ，φ）为广义坐标，则质点的拉格朗日函数为

$$L=\frac{1}{2}m(\dot{r}^2+r^2\dot{\theta}^2+r^2\sin^2\theta\,\dot{\varphi}^2)-mgr\cos\theta.\tag{9.4.12}$$

因只有 φ 是可遗坐标，所以只存在一个广义动量积分，即

$$p_{\varphi}=\frac{\partial L}{\partial \dot{\varphi}}=mr^2\sin^2\theta\,\dot{\varphi}=\text{常量}, \tag{9.4.13}$$

此积分的意义是质点对 z 轴的角动量守恒.

通过这个例子，一方面说明广义动量积分的存在与否依赖于广义坐标的选择，适当选取广义坐标可以找到较多的广义动量积分. 另一方面，说明了广义动量积分既包括了动量守恒，也包括了角动量守恒. 还应指出，广义动量积分还可以包括一些不属于上述两种意义的积分，它们的物理意义不能简单地加以描述，广义动量积分包含的内容是很广泛的.

二、广义能量和广义能量积分

微视频

由 n 个质点组成的完整系，坐标变换方程为

$$\boldsymbol{r}_i=\boldsymbol{r}_i(q_1,\ q_2,\ \cdots,\ q_s,\ t),\ i=1,\ 2,\ \cdots,\ n. \tag{9.4.14}$$

将上式对时间求导，得到各个质点的速度

$$\dot{\boldsymbol{r}}_i=\sum_{\alpha=1}^{s}\frac{\partial \boldsymbol{r}_i}{\partial q_\alpha}\dot{q}_\alpha+\frac{\partial \boldsymbol{r}_i}{\partial t},\ i=1,\ 2,\ \cdots,\ n, \tag{9.4.15}$$

将这 n 个式子代入动能定义式中，得

$$T=\frac{1}{2}\sum_{i=1}^{n}m_i\boldsymbol{v}_i\cdot\boldsymbol{v}_i=\frac{1}{2}\sum_{i=1}^{n}m_i\left(\sum_{\alpha=1}^{s}\frac{\partial \boldsymbol{r}_i}{\partial q_\alpha}\dot{q}_\alpha+\frac{\partial \boldsymbol{r}_i}{\partial t}\right)\cdot\left(\sum_{\beta=1}^{s}\frac{\partial \boldsymbol{r}_i}{\partial q_\beta}\dot{q}_\beta+\frac{\partial \boldsymbol{r}_i}{\partial t}\right),$$

展开上式并交换取和号，有

$$T=\frac{1}{2}\sum_{\substack{\alpha=1\\ \beta=1}}^{s}\left(\sum_{i=1}^{n}m_i\frac{\partial \boldsymbol{r}_i}{\partial q_\alpha}\cdot\frac{\partial \boldsymbol{r}_i}{\partial q_\beta}\right)\dot{q}_\alpha\dot{q}_\beta+\sum_{\alpha=1}^{s}\left(\sum_{i=1}^{n}m_i\frac{\partial \boldsymbol{r}_i}{\partial q_\alpha}\cdot\frac{\partial \boldsymbol{r}_i}{\partial t}\right)\dot{q}_\alpha+\frac{1}{2}\sum_{i=1}^{n}m_i\left(\frac{\partial \boldsymbol{r}_i}{\partial t}\right)^2, \tag{9.4.16}$$

因为 $\partial\boldsymbol{r}_i/\partial q_\alpha$ 和 $\partial\boldsymbol{r}_i/\partial t$ 仅是 q_α 和 t 的函数，所以上式中的 3 个括号都不显含 $\dot{q}_\alpha$. 将式 (9.4.16) 右边三项按顺序写成 T_2，T_1，T_0，它们分别为广义速度的二次齐次项、广义速度的一次齐次项和广义速度的零次项，系统的动能 T 的表示式为

$$T=T_2+T_1+T_0. \tag{9.4.17}$$

由式 (9.4.16) 可看出，$\partial\boldsymbol{r}_i/\partial t$ 是否为零，直接影响到 T_1 和 T_0 是否存在，进而影响到动能的构成.如果坐标变换方程 (9.4.14) 不显含时间 t，即 $\partial\boldsymbol{r}_i/\partial t=0$，则 T_1 和 T_0 均为零，动能 $T=T_2$，为广义速度的齐次二次函数. 如果坐标变换方程显含时间 t，即 $\partial\boldsymbol{r}_i/\partial t\neq0$，则动能 $T=T_2+T_1+T_0$，不是简单的广义速度的齐次二次式.

拉格朗日方程共有 s 个二阶微分方程:

$$\frac{\mathrm{d}}{\mathrm{d}t}\frac{\partial L}{\partial \dot{q}_\alpha}-\frac{\partial L}{\partial q_\alpha}=0,\ \alpha=1,\ 2,\ \cdots,\ s.$$

用 $\dot{q}_\alpha$，$\alpha=1,\ 2,\ \cdots,\ s$ 乘方程两边后，将 s 个方程相加，得

$$\sum_{\alpha=1}^{s}\left(\frac{\mathrm{d}}{\mathrm{d}t}\frac{\partial L}{\partial \dot{q}_\alpha}\right)\dot{q}_\alpha-\sum_{\alpha=1}^{s}\frac{\partial L}{\partial q_\alpha}\dot{q}_\alpha=0. \tag{9.4.18}$$

将等式左边第一项写成

$$\sum_{\alpha=1}^{s}\left(\frac{\mathrm{d}}{\mathrm{d}t}\frac{\partial L}{\partial\dot{q}_\alpha}\right)\dot{q}_\alpha=\sum_{\alpha=1}^{s}\frac{\mathrm{d}}{\mathrm{d}t}\left(\frac{\partial L}{\partial\dot{q}_\alpha}\dot{q}_\alpha\right)-\sum_{\alpha=1}^{s}\frac{\partial L}{\partial\dot{q}_\alpha}\ddot{q}_\alpha, \tag{9.4.19}$$

交换 $\sum_{\alpha=1}^{s}$ 和 $\mathrm{d}/\mathrm{d}t$，并将其代入式（9.4.18）中，得

$$\frac{\mathrm{d}}{\mathrm{d}t}\sum_{\alpha=1}^{s}\frac{\partial L}{\partial\dot{q}_\alpha}\dot{q}_\alpha-\sum_{\alpha=1}^{s}\frac{\partial L}{\partial q_\alpha}\dot{q}_\alpha-\sum_{\alpha=1}^{s}\frac{\partial L}{\partial\dot{q}_\alpha}\ddot{q}_\alpha=0. \tag{9.4.20}$$

因 L 对 t 的导数为

$$\frac{\mathrm{d}L}{\mathrm{d}t}=\sum_{\alpha=1}^{s}\frac{\partial L}{\partial q_\alpha}\dot{q}_\alpha+\sum_{\alpha=1}^{s}\frac{\partial L}{\partial\dot{q}_\alpha}\ddot{q}_\alpha+\frac{\partial L}{\partial t}, \tag{9.4.21}$$

所以式（9.4.20）后两项为 $\partial L/\partial t-\mathrm{d}L/\mathrm{d}t$，整理得

$$\frac{\mathrm{d}}{\mathrm{d}t}\left(\sum_{\alpha=1}^{s}\frac{\partial L}{\partial\dot{q}_\alpha}\dot{q}_\alpha-L\right)=-\frac{\partial L}{\partial t}. \tag{9.4.22}$$

将 $\partial L/\partial\dot{q}_\alpha=p_\alpha$ 代入上式，得

$$\frac{\mathrm{d}}{\mathrm{d}t}\left(\sum_{\alpha=1}^{s}p_\alpha\dot{q}_\alpha-L\right)=-\frac{\partial L}{\partial t}, \tag{9.4.23}$$

令

$$H=\sum_{\alpha=1}^{s}p_\alpha\dot{q}_\alpha-L, \tag{9.4.24}$$

则式（9.4.23）变成

$$\frac{\mathrm{d}H}{\mathrm{d}t}=-\frac{\partial L}{\partial t}. \tag{9.4.25}$$

定义式（9.4.24）的 $H=\sum_{\alpha=1}^{s}p_\alpha\dot{q}_\alpha-L$ 为力学系统的广义能量，上式表明，若 L 不显含时间，即 $\partial L/\partial t=0$，则 $\mathrm{d}H/\mathrm{d}t=0$，即

$$H=\text{常量}, \tag{9.4.26}$$

它是拉格朗日方程的另一个第一积分，称为广义能量积分.

广义能量具有能量的量纲，但不一定就是相对惯性系的机械能. 现将式（9.4.24）右边第一项写成

$$\sum_{\alpha=1}^{s}p_\alpha\dot{q}_\alpha=\sum_{\alpha=1}^{s}\frac{\partial T}{\partial\dot{q}_\alpha}\dot{q}_\alpha,$$

将 $T=T_2+T_1+T_0$ 代入，得

$$\sum_{\alpha=1}^{s}p_\alpha\dot{q}_\alpha=\sum_{\alpha=1}^{s}\frac{\partial T_2}{\partial\dot{q}_\alpha}\dot{q}_\alpha+\sum_{\alpha=1}^{s}\frac{\partial T_1}{\partial\dot{q}_\alpha}\dot{q}_\alpha+\sum_{\alpha=1}^{s}\frac{\partial T_0}{\partial\dot{q}_\alpha}\dot{q}_\alpha. \tag{9.4.27}$$

由于 T_2 和 T_1 分别是广义速度的二次、一次齐次函数，根据数学中的齐次函数欧拉定理，得

$$\sum_{\alpha=1}^{s}\frac{\partial T_2}{\partial\dot{q}_\alpha}\dot{q}_\alpha=2T_2,\quad\sum_{\alpha=1}^{s}\frac{\partial T_1}{\partial\dot{q}_\alpha}\dot{q}_\alpha=T_1,\quad\sum_{\alpha=1}^{s}\frac{\partial T_0}{\partial\dot{q}_\alpha}\dot{q}_\alpha=0,$$

所以 $\sum_{\alpha=1}^{s}p_\alpha\dot{q}_\alpha=2T_2+T_1$，将此式代入式（9.4.24）得

$$H=T_2-T_0+V. \tag{9.4.28}$$

上式表明了广义能量的结构：广义能量 H 不含有广义速度的一次项，但含有广义速度的二次项和零次项.

我们还可知道，若坐标变换方程显含时间，即 $\partial \boldsymbol{r}_i/\partial t \neq 0$，则 $T_0 \neq 0$，$H=T_2-T_0+V$，广义能量 H 不等于系统的机械能. 若坐标变换方程不显含时间，即 $\partial \boldsymbol{r}_i/\partial t=0$，则 $T_0=0$，$T=T_2$，$H=T_2+V=E$，广义能量 H 为系统的机械能. 可见，系统的机械能守恒只是广义能量守恒的一种特殊情况.

微视频

例题 9.5

质量为 m 的小环 P 被限制在一个半径为 R 的光滑大圆环上，大圆环绕过大环中心的竖直轴以 ω 的角速度均匀转动，如图 9.9 所示. 已知初始时小环在大环的最高点，相对大环静止，然后无初速滑下. 试通过存在的第一积分建立小环相对大环的运动微分方程.

解 以小环作为研究对象，它的自由度为 1，选择图中的 θ 角为广义坐标. 质点的动能用球坐标表示为

$$T=\frac{1}{2}m(\dot{r}^2+r^2\dot{\theta}^2+r^2\sin^2\theta\,\dot{\varphi}^2). \tag{1}$$

由于约束方程 $r=R$，$\varphi=\omega t+\varphi_0$，所以上式变为

$$T=\frac{1}{2}mR^2(\dot{\theta}^2+\omega^2\sin^2\theta). \tag{2}$$

以大环中心作为重力势能零点，小环的势能为

$$V=mgR\cos\theta, \tag{3}$$

拉格朗日函数为

$$L=T-V=\frac{1}{2}mR^2(\dot{\theta}^2+\omega^2\sin^2\theta)-mgR\cos\theta. \tag{4}$$

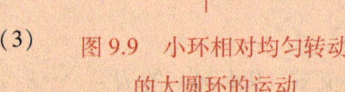

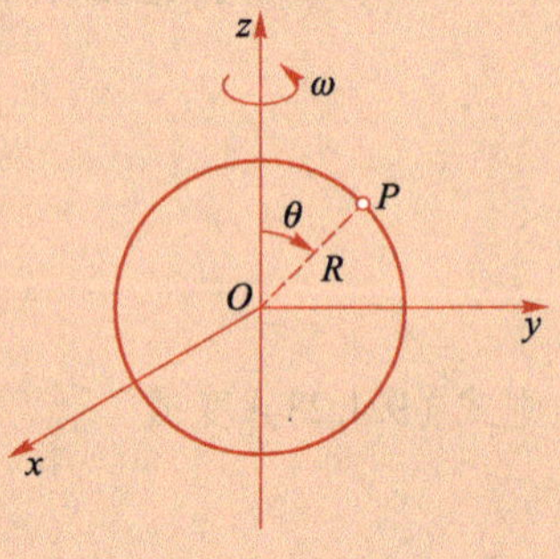

图 9.9　小环相对均匀转动的大圆环的运动

因 L 显含 θ，因此不存在广义动量积分. 但 $\partial L/\partial t=0$，所以小环的广义能量守恒，即

$$H=T_2-T_0+V=\text{常量}. \tag{5}$$

将式(2)中的 T_2 和 T_0 代入上式，得

$$H=\frac{1}{2}mR^2\dot{\theta}^2-\frac{1}{2}mR^2\omega^2\sin^2\theta+mgR\cos\theta=\text{常量}. \tag{6}$$

根据初始条件，$t=0$ 时，$\theta_0=0$，$\dot{\theta}=0$，$H_0=mgR$，因此小环的运动微分方程为

$$R\dot{\theta}^2-R\omega^2\sin^2\theta+2g(\cos\theta-1)=0.$$

这是一个一阶微分方程，是通过系统存在的广义能量积分建立的. 比起直接用拉格朗日方程建立的二阶微分方程，方程降阶了，这有利于方程的求解. 同时，在广义能量有明确的物理意义的情况下，有利于我们对物理图像和物理过程的分析. 例如，本例题的广义能量虽不是相对地面惯性系的机械能，却是相对于与大环固连的这个非惯性系的总能量. 由此可见，通过拉格朗日方程的第一积分去建立系统的运动微分方程是个好方法.

例题 9.6

长 $2a$，质量为 m 的匀质直杆 AB，A 端与光滑水平面接触，在重力作用下从竖直位置被自由释放倒下. 求杆落地瞬间的角速度.

解 杆的自由度为 2. 建立如图 9.10 所示的坐标系 Oxy，坐标平面 Oxy 与杆端点 A 和质心 C 共面，A 端在 x 轴上，选择 A 端的坐标 x 和杆与水平轴的夹角 φ 为广义坐标. 杆的动能

$$T=\frac{1}{2}m(\dot{x}_c^2+\dot{y}_c^2)+\frac{1}{2}I_c\dot{\varphi}^2, \tag{1}$$

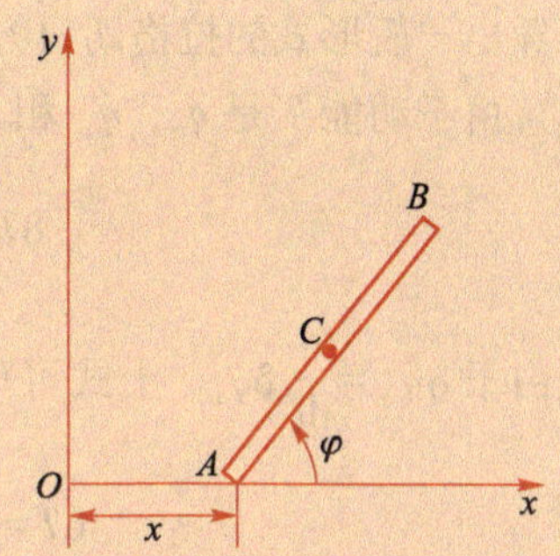

图 9.10 直杆一端保持在光滑水平面上运动

坐标变换方程为

$$\begin{cases}x_c=x+a\cos\varphi,\\ y_c=a\sin\varphi,\end{cases}$$

对时间进行求导后得

$$\begin{cases}\dot{x}_c=\dot{x}-a\dot{\varphi}\sin\varphi,\\ \dot{y}_c=a\dot{\varphi}\cos\varphi,\end{cases}$$

将变换方程及 $I_c=ma^2/3$ 代入式(1)，动能写成

$$T=\frac{1}{2}m(\dot{x}^2+a^2\dot{\varphi}^2-2a\dot{x}\dot{\varphi}\sin\varphi)+\frac{1}{6}ma^2\dot{\varphi}^2. \tag{2}$$

以原点 O 为重力势能零点，杆的势能为 $V=mga\sin\varphi$，拉格朗日函数为

$$L=T-V=\frac{1}{2}m(\dot{x}^2-2a\dot{x}\dot{\varphi}\sin\varphi)+\frac{2}{3}ma^2\dot{\varphi}^2-mga\sin\varphi. \tag{3}$$

因 $\partial L/\partial x=0$，所以

$$p_x=\frac{\partial L}{\partial\dot{x}}=m\dot{x}-ma\dot{\varphi}\sin\varphi=C\ (\text{常量}), \tag{4}$$

表示在水平方向杆的动量守恒.

根据初始条件，$t=0$ 时，$\dot{x}=0$，$\dot{\varphi}=0$，则 $C=0$. 由式 (4) 得

$$\dot{x}=a\dot{\varphi}\sin\varphi. \tag{5}$$

又因 $\partial L/\partial t=0$，且 $T=T_2$，所以杆的机械能守恒

$$H=E=T+V=\text{常量}.$$

由于 $t=0$ 时，$\dot{x}=0$，$\dot{\varphi}=0$，$\varphi=\pi/2$，杆的机械能为 $E=mga$，所以

$$\frac{1}{2}m(\dot{x}^2-2a\dot{x}\dot{\varphi}\sin\varphi)+\frac{2}{3}ma^2\dot{\varphi}^2+mga\sin\varphi=mga. \tag{6}$$

将式 (5) 代入式 (6)，算出杆的角速度为

$$\dot{\varphi}=\left[\frac{6g(1-\sin\varphi)}{a(4-3\sin^2\varphi)}\right]^{1/2}. \tag{7}$$

当杆落至地面时，$\varphi=0$，杆的角速度为

$$\dot{\varphi}=\left(\frac{3g}{2a}\right)^{1/2}. \tag{8}$$

此题中如果事先预判杆的质心横坐标 x_c 不变，则自由度为 1，可选广义坐标 φ，此时计算过程更简洁.

9-5 一般形式的拉格朗日方程

微视频

对于一般的力学系统，主动力不一定都是有势力，此时力学系统的运动微分方程不能由有势系的拉格朗日方程得出. 此时，可以通过一般完整系的哈密顿原理，即

$$\int_{t_0}^{t_1}\left(\delta T+\sum_{\alpha=1}^{s}Q_\alpha\delta q_\alpha\right)\mathrm{d}t=0, \tag{9.5.1}$$

推导出一般形式的拉格朗日方程.

由于动能 T 是 q_α，$\dot{q}_\alpha$ 和 t 的函数，所以

$$\delta T=\sum_{\alpha=1}^{s}\frac{\partial T}{\partial q_\alpha}\delta q_\alpha+\sum_{\alpha=1}^{s}\frac{\partial T}{\partial \dot{q}_\alpha}\delta \dot{q}_\alpha. \tag{9.5.2}$$

又由于 $\delta\dot{q}_\alpha=\frac{\mathrm{d}}{\mathrm{d}t}\delta q_\alpha$，上式可写成

$$\delta T=\sum_{\alpha=1}^{s}\frac{\partial T}{\partial q_\alpha}\delta q_\alpha+\sum_{\alpha=1}^{s}\frac{\partial T}{\partial \dot{q}_\alpha}\frac{\mathrm{d}}{\mathrm{d}t}\delta q_\alpha, \tag{9.5.3}$$

将该式代入式 (9.5.1) 中，得

$$\int_{t_0}^{t_1}\left(\sum_{\alpha=1}^{s}\frac{\partial T}{\partial q_\alpha}\delta q_\alpha+\sum_{\alpha=1}^{s}\frac{\partial T}{\partial \dot{q}_\alpha}\frac{\mathrm{d}}{\mathrm{d}t}\delta q_\alpha+\sum_{\alpha=1}^{s}Q_\alpha\delta q_\alpha\right)\mathrm{d}t=0, \tag{9.5.4}$$

对等式左边的第二部分进行分部积分，有

$$\int_{t_0}^{t_1}\sum_{\alpha=1}^{s}\frac{\partial T}{\partial \dot{q}_\alpha}\frac{\mathrm{d}}{\mathrm{d}t}\delta q_\alpha\mathrm{d}t=\int_{t_0}^{t_1}\sum_{\alpha=1}^{s}\frac{\mathrm{d}}{\mathrm{d}t}\left(\frac{\partial T}{\partial \dot{q}_\alpha}\delta q_\alpha\right)\mathrm{d}t-\int_{t_0}^{t_1}\sum_{\alpha=1}^{s}\frac{\mathrm{d}}{\mathrm{d}t}\left(\frac{\partial T}{\partial \dot{q}_\alpha}\right)\delta q_\alpha\mathrm{d}t,$$

注意到哈密顿原理要求 $\delta q_\alpha|_{t_0}=\delta q_\alpha|_{t_1}=0$，$\alpha=1, 2, \cdots, s$，等式右边第一项为

$$\int_{t_0}^{t_1}\sum_{\alpha=1}^{s}\frac{\mathrm{d}}{\mathrm{d}t}\left(\frac{\partial T}{\partial \dot{q}_\alpha}\delta q_\alpha\right)\mathrm{d}t=\sum_{\alpha=1}^{s}\frac{\partial T}{\partial \dot{q}_\alpha}\delta q_\alpha\bigg|_{t_0}^{t_1}=0,$$

于是式 (9.5.4) 变成

$$\int_{t_0}^{t_1}\sum_{\alpha=1}^{s}\left[\frac{\partial T}{\partial q_\alpha}-\frac{\mathrm{d}}{\mathrm{d}t}\left(\frac{\partial T}{\partial \dot{q}_\alpha}\right)+Q_\alpha\right]\delta q_\alpha\mathrm{d}t=0. \tag{9.5.5}$$

对于完整系，δq_α是相互独立的，要使上式成立，各 δq_α前的系数表达式必须等于零，所以

$$\frac{\mathrm{d}}{\mathrm{d}t}\frac{\partial T}{\partial \dot{q}_\alpha}-\frac{\partial T}{\partial q_\alpha}=Q_\alpha,\quad \alpha=1, 2, \cdots, s, \tag{9.5.6}$$

这就是完整系的一般形式的拉格朗日方程.

可以认为有势系的拉格朗日方程是一般形式拉格朗日方程的特殊情况. 如果主动力都是有势力，则式 (9.5.6) 中的广义力为

$$Q_\alpha=-\frac{\partial V}{\partial q_\alpha},\quad \alpha=1, 2, \cdots, s.$$

又知势能 V 不含广义速度 $\dot{q}_\alpha$，所以

$$\frac{\partial T}{\partial \dot{q}_\alpha}=\frac{\partial(T-V)}{\partial \dot{q}_\alpha}=\frac{\partial L}{\partial \dot{q}_\alpha}.$$

将这些结果代入式 (9.5.6)，便可得到有势系的拉格朗日方程:

$$\frac{\mathrm{d}}{\mathrm{d}t}\frac{\partial L}{\partial \dot{q}_\alpha}-\frac{\partial L}{\partial q_\alpha}=0,\quad \alpha=1, 2, \cdots, s.$$

例题 9.7

试用拉格朗日方程建立用球坐标表示的质点运动微分方程.

微视频

解 广义坐标为球坐标（r，θ，φ）的自由质点的动能为

$$T=\frac{1}{2}m(\dot{r}^2+r^2\dot{\theta}^2+r^2\sin^2\theta\,\dot{\varphi}^2). \tag{1}$$

设质点受主动力 F 作用，其虚功为

$$\begin{aligned}\delta W&=\boldsymbol{F}\cdot\delta\boldsymbol{r}=(F_r\boldsymbol{e}_r+F_\theta\boldsymbol{e}_\theta+F_\varphi\boldsymbol{e}_\varphi)\cdot(\delta r\boldsymbol{e}_r+r\delta\theta\boldsymbol{e}_\theta+r\sin\theta\delta\varphi\boldsymbol{e}_\varphi)\\&=F_r\delta r+F_\theta r\delta\theta+F_\varphi r\sin\theta\delta\varphi,\end{aligned} \tag{2}$$

可见与 r 所对应的广义力为

$$Q_r=F_r, \tag{3}$$

与 θ 对应的广义力为

$$Q_\theta=F_\theta r, \tag{4}$$

与 φ 对应的广义力为

$$Q_\varphi=F_\varphi r\sin\theta. \tag{5}$$

将动能式（1）和三个广义力表达式（3）~式（5）代入下面的拉格朗日方程：

$$\begin{cases}\dfrac{\mathrm{d}}{\mathrm{d}t}\dfrac{\partial T}{\partial\dot{r}}-\dfrac{\partial T}{\partial r}=Q_r,\\\dfrac{\mathrm{d}}{\mathrm{d}t}\dfrac{\partial T}{\partial\dot{\theta}}-\dfrac{\partial T}{\partial\theta}=Q_\theta,\\\dfrac{\mathrm{d}}{\mathrm{d}t}\dfrac{\partial T}{\partial\dot{\varphi}}-\dfrac{\partial T}{\partial\varphi}=Q_\varphi.\end{cases} \tag{6}$$

经运算和整理，得到质点的运动微分方程：

$$\begin{cases}m(\ddot{r}-r\dot{\theta}^2-r\dot{\varphi}^2\sin^2\theta)=F_r,\\m(r\ddot{\theta}+2\dot{r}\dot{\theta}-r\dot{\varphi}^2\sin\theta\cos\theta)=F_\theta,\\m(r\ddot{\varphi}\sin\theta+2\dot{r}\dot{\varphi}\sin\theta+2r\dot{\theta}\dot{\varphi}\cos\theta)=F_\varphi,\end{cases} \tag{7}$$

等式左边的括号分别是加速度在球坐标系中的三个分量 a_r，a_θ 和 a_φ，这可以作为牛顿质点运动学内容中球坐标加速度表达式的补充.

例题 9.8

在一光滑桌面上放一直角尖劈，质量为 m_1，倾角为 α，有一水平恒力 $\boldsymbol{F}$ 作用其上，如图 9.11 所示. 斜面上有一匀质圆柱体从尖劈的高处向下做无滑滚动，圆柱的质量为 m_2，半径为 R，受到不变的阻力矩 M 的作用. 求由尖劈和圆柱体组成的系统的运动微分方程.

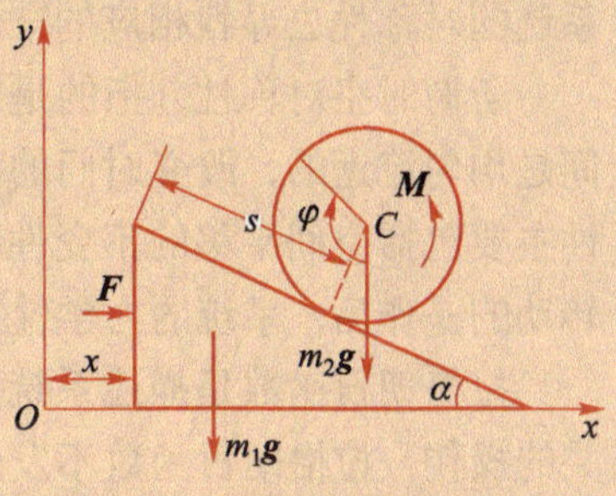

图 9.11 圆柱沿可滑动尖劈滚下的运动

解 建立与桌面固定的直角坐标系 $Oxyz$，圆柱体转角 φ 的正方向如图所示. 系统的自由度为 2，选尖劈的坐标 x 和圆柱体质心相对尖劈的坐标 s 为系统的广义坐标.

以 $\boldsymbol{v}_c$ 代表圆柱体的质心速度，I_c 是圆柱体相对通过质心的转轴的转动惯量，则系统动能表述为

$$T=\frac{1}{2}m_1\dot{x}^2+\frac{1}{2}m_2v_c^2+\frac{1}{2}I_c\dot{\varphi}^2. \tag{1}$$

考虑到圆柱体的相对运动，有

$$v_c^2=(\dot{x}+\dot{s}\cos\alpha)^2+(\dot{s}\sin\alpha)^2,$$

考虑到无滑滚动条件$\dot{\varphi}=\dot{s}/R$，于是系统的动能

$$T=\frac{1}{2}(m_1+m_2)\dot{x}^2+m_2\dot{x}\dot{s}\cos\alpha+\frac{3}{4}m_2\dot{s}^2. \tag{2}$$

系统受到的主动力有重力 $m_1\boldsymbol{g}$，$m_2\boldsymbol{g}$，水平力 $\boldsymbol{F}$ 和阻力矩 $\boldsymbol{M}$，与两个广义坐标 x，s 对应着两个广义力．当仅因 x 发生变更而保持 s 不变时，只有水平力 $\boldsymbol{F}$ 的虚功不为零，即所有主动力的虚功之和为

$$(\delta W)_x=F\delta x,$$

所以与 x 对应的广义力

$$Q_x=F. \tag{3}$$

当只有 s 发生变化而 x 不变时，主动力做的虚功为

$$(\delta W)_s=m_2g\sin\alpha\delta s-M\delta\varphi=(m_2g\sin\alpha-M/R)\delta s,$$

与 s 对应的广义力为

$$Q_\partial=m_2g\sin\alpha-M/R. \tag{4}$$

将式（2）~式（4）代入拉格朗日方程．经运算和整理，得到系统的运动微分方程：

$$\begin{cases}(m_1+m_2)\ddot{x}+m_2\ddot{s}\cos\alpha=F,\\ m_2\ddot{x}\cos\alpha+\frac{3}{2}m_2\ddot{s}=m_2g\sin\alpha-\frac{M}{R}.\end{cases} \tag{5}$$

9-6 对称性与守恒律　诺特定理

微视频

在牛顿力学中，通过对力学系统内外力的有关分析，可以判断是否存在动量守恒、角动量守恒和机械能守恒．这种方法在一定范围内是有效的，但有一定的局限性．

拉格朗日方法的出现，给我们提供了有别于牛顿力学判断守恒律存在的另一种方法，这种方法揭示了力学系统的时空对称性与守恒律的直接联系，加深了我们对力学守恒律的认识，而且在理论物理的研究中有重要意义．通过系统的对称性去寻找相应的守恒量，是近代物理学的一种重要方法．

所谓时空对称性，指的是对时空的某种变换具有不变性．时间的对称性表示时间是均匀流逝的，改变时间的计时起点不会影响力学系统的力学性质．空间的对称性主要包括空间平移的不变性和空间绕某轴转动的不变性，经空间的平移或绕某轴转动的操作后，系统的力学性质不变．

拉格朗日函数是描述系统力学性质的特征函数，如果经过某种与时空对称性有关的操作，拉格朗日函数不发生变化，就可以判断有相应的守恒律存在．

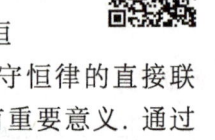

一、若力学系统具有空间平移的对称性（不变性），则系统在该平移方向上的动量守恒

假如空间沿 x 轴方向是均匀的，则系统沿 x 轴方向平移一距离 Δx 后，或者系统不动，整个坐标空间沿反方向移动一距离 Δx（等价于坐标原点移动了 Δx），系统的拉格朗日函数不发生变化，这就称系统具有沿 x 轴平移的空间平移对称性（不变性）.

取 x 为系统的一个广义坐标，则拉格朗日函数中将不包含 x，即

$$\frac{\partial L}{\partial x}=0, \tag{9.6.1}$$

此时与 x 对应的广义动量守恒

$$p_x=\frac{\partial L}{\partial \dot{x}}=\frac{\partial T}{\partial \dot{x}}=\text{常量}. \tag{9.6.2}$$

由于动能

$$T=\sum_{i=1}^{n}\frac{1}{2}m_i\dot{\boldsymbol{r}}_i^2,\quad \frac{\partial \dot{\boldsymbol{r}}_i}{\partial \dot{x}}=\frac{\partial \boldsymbol{r}_i}{\partial x},$$

所以

$$\frac{\partial T}{\partial \dot{x}}=\sum_{i=1}^{n}m_i\dot{\boldsymbol{r}}_i\cdot\frac{\partial \dot{\boldsymbol{r}}_i}{\partial \dot{x}}=\sum_{i=1}^{n}m_i\dot{\boldsymbol{r}}_i\cdot\frac{\partial \boldsymbol{r}_i}{\partial x}. \tag{9.6.3}$$

又因 $\partial \boldsymbol{r}_i/\partial x=\boldsymbol{i}$，所以

$$p_x=\boldsymbol{i}\cdot\sum_{i=1}^{n}m_i\dot{\boldsymbol{r}}_i=\sum_{i=1}^{n}m_i\dot{x}_i=\text{常量}, \tag{9.6.4}$$

这就从空间在 x 方向具有平移不变性导出系统在 x 方向的动量守恒.

如果对空间的任意方向，系统都具有空间平移不变性，则系统的总动量守恒.

二、若力学系统具有空间转动的对称性（不变性），则系统相对空间转动轴的角动量守恒

假如空间相对某轴（设为 z 轴）具有轴对称性，则当系统整体绕 Oz 轴转动一个角度 $\Delta\varphi$ 后，相当于系统不动，空间绕 Oz 轴反方向转动同一角度，系统的拉格朗日函数保持不变，这就称系统具有相对 Oz 轴转动的空间转动对称性（不变性）. 取 φ 为系统的一个广义坐标，则拉格朗日函数必然不显含广义坐标 φ，即有

$$\frac{\partial L}{\partial \varphi}=0, \tag{9.6.5}$$

此时与 φ 对应的广义动量守恒

$$p_\varphi=\frac{\partial L}{\partial \dot{\varphi}}=\frac{\partial T}{\partial \dot{\varphi}}=\text{常量}. \tag{9.6.6}$$

而

$$\frac{\partial T}{\partial \dot{\varphi}}=\frac{\partial}{\partial \dot{\varphi}}\sum_{i=1}^{n}\frac{1}{2}m_i\dot{\boldsymbol{r}}_i^2=\sum_{i=1}^{n}m_i\dot{\boldsymbol{r}}_i\cdot\frac{\partial \dot{\boldsymbol{r}}_i}{\partial \dot{\varphi}}$$

$$= \sum_{i=1}^{n} m_i \dot{\boldsymbol{r}}_i \cdot \frac{\partial \boldsymbol{r}_i}{\partial \varphi}, \tag{9.6.7}$$

如图 9.12 所示，考虑到系统整体绕 Oz 轴转过 $\Delta\varphi$ 时，第 i 个质点位矢 $\boldsymbol{r}_i$ 微增量的大小为

$$|\Delta \boldsymbol{r}_i| = r_i \sin\theta_i \Delta\varphi, \tag{9.6.8}$$

所以

$$\frac{\partial \boldsymbol{r}_i}{\partial \varphi} = \boldsymbol{k} \times \boldsymbol{r}_i, \tag{9.6.9}$$

其中 $\boldsymbol{k}$ 是 Oz 轴的单位矢量.将上式代回式 (9.6.7)，得

$$\begin{aligned} p_\varphi &= \sum_{i=1}^{n} m_i \boldsymbol{v}_i \cdot (\boldsymbol{k} \times \boldsymbol{r}_i) \\ &= \boldsymbol{k} \cdot \sum_{i=1}^{n} \boldsymbol{r}_i \times m_i \boldsymbol{v}_i = L_z = \text{常量}, \end{aligned} \tag{9.6.10}$$

从而由空间转动的不变性导出系统对转轴 z 轴的角动量守恒.

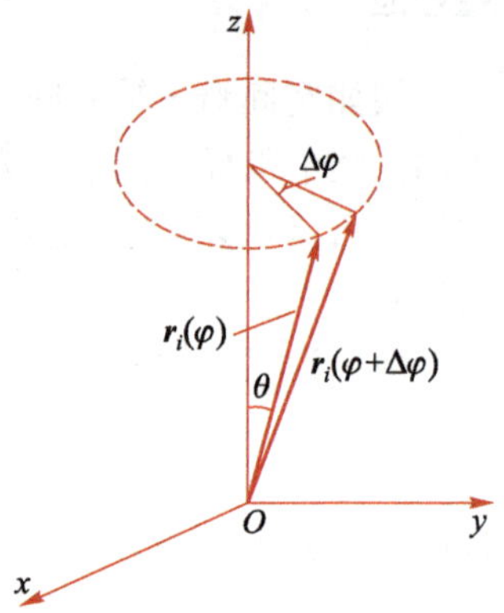

图 9.12　绕 Oz 轴转动的系统上一质点的位移

如果系统的空间性质对某点具有球对称性，则可得出系统对此点的角动量守恒.

三、若系统具有时间的对称性（不变性），则系统的机械能守恒可能成立

如果计时起点发生变化，使 t 变成 $t+\Delta t$，而拉格朗日函数不发生变化，则称系统具有时间对称性（不变性）. 此时，拉格朗日函数不显含时间，即

$$\frac{\partial L}{\partial t} = 0, \tag{9.6.11}$$

从而导致广义能量 H=常量. 这说明力学系统的性质与计时起点无关，时间是均匀流逝的. 当选择适当的广义坐标，能使$\partial \boldsymbol{r}_i / \partial t = 0$ 成立，则系统的机械能守恒. 可见，机械能守恒的本质是系统具有时间对称性.

上面的分析说明动量守恒、角动量守恒和机械能守恒分别起源于空间的均匀性、空间各向同性和时间的均匀性，这使我们从本质上加深了对三个守恒定律的认识. 回忆在质点组动力学中，动量定理和角动量定理以及动能定理是以牛顿运动定律为基础的，尤其质点组动量守恒和角动量守恒是以牛顿第三定律的正确性为前提的，当我们把研究范围扩展到牛顿定律不再成立的领域时，牛顿力学关于三个基本守恒律的分析就失效了. 现在通过分析力学，得知对守恒律存在更深层次的原因来自时空对称性. 这样，这三个守恒律就可以适用于更广泛的范围，不仅适用于经典力学，也适用于近代物理学的其他领域. 在物理学中，还有别的类型的对称性以及与之对应的守恒律.

四、诺特定理

我们已经从拉格朗日力学中拉格朗日特征函数（简称拉氏量）出发，对动量、角动量和机械能守恒有了更本质的理解. 实际上，对称性与守恒律之间存在着一般

性的关系，对任何一种在坐标连续变换下系统的哈密顿作用量的不变性（对称性），都有相应的运动积分，此即诺特定理. 诺特定理作为拉格朗日力学的一个基本结论，其实质内容在经典力学中已经可以理解.

假设力学体系在某种连续变换下，广义坐标变化为

$$q_i(t)\to\tilde{q}_i(t)=q_i(t)+\delta q_i(t). \tag{9.6.12}$$

所谓连续变换，即变换可以用连续取值的参量来表示，参量化为

$$\delta q_i(t)=\delta q_i(\varepsilon,\ t),$$

其中 ε 为可以连续取值的参量. 相应地，作用量的变化为

$$\begin{aligned}\delta S&=\delta\int_{t_0}^{t_1}\mathrm{d}t\ L(q_\alpha,\ \dot{q}_\alpha,\ t)\\&=\int_{t_0}^{t_1}\mathrm{d}t\left(\frac{\partial L}{\partial q_i}\delta q_i+\frac{\partial L}{\partial\dot{q}_i}\delta\dot{q}_i\right)\\&=\int_{t_0}^{t_1}\mathrm{d}t\left(\frac{\mathrm{d}}{\mathrm{d}t}\ \frac{\partial L}{\partial\dot{q}_i}\delta q_i+\frac{\partial L}{\partial\dot{q}_i}\delta\dot{q}_i\right)\\&=\int_{t_0}^{t_1}\mathrm{d}t\ \frac{\mathrm{d}}{\mathrm{d}t}\left(\frac{\partial L}{\partial\dot{q}_i}\delta q_i\right).\end{aligned}$$

如果这种变化是体系的一种对称性，则 $\delta S=0$，即 $\delta L=\dfrac{\mathrm{d}J}{\mathrm{d}t}$，其中 J 的形式取决于具体情况. 因此

$$\delta S=\int_{t_0}^{t_1}\mathrm{d}t\ \frac{\mathrm{d}}{\mathrm{d}t}\left(\frac{\partial L}{\partial\dot{q}_i}\delta q_i\right)\equiv\int_{t_0}^{t_1}\mathrm{d}t\ \frac{\mathrm{d}J}{\mathrm{d}t}, \tag{9.6.13}$$

即

$$\int_{t_0}^{t_1}\mathrm{d}t\ \frac{\mathrm{d}}{\mathrm{d}t}\left(\frac{\partial L}{\partial\dot{q}_i}\delta q_i-J\right)\equiv 0, \tag{9.6.14}$$

$$\left(\frac{\partial L}{\partial\dot{q}_i}\delta q_i-J\right)\bigg|_{t=t_0}=\left(\frac{\partial L}{\partial\dot{q}_i}\delta q_i-J\right)\bigg|_{t=t_1}, \tag{9.6.15}$$

这意味着 $\dfrac{\partial L}{\partial\dot{q}_i}\delta q_i-J$ 是不随时间变化的，是守恒量.

若力学体系的作用量或拉氏量有一个连续对称性 $q_i(t)\to\tilde{q}_i(t)=q_i(t)+\delta q_i(t)$，则当运动过程中存在相应的守恒量

$$Q\equiv\frac{\partial L}{\partial\dot{q}_i}\delta q_i-J, \tag{9.6.16}$$

相应的变换称为对称变换，需要注意的是诺特定理的上述证明强调了对称的连续性.

五、拉格朗日方法的特点和意义

本章所叙述的拉格朗日方程是完整系的最普遍的动力学方程. 以拉格朗日方程为基础的拉格朗日方法主要有以下三个特点.

（1）用拉格朗日方法去建立系统的运动微分方程，无须过问约束力的具体情况，未知的约束力不出现在方程中. 约束越多，方程数越少，从而使方程个数能减

少到最低限度，它克服了牛顿方法在多约束系统中遇到的困难.

(2) 拉格朗日方程是解决完整系动力学问题的普遍适用的方程，它具有高度的概括性和统一性，反映在以下几个方面.

① 用拉格朗日方法既可以建立惯性系中的动力学方程，亦可建立非惯性系中的动力学方程.

② 拉格朗日方程的形式对任何广义坐标保持不变，分析力学采用的广义坐标比牛顿力学中采用的坐标变量要广泛得多.

③ 拉格朗日方程的形式与力学系统的结构和运动形式无关. 在牛顿力学中，质点、质点组、刚体等力学系统都各有适合于该系统的基本动力学方程，这些方程不是都能通用的. 但在分析力学中，各种力学系统的运动方程都潜藏在统一的拉格朗日方程之中. 拉格朗日方法不仅适用于自由度数目为有限的力学系统，也适用于自由度数目为无限大的连续介质（如弹性体、流体）系统. 此外，这种方法还可推广到其他物理领域（如电磁场、相对论）.

(3) 拉格朗日方法为建立系统的运动微分方程提供了统一的程序. 不论对何种力学系统，不论对何种运动形式，用拉格朗日方法建立方程的过程都是相同的. 对有势系，可纯粹从能量入手；对一般系统，可从动能和广义力的计算开始，以后的推算都是相同的. 拉格朗日较少采用几何的、矢量的描述，而较多采用能量的分析以及数学解析的方法，这不仅是计算方法上的进步，而且有利于将这种方法推广到物理学的其他领域中去. 不管是在电磁学中，或是在相对论中，只要找到描述相应系统的拉格朗日函数，便可从同一形式的拉格朗日方程求出该系统的运动方程.

综上所述，从理论上看，拉格朗日方程具有重要地位和作用，它代表经典力学的重大发展；在解决实际问题方面，拉格朗日方法在建立动力学方程方面非常好用. 因此，拉格朗日方法在理论和实用性上，都显示出很大的优越性.

思考题

9.1. 为何拉格朗日方程式 (9.3.1) 只适用于完整系?

9.2. 广义动量 p_α 和广义速度$\dot{q}_\alpha$ 是否只相差一个乘数 m?

9.3. 为何拉格朗日函数不含 $\ddot{q}_\alpha$和 $\dddot{q}_\alpha$ 的项?

9.4. 在非定常约束情况下，若$\partial L/\partial t=0$，$\partial \boldsymbol{r}_i/\partial t\neq 0$，系统的机械能不守恒. 试结合例题 9-5 说明原因.

习　题

9.1. 如题 9.1 图所示，一半径为 r、质量为 m 的匀质圆柱体，在一半径为 R 的固定的圆柱体内壁上做往复无滑滚动. 若初始时，小圆柱偏离平衡位置不大，试用拉格朗日方法求小圆柱质心的运动周期.

9.2. 如题 9.2 图所示，一质点的质量为 m，悬在不可伸长的轻绳上，绳的另一端绕在半径为 r 的固定圆柱上. 设质点在平衡位置时，绳的下垂部分长 l. 不计绳的质量，试用拉格朗日方法写出质点摆动时的运动微分方程.

9.3. 如题 9.3 图所示，在质量可忽略的滑轮上跨一绳，绳的一端悬一质量为 m_1 的重物 A，另一端系一无重小滑轮，在小滑轮上另跨一绳，绳的两端分别悬挂质量为 m_2，m_3 的重物 B 和 C. 已知 $m_1=1.5m_2=3m_3$，试用拉格朗日方法求解物体 A，B，C 的加速度. 设轴承光滑，绳的质量不计，绳与滑轮之间没有滑动.

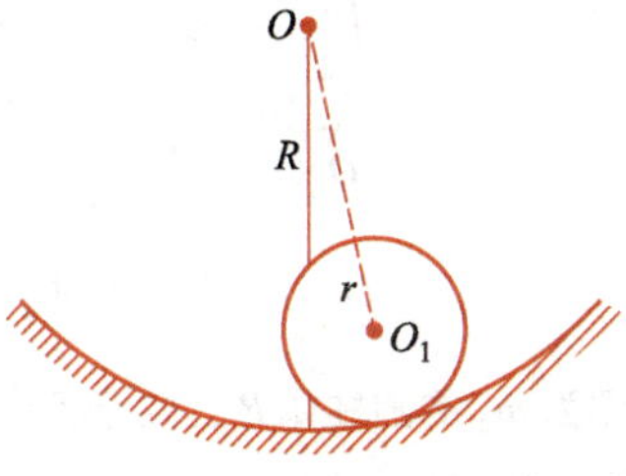

题 9.1 图

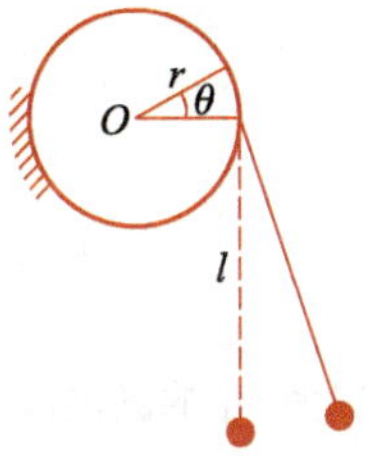

题 9.2 图

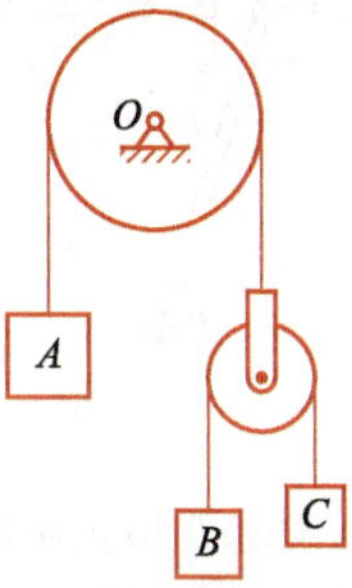

题 9.3 图

9.4. 如题 9.4 图所示，质量为 m 的质点，在光滑的旋轮线上做往复运动，旋轮线的方程式为 $s=4a\sin\varphi$，式中的 s 是图中由 O 点量起的弧坐标，φ 是旋轮线的切线与水平轴的夹角，a 为常量. 试用拉格朗日方法证明质点的振动是简谐振动（即使做大幅度振动），并求出振动周期.

9.5. 如题 9.5 图所示，一滑轮可绕水平轴 O 转动，在此滑轮上绕过一条不可伸长的绳，绳的一端悬一重物，其质量为 m_1，另一端与一竖直弹簧连接，弹簧的另一端被固定，弹簧的弹性系数为 k，滑轮质量为 m_2，视质量均匀分布在轮缘上，绳与滑轮间无滑动. 试用拉格朗日方法，求证重物做简谐振动，并求振动周期.

9.6. 如题 9.6 图所示，倾角为 α 的光滑固定尖劈上放有一质量为 m_1 的滑块 A，上面用铰链与轻杆连接，轻杆又与一小球 B 相连. 轻杆只能在竖直面内运动. 已知杆长为 l，小球质量为 m_2. 试用拉格朗日方程建立滑块、轻杆和小球组成的力学系统的运动微分方程.

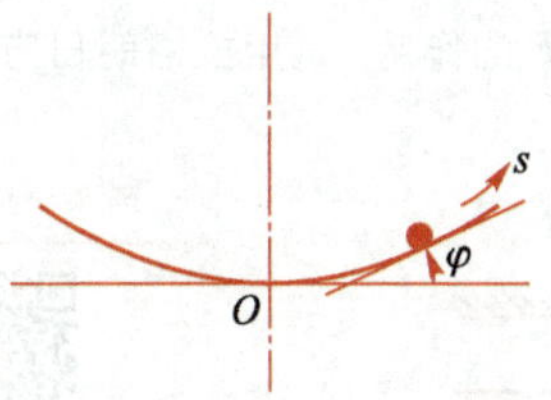

题 9.4 图

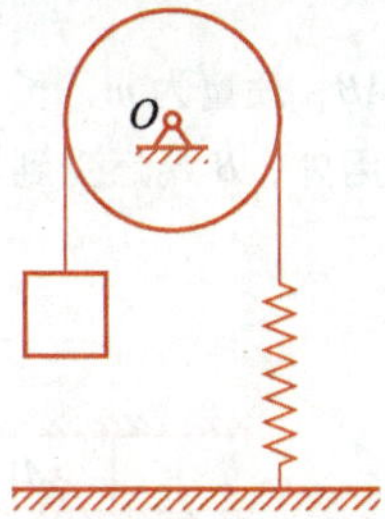

题 9.5 图

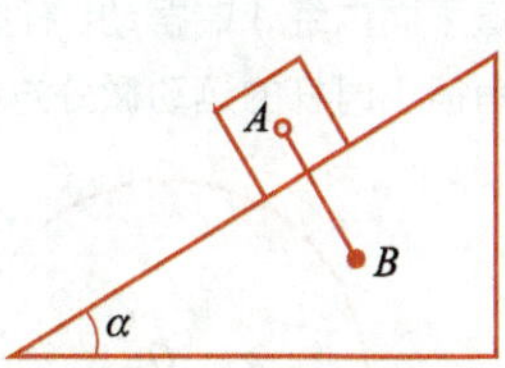

题 9.6 图

9.7. 如题 9.7 图所示，质量为 m_1 的滑块 A 可以沿水平轴 x 运动，质量为 m_2 的小球 P 被长为 l 的轻杆与滑块相连，组成的摆可在竖直平面内摆动，试写出下面两种情况下的拉格朗日函数，并判断存在哪些初积分.（1）滑块在 x 轴上自由滑动；（2）滑块以 $x=A\sin\omega t$ 的规律在 x 轴上滑动，A，ω 为常量.

9.8. 如题 9.8 图所示，离心节速器由四根长度均为 l 的相同的轻杆和两个质量均为 m_1 的质点 A 和 B，以及可沿竖直轴滑动的质量为 m_2 的套管 C 组成，杆均用光滑铰链连接，O 点是固定点，整个系统可绕竖直轴无摩擦地滑动. 试由此系统的拉格朗日函数判断存在的初积分.

9.9. 如题 9.9 图所示，质量为 m 小环 P 套在半径为 a 的光滑圆圈上，并可沿圆圈运动. 如果圆圈在水平面内以等角速度 ω 绕过圈上某一点的竖直轴转动，用拉格朗日方程求小环相对大环的运动微分方程，并判断存在的初积分.

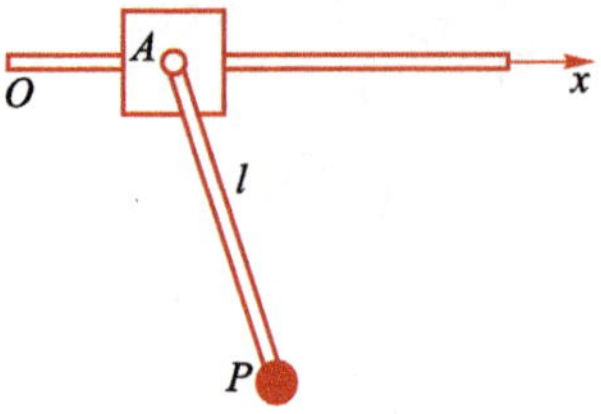

题 9.7 图

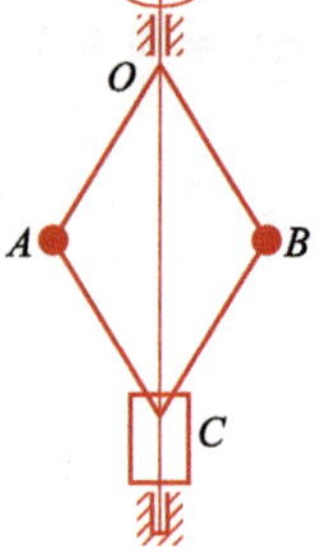

题 9.8 图

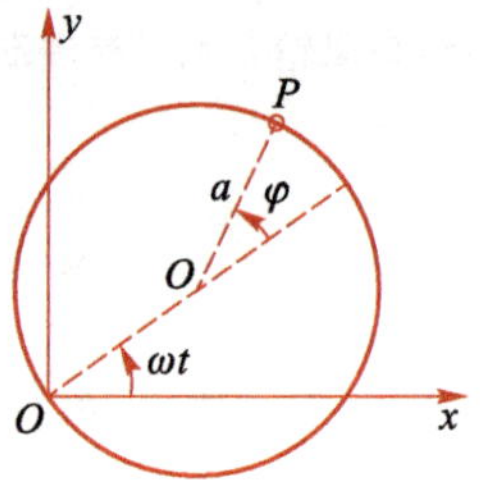

题 9.9 图

9.10. 如题 9.10 图所示，质量为 m_1 的圆柱体 S 放在质量为 m_2 的圆柱体 P 上做无滑动滚动，P 放置在粗糙平面上. 已知两圆柱的对称轴都是水平的，且质心在同一竖直面内，开始时系统是静止的，两圆柱连心线沿竖直方向. 若以圆柱体 P 的初始位置为固定坐标原点，试证明圆柱 S 的质心在任意时刻的坐标为

$$\begin{cases} x_c = C\dfrac{m_1\theta+(3m_2+m_1)\sin\theta}{3(m_2+m_1)}, \\ y_c = C\cos\theta, \end{cases}$$

式中 C 为两圆柱对称轴间的距离，θ 为两圆柱连心线与竖直向上的直线的夹角.

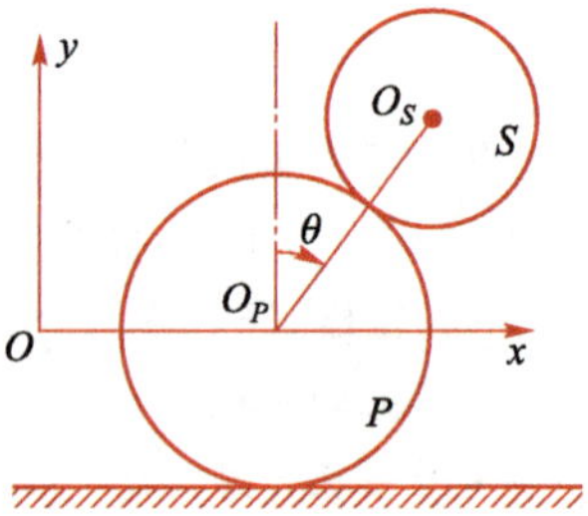

题 9.10 图

9.11. 如题 9.11 图所示，一匀质直杆 AB，质量为 m，长为 $2l$，两端约束在半径为 R 的光滑水平圆圈上，$l<R$，圆圈被固定在水平面内. 一质量为 m 的甲虫以不变的相对速度 u 沿杆运动. 初始时甲虫在杆的中点，杆的转动角速度为 $\dot{\theta}_0$. 设杆与水平固定直线的夹角为 θ，试用拉格朗日方法求杆在 t 时刻的转动角速度 $\dot{\theta}$.

9.12. 如题 9.12 图所示，匀质细杆 AB，质量为 m，长 $2a$，A 端可在水平光滑导轨上运动，杆在竖直平面内绕 A 端摆动. 杆除重力作用外，B 端还受到水平力 F 的作用. 试用拉格朗日方法求出摆角很小时杆的运动微分方程.

习题参考答案

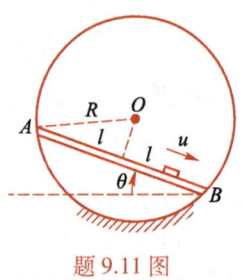

题 9.11 图

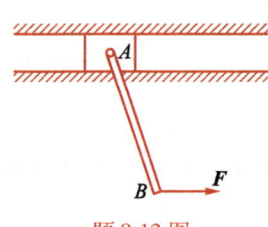

题 9.12 图

第十章

拉格朗日方程的应用

拉格朗日方程是完整系的最普遍的动力学方程，在理论上具有重要的地位和作用，代表了经典力学的重大发展. 在解决实际问题方面，拉格朗日方法在建立动力学方程时非常好用，显示出很大的优越性.

课件资源

10-1 两体的碰撞与散射

一、两体系统

两个相互作用质点组成的封闭体系称为两体系统，两体系统的运动问题称为两体问题. 两体问题主要有三种类型：（1）束缚态问题，此时两个粒子不会无限分离，它们之间的距离保持有限，如行星绕太阳、电子绕原子核的运动都属于这种类型.（2）俘获和衰变问题，前者是指一个粒子运动到另一个粒子附近而被俘获，过程前后粒子数从 2 到 1，后者是指一个粒子发射一个较轻的粒子，而余下的部分变成另一个新粒子，过程前后粒子数由 1 变为 2.（3）散射和碰撞问题，两个粒子从相距无限远处靠近，经过相互作用后各自改变了运动状态，之后又相互分离至无限远处，著名的卢瑟福 α 粒子散射实验就属于这类问题.

研究两体问题的意义在于：（1）它是最简单的存在相互作用关系的体系，而且可以约化成单体问题，容易求解，当相互作用势不太复杂时甚至可以解析求解.（2）两体问题的求解是解决多体问题的基础.

有关束缚态问题和散射问题，我们在第六章都进行了系统的介绍和讲解，而俘获和衰变的问题，是原子核物理和粒子物理主要关注的问题. 本节主要从分析力学的视角进一步解析两体问题，明确两体问题中质心、相对运动、约化质量、质心参考系的思想. 同时，介绍有关 α 粒子散射实验中理论模型与实验观测相联系的一些重要物理概念.

如图 10.1 所示，m_1 和 m_2 的位矢分别为 $\boldsymbol{r}_1$ 和 $\boldsymbol{r}_2$，则系统的动能为

$$T=\frac{1}{2}m_1\dot{\boldsymbol{r}}_1^2+\frac{1}{2}m_2\dot{\boldsymbol{r}}_2^2, \tag{10.1.1}$$

两质点相互作用势能与它们的相对位置有关，即

$$V=V(\boldsymbol{r}_2-\boldsymbol{r}_1), \tag{10.1.2}$$

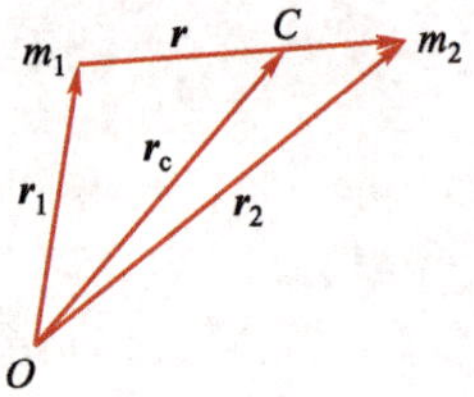

图 10.1　两体系统

因此该两体系统的拉格朗日函数为

$$L=\frac{1}{2}m_1\dot{\boldsymbol{r}}_1^2+\frac{1}{2}m_2\dot{\boldsymbol{r}}_2^2-V(\boldsymbol{r}_2-\boldsymbol{r}_1). \tag{10.1.3}$$

引入两质点的相对位置矢量

$$\boldsymbol{r}=\boldsymbol{r}_2-\boldsymbol{r}_1 \tag{10.1.4}$$

和质心位置矢量

$$\boldsymbol{r}_c=\frac{m_1\boldsymbol{r}_1+m_2\boldsymbol{r}_2}{m_1+m_2}, \tag{10.1.5}$$

则 m_1 和 m_2 的位置矢量可表示为

$$\boldsymbol{r}_1=\boldsymbol{r}_c-\frac{m_2}{m_1+m_2}\boldsymbol{r},\quad \boldsymbol{r}_2=\boldsymbol{r}_c+\frac{m_1}{m_1+m_2}\boldsymbol{r}. \tag{10.1.6}$$

将式（10.1.6）代入式（10.1.3）中，考虑到式（10.1.4），得

$$L=\frac{m_1+m_2}{2}\dot{\boldsymbol{r}}_c^2+\frac{1}{2}\mu\dot{\boldsymbol{r}}^2-V(\boldsymbol{r}), \tag{10.1.7}$$

其中 $\mu=\dfrac{m_1m_2}{m_1+m_2}$ 为两粒子体系的约化质量或折合质量.

可见，两体问题的拉格朗日函数可以看成自由的质心运动部分和存在两体间相互作用的相对运动部分之和. 质心运动部分完全由外场决定，可通过质点组的质心运动定理求解. 对于研究两体内部相互作用来说，拉格朗日函数中的质心部分可以视为常量，两体问题就约化为一个质量为 μ 的单粒子在约定势场 $V(\boldsymbol{r})$ 中的运动问题. 只要从这个单体问题中解出 $\boldsymbol{r}=\boldsymbol{r}(t)$，两体相对运动规律就得到了，此时两粒子的运动方程 $\boldsymbol{r}_1=\boldsymbol{r}_1(t)$ 和 $\boldsymbol{r}_2=\boldsymbol{r}_2(t)$ 可由式（10.1.6）给出.

二、多粒子散射和微分散射截面

单次的单体散射问题在第六章中已经进行了详细的讲述和介绍. 在质心参考系中，单粒子的散射理论计算比较方便. 如果两粒子的相互作用力为 $f=k/r^2$，则散射角 θ_c 满足

$$b=\frac{k}{\mu v_0^2}\cot\frac{\theta_c}{2}, \tag{10.1.8}$$

其中 b 为瞄准距离，μ 为约化质点，v_0 为入射粒子相对靶粒子的初速度大小.

在质心参考系的基础上，通过研究从质心参考系到实验室参考系的转换，我们还得到了两个参考系之间散射角的变换关系

$$\tan\theta_1=\frac{\sin\theta_c}{\cos\theta_c+\dfrac{m_1}{m_2}}, \tag{10.1.9}$$

其中 θ_1 为实验室参考系中的散射角，而 θ_c 为质心参考系中的散射角，m_1 为入射粒子的质量，m_2 为靶粒子的质量.

然而，即使技术上能够控制单个粒子散射，由于难以测量微观的瞄准距离，不能期望由单个粒子的散射来分析两体之间的相互作用势. 实际研究中总是安排大量具有相同速度的同类粒子组成的束流与散射靶碰撞，如图 10.2 所示. 此时，不同的粒子有着不同的瞄准距离 b，就会产生不同的散射角 θ_c 和 θ_1. 由于有心力散射问题对方位角是各向同性的，在立体角（θ，$\theta+\mathrm{d}\theta$）内关于方位角均匀散射的粒子，初始时必然关于散射靶均匀分布在瞄准距离（b，$b+\mathrm{d}b$）的圆环上，此圆环的面积为

$$\mathrm{d}\sigma=2\pi b\mathrm{d}b. \tag{10.1.10}$$

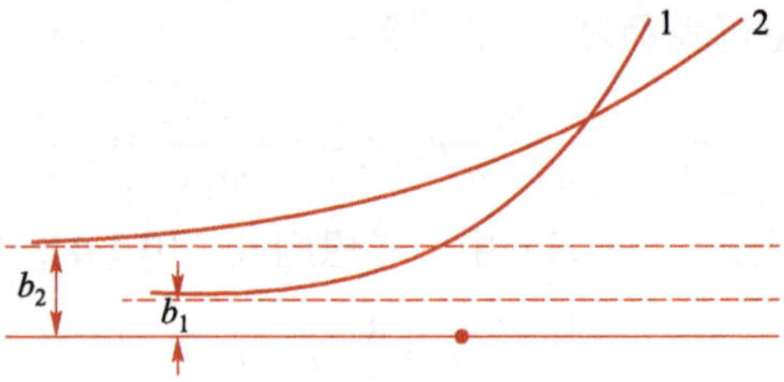

图 10.2　不同瞄准距离下的散射轨迹

用 n 表示粒子流的强度，即单位时间内通过垂直于束流的单位面积的粒子数目，则单位时间内散射到（θ，θ+dθ）角度内的粒子数为

$$\mathrm{d}N=2\pi nb\mathrm{d}b, \tag{10.1.11}$$

θ 和 θ+dθ 间的立体角为

$$\mathrm{d}\Omega=\int_0^{2\pi}(\sin\theta\mathrm{d}\theta)\mathrm{d}\varphi=2\pi\sin\theta\mathrm{d}\theta, \tag{10.1.12}$$

因此，我们有

$$\frac{\mathrm{d}\sigma}{\mathrm{d}\Omega}=\frac{\mathrm{d}N}{n\mathrm{d}\Omega}=\frac{b}{\sin\theta}\left|\frac{\mathrm{d}b}{\mathrm{d}\theta}\right|, \tag{10.1.13}$$

此式具有面积的量纲，定义为微分散射截面.

如果已知单个粒子散射中 b 和 θ 的函数关系，则由式（10.1.13）即可求得微分散射截面. 如果实验中探测器被放置在散射角为 θ 的某个立体角 dω 内，则进入探测器的散射粒子数为

$$\mathrm{d}N'=\frac{\mathrm{d}\sigma}{\mathrm{d}\Omega}n\mathrm{d}\omega=\frac{nb}{\sin\theta}\left|\frac{\mathrm{d}b}{\mathrm{d}\theta}\right|\mathrm{d}\omega. \tag{10.1.14}$$

这样，不必具体测量单个粒子散射的情况，就可以将理论计算值与实际的测量值进行比较，进而检验理论模型给出的相互作用形式是否正确.

三、卢瑟福散射

1897 年，汤姆孙发现了电子，然后提出了一种原子模型，他认为原子中荷正电的部分连续分布于整个原子空间，而电子则嵌在原子球的内部，这种模型即葡萄干蛋糕模型. 1909 年卢瑟福采用 α 粒子（即 ^{4}He 核）轰击重金属薄箔，发现有约 1/8 000 的粒子散射角大于 90°，与根据汤姆孙模型推算的散射角大于 6°的概率在 2×10^{-8} 以下的结论严重不符. 1911 年，卢瑟福提出了原子的核式模型，为后来量子力学的建立拉开了序幕，该模型是玻尔量子论的基础.

将式（10.1.8）对 θ_c 求微商，得

$$\left|\frac{\mathrm{d}b}{\mathrm{d}\theta_c}\right|=\frac{k}{2\mu v_0^2}\csc^2\frac{\theta_c}{2},$$

代入式（10.1.13），得质心系中卢瑟福散射微分截面为

$$\frac{\mathrm{d}\sigma}{\mathrm{d}\Omega}=\frac{k^2}{4\mu^2v_0^4}\csc^4\frac{\theta_c}{2}, \tag{10.1.15}$$

这就是著名的卢瑟福散射公式.

把散射截面由质心参考系转换到实验室参考系，一般情形会比较复杂，我们给出如下两种情形.

（1）当 $m_1=m_2$ 时，考虑到式（10.1.9），经计算得实验室系中的微分散射截面为

$$\frac{\mathrm{d}\sigma}{\mathrm{d}\Omega_0}=\frac{4k^2}{m_1^2v_0^4}\csc^4\theta_1\cos\theta_1. \tag{10.1.16}$$

（2）当 $m_1\ll m_2$ 时，在实际的卢瑟福 α 粒子散射实验中，可认为满足此条件，此时，由式（10.1.9）得

$$\csc^4\frac{\theta_c}{2}=\csc^4\frac{\theta_1}{2}\left(1-4\frac{m_1}{m_2}\cos^2\frac{\theta_1}{2}\right). \tag{10.1.17}$$

考虑约化质量的定义 $\mu=\dfrac{m_1m_2}{m_1+m_2}\approx m_1\left(1-\dfrac{m_1}{m_2}\right)$，将式（10.1.17）代入式（10.1.15），我们有

$$\frac{\mathrm{d}\sigma}{\mathrm{d}\Omega}=\frac{k^2\csc^4\dfrac{\theta_1}{2}\left(1-2\dfrac{m_1}{m_2}\cos\theta_1\right)}{4m_1^2v_0^4}. \tag{10.1.18}$$

转换到实验室系中，得微分散射截面为

$$\frac{\mathrm{d}\sigma}{\mathrm{d}\Omega_0}=\frac{k^2\csc^4\dfrac{\theta_1}{2}}{4m_1^2v_0^4}, \tag{10.1.19}$$

上式与式（10.1.15）形式完全一样.

10-2 多自由度体系在稳定平衡位置附近的小振动

本节介绍多自由度系统线性振动问题的处理方法. 在这类振动系统中，各自由度的振动相互耦合，比较复杂，但由于方程是线性的，最终能找到解耦的方法，在数学中可归结为求本征值和本征矢量的问题. 虽然实际振动系统的运动方程不一定是线性的，但如果系统的振动是微小的，方程一般能化为线性的. 在物理中，耦合线性振荡电路的振荡、原子在晶格点阵上的振动、原子在分子内的振动等问题都可归结为这类问题.

设质量均为 m 的两个质点，被 3 个轻弹簧连接，两侧弹簧的一端均被固定. 中间弹簧的弹性系数为 k_1，两旁弹簧的弹性系数为 k_2，两质点静止时各弹簧无伸长. 试求两质点在平衡位置附近的小振动. 为简化，设质点只沿水平方向运动.

如图 10.3 所示，选取 x_1 和 x_2 为系统的广义坐标，它们分别表示两质点相对自身平衡位置的位移. 系统的动能为

$$T=\frac{1}{2}m\dot{x}_1^2+\frac{1}{2}m\dot{x}_2^2, \tag{10.2.1}$$

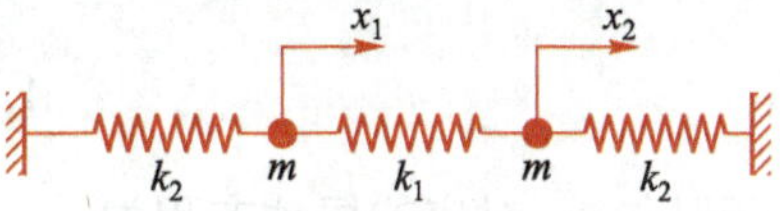

图 10.3 两质点的耦合振动

系统的势能为

$$V=\frac{1}{2}k_2x_1^2+\frac{1}{2}k_1(x_2-x_1)^2+\frac{1}{2}k_2x_2^2, \tag{10.2.2}$$

系统的拉格朗日函数为

$$L=T-V=\frac{1}{2}m\dot{x}_1^2+\frac{1}{2}m\dot{x}_2^2-\frac{1}{2}k_2x_1^2-\frac{1}{2}k_1(x_2-x_1)^2-\frac{1}{2}k_2x_2^2, \tag{10.2.3}$$

将上式代入拉格朗日方程可得系统的运动方程

$$\begin{cases}m\ddot{x}_1+(k_1+k_2)x_1-k_1x_2=0,\\ m\ddot{x}_2+(k_1+k_2)x_2-k_1x_1=0,\end{cases} \tag{10.2.4}$$

这是二阶线性微分方程组，x_1 的变化与 x_2 的变化相互耦合. 设方程组解的形式为

$$\begin{cases}x_1=A_1\cos(\omega t+\varphi),\\ x_2=A_2\cos(\omega t+\varphi),\end{cases} \tag{10.2.5}$$

代入式（10.2.4），得

$$\begin{cases}(-m\omega^2+k_1+k_2)A_1-k_1A_2=0,\\ -k_1A_1+(-m\omega^2+k_1+k_2)A_2=0.\end{cases} \tag{10.2.6}$$

要使 A_1，A_2 有非零解，方程组式（10.2.6）的系数行列式必须为零，即

$$\begin{vmatrix}-m\omega^2+k_1+k_2 & -k_1\\ -k_1 & -m\omega^2+k_1+k_2\end{vmatrix}=0, \tag{10.2.7}$$

此方程称为特征方程，展开得

$$(-m\omega^2+k_1+k_2)^2-k_1^2=0,$$

这是关于 ω^2 的二次方程，说明振动频率不能取任意值，它们只能取以下数值:

$$\omega_1=\sqrt{\frac{k_2}{m}},\quad \omega_2=\sqrt{\frac{2k_1+k_2}{m}}.$$

从这两个结果看到，两个频率均由系统中质点的质量和弹簧的弹性系数决定，因而是系统固有的，称为系统的简正频率. 我们将看到，对应一种简正频率，系统存在一种简单的、基本的振动方式. 对应不同的简正频率，系统有不同的振动方式，这种与简正频率相对应的基本振动方式称为简正模式.

将 $\omega_1=\sqrt{k_2/m}$ 代入方程式（10.2.6），并将 A_1，A_2 写成 A_{11}，A_{21}，以表示这组振幅与 ω_1 相应，于是有

$$\begin{cases}k_1A_{11}-k_1A_{21}=0,\\ -k_1A_{11}+k_1A_{21}=0.\end{cases} \tag{10.2.8}$$

这两个方程是不独立的，故不能完全确定 A_{11}，A_{21} 的量值，只能确定它们的比值，从上两式可得

$$A_{11}=A_{21}\quad 或\quad \frac{A_{11}}{A_{21}}=1, \tag{10.2.9}$$

所以与 ω_1 对应的振动方程为

$$\begin{cases}x_{11}=A_{11}\cos(\omega_1t+\varphi_1),\\ x_{21}=A_{21}\cos(\omega_1t+\varphi_1)=A_{11}\cos(\omega_1t+\varphi_1),\end{cases} \tag{10.2.10}$$

其中 φ_1 是与 ω_1 相应的振动的初相. 由于二质点振动位相相等，所以它们的运动步调完全一致，这种模式称为对称模式，它的简正模式如图 10.4(a) 所示. (A_{11}，A_{21}) 组成一个二维矢量 $\boldsymbol{A}_1$，称为与 ω_1 对应的本征矢量，它确定简正模式.

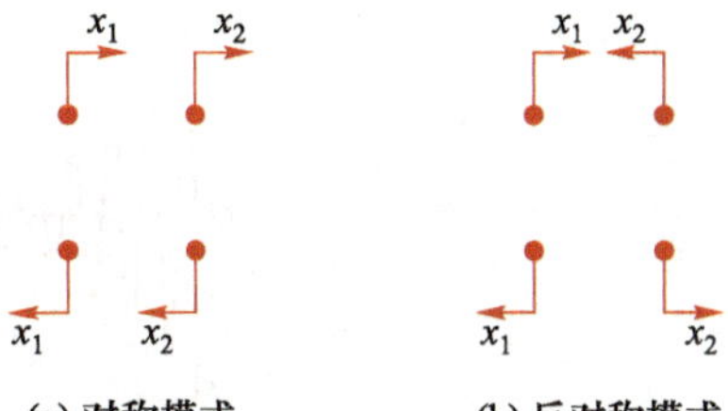

图 10.4　简正模式

将 $\omega_2=\sqrt{(2k_1+k_2)/m}$ 代入方程 (10.2.6)，相应的振幅用 A_{12}，A_{22} 表示，得

$$\begin{cases}-k_1A_{12}-k_1A_{22}=0,\\-k_1A_{12}-k_1A_{22}=0,\end{cases}\tag{10.2.11}$$

解得

$$A_{12}=-A_{22}\quad 或\quad \frac{A_{12}}{A_{22}}=-1.\tag{10.2.12}$$

(A_{12}，A_{22}) 组成与 ω_2 对应的本征矢量 $\boldsymbol{A}_2$，相应的振动方程为

$$\begin{cases}x_{12}=A_{12}\cos(\omega_2t+\varphi_2),\\x_{22}=-A_{12}\cos(\omega_2t+\varphi_2),\end{cases}\tag{10.2.13}$$

可见二质点的振动位相相反，振幅相同，称为反对称模式，它的简正模式如图 10.4(b) 所示.

式 (10.2.10) 和式 (10.2.13) 都是方程组式 (10.2.4) 的特解，其通解是它们的线性组合，即

$$\begin{cases}x_1=A_{11}\cos(\omega_1t+\varphi_1)+A_{12}\cos(\omega_2t+\varphi_2),\\x_2=A_{11}\cos(\omega_1t+\varphi_1)-A_{12}\cos(\omega_2t+\varphi_2),\end{cases}\tag{10.2.14}$$

式中的 4 个待定常量 A_{11}，A_{12}，φ_1，φ_2 由初始条件确定.

设 $t=0$ 时，$x_1=x_0$，$x_2=0$，$\dot{x}_1=0$，$\dot{x}_2=0$，可求得

$$A_{11}=A_{12}=\frac{x_0}{2},\ \varphi_1=\varphi_2=0,\tag{10.2.15}$$

将它们代入式 (10.2.14)，得到方程的解为

$$\begin{cases}x_1=\dfrac{x_0}{2}(\cos\omega_1t+\cos\omega_2t)=x_0\cos\dfrac{\omega_1-\omega_2}{2}t\cos\dfrac{\omega_1+\omega_2}{2}t,\\x_2=\dfrac{x_0}{2}(\cos\omega_1t-\cos\omega_2t)=x_0\sin\dfrac{\omega_2-\omega_1}{2}t\sin\dfrac{\omega_1+\omega_2}{2}t,\end{cases}\tag{10.2.16}$$

上式表明两质点的位移 x_1，x_2 分别是两个简谐振动的叠加，叠加结果出现了低频振动对高频振动振幅的调制，类似拍的现象，如图 10.5 所示. 从图上还可看出，两个振动的振幅是此消彼长的关系，说明系统的能量在两者间不断交换，周期性地变化.

本问题除了选择 x_1，x_2 为广义坐标外，当然可以选择其他变量为广义坐标. 我们可以看到，有这样的特殊变量，它可以使方程的解成为仅包含一个简正频率的简谐振动，这样的广义坐标称为简正坐标.

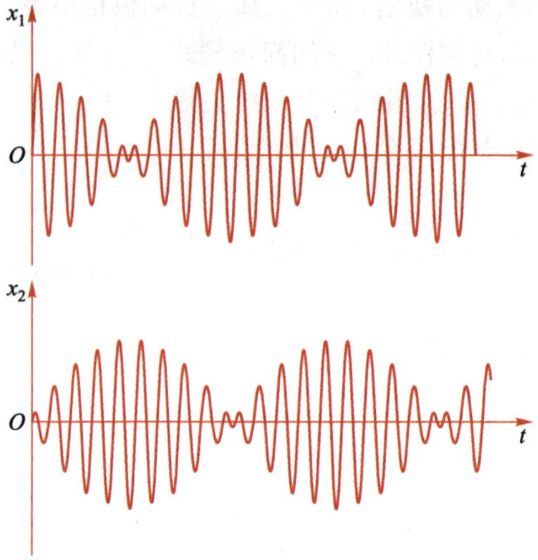

图 10.5　振动叠加图

如何寻找简正坐标呢？我们从解式（10.2.16）中得到启发，实际上（$x_0\cos\omega_1 t$）/2 和（$x_0\cos\omega_2 t$）/2 就是两个简正坐标随时间的变化，故可设

$$\begin{cases}\xi_1=\dfrac{x_0}{2}\cos\omega_1 t,\\ \xi_2=\dfrac{x_0}{2}\cos\omega_2 t.\end{cases}\tag{10.2.17}$$

将它们代回式（10.2.16），得

$$\begin{cases}x_1=\xi_1+\xi_2,\\ x_2=\xi_1-\xi_2,\end{cases}\tag{10.2.18}$$

这是一种坐标变换关系，通过反解就可求得简正坐标

$$\begin{cases}\xi_1=\dfrac{x_1+x_2}{2},\\ \xi_2=\dfrac{x_1-x_2}{2}.\end{cases}\tag{10.2.19}$$

将式（10.2.18）代入式（10.2.1）和式（10.2.2），得

$$T=m(\dot{\xi}_1^2+\dot{\xi}_2^2),\tag{10.2.20}$$

$$V=k_2\xi_1^2+(2k_1+k_2)\xi_2^2.\tag{10.2.21}$$

可见，采用简正坐标后，动能、势能的表达式分别成为广义速度和广义坐标的平方和形式.

系统的拉格朗日函数为

$$L=T-V=m(\dot{\xi}_1^2+\dot{\xi}_2^2)-k_2\xi_1^2-(2k_1+k_2)\xi_2^2,\tag{10.2.22}$$

代入拉格朗日方程，得运动方程为

$$\begin{cases}m\ddot{\xi}_1+k_2\xi_1=0,\\ m\ddot{\xi}_2+(2k_1+k_2)\xi_2=0,\end{cases}\tag{10.2.23}$$

可见每个方程只包含一个变量，方程组已解耦，其解分别为简谐振动

$$\begin{cases}\xi_1=B_1\cos(\omega_1 t+\varphi_1),\\ \xi_2=B_2\cos(\omega_2 t+\varphi_2),\end{cases}\tag{10.2.24}$$

其中 $\omega_1=\sqrt{k_2/m}$，$\omega_2=\sqrt{(2k_1+k_2)/m}$，它们就是系统的简正频率. 在上述初始条件下，可求出积分常量 B_1，B_2，φ_1，φ_2，代入式（10.2.24）可得

$$\begin{cases}\xi_1=\dfrac{x_0}{2}\cos\ \omega_1 t,\\ \xi_2=\dfrac{x_0}{2}\cos\ \omega_2 t.\end{cases}$$

对于比较复杂的小振动系统，从本质上说只不过自由度数更多些，运算更繁些，但基本方法和步骤不会变，自然也可用更抽象的方式表述为小振动的一般理论.

10-3 广义势　带电粒子在电磁场中运动的拉格朗日函数

一、广义势

微视频

带电粒子在电磁场中受到的电磁力为

$$\boldsymbol{F}=q(\boldsymbol{E}+\boldsymbol{v}\times\boldsymbol{B}),\tag{10.3.1}$$

其中 $q\boldsymbol{E}$ 是电场力，$q\boldsymbol{v}\times\boldsymbol{B}$ 为洛伦兹力. 此时 $\boldsymbol{F}$ 与速度有关，它不具有相应的势能函数，但我们可以证明存在一个函数 V'，使得

$$F_i=\frac{\mathrm{d}}{\mathrm{d}t}\left(\frac{\partial V'}{\partial\dot{x}_i}\right)-\frac{\partial V'}{\partial x_i},\quad i=1,\ 2,\ 3,\tag{10.3.2}$$

其中 x_i 为直角坐标的简写. 此时，若把直角坐标作为广义坐标，则带电粒子的拉格朗日方程为

$$\frac{\mathrm{d}}{\mathrm{d}t}\frac{\partial T}{\partial\dot{x}_i}-\frac{\partial T}{\partial x_i}=Q_i,\quad i=1,\ 2,\ 3.\tag{10.3.3}$$

电磁力的虚功为

$$\delta W=F_1\delta x_1+F_2\delta x_2+F_3\delta x_3,\tag{10.3.4}$$

所以

$$Q_i=F_i,\quad i=1,\ 2,\ 3.\tag{10.3.5}$$

已知 F_i 可以用式（10.3.2）表示，则拉格朗日方程成为

$$\frac{\mathrm{d}}{\mathrm{d}t}\frac{\partial(T-V')}{\partial\dot{x}_i}-\frac{\partial(T-V')}{\partial x_i}=0,\quad i=1,\ 2,\ 3.\tag{10.3.6}$$

引入拉格朗日函数 $L=T-V'$ 后，上述方程与完整有势系的拉格朗日方程形式完全相同，函数 V' 称为广义势.

二、带电粒子的拉格朗日方程

现证明电磁场存在广义势. 电磁场可用一个标势 $\varphi=\varphi(x_i,\ t)$ 和一个矢势 $\boldsymbol{A}=$

$\boldsymbol{A}(x_i,\ t)$ 表示为

$$\boldsymbol{E}=-\nabla\varphi-\frac{\partial \boldsymbol{A}}{\partial t}, \tag{10.3.7}$$

$$\boldsymbol{B}=-\nabla\times\boldsymbol{A}, \tag{10.3.8}$$

则

$$\begin{aligned} F_1 &=q[E_1+(\boldsymbol{v}\times\boldsymbol{B})_1]=q[E_1+(v_2B_3-v_3B_2)] \\ &=q\left\{-\frac{\partial\varphi}{\partial x_1}-\frac{\partial A_1}{\partial t}+\left[v_2\left(\frac{\partial A_2}{\partial x_1}-\frac{\partial A_1}{\partial x_2}\right)-v_3\left(\frac{\partial A_1}{\partial x_3}-\frac{\partial A_3}{\partial x_1}\right)\right]\right\}, \end{aligned} \tag{10.3.9}$$

其中

$$\begin{aligned} (\boldsymbol{v}\times\boldsymbol{B})_1 &=v_1\frac{\partial A_1}{\partial x_1}+v_2\frac{\partial A_2}{\partial x_1}+v_3\frac{\partial A_3}{\partial x_1}-\left(v_1\frac{\partial A_1}{\partial x_1}+v_2\frac{\partial A_1}{\partial x_2}+v_3\frac{\partial A_1}{\partial x_3}\right) \\ &=\frac{\partial(\boldsymbol{v}\cdot\boldsymbol{A})}{\partial x_1}-\left(\frac{\mathrm{d}A_1}{\mathrm{d}t}-\frac{\partial A_1}{\partial t}\right), \end{aligned} \tag{10.3.10}$$

代回得

$$F_1=q\left[-\frac{\partial}{\partial x_1}(\varphi-\boldsymbol{v}\cdot\boldsymbol{A})-\frac{\mathrm{d}A_1}{\mathrm{d}t}\right], \tag{10.3.11}$$

而

$$A_1=\frac{\partial(\boldsymbol{v}\cdot\boldsymbol{A})}{\partial\dot{x}_1}=-\frac{\partial(\varphi-\boldsymbol{v}\cdot\boldsymbol{A})}{\partial\dot{x}_1}, \tag{10.3.12}$$

最后一步是由于 φ 是 x_i，t 的函数，从而

$$F_1=q\left[-\frac{\partial(\varphi-\boldsymbol{v}\cdot\boldsymbol{A})}{\partial x_1}+\frac{\mathrm{d}}{\mathrm{d}t}\frac{\partial(\varphi-\boldsymbol{v}\cdot\boldsymbol{A})}{\partial\dot{x}_1}\right]. \tag{10.3.13}$$

同理，可写出 F_2，F_3 的类似结果，与式（10.3.2）比较可得

$$V'=q(\varphi-\boldsymbol{v}\cdot\boldsymbol{A}), \tag{10.3.14}$$

因此带电粒子在电磁场中的拉格朗日函数为

$$L=T-V'=\frac{1}{2}mv^2-q(\varphi-\boldsymbol{v}\cdot\boldsymbol{A}). \tag{10.3.15}$$

将 L 的表达式代入拉格朗日方程式（10.3.6），可得带电粒子在电磁场中的运动方程为

$$m\frac{\mathrm{d}\boldsymbol{v}}{\mathrm{d}t}=q(\boldsymbol{E}+\boldsymbol{v}\times\boldsymbol{B}).$$

如果拉格朗日函数中不显含广义坐标 x_1，则有相应的广义动量守恒

$$p_1=\frac{\partial L}{\partial\dot{x}_1}=m\dot{x}_1+qA_1=\text{常量}. \tag{10.3.16}$$

此时广义动量包括粒子的动量 $m\dot{x}_1$ 和电磁场的动量 qA_1，使我们看到拉格朗日方程可以处理包括电磁场在内的系统，而用牛顿力学方法是做不到的. 深入研究表明，$q\boldsymbol{A}$ 不是电磁场的全部动量，它只是电磁场总动量中能够与带电粒子动量进行交换的那一部分.

10-4 耗散函数　相对论力学中质点的拉格朗日函数

一、耗散函数

物体在流体介质中运动所受的摩擦阻力与速度有关. 一般情况下，它与速度平方成正比或与速度更高次幂成正比，但在速度较小时，摩擦阻力 $\boldsymbol{f}$ 与速度的一次方成正比，即

微视频

$$\boldsymbol{f}=-b\boldsymbol{v}, \tag{10.4.1}$$

其中比例函数 $b>0$. 此时，$\boldsymbol{f}$ 不是有势的，也不能用广义势来表示，但它可以用某个速度的函数对速度的导数来表达，即

$$f_i=-\frac{\partial F(\dot{x}_i)}{\partial \dot{x}_i},\quad i=1,\ 2,\ 3, \tag{10.4.2}$$

其中

$$F(\dot{x}_i)=\frac{1}{2}\sum_{i=1}^{3} b\dot{x}_i^2 \tag{10.4.3}$$

称为耗散函数. 推广到由 n 个质点组成的质点系，耗散函数为

$$F(\dot{x}_i)=\frac{1}{2}\sum_{i=1}^{3n} b\dot{x}_i^2, \tag{10.4.4}$$

此时与摩擦阻力相应的广义力为

$$Q_\alpha=\sum_{i=1}^{3n} f_i\frac{\partial x_i}{\partial q_\alpha}=-\sum_{i=1}^{3n}\frac{\partial F}{\partial \dot{x}_i}\frac{\partial x_i}{\partial q_\alpha}=-\sum_{i=1}^{3n}\frac{\partial F}{\partial \dot{x}_i}\frac{\partial \dot{x}_i}{\partial \dot{q}_\alpha}, \tag{10.4.5}$$

所以

$$Q_\alpha=\frac{\partial F}{\partial \dot{q}_\alpha}. \tag{10.4.6}$$

于是，对于除有势力外，还有上述摩擦阻力作用的体系，其拉格朗日方程为

$$\frac{\mathrm{d}}{\mathrm{d}t}\frac{\partial L}{\partial \dot{q}_\alpha}-\frac{\partial L}{\partial q_\alpha}=-\frac{\partial F}{\partial \dot{q}_\alpha},\quad \alpha=1,\ 2,\ \cdots,\ s. \tag{10.4.7}$$

上式乘 $\dot{q}_\alpha$ 并对 α 求和，与证明广义能量积分存在的过程相同，能证明，对于除摩擦阻力之外其余的主动力都为保守力的系统有

$$\frac{\mathrm{d}}{\mathrm{d}t}(T+V)=-\sum_{\alpha=1}^{s}\frac{\partial F}{\partial \dot{q}_\alpha}\dot{q}_\alpha=-2F, \tag{10.4.8}$$

可见耗散函数的物理意义为体系机械能耗散率的一半.

二、相对论力学中质点的拉格朗日函数

在相对论力学中，质点运动不再遵循牛顿运动定律，质点的质量不再是常量，它与运动速度有以下关系

微视频

$$m=\frac{m_0}{\sqrt{1-\frac{v^2}{c^2}}}, \tag{10.4.9}$$

其中 m_0 为质点的静止质量，c 是真空中的光速. 此时应如何构造质点的拉格朗日函数呢？我们可以根据相对论力学已有的结果，反过来构造拉格朗日函数，这就是所谓拉格朗日力学逆问题. 这类问题是经典分析力学近代发展中的一个重要问题.

在相对论力学中，动量为

$$\boldsymbol{p}=\frac{m_0\boldsymbol{v}}{\sqrt{1-\frac{v^2}{c^2}}}, \tag{10.4.10}$$

其中

$$p_x=\frac{m_0 v_x}{\sqrt{1-\frac{v^2}{c^2}}}. \tag{10.4.11}$$

如果反过来推想 L 的结构，使得

$$p_x=\frac{\partial L}{\partial \dot{x}}, \tag{10.4.12}$$

则通过直接验算可证明，自由质点的拉格朗日函数可以取为

$$L=-m_0c^2\sqrt{1-\frac{v^2}{c^2}}, \tag{10.4.13}$$

因此，可以把质点在有势场中的拉格朗日函数写为

$$L=-m_0c^2\sqrt{1-\frac{v^2}{c^2}}-V. \tag{10.4.14}$$

由拉格朗日方程

$$\frac{\mathrm{d}}{\mathrm{d}t}\frac{\partial L}{\partial \dot{q}_i}-\frac{\partial L}{\partial q_i}=0,\ i=1,\ 2,\ 3, \tag{10.4.15}$$

得运动方程:

$$\begin{cases}\dfrac{\mathrm{d}}{\mathrm{d}t}\dfrac{m_0 v_x}{\sqrt{1-\frac{v^2}{c^2}}}=-\dfrac{\partial V}{\partial x},\\[2ex] \dfrac{\mathrm{d}}{\mathrm{d}t}\dfrac{m_0 v_y}{\sqrt{1-\frac{v^2}{c^2}}}=-\dfrac{\partial V}{\partial y},\\[2ex] \dfrac{\mathrm{d}}{\mathrm{d}t}\dfrac{m_0 v_z}{\sqrt{1-\frac{v^2}{c^2}}}=-\dfrac{\partial V}{\partial z},\end{cases} \tag{10.4.16}$$

这组方程正是相对论力学中质点的运动方程，也说明了以式（10.4.14）作为拉格朗日函数的正确性. 注意，此时 L 已不等于 $T-V$ 了，这是因为在相对论中质点的动能为

$$T=\frac{m_0c^2}{\sqrt{1-\frac{v^2}{c^2}}}-m_0c^2, \tag{10.4.17}$$

其中 m_0c^2 为质点的静止能量.

若 L 中不显含时间，则系统的哈密顿函数守恒，即

$$H=\sum_{i=1}^{3}p_i\dot{q}_i-L=\frac{m_0v^2}{\sqrt{1-\frac{v^2}{c^2}}}+m_0c^2\sqrt{1-\frac{v^2}{c^2}}+V$$

$$=\frac{m_0c^2}{\sqrt{1-\frac{v^2}{c^2}}}+V=\text{常量}, \tag{10.4.18}$$

考虑到式（10.4.17），有

$$H=T+m_0c^2+V=\text{常量}, \tag{10.4.19}$$

在相对论力学中 H 为质点的总能量.

思考题

10.1. 如果系统的动能不含广义速度的一次项，即 $T_1=0$，能否由此判断系统的广义能量就是系统的机械能？为什么？

10.2. 简正坐标与一般随意选取的广义坐标最本质的区别是什么？

10.3. 广义势是保守力的势能函数吗？

10.4. 简述耗散函数的物理意义.

习　题

10.1. 如题 10.1 图所示，水平放置的行星齿轮，曲柄 OA 带动齿轮 S_2 在固定齿轮 S_1 上滚动. 已知曲柄的质量为 m_1，S_2 的质量为 m_2，半径为 r，齿轮 S_1 的半径为 R. 今在曲柄上作用一个不变的力矩 M，并把齿轮视为匀质圆盘，试用拉格朗日方程求出曲柄的转动角速度.

10.2. 如题 10.2 图所示，质量为 m 的质点 P_1 固定在长为 l 的轻杆一端，轻杆另一端铰接在固定点 O 上；长为 l 的另一轻杆的上端与质点 P_1 铰接，另一端与质点也是 m 的质点 P_2 连接，各铰链光滑. 以两杆分别与竖直向下方向所夹的角度 θ_1，θ_2 为广义坐标，求此系统的微振动运动方程及简正频率，并讨论其简正模式.

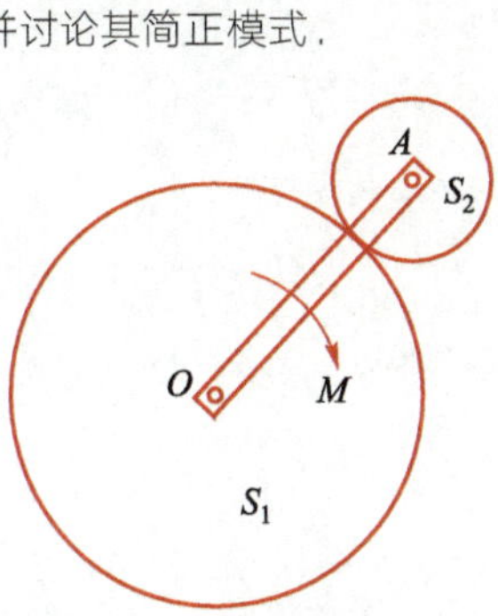

题 10.1 图

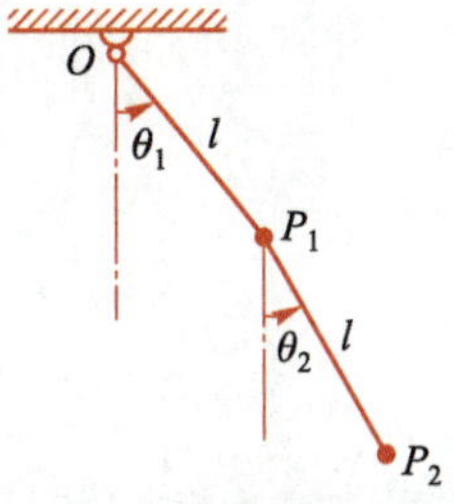

题 10.2 图

10.3. 如题 10.3 图所示，耦合摆由两个相同的摆和一个水平弹簧组成．两摆均在同一竖直平面内摆动，弹簧原长 a 等于摆的两悬挂点之距离．已知摆锤质量为 m，杆的长度为 l，忽略杆的质量．弹簧两端与摆锤相连，弹簧的弹性系数为 k．试求该系统的简正频率及简正模式．

10.4. 如题 10.4 图所示，三个质量相等的珠子只能沿水平圆轨道运动，圆的半径为 R，珠子由三个无质量的，自然长度为 $2\pi R/3$ 的弹簧相连，弹簧的弹性系数为 k．

(1) 试求系统的简正频率；

(2) 假设初始时三质点静止，质点 2 和 3 在它们自己的平衡位置，而质点 1 偏离了 $\pi R/6$ 的距离，求质点 1，2，3 的运动．

习题参考答案

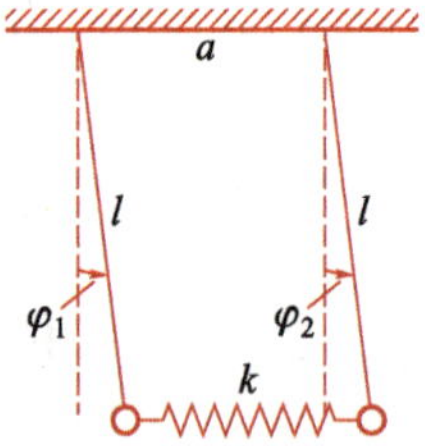

题 10.3 图

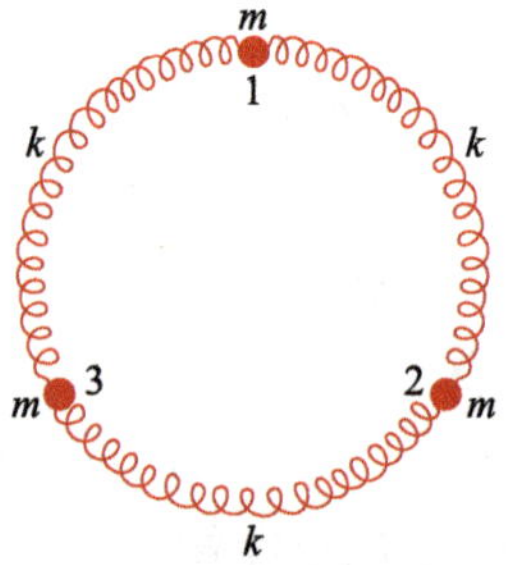

题 10.4 图

第十一章

哈密顿力学

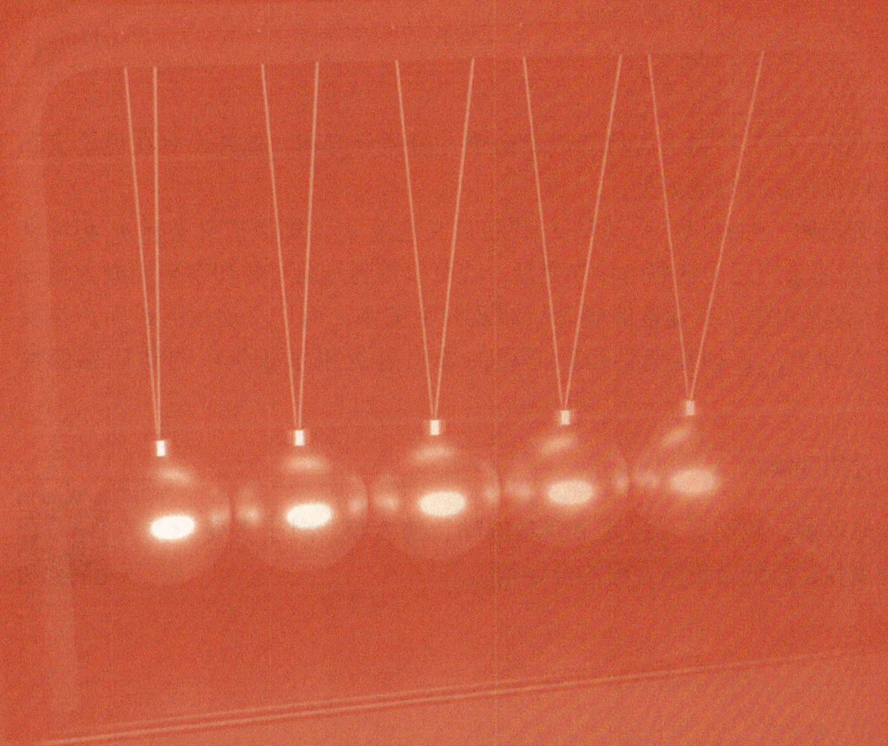

本章将在相空间中研究力学系统的运动，导出另一种形式的动力学方程，即哈密顿正则方程. 这种描述运动的方法称为哈密顿方法，或称哈密顿表述. 哈密顿正则方程结构简单对称，对系统的运动进行理论研究和数值计算极为有利，代表了分析力学的进一步发展. 在此基础上引申出了正则变换、哈密顿-雅可比方程等理论. 哈密顿表述，对现代统计物理、量子力学理论的建立和发展有重要意义.

课件资源

11-1 哈密顿正则方程

拉格朗日表述，是在位形空间中描述力学系统的运动，位形空间中的 s 个广义坐标是相互独立的. 动力学的特征函数拉格朗日函数以广义坐标 q_α、广义速度 $\dot{q}_\alpha$ 和 t 作为变量，但广义速度与广义坐标之间存在关系 $\dot{q}_\alpha=\mathrm{d}q_\alpha/\mathrm{d}t$. 受有完整约束的有势系的拉格朗日方程

$$\frac{\mathrm{d}}{\mathrm{d}t}\frac{\partial L}{\partial \dot{q}_\alpha}-\frac{\partial L}{\partial q_\alpha}=0,\ \alpha=1,\ 2,\ \cdots,\ s \tag{11.1.1}$$

是一个二阶常微分方程组，若将上述的二阶微分方程组通过适当途径变换为一阶微分方程组，可以得到一种新的、形式简单对称的运动方程组.

已知拉格朗日函数

$$L=L(q_\alpha,\ \dot{q}_\alpha,\ t), \tag{11.1.2}$$

把二阶微分方程式（11.1.1）变成一阶微分方程，最简单的方法是，将广义速度看作与广义坐标无关的独立变量，并改用 X_α 表示，则

$$L=L(q_\alpha,\ X_\alpha,\ t), \tag{11.1.3}$$

此时拉格朗日方程就可变成以 q_α 和 X_α 为独立变量的一阶微分方程组:

$$\begin{cases}\dfrac{\mathrm{d}}{\mathrm{d}t}\dfrac{\partial L}{\partial X_\alpha}-\dfrac{\partial L}{\partial q_\alpha}=0,\\ \dfrac{\mathrm{d}q_\alpha}{\mathrm{d}t}=X_\alpha,\end{cases}\qquad \alpha=1,\ 2,\ \cdots,\ s. \tag{11.1.4}$$

如此操作虽然把一个二阶微分方程变成了两个一阶微分方程，但并没有在理论上和求解方程方面带来实质性的好处.

理论研究表明，如果以广义动量 p_α 代替广义速度 $\dot{q}_\alpha$，即以广义坐标 q_α 和广义动量 p_α 作为描述系统运动状态的独立变量，就可以得到一组对物理学来说颇为重要的正则方程. 这是由于广义速度的概念只涉及时空关系，而广义动量的意义及重要性远超过广义速度，这种新变量和新方程的导出是运用了数学中的勒让德变换方法.

一、勒让德变换

微视频

为了便于理解，我们只介绍两个变量的勒让德变换，对于多变量的勒让德变换，将结合正则方程的推导阐明.

设函数 $f=f(x, y)$，该函数的全微分为

$$\mathrm{d}f=\frac{\partial f}{\partial x}\mathrm{d}x+\frac{\partial f}{\partial y}\mathrm{d}y, \tag{11.1.5}$$

令

$$u=\frac{\partial f}{\partial x}, \tag{11.1.6}$$

现在要做的是，将原来的独立变量 (x, y) 改变为 (u, y)，并构造与函数 f 相当的新函数 g.

将式（11.1.5）写成

$$\mathrm{d}f=u\mathrm{d}x+\frac{\partial f}{\partial y}\mathrm{d}y, \tag{11.1.7}$$

由于 $u\mathrm{d}x=\mathrm{d}(ux)-x\mathrm{d}u$，所以 $\mathrm{d}f=\mathrm{d}(ux)-x\mathrm{d}u+\frac{\partial f}{\partial y}\mathrm{d}y$，移项后得

$$\mathrm{d}(ux-f)=x\mathrm{d}u-\frac{\partial f}{\partial y}\mathrm{d}y. \tag{11.1.8}$$

定义新函数 $g=ux-f=\frac{\partial f}{\partial x}x-f$，于是式（11.1.8）写成

$$\mathrm{d}g=x\mathrm{d}u-\frac{\partial f}{\partial y}\mathrm{d}y. \tag{11.1.9}$$

可见，函数 g 的变化只由 u 和 y 的变化确定，新函数 g 是变量 u，y 的函数，故有

$$\mathrm{d}g=\frac{\partial g}{\partial u}\mathrm{d}u+\frac{\partial g}{\partial y}\mathrm{d}y, \tag{11.1.10}$$

其中 $x=\frac{\partial g}{\partial u}$，$\frac{\partial f}{\partial y}=-\frac{\partial g}{\partial y}$，这就是新变量与新函数应满足的方程.

勒让德变换把变量由 x，y 变成 u，y，同时函数由 $f(x, y)$ 变成 $g(u, y)$. 通过这种变换，我们获得了以新变量为变量的新函数，这种新的关系式以简单的偏导数表述.

类似地，我们将运用勒让德变换，把拉格朗日表述的变量 q_α 和 $\dot{q}_\alpha$ 变换成哈密顿表述的变量 q_α，p_α，同时特征函数由拉格朗日函数 $L(q_\alpha, \dot{q}_\alpha, t)$ 变换成哈密顿函数 $H(q_\alpha, p_\alpha, t)$，从而推导出正则方程.

勒让德变换不仅在力学中有用，而且在热力学中，运用这种变换方法，可以从热力学系统中的一个特征函数出发，引出该系统的其他特征函数.

二、哈密顿正则方程

由于 $L=L(q_\alpha, \dot{q}_\alpha, t)$，因此

微视频

$$\mathrm{d}L=\sum_{\alpha=1}^{s}\frac{\partial L}{\partial q_\alpha}\mathrm{d}q_\alpha+\sum_{\alpha=1}^{s}\frac{\partial L}{\partial \dot{q}_\alpha}\mathrm{d}\dot{q}_\alpha+\frac{\partial L}{\partial t}\mathrm{d}t. \tag{11.1.11}$$

为了使新函数哈密顿函数成为变量为 q_α，p_α，t 的函数，必须将 L 中的变量 $\dot{q}_\alpha$ 变换为 p_α，对多个自由度的力学系统，这种变换属于多变量的勒让德变换.

将上式右边第二项作如下变化，并考虑到 $p_\alpha=\partial L/\partial \dot{q}_\alpha$，得

$$\sum_{\alpha=1}^{s}\frac{\partial L}{\partial \dot{q}_\alpha}\mathrm{d}\dot{q}_\alpha=\sum_{\alpha=1}^{s}p_\alpha\mathrm{d}\dot{q}_\alpha=\sum_{\alpha=1}^{s}\mathrm{d}(p_\alpha\dot{q}_\alpha)-\sum_{\alpha=1}^{s}\dot{q}_\alpha\mathrm{d}p_\alpha. \tag{11.1.12}$$

将此式代入式（11.1.11）中，经移项后得

$$\mathrm{d}\left(\sum_{\alpha=1}^{s}p_\alpha\dot{q}_\alpha-L\right)=-\sum_{\alpha=1}^{s}\frac{\partial L}{\partial q_\alpha}\mathrm{d}q_\alpha+\sum_{\alpha=1}^{s}\dot{q}_\alpha\mathrm{d}p_\alpha-\frac{\partial L}{\partial t}\mathrm{d}t. \tag{11.1.13}$$

根据拉格朗日方程，$\dfrac{\partial L}{\partial q_\alpha}=\dfrac{\mathrm{d}}{\mathrm{d}t}\dfrac{\partial L}{\partial \dot{q}_\alpha}=\dot{p}_\alpha$，将上式写成

$$\mathrm{d}\left(\sum_{\alpha=1}^{s}p_\alpha\dot{q}_\alpha-L\right)=-\sum_{\alpha=1}^{s}\dot{p}_\alpha\mathrm{d}q_\alpha+\sum_{\alpha=1}^{s}\dot{q}_\alpha\mathrm{d}p_\alpha-\frac{\partial L}{\partial t}\mathrm{d}t. \tag{11.1.14}$$

引入新函数 $H=\sum\limits_{\alpha=1}^{s}p_\alpha\dot{q}_\alpha-L$，得

$$\mathrm{d}H=-\sum_{\alpha=1}^{s}\dot{p}_\alpha\mathrm{d}q_\alpha+\sum_{\alpha=1}^{s}\dot{q}_\alpha\mathrm{d}p_\alpha-\frac{\partial L}{\partial t}\mathrm{d}t. \tag{11.1.15}$$

可见，H 的变化只与 q_α，p_α，t 的改变有关，所以可以断言所得新函数 H 确是 q_α，p_α，t 的函数，即 $H=H(q_\alpha,\ p_\alpha,\ t)$. 这正是我们所期望的，这个新函数 H 称为哈密顿函数.

哈密顿函数的全微分为

$$\mathrm{d}H=\sum_{\alpha=1}^{s}\frac{\partial H}{\partial q_\alpha}\mathrm{d}q_\alpha+\sum_{\alpha=1}^{s}\frac{\partial H}{\partial p_\alpha}\mathrm{d}p_\alpha+\frac{\partial H}{\partial t}\mathrm{d}t, \tag{11.1.16}$$

将该式代回式（11.1.15），可得

$$\sum_{\alpha=1}^{s}\left(\frac{\partial H}{\partial q_\alpha}+\dot{p}_\alpha\right)\mathrm{d}q_\alpha+\sum_{\alpha=1}^{s}\left(\frac{\partial H}{\partial p_\alpha}-\dot{q}_\alpha\right)\mathrm{d}p_\alpha+\left(\frac{\partial H}{\partial t}+\frac{\partial L}{\partial t}\right)\mathrm{d}t=0. \tag{11.1.17}$$

由于 q_α，p_α，t 相互独立，所以从上式得出

$$\begin{cases}\dot{q}_\alpha=\dfrac{\partial H}{\partial p_\alpha},\\[2ex] \dot{p}_\alpha=-\dfrac{\partial H}{\partial q_\alpha},\end{cases}\quad \alpha=1,\ 2,\ \cdots,\ s, \tag{11.1.18}$$

$$\frac{\partial H}{\partial t}=-\frac{\partial L}{\partial t}, \tag{11.1.19}$$

方程组（11.1.18）称为正则方程，式（11.1.19）不是动力学方程，但这说明了一个事实：如果 L 不显含时间 t，则 H 也不会显含时间 t.

正则方程适用于主动力均为有势力的完整系，总共有 $2s$ 个方程，虽然方程右端以偏导数形式出现，但由它演算得出的系统的动力学方程均是一阶常微分方程. 哈密顿函数 H 隐含了系统的约束关系、系统的受力情况以及系统的结构情况等信息，正确写出系统的哈密顿函数 H 是运用正则方程建立系统运动微分方程的关键.

当以直接的方式应用哈密顿函数时，通常并不会在实质上减少求解任何具体力学问题的困难，我们去求解的方程实际上与拉格朗日方法所提供的方程等价，从步骤上看往往还更烦琐. 哈密顿表述的好处并不在于把它作为计算和解题工具，而在

于它提供了对力学形式结构的更深刻的洞察力. 在哈密顿表述中，赋予作为独立变量的广义坐标和广义动量以同等的地位，使我们在选择标志为“坐标”和“动量”的物理量时有更大的自由.

例题 11.1

建立单摆的动力学方程.

解 单摆是完整有势系，自由度为 1，选择摆角 θ 为广义坐标，其动能为

$$T=\frac{1}{2}ml^2\dot{\theta}^2,$$

其中 l 是单摆的摆长，m 是摆锤的质量.

以单摆悬挂点为重力势能零点，有

$$V=-mgl\cos\theta,$$

则拉格朗日函数为

$$L=T-V=\frac{1}{2}ml^2\dot{\theta}^2+mgl\cos\theta. \tag{1}$$

又因

$$p_\theta=\frac{\partial L}{\partial\dot{\theta}}=ml^2\dot{\theta}, \tag{2}$$

故反解出

$$\dot{\theta}=\frac{p_\theta}{ml^2}. \tag{3}$$

根据哈密顿函数的定义，有

$$H=\sum_{\alpha=1}^{s}p_\alpha\dot{q}_\alpha-L=p_\theta\dot{\theta}-L, \tag{4}$$

将 H 化成 θ 和 p_θ 的函数，得

$$H=\frac{p_\theta^2}{2ml^2}-mgl\cos\theta, \tag{5}$$

再将 H 代入方程组（11.1.18）中，得到单摆的动力学方程

$$\begin{cases}\dot{\theta}=\dfrac{\partial H}{\partial p_\theta}=\dfrac{p_\theta}{ml^2},\\ \dot{p}_\theta=-\dfrac{\partial H}{\partial\theta}=-mgl\sin\theta.\end{cases} \tag{6}$$

运用正则方程得到的两个一阶微分方程与由拉格朗日方程得到的一个二阶微分方程等价. 现将式（6）的第一式对时间求导，再将第一式代入第二式，便可得到单摆的二阶微分方程

$$\ddot{\theta}=-\frac{g}{l}\sin\theta,$$

这个方程也可由拉格朗日方程求得.

可见，应用正则方程建立系统运动方程的步骤为

（1）检验正则方程的使用条件是否得到满足，然后确定自由度，选择适当的广义坐标.

(2) 写出系统相对惯性系的动能 $T=T(q_\alpha, \dot{q}_\alpha, t)$ 和势能 $V=V(q_\alpha, t)$ 的表达式，进而构建系统的拉格朗日函数 $L=L(q_\alpha, \dot{q}_\alpha, t)$，并求出广义动量 $p_\alpha=\partial L/\partial \dot{q}_\alpha$，$\alpha=1, 2, \cdots, s$，由此反解出 $\dot{q}_\alpha=\dot{q}_\alpha(q_\alpha, p_\alpha, t)$，$\alpha=1, 2, \cdots, s$.

(3) 通过哈密顿函数的定义式 $H=\sum_{\alpha=1}^{s} p_\alpha \dot{q}_\alpha - L$ 或 $H=T_2-T_0+V$，并利用 $\dot{q}_\alpha=\dot{q}_\alpha(q_\alpha, p_\alpha, t)$，$\alpha=1, 2, \cdots, s$，将 $\dot{q}_\alpha$ 消去，使哈密顿函数 H 正确地表达为变量 q_α，p_α，t 的函数，即 $H=H(q_\alpha, p_\alpha, t)$.

(4) 将 H 代入正则方程（11.1.18）中，得出系统的运动方程.

三、哈密顿函数的意义

哈密顿函数是一个重要的物理量，一个力学系统的运动规律已蕴藏在该系统的哈密顿函数之中. 只要正确构造出系统的哈密顿函数，就可通过正则方程，推导出系统的动力学方程，因此哈密顿函数是系统的特征函数. 此外，哈密顿函数的重要性已超出了经典力学的范畴. 在量子力学中，哈密顿函数作为算符将确定微观粒子的运动规律.

在研究质点组运动中，哈密顿函数的定义式与拉格朗日表述中广义能量的定义式完全相同，所以它的一般形式可写成

$$H=T_2-T_0+V. \tag{11.1.20}$$

需要注意的是，在拉格朗日表述中，广义能量 H 以变量 q_α，$\dot{q}_\alpha$，t 的函数出现，而哈密顿函数必须是 q_α，p_α，t 的函数.

四、正则变量、相空间、正则方程的意义

$2s$ 个广义坐标 q_α，$\alpha=1, 2, \cdots, s$ 和广义动量 p_α，$\alpha=1, 2, \cdots, s$ 统称为正则变量，它们之间没有从属关系，地位完全相同. 相应地，把同一下标的广义坐标和广义动量称为一对正则共轭量.

哈密顿表述是在相空间中研究问题，由 $2s$ 个 q_α，p_α 组成的 $2s$ 维空间称为相空间. 相空间中的一个点代表系统在某一时刻的运动状态，系统的运动过程与相空间中的一条轨迹相对应，这条轨迹称为相轨迹. 通过求解正则方程，可得出广义坐标和广义动量随时间变化的函数关系式：$q_\alpha=q_\alpha(t)$，$p_\alpha=p_\alpha(t)$，$\alpha=1, 2, \cdots, s$，消去时间 t 便可得到相轨迹方程.

在相空间中研究问题具有优越性. 例如，在相空间中，通过一点只有一条相轨迹，相轨迹互不相交，能导出对大量粒子组成的有势系综适用的统计力学基本定理——刘维尔定理，该定理对统计物理的发展起着不可或缺的基础作用. 另外，对一个自由度的力学系统，相空间转化为相平面，可以利用正则方程对系统的行为进行定性的几何研究，尤其是对非线性系统在解析求解遇到困难时，采取这种方法更具优势.

正则方程在结构形式上具有简单、对称的特点，这种简单、对称的正则方程是分析力学继拉格朗日方程后达到的一个新的高度. 它不仅为力学的进一步发展（如

泊松括号、正则变换、哈密顿-雅可比方程等理论）开辟了广阔的前景，还成为经典物理向近代物理过渡的桥梁，哈密顿表述已成为现代物理学发展的基础和基本语言. 在数学上，正则方程是 $2s$ 个一阶微分方程组，运动方程以一阶微分方程的形式出现，这不仅有利于在相空间中对运动进行几何研究，而且有利于应用计算机对系统的运动规律作数值计算.

五、广义能量积分和广义动量积分

1. 广义能量积分

微视频

在一定的条件下，系统在运动过程中哈密顿函数 H 保持不变，就称系统存在广义能量积分.

由于 $H=H(q_\alpha,\ p_\alpha,\ t)$，所以

$$\frac{\mathrm{d}H}{\mathrm{d}t}=\sum_{\alpha=1}^{s}\frac{\partial H}{\partial q_\alpha}\dot{q}_\alpha+\sum_{\alpha=1}^{s}\frac{\partial H}{\partial p_\alpha}\dot{p}_\alpha+\frac{\partial H}{\partial t}. \tag{11.1.21}$$

将正则方程 $\dot{q}_\alpha=\partial H/\partial p_\alpha$，$\dot{p}_\alpha=-\partial H/\partial q_\alpha$，$\alpha=1,\ 2,\ \cdots,\ s$ 代入上式，得

$$\frac{\mathrm{d}H}{\mathrm{d}t}=\frac{\partial H}{\partial t}. \tag{11.1.22}$$

此式表明，如果哈密顿函数 H 不显含时间 t，即

$$\frac{\partial H}{\partial t}=0, \tag{11.1.23}$$

则

$$\frac{\mathrm{d}H}{\mathrm{d}t}=0, \tag{11.1.24}$$

$$H=H(q_\alpha,\ p_\alpha,\ t)=\text{常量}, \tag{11.1.25}$$

这就是从正则方程得出的广义能量积分，式（11.1.23）为广义能量积分存在的条件.

显然，若选择的广义坐标使坐标变换方程不显含时间，则广义能量积分代表系统相对惯性系的机械能守恒，即 $H=T_2+V=E=$ 常量. 否则，广义能量积分表示为

$$H=T_2-T_0+V=\text{常量}. \tag{11.1.26}$$

从式（11.1.19）可知

$$\frac{\partial H}{\partial t}=-\frac{\partial L}{\partial t}, \tag{11.1.27}$$

因此，只要 L 不显含时间，则 H 也不显含时间，反之亦然. 这说明通过任何一个特征函数，都可以判断广义能量是否守恒.

2. 广义动量积分

如果哈密顿函数 H 不显含广义坐标 q_α，即 q_α 是可遗坐标，我们有

$$\frac{\partial H}{\partial q_\alpha}=0, \tag{11.1.28}$$

则根据正则方程（11.1.18），可得到

$$p_\alpha = p_\alpha(q_\alpha, p_\alpha, t) = a_\alpha = 常量, \tag{11.1.29}$$

这就是与可遗坐标 q_α 对应的广义动量积分.

如果存在可遗坐标 q_α，必然存在与它对应的广义动量 $p_\alpha = a_\alpha$，则哈密顿函数可表示为

$$H = H(q_1, \cdots, q_{\alpha-1}, q_{\alpha+1}, \cdots, q_s, p_1, \cdots, p_{\alpha-1}, a_\alpha, p_{\alpha+1}, \cdots, p_s, t). \tag{11.1.30}$$

此时，系统的独立变量由 $2s$ 个变成 $2s-2$ 个，相当于减少了一个自由度. 现在可以先将 q_α 和 p_α 放在一边，只需求 $2s-2$ 个方程. 在求得 $2s-2$ 个正则变量的解之后，求 $q_\alpha(t)$ 就归结为求积分的问题.

因 $\dot{q}_\alpha = \dfrac{\partial H}{\partial a_\alpha}$，将 $2s-2$ 个变量的解代入等式右端，使 $\partial H/\partial a_\alpha$ 成为时间的函数，就可通过积分求得 q_α，即

$$q_\alpha = \int \frac{\partial H}{\partial a_\alpha} \mathrm{d}t + C_\alpha, \tag{11.1.31}$$

C_α 是积分常量.

即使系统存在广义动量积分，在拉格朗日表述中可遗坐标的出现也不会导致广义速度 $\dot{q}_\alpha$ 为常量，因此拉格朗日函数中仍包含 s 个独立变量，即

$$L = L(q_1, \cdots, q_{\alpha-1}, q_{\alpha+1}, \cdots, q_s, \dot{q}_1, \cdots, \dot{q}_s, t), \tag{11.1.32}$$

仍需解 s 个二阶微分方程. 而在哈密顿表述中，可遗坐标的存在可减少自由度，从而减少必须求解的方程数，从这点看哈密顿表述更为优越.

可遗坐标的多少，与广义坐标的选择有很大关系. 由于正则变量 q_α，p_α 在正则方程中的同等地位，使得可以应用分析力学中的正则变换理论，通过坐标变换 $(p, q) \to (P, Q)$ 保持正则方程的不变性，去寻找更多的运动积分.

例题 11.2

被约束在半径为 R 的圆柱面上运动的质点，质量为 m，仅受到有心力 $\boldsymbol{F} = -k\boldsymbol{r}$ 的作用（k 为常量），原点在圆柱的中心，如图 11.1 所示. 不计重力，求质点的运动学方程.

解 质点的自由度为 2，选择柱坐标中的 θ，z 作为广义坐标，坐标原点 O 在力心处. 质点的动能为

$$T = \frac{1}{2}mv^2 = \frac{1}{2}m(R^2\dot{\theta}^2 + \dot{z}^2). \tag{1}$$

以 O 点为势能零点，质点的势能为

$$V = \frac{1}{2}kr^2 = \frac{1}{2}k(R^2 + z^2). \tag{2}$$

由于

$$\begin{cases} p_\theta = \dfrac{\partial T}{\partial \dot{\theta}} = mR^2\dot{\theta}, \\ p_z = \dfrac{\partial T}{\partial \dot{z}} = m\dot{z}, \end{cases} \tag{3}$$

所以

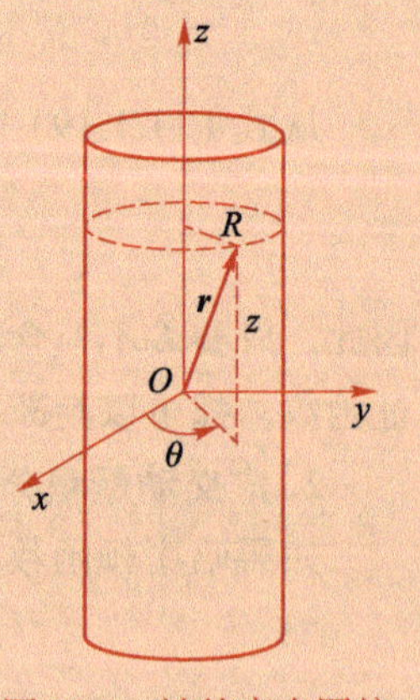

图 11.1　被约束在圆柱面上的质点

$$\begin{cases}\dot{\theta}=\dfrac{p_\theta}{mR^2},\\ \dot{z}=\dfrac{p_z}{m}.\end{cases}\tag{4}$$

由式（1）看出，动能只含广义速度的二次项，因此哈密顿函数 H 等于质点的机械能，即

$$H=T+V=\frac{p_\theta^2}{2mR^2}+\frac{p_z^2}{2m}+\frac{1}{2}k(R^2+z^2).\tag{5}$$

因 $\partial H/\partial\theta=0$，所以 θ 是可遗坐标，p_θ 守恒. 设 $p_\theta=h$，将上式写成

$$H=\frac{h^2}{2mR^2}+\frac{p_z^2}{2m}+\frac{1}{2}k(R^2+z^2).\tag{6}$$

由此式看到，原来质点具有两个自由度，由于存在广义动量积分，现在变成了一个自由度，使正则方程只含两个方程，即

$$\begin{cases}\dot{z}=\dfrac{\partial H}{\partial p_z}=\dfrac{p_z}{m},\\ \dot{p}_z=-\dfrac{\partial H}{\partial z}=-kz.\end{cases}\tag{7}$$

由式（6），得

$$p_z=\sqrt{2mH-\frac{h^2}{R^2}-km(R^2+z^2)},\tag{8}$$

令 $2mH-h/R^2-kmR^2=A$，将上式写成 $p_z=\sqrt{A-kmz^2}$ 并代入式（7）中的第一式，可得

$$t=\int\frac{m\mathrm{d}z}{\sqrt{A-kmz^2}}=\sqrt{\frac{m}{k}}\arcsin\sqrt{\frac{km}{A}}z+C_1.\tag{9}$$

选择合适的初始条件，可使

$$z=\sqrt{\frac{A}{km}}\sin\sqrt{\frac{k}{m}}t,\tag{10}$$

表明广义坐标 z 以圆频率 $\omega_0=\sqrt{k/m}$ 做简谐振动.

为了求出 $\theta=\theta(t)$，需积分式（4）中的第一式，即

$$\theta=\int\frac{h}{mR^2}\mathrm{d}t=\frac{h}{mR^2}t+C_2.$$

积分常量 C_2 由初始条件决定，以 θ_0 代替，则上式为

$$\theta=\frac{h}{mR^2}t+\theta_0.\tag{11}$$

可见，θ 随时间均匀变化，$\dot{\theta}=$常量. 此式也可直接从式（11.1.31）得出.

上面的式（10）和式（11）就是质点的运动学方程. 将式（7）中的两式合并，可以得到质点的二阶运动微分方程

$$\ddot{z}+\frac{k}{m}z=0,\tag{12}$$

式（10）也是这个方程的解.

六、哈密顿原理与哈密顿正则方程

实际上，从哈密顿原理（最小作用量原理）也可以直接导出哈密顿正则方程．利用哈密顿函数与拉格朗日函数之间的关系式 $H=\sum_{\alpha=1}^{s} p_\alpha \dot{q}_\alpha - L$，哈密顿原理可改写为

$$\delta\int_{t_0}^{t_1} L\mathrm{d}t=\delta\int_{t_0}^{t_1}\left(\sum_\alpha p_\alpha\dot{q}_\alpha-H\right)\mathrm{d}t=0. \tag{11.1.33}$$

对上式进行变分运算，有

$$\int_{t_0}^{t_1}\sum_\alpha\left(p_\alpha\delta\dot{q}_\alpha+\dot{q}_\alpha\delta p_\alpha-\frac{\partial H}{\partial q_\alpha}\delta q_\alpha-\frac{\partial H}{\partial p_\alpha}\delta p_\alpha\right)\mathrm{d}t=0,$$

由于 $\delta\dot{q}_\alpha=\dfrac{\mathrm{d}}{\mathrm{d}t}\delta q_\alpha$，上式左边第一项可写为

$$\int_{t_0}^{t_1}\sum_\alpha p_\alpha\delta\dot{q}_\alpha\mathrm{d}t=\sum_\alpha p_\alpha\delta q_\alpha\Big|_{t_0}^{t_1}-\int_{t_0}^{t_1}\sum_\alpha\delta q_\alpha\dot{p}_\alpha\mathrm{d}t,$$

由于 δq_α 在 t_0 和 t_1 处为零，因此上式中第一项为零，可得

$$\int_{t_0}^{t_1}\sum_\alpha\left[\left(\dot{q}_\alpha-\frac{\partial H}{\partial p_\alpha}\right)\delta p_\alpha-\left(\dot{p}_\alpha+\frac{\partial H}{\partial q_\alpha}\right)\delta q_\alpha\right]\mathrm{d}t=0. \tag{11.1.34}$$

如果 δq_α 和 δp_α 彼此独立，则由式（11.1.34）立即得到 $2s$ 个哈密顿正则方程．然而，我们当前的所有讨论的出发点是位形空间中的哈密顿原理，是在位形空间进行的．由于 δp_α 与 $\delta\dot{q}_\alpha$ 有关，而 $\delta\dot{q}_\alpha$ 与 δq_α 并不独立，所以 δp_α 和 δq_α 是不独立的．根据由勒让德交换推导哈密顿正则方程的过程，我们已经知道 $\dot{q}_\alpha=\dfrac{\partial H}{\partial p_\alpha}$，因此 δp_α 前面的系数表达式为零．此时，只剩下含有 δq_α 的部分，而且不同 δq_α 之间彼此独立，于是第二项前的系数表达式亦为零．至此，哈密顿正则方程全部得到．

另一种推导哈密顿正则方程的方法是从相空间的哈密顿原理出发．前述的哈密顿原理都是从广义坐标张成的位形空间出发，由两端给定的各种虚运动中选出真实的运动．相空间中的哈密顿原理则是从广义坐标和广义动量共同张成的相空间出发，由两端固定的各种虚运动中选出真实的运动．相空间中的哈密顿原理表述为

$$\delta S=\delta\int_{t_0}^{t_1}\left[\sum_{\alpha=1}^{s}p_\alpha\dot{q}_\alpha-H(q_\alpha,\ p_\alpha,\ t)\right]\mathrm{d}t=0. \tag{11.1.35}$$

式（11.3.35）中的广义速度不是独立变量，需要以广义坐标和广义动量这套独立变量来表示．由式（11.1.35）出发进行变分运算，注意到 δp_α 和 δq_α 彼此独立，因此 δp_α 和 δq_α 的系数表达式应该为零，因而得到

$$\dot{q}_\alpha=\frac{\partial H}{\partial p_\alpha},\quad \dot{p}_\alpha=-\frac{\partial H}{\partial q_\alpha},\quad \alpha=1,\ 2,\ \cdots,\ s.$$

11-2 正则变换

微视频

正则方程揭示出广义动量与广义坐标具有平等的地位，当用泊松括号表示时，两个运动方程更是具有完全对称的形式．与拉格朗日

表述比较，哈密顿表述更进一步揭示了力学现象的本质，它更适合于量子力学、统计力学和摄动理论的研究，特别是哈密顿相空间提供了研究可积性和非可积性问题以及描述不可积系统展现的混沌现象的理想框架. 哈密顿表述为经典力学进一步发展开辟了广阔的空间和前景.

在拉格朗日表述中，我们只能通过广义坐标的变换去寻找更多的循环坐标，使方程便于求解. 正则方程的对称性揭示了广义坐标和广义动量具有同样的地位，不仅使可以变换的变量增加了一倍，而且可以进行如下形式的联合变换

$$\begin{cases}Q_\alpha=Q_\alpha(q_\alpha,\ p_\alpha,\ t),\\ P_\alpha=P_\alpha(q_\alpha,\ p_\alpha,\ t),\end{cases}\quad \alpha=1,\ 2,\ \cdots,\ s,$$

其中（Q_α，P_α）与（q_α，p_α）分别是新、旧正则变量. 我们不妨大胆地设想，如果正则变量（q_α，p_α）通过变换，能够找到一组新的正则变量（Q_α，P_α），不仅所有新的广义坐标 Q_α 都是可遗坐标，而且所有新的广义动量 P_α 也是"可遗"的. 这样，新的广义坐标和新的广义动量都为常量，而且可表为 $Q_{\alpha0}$和 $P_{\alpha0}$，则这个变换的逆变换方程即从新变量到旧变量的变换方程本身就是正则方程的解

$$\begin{cases}q_\alpha=q_\alpha(Q_{\alpha0},\ P_{\alpha0},\ t),\\ p_\alpha=p_\alpha(Q_{\alpha0},\ P_{\alpha0},\ t),\end{cases}\quad \alpha=1,\ 2,\ \cdots,\ s,$$

此时 $Q_{\alpha0}$，$P_{\alpha0}$为由初始条件确定的 $2s$ 个积分常量. 为了达到这一目的，我们将首先介绍正则变换的定义和条件.

一、正则变换的定义和条件

从一组正则变量 q_α，p_α 通过下列变换关系变换到新的正则变量 Q_α，P_α，即

$$Q_\alpha=Q_\alpha(q_\alpha,\ p_\alpha,\ t),\ P_\alpha=P_\alpha(q_\alpha,\ p_\alpha,\ t),\ \alpha=1,\ 2,\ \cdots,\ s.$$

用原先的正则变量描述，哈密顿函数为 $H=H(q_\alpha,\ p_\alpha,\ t)$，系统的运动方程具有正则形式

$$\dot q_\alpha=\frac{\partial H}{\partial p_\alpha},\ \dot p_\alpha=-\frac{\partial H}{\partial q_\alpha},\ \alpha=1,\ 2,\ \cdots,\ s. \tag{11.2.1}$$

我们要研究上述变换关系满足什么条件，才能使得用新的正则变量描述时，系统的运动方程仍具有正则形式

$$\dot Q_\alpha=\frac{\partial K}{\partial P_\alpha},\ \dot P_\alpha=-\frac{\partial K}{\partial Q_\alpha},\ \alpha=1,\ 2,\ \cdots,\ s, \tag{11.2.2}$$

此时新的哈密顿函数为 $K=K(Q_\alpha,\ P_\alpha,\ t)$.

系统的运动要求正则变量（q_α，p_α）的变化必满足相空间的哈密顿原理（与位形空间的哈密顿原理相同，要求所有可能轨道的两端点相同，在两端点的时刻相同），此时拉格朗日函数应用正则变量表示，于是有

$$\delta\int_{t_0}^{t_1}\left[\sum_{\alpha=1}^{s}p_\alpha\dot q_\alpha-H(q_\alpha,\ p_\alpha,\ t)\right]\mathrm{d}t=0. \tag{11.2.3}$$

通过变分运算就能导出 q_α，p_α 应满足的正则方程.

若用另一组正则变量（Q_α，P_α）描述，则它们的变化同样应满足相空间的哈密

顿原理

$$\delta\int_{t_0}^{t_1}\left[\sum_{\alpha=1}^{s}P_\alpha\dot{Q}_\alpha-K(Q_\alpha,\ P_\alpha,\ t)\right]\mathrm{d}t=0,\tag{11.2.4}$$

其中 K 是新的哈密顿函数. 同样，从上式能证明 Q_α，P_α 也满足正则形式的运动方程. 以式（11.2.3）减去式（11.2.4），得

$$\delta\int_{t_0}^{t_1}\left[\sum_{\alpha=1}^{s}p_\alpha\dot{q}_\alpha-\sum_{\alpha=1}^{s}P_\alpha\dot{Q}_\alpha+(K-H)\right]\mathrm{d}t=0,\tag{11.2.5}$$

这个方程联系着新、旧正则变量，其中方括号代表两式中两被积函数之差. 下面证明，欲使式（11.2.5）成立，只要两被积函数之差等于新、旧广义坐标的任意函数 $F_1(q_\alpha,\ Q_\alpha,\ t)$ 对时间的全导数，即

$$\sum_{\alpha=1}^{s}p_\alpha\dot{q}_\alpha-\sum_{\alpha=1}^{s}P_\alpha\dot{Q}_\alpha+(K-H)=\frac{\mathrm{d}F_1(q_\alpha,\ Q_\alpha,\ t)}{\mathrm{d}t}.\tag{11.2.6}$$

将此式代入式（11.2.5），进行计算就可证明，因变分与积分、求导等次序可交换，得

$$\begin{aligned}\delta\int_{t_0}^{t_1}\frac{\mathrm{d}F_1(q_\alpha,\ Q_\alpha,\ t)}{\mathrm{d}t}\mathrm{d}t&=\int_{t_0}^{t_1}\frac{\mathrm{d}}{\mathrm{d}t}[\delta F_1(q_\alpha,\ Q_\alpha,\ t)]\mathrm{d}t=\delta F_1(q_\alpha,\ Q_\alpha,\ t)\Big|_{t_0}^{t_1}\\&=\sum_{\alpha=1}^{s}\left(\frac{\partial F_1}{\partial q_\alpha}\delta q_\alpha+\frac{\partial F_1}{\partial Q_\alpha}\delta Q_\alpha\right)\Big|_{t_0}^{t_1}=0,\end{aligned}\tag{11.2.7}$$

最后一步利用了哈密顿原理的要求，即

$$\delta q_\alpha\Big|_{t_0}=\delta q_\alpha\Big|_{t_1}=0\ \text{和}\ \delta Q_\alpha\Big|_{t_0}=\delta Q_\alpha\Big|_{t_1}=0.$$

可见，式（11.2.6）是联系新旧正则变量和新旧哈密顿函数的关系式，此式就是上述变换应满足的条件，它可写成

$$\sum_{\alpha=1}^{s}p_\alpha\mathrm{d}q_\alpha-\sum_{\alpha=1}^{s}P_\alpha\mathrm{d}Q_\alpha+(K-H)\mathrm{d}t=\mathrm{d}F_1(q_\alpha,\ Q_\alpha,\ t),\tag{11.2.8}$$

即要求新旧正则变量、新旧哈密顿函数使上式左端成为一个函数的全微分，满足这个条件的变换称为正则变换，式（11.2.8）称为正则变换条件.

根据全微分定义

$$\mathrm{d}F_1(q_\alpha,\ Q_\alpha,\ t)=\sum_{\alpha=1}^{s}\frac{\partial F_1}{\partial q_\alpha}\mathrm{d}q_\alpha+\sum_{\alpha=1}^{s}\frac{\partial F_1}{\partial Q_\alpha}\mathrm{d}Q_\alpha+\frac{\partial F_1}{\partial t}\mathrm{d}t,$$

代入式（11.2.8），比较等式两边系数，得

$$p_\alpha=\frac{\partial F_1}{\partial q_\alpha},\ P_\alpha=-\frac{\partial F_1}{\partial Q_\alpha},\ \alpha=1,\ 2,\ \cdots,\ s,\tag{11.2.9}$$

$$K=H+\frac{\partial F_1}{\partial t}.\tag{11.2.10}$$

将函数 $F_1(q_\alpha,\ Q_\alpha,\ t)$ 代入式（11.2.9），可得新、旧正则变量间的两个变换关系，从中可解出

$$Q_\alpha=Q_\alpha(q_\alpha,\ p_\alpha,\ t),\ P_\alpha=P_\alpha(q_\alpha,\ p_\alpha,\ t),\ \alpha=1,\ 2,\ \cdots,\ s,\tag{11.2.11}$$

它们就是由函数 F_1 确定的正则变换，而通过式（11.2.10）可以从旧的哈密顿函数求

出新的哈密顿函数. 一个正则变换是由相应的函数 F_1 产生，顾名思义，我们称 $F_1(q_\alpha, Q_\alpha, t)$ 为生成函数或母函数，母函数必须同时包括新旧正则变量.

根据式 (11.2.8)，正则变换的条件还可写成变分形式

$$\sum_{\alpha=1}^{s} p_\alpha \delta q_\alpha - \sum_{\alpha=1}^{s} P_\alpha \delta Q_\alpha = \delta F_1(q_\alpha, Q_\alpha, t), \tag{11.2.12}$$

此式也可作为判断一个变换是否为正则变换的条件.

对式 (11.2.8) 作一些变换就能导出另一种母函数 $F_2 = F_2(q_\alpha, P_\alpha, t)$，称为第二类母函数，新母函数的独立变量改变了，原来的 Q_α 换为 P_α. 类似勒让德变换的运算，将式 (11.2.8) 左端第二项写成

$$-\sum_{\alpha=1}^{s} P_\alpha \mathrm{d}Q_\alpha = -\sum_{\alpha=1}^{s} \left[\mathrm{d}(P_\alpha Q_\alpha) - Q_\alpha \mathrm{d}P_\alpha\right],$$

于是式 (11.2.8) 成为

$$\sum_{\alpha=1}^{s} p_\alpha \mathrm{d}q_\alpha + \sum_{\alpha=1}^{s} Q_\alpha \mathrm{d}P_\alpha + (K-H)\mathrm{d}t = \mathrm{d}\left[F_1 + \sum_{\alpha=1}^{s} P_\alpha Q_\alpha\right] = \mathrm{d}F_2, \tag{11.2.13}$$

其中 $F_2 = F_1 + \sum_{\alpha=1}^{s} P_\alpha Q_\alpha$. 从式 (11.2.13) 左端看出，$F_2$ 为 q_α，P_α，t 的函数，即 $F_2 = F_2(q_\alpha, P_\alpha, t)$，所以

$$\mathrm{d}F_2 = \sum_{\alpha=1}^{s} \frac{\partial F_2}{\partial q_\alpha}\mathrm{d}q_\alpha + \sum_{\alpha=1}^{s} \frac{\partial F_2}{\partial P_\alpha}\mathrm{d}P_\alpha + \frac{\partial F_2}{\partial t}\mathrm{d}t. \tag{11.2.14}$$

代入式 (11.2.13) 并比较两边各项系数，得正则变换方程

$$p_\alpha = \frac{\partial F_2}{\partial q_\alpha}, \quad Q_\alpha = \frac{\partial F_2}{\partial P_\alpha}, \quad \alpha = 1, 2, \cdots, s, \tag{11.2.15}$$

和新旧哈密顿函数变换关系

$$K = H + \frac{\partial F_2}{\partial t}. \tag{11.2.16}$$

母函数还有另外两种形式 $F_3(p_\alpha, Q_\alpha, t)$ 和 $F_4(p_\alpha, P_\alpha, t)$ 及其对应的变换关系，这里不再细述.

例题 11.3

设母函数 $F_1(q, Q) = qQ$，求由它确定的正则变换.

解 根据式 (11.2.9) 可求得正则变换为

$$p = \frac{\partial F_1}{\partial q} = Q, \quad P = -\frac{\partial F_1}{\partial Q} = -q.$$

从变换结果看出，新的广义坐标 Q 是原来的广义动量 p，它已失去原来“坐标”的意义了；同理，新的广义动量 P 是原来的广义坐标 q 的负值，也失去了原来“动量”的意义. 在更一般的情况中新广义动量、广义坐标都可能是旧的广义动量和广义坐标组合的函数，此时，“坐标”“动量”只是一个名称. 在哈密顿表述中，广义坐标和广义动量只是一对共轭的正则变量，这对正则变量的乘积必须具有作用量的量纲.

二、力学系统的运动可看作连续的正则变换

哈密顿将沿着真实运动路线计算得出的作用量 S 称为主函数，后人又把它称为哈密顿主函数，或作用量函数. 如果始端固定，则它是末端位置和时间的函数.

如果沿着真实运动路线计算，并假设轨道的两端点可微小变动，则主函数的变分为

$$\delta S=\delta\int_{t_0}^{t_1}L\mathrm{d}t=\sum_{\alpha=1}^{s}\frac{\partial L}{\partial\dot{q}_\alpha}\delta q_\alpha\Big|_{t_0}^{t_1}-\int_{t_0}^{t_1}\sum_{\alpha=1}^{s}\left[\frac{\mathrm{d}}{\mathrm{d}t}\frac{\partial L}{\partial\dot{q}_\alpha}-\frac{\partial L}{\partial q_\alpha}\right]\delta q_\alpha\mathrm{d}t.$$

由于积分沿真实运动路线计算，上式右端第二项等于零，所以

$$\delta S=\sum_{\alpha=1}^{s}\frac{\partial L}{\partial\dot{q}_\alpha}\delta q_\alpha\Big|_{t_1}-\sum_{\alpha=1}^{s}\frac{\partial L}{\partial\dot{q}_\alpha}\delta q_\alpha\Big|_{t_0}=\sum_{\alpha=1}^{s}p_\alpha\delta q_\alpha-\sum_{\alpha=1}^{s}p_{\alpha0}\delta q_{\alpha0},\qquad(11.2.17)$$

可看出 $S=S(q_\alpha,\ q_{\alpha0},\ t)$. 将式（11.2.17）与式（11.2.12）加以比较，就可得出主函数 S 就是将正则变量从 t_1 时刻的 p_α，q_α 变换到 t_0 时刻的 $p_{\alpha0}$，$q_{\alpha0}$的正则变换的母函数. 因此，可用变换的观点来看系统的运动和演化，系统在任何时刻的状态是由初始状态通过连续的正则变换得到的. 根据式（11.2.9），新、旧正则变量间的变换关系为

$$p_\alpha=\frac{\partial S}{\partial q_\alpha},\ p_{\alpha0}=\frac{\partial S}{\partial q_{\alpha0}},\ \alpha=1,\ 2,\ \cdots,\ s,\qquad(11.2.18)$$

这个变换就是能够实现所有广义坐标和广义动量都是常量的理想变换的一种，正是理论上我们所期待的. 然而，母函数 S 即哈密顿主函数还是未知的，按照定义它只有在求出了系统的运动之后才能算出. 在求出系统的运动之前，想求出这个母函数还需另找途径，通过哈密顿-雅可比方程来解决.

11-3 泊松括号

微视频

一、泊松括号的定义和性质

泊松括号是一种运算的缩写符号，它的定义是：如果 φ 和 ψ 都是正则变量和时间的函数，即

$$\varphi=\varphi(q_\alpha,\ p_\alpha,\ t),$$
$$\psi=\psi(q_\alpha,\ p_\alpha,\ t),$$

那么，函数 φ，ψ 构成的泊松括号为

$$[\varphi,\ \psi]=\sum_{\alpha=1}^{s}\left(\frac{\partial\varphi}{\partial q_\alpha}\frac{\partial\psi}{\partial p_\alpha}-\frac{\partial\varphi}{\partial p_\alpha}\frac{\partial\psi}{\partial q_\alpha}\right).\qquad(11.3.1)$$

由正则变量组成的泊松括号 $[q_\alpha,\ q_\beta]$，$[p_\alpha,\ p_\beta]$ 和 $[q_\alpha,\ p_\beta]$ 称为基本泊松括号，它们具有以下性质：

$$[q_\alpha,\ q_\beta]=0,\ [p_\alpha,\ p_\beta]=0,\qquad(11.3.2)$$

$$[q_\alpha,\ p_\beta]=\delta_{\alpha\beta}=\begin{cases}0\ (\alpha\neq\beta),\\1\ (\alpha=\beta),\end{cases}\qquad(11.3.3)$$

式中的 $\delta_{\alpha\beta}$ 称为克罗内克符号，它们均可由式（11.3.1）得证. 在证明的过程中，要注意正则变量是彼此独立的.

泊松括号还有以下性质:

$$[\varphi, C]=0 \ (C\text{ 是常数}), \tag{11.3.4}$$

$$C[\varphi, \psi]=[C\varphi, \psi]=[\varphi, C\psi] \ (C\text{ 是常数}), \tag{11.3.5}$$

$$[\varphi, \psi]=-[\psi, \varphi], \tag{11.3.6}$$

$$[-\varphi, \psi]=-[\varphi, \psi], \tag{11.3.7}$$

$$[\varphi, \psi_1\psi_2]=[\varphi, \psi_1]\psi_2+\psi_1[\varphi, \psi_2], \tag{11.3.8}$$

$$[\varphi, \psi_1+\psi_2]=[\varphi, \psi_1]+[\varphi, \psi_2], \tag{11.3.9}$$

$$\frac{\partial}{\partial t}[\varphi, \psi]=\left[\frac{\partial\varphi}{\partial t}, \psi\right]+\left[\varphi, \frac{\partial\psi}{\partial t}\right], \tag{11.3.10}$$

$$[\varphi, [\psi, \theta]]+[\psi, [\theta, \varphi]]+[\theta, [\varphi, \psi]]=0. \tag{11.3.11}$$

等式中的三个函数 φ，ψ，θ 都是正则变量 q_α，p_α 和时间 t 的函数，这些性质都可以根据式（11.3.1）泊松括号的定义来证明.

二、用泊松括号表述的运动方程

哈密顿函数以正则变量和时间为独立变量，它是表征力学系统动力学性质的特征函数. 它能确定力学系统的运动，因而也能确定力学量随时间的变化规律.

现在，设某一力学量为 $W=W(q_\alpha, p_\alpha, t)$，将该力学量对时间微商，得

$$\frac{\mathrm{d}W}{\mathrm{d}t}=\frac{\partial W}{\partial t}+\sum_{\alpha=1}^{s}\left(\frac{\partial W}{\partial q_\alpha}\dot{q}_\alpha+\frac{\partial W}{\partial p_\alpha}\dot{p}_\alpha\right), \tag{11.3.12}$$

将正则方程 $\dot{q}_\alpha=\partial H/\partial p_\alpha$，$\dot{p}_\alpha=-\partial H/\partial q_\alpha$，$\alpha=1, 2, \cdots, s$ 代入上式，得

$$\frac{\mathrm{d}W}{\mathrm{d}t}=\frac{\partial W}{\partial t}+\sum_{\alpha=1}^{s}\left(\frac{\partial W}{\partial q_\alpha}\frac{\partial H}{\partial p_\alpha}-\frac{\partial W}{\partial p_\alpha}\frac{\partial H}{\partial q_\alpha}\right). \tag{11.3.13}$$

考虑到泊松括号的定义，上式可写成

$$\frac{\mathrm{d}W}{\mathrm{d}t}=\frac{\partial W}{\partial t}+[W, H]. \tag{11.3.14}$$

假如力学量 W 不显含时间，即 $\partial W/\partial t=0$，则上式成为

$$\frac{\mathrm{d}W}{\mathrm{d}t}=[W, H]. \tag{11.3.15}$$

如果将 q_α，p_α 以力学量 W 的身份代入上式，就得到

$$\begin{cases}\dot{q}_\alpha=[q_\alpha, H],\\ \dot{p}_\alpha=[p_\alpha, H],\end{cases} \quad \alpha=1, 2, \cdots, s, \tag{11.3.16}$$

这就是用泊松括号表示的力学系统的运动方程——正则方程. 用泊松括号表示的正则方程具有完全对称的形式. 从这些方程出发，将泊松括号按式（11.3.1）展开，当然能够回到 11-1 节所述的正则方程.

如果 $W=H$，由式（11.3.14）得到

$$\frac{\mathrm{d}H}{\mathrm{d}t}=\frac{\partial H}{\partial t}, \tag{11.3.17}$$

说明哈密顿函数对时间的全导数和偏导数相等.

三、判断力学量守恒的充要条件

运用泊松括号，不仅使正则方程呈现出完全对称的新的形式，而且还提供了力学量守恒的统一判据.

设力学量 $W=W(q_\alpha, p_\alpha, t)$ 守恒，即 $\mathrm{d}W/\mathrm{d}t=0$，根据式（11.3.14），必定存在

$$\frac{\partial W}{\partial t}+[W, H]=0, \tag{11.3.18}$$

这就是力学量 W 守恒的必要条件.

反之，如果式（11.3.18）成立，根据式（11.3.14），有

$$\frac{\mathrm{d}W}{\mathrm{d}t}=0, \tag{11.3.19}$$

$$W=\text{常量}, \tag{11.3.20}$$

说明式（11.3.18）是力学量 W 守恒的充分条件.

综上所述，式（11.3.18）是力学量 $W=W(q_\alpha, p_\alpha, t)$ 为守恒量的充分必要条件（充要条件）. 实际上，广义动量守恒和广义能量守恒不过是任何一个力学量 $W=W(q_\alpha, p_\alpha, t)$ 守恒的特例而已.

根据式（11.3.18），广义动量 p_β 守恒的充要条件是 p_β 满足方程

$$\frac{\partial p_\beta}{\partial t}+[p_\beta, H]=0, \tag{11.3.21}$$

由于 $\partial p_\beta/\partial t=0$，所以上式为

$$\sum_{\alpha=1}^{s}\left(\frac{\partial p_\beta}{\partial q_\alpha}\frac{\partial H}{\partial p_\alpha}-\frac{\partial p_\beta}{\partial p_\alpha}\frac{\partial H}{\partial q_\alpha}\right)=0. \tag{11.3.22}$$

又因正则变量 p_β 和 q_α 彼此独立，所以 $\partial p_\beta/\partial q_\alpha=0$，而且 s 个 p_α 亦相互独立，当 $\alpha=\beta$ 时，$\partial p_\beta/\partial p_\beta=1$，于是有

$$\frac{\partial H}{\partial q_\beta}=0, \tag{11.3.23}$$

表明广义动量 p_β 守恒的充分必要条件是哈密顿函数 H 不显含广义坐标 q_β.

根据式（11.3.18），广义能量守恒的充要条件是

$$\frac{\partial H}{\partial t}+[H, H]=0. \tag{11.3.24}$$

因 $[H, H]=0$，所以

$$\frac{\partial H}{\partial t}=0, \tag{11.3.25}$$

上式成为广义能量守恒的充要条件.

四、泊松定理

微视频

泊松定理能使我们利用泊松括号寻找到更多的守恒量. 泊松定理的内容是:

如果f, g是力学系统的守恒量，则由它们组成的泊松括号 $[f, g]$ 也是该力学系统的守恒量.

证明 设f, g是q_α, p_α, t的函数，可知 $[f, g]$ 也是q_α, p_α, t的函数，根据式（11.3.14）得

$$\frac{\mathrm{d}[f, g]}{\mathrm{d}t}=\frac{\partial[f, g]}{\partial t}+[[f, g], H]. \tag{11.3.26}$$

运用式（11.3.10），将上式右边第一项写成

$$\frac{\partial[f, g]}{\partial t}=\left[\frac{\partial f}{\partial t}, g\right]+\left[f, \frac{\partial g}{\partial t}\right]. \tag{11.3.27}$$

由于f, g是守恒量，即$f(q_\alpha, p_\alpha, t)=$常量，$g(q_\alpha, p_\alpha, t)=$常量，因此

$$\frac{\partial f}{\partial t}+[f, H]=0, \tag{11.3.28}$$

$$\frac{\partial g}{\partial t}+[g, H]=0, \tag{11.3.29}$$

将式（11.3.28）、式（11.3.29）代入式（11.3.27），得

$$\frac{\partial[f, g]}{\partial t}=[-[f, H], g]+[f, -[g, H]]. \tag{11.3.30}$$

将上式代入式（11.3.26），得

$$\frac{\mathrm{d}[f, g]}{\mathrm{d}t}=[-[f, H], g]+[f, -[g, H]]+[[f, g], H]. \tag{11.3.31}$$

根据式（11.3.6）、式（11.3.7）和式（11.3.11），得

$$\frac{\mathrm{d}[f, g]}{\mathrm{d}t}=[g, [f, H]]+[f, [H, g]]+[H, [g, f]]=0, \tag{11.3.32}$$

因此 $[f, g]=$常量，泊松括号 $[f, g]$ 为守恒量.

泊松定理提供了寻找新的守恒量的方法，即能在两个守恒量的基础上，提供第三个守恒量. 但是不能这样认为：由两个守恒量得到第三个守恒量，接着，用这第三个守恒量与f, g中的任一个组成的泊松括号，通过泊松定理接着得到第四个守恒量，如此继续下去，得到第五个、第六个……甚至无限多个守恒量. 事实上，这样做是不可能的，原因在于力学系统的守恒量是有限的，由基本守恒量得出的其他守恒量不可能都是独立的，因此由两个守恒量构成的泊松括号有可能为零，使通过泊松定理提供守恒量的过程终止. 尽管如此，泊松定理仍然不失为提供寻找新的守恒量的一种重要方法和根据.

例题 11.4

一质点对x轴和y轴的角动量L_x, L_y都为守恒量，求证：（1）质点对z轴的角动量也是守恒量；（2）由L^2, L_z组成的泊松括号 $[L^2, L_z]$ 等于零.

证明 （1）以直角坐标x, y, z和与之对应的广义动量p_x, p_y, p_z作为正则变量. 因$L_x=yp_z-zp_y$, $L_y=zp_x-xp_z$, 根据泊松括号的定义式（11.3.1），有

$$[L_x, L_y]=\left(\frac{\partial L_x}{\partial x}\frac{\partial L_y}{\partial p_x}-\frac{\partial L_x}{\partial p_x}\frac{\partial L_y}{\partial x}\right)+\left(\frac{\partial L_x}{\partial y}\frac{\partial L_y}{\partial p_y}-\frac{\partial L_x}{\partial p_y}\frac{\partial L_y}{\partial y}\right)+\left(\frac{\partial L_x}{\partial z}\frac{\partial L_y}{\partial p_z}-\frac{\partial L_x}{\partial p_z}\frac{\partial L_y}{\partial z}\right)=xp_y-yp_x=L_z. \tag{1}$$

根据泊松定理，由于 L_x，L_y 都为守恒量，所以 L_z 亦是守恒量. 由此，如果证得质点角动量的两个分量是守恒量，必然导致第三个分量也是守恒量.

用同样的方法，可以得到

$$[L_x, L_z]=-L_y,\ [L_y, L_z]=L_x. \tag{2}$$

(2) 如果质点角动量的 3 个分量 L_x，L_y 和 L_z 都守恒，必然使角动量大小为常量，即 $L^2=L_x^2+L_y^2+L_z^2=$常量. 为了求证 $[L^2, L_z]$ 等于零，先将该泊松括号写成

$$[L^2, L_z]=[L_x^2+L_y^2+L_z^2, L_z],$$

根据泊松括号的性质，有

$$[L^2, L_z]=[L_x^2, L_z]+[L_y^2, L_z]+[L_z^2, L_z],$$

而

$$[L_z^2, L_z]=2L_z[L_z, L_z]=0,$$

所以

$$[L^2, L_z]=2L_x[L_x, L_z]+2L_y[L_y, L_z].$$

根据式 (2)，得

$$[L^2, L_z]=0,$$

这个泊松括号虽然是由两个守恒量 L^2，L_z 构成的，但它并不是守恒量. 可见，在有的情况下，由泊松定理可以找到新的守恒量，而在有的情况下，两个守恒量组成的泊松括号不是新的守恒量，而是零.

引入简缩数学形式的泊松括号，使力学系统的动力学方程以及守恒量的判据都以一种新的形式出现，并且得到了完全对称的用泊松括号表示的正则方程. 利用泊松括号，还可以由两个力学系统的守恒量出发，寻找到该力学系统新的守恒量. 这些都显示了泊松括号在力学中的地位. 在量子力学中，泊松括号将以另一种定义式定义，但泊松括号的性质和力学量守恒的判据与经典力学有着相同的内容，只是力学量都以算符的形式出现罢了.

量子力学中的基本对易子是

$$[q_\alpha, q_\beta]=0,\ [p_\alpha, p_\beta]=0,\ [q_\alpha, p_\beta]=\mathrm{i}\hbar\delta_{\alpha\beta},$$

与相应的基本泊松括号仅仅差了一个比例因子. 对易子是泊松括号在量子力学中的拓展，在量子力学中是非常重要的基本运算.

微视频

11-4 哈密顿-雅可比方程

一、哈密顿-雅可比方程

式 (11.2.18) 中的正则变换是选初始时刻的广义坐标和广义动量为新的正则变量，这不是必需的，它只是一种选择，我们可以选别的常量（它们是由 $p_{\alpha0}$，$q_{\alpha0}$ 组成的各种函数）作为新的正则变量.

如果能找到一个母函数 $S(q_\alpha, P_\alpha, t)$（第二类母函数，我们先借用主函数的符号，后面再看其意义），由它生成的新的哈密顿函数 K 恒等于零，即 $K\equiv0$，它既不

包含新的广义坐标，又不包含新的广义动量，则根据正则方程，新的正则变量都为常量，即

$$\dot{Q}_\alpha=0,\ \dot{P}_\alpha=0,\ \alpha=1,\ 2,\ \cdots,\ s, \tag{11.4.1}$$

$$Q_\alpha=\gamma_\alpha,\ P_\alpha=\beta_\alpha,\ \alpha=1,\ 2,\ \cdots,\ s, \tag{11.4.2}$$

其中 β_α，γ_α 为常量，由初始条件确定. 只要找到新旧正则变量的变换关系，解就不难求出. 这个变换关系可从式（11.2.15）得出，母函数中的 P_α 现可用 β_α 代替，于是有

$$p_\alpha=\frac{\partial S(q_\alpha,\ \beta_\alpha,\ t)}{\partial q_\alpha},\ \alpha=1,\ 2,\ \cdots,\ s, \tag{11.4.3}$$

$$Q_\alpha=\gamma_\alpha=\frac{\partial S(q_\alpha,\ \beta_\alpha,\ t)}{\partial \beta_\alpha},\ \alpha=1,\ 2,\ \cdots,\ s. \tag{11.4.4}$$

从式（11.4.4）反解出

$$q_\alpha=q_\alpha(\beta_\alpha,\ \gamma_\alpha,\ t),\ \alpha=1,\ 2,\ \cdots,\ s, \tag{11.4.5}$$

代入式（11.4.3），得

$$p_\alpha=p_\alpha(\beta_\alpha,\ \gamma_\alpha,\ t),\ \alpha=1,\ 2,\ \cdots,\ s, \tag{11.4.6}$$

式（11.4.5）、（11.4.6）就是正则方程的解. 我们看到，要获得这个解，关键的是要寻找这个特殊的母函数 S.

根据这个特殊的母函数 S 必须使新的哈密顿函数 $K\equiv0$，由式（11.2.16）得 S 应满足的方程为

$$\frac{\partial S}{\partial t}+H(q_\alpha,\ p_\alpha,\ t)=0,$$

又由于式（11.4.3），上式可写成

$$\frac{\partial S}{\partial t}+H\left(q_\alpha,\ \frac{\partial S}{\partial q_\alpha},\ t\right)=0, \tag{11.4.7}$$

这就是哈密顿-雅可比方程. 它是母函数 S 应满足的一阶偏微分方程，它含有 $s+1$ 个独立变量（s 个广义坐标和一个时间 t），因此它的完全解应包含 $s+1$ 个积分常数，记作 β_1，β_2，$\cdots$，β_{s+1}. 因哈密顿-雅可比方程中只含 S 的偏导数，不含 S，这些积分常数中必有一个是可加的，因此解可写成如下形式

$$S=S(q_1,\ \cdots,\ q_s,\ \beta_1,\ \cdots,\ \beta_s,\ t)+\beta_{s+1}, \tag{11.4.8}$$

β_{s+1} 是一个可取任意值的可加常量，将它略去对问题的解没有影响，于是方程的解为

$$S=S(q_1,\ \cdots,\ q_s,\ \beta_1,\ \cdots,\ \beta_s,\ t), \tag{11.4.9}$$

S 是第二类母函数，其中的常量 β_1，$\cdots$，β_s 就应是新的广义动量 P_1，$\cdots$，P_s. 求得 S 后就可按式（11.4.3）和式（11.4.4）求出正则方程的解了.

现将用哈密顿-雅可比方程求解力学系统动力学问题的步骤归纳如下：（1）写出系统的哈密顿函数 $H(q_\alpha,\ p_\alpha,\ t)$，并用 $\partial S/\partial q_\alpha$ 代替其中的 p_α；（2）按式（11.4.7）建立哈密顿-雅可比方程；（3）求解哈密顿-雅可比方程，解出哈密顿主函数 S，并将其中 s 个非可加的积分常量视为新的广义动量；（4）利用正则变换关系式（11.4.3）、式（11.4.4）建立新旧正则变量间的关系，此时所有新的正则变量全是常量，再从这

两组方程反解出原来的正则变量作为 $2s$ 个常量和时间 t 的函数，问题就解决了，至于 $2s$ 个积分常量可由初始条件确定.

现在来证明此母函数 S 就是哈密顿主函数. 将式（11.4.9）对时间 t 求全导数，得

$$\frac{\mathrm{d}S}{\mathrm{d}t}=\sum_{\alpha=1}^{s}\frac{\partial S}{\partial q_{\alpha}}\dot{q}_{\alpha}+\frac{\partial S}{\partial t}.$$

利用式（11.4.3）和式（11.4.7），就可得

$$\frac{\mathrm{d}S}{\mathrm{d}t}=\sum_{\alpha=1}^{s}p_{\alpha}\dot{q}_{\alpha}-H=L. \tag{11.4.10}$$

将此式沿真实轨道积分，得

$$S=\int_{t_0}^{t}L\mathrm{d}t+S_0, \tag{11.4.11}$$

此式说明这个母函数 S 就是作用量函数或哈密顿主函数，S_0 为 S 在时刻 t_0 的值.

二、哈密顿主函数是场函数

把式（11.4.10）写成微分形式，即

$$\mathrm{d}S=\sum_{\alpha=1}^{s}p_{\alpha}\mathrm{d}q_{\alpha}-H\mathrm{d}t, \tag{11.4.12}$$

可见哈密顿主函数 S 是广义坐标和时间的函数，因此可看作场函数. $S(q_{\alpha},\ \beta_{\alpha},\ t)=C$（常量）是 S 的等值面方程，随着时间的变化，这个等值面在空间传播.

其次，从式（11.4.12）可得出哈密顿主函数 S 与广义动量、广义能量的重要关系

$$\frac{\partial S}{\partial q_{\alpha}}=p_{\alpha},\quad \frac{\partial S}{\partial t}=-H, \tag{11.4.13}$$

说明在描述系统运动中作用量函数 S 是更基本、更重要的物理量，广义动量和广义能量是由它派生出来的. 式（11.4.13）中第一式说明广义动量可由一个标量函数的求导得出，这是广义速度不能做到的，还可把此关系写成矢量形式

$$\boldsymbol{p}=\nabla S, \tag{11.4.14}$$

说明粒子运动方向与 S 的等值面垂直. 研究表明，哈密顿-雅可比方程是短波长极限情况的波动方程，S 的等值面就是波阵面，这说明宏观粒子与微观粒子的运动规律是统一的.

三、哈密顿特征函数

设哈密顿函数 $H(q_{\alpha},\ p_{\alpha},\ t)$ 不显含时间，它一定是守恒量，设为常量 E，则

$$\frac{\partial S}{\partial t}=-E. \tag{11.4.15}$$

此时，有

$$S(q_{\alpha},\ t)=-Et+W(q_1,\ q_2,\ \cdots,\ q_s), \tag{11.4.16}$$

而由 $S=\int L\mathrm{d}t$ 有

$$S=\int\Big(\sum_{\alpha}p_{\alpha}\dot{q}_{\alpha}-H\Big)\,\mathrm{d}t=\int\sum_{\alpha}p_{\alpha}\mathrm{d}q_{\alpha}-Et, \tag{11.4.17}$$

因此，比较式（11.4.6）和式（11.4.7），得

$$W(q_1,\ q_2,\ \cdots,\ q_s)=\int\sum_{\alpha}p_{\alpha}\mathrm{d}q_{\alpha}, \tag{11.4.18}$$

此即哈密顿特征函数.

此时，有

$$p_{\alpha}=\frac{\partial S}{\partial q_{\alpha}}=\frac{\partial W}{\partial q_{\alpha}},\quad \alpha=1,\ 2,\ \cdots,\ s,$$

所以哈密顿函数 H 中的广义动量可表示为$\dfrac{\partial W}{\partial q_{\alpha}}$，因此

$$H\left(q_1,\ q_2,\ \cdots,\ q_s,\ \frac{\partial W}{\partial q_1},\ \frac{\partial W}{\partial q_2},\ \cdots,\ \frac{\partial W}{\partial q_s}\right)=E. \tag{11.4.19}$$

由此方程求解出 $W(q_{\alpha})$，进而可得 $S(q_{\alpha},\ t)=-Et+W(q_{\alpha})$.

例题 11.5

试用哈密顿-雅可比方程求解一维谐振子问题.

解 以振子相对平衡位置的位移 x 作为广义坐标，则系统的哈密顿函数为

$$H=\frac{p_x^2}{2m}+\frac{1}{2}kx^2,$$

其中 m，k 分别为谐振子的质量和弹簧的弹性系数. 根据式（11.4.7）建立哈密顿-雅可比方程

$$\frac{\partial S}{\partial t}+\frac{1}{2m}\left(\frac{\partial S}{\partial x}\right)^2+\frac{1}{2}kx^2=0, \tag{1}$$

由于 H 中不显含 t，它的解可变量分离，设

$$S=T(t)+W(x), \tag{2}$$

代入上式，得

$$\frac{1}{2m}\left(\frac{\mathrm{d}W}{\mathrm{d}x}\right)^2+\frac{1}{2}kx^2=-\frac{\mathrm{d}T}{\mathrm{d}t}. \tag{3}$$

由于等号两端是不同变量的函数，两端只可能等于共同的常量，设为 E，于是分别得出两个方程

$$\frac{\mathrm{d}T}{\mathrm{d}t}=-E, \tag{4}$$

$$\frac{1}{2m}\left(\frac{\mathrm{d}W}{\mathrm{d}x}\right)^2+\frac{1}{2}kx^2=E, \tag{5}$$

其中常量 E 可判断为系统的机械能. 从式（4）积分得

$$T=-Et, \tag{6}$$

式（5）可写成积分形式

$$W=\sqrt{2m}\int\sqrt{E-\frac{1}{2}kx^2}\,\mathrm{d}x, \tag{7}$$

于是

$$S=-Et+\sqrt{2m}\int\sqrt{E-\frac{1}{2}kx^2}\,\mathrm{d}x, \tag{8}$$

式中包含一个作为新广义动量的常数 E. 正则方程的解为

$$p=\frac{\partial S}{\partial x}=\frac{\partial W}{\partial x}, \tag{9}$$

$$\gamma=\frac{\partial S}{\partial E}=-t+\frac{\partial W}{\partial E}. \tag{10}$$

从式（10）看出与新广义动量对应新广义坐标应具有时间的量纲，我们不妨把它写为（$-t_0$），说明能量与时间是一对共轭的正则变量. 引入振子的圆频率 $\omega^2=k/m$ 后，得

$$\frac{\partial W}{\partial E}=\int m\omega\frac{\partial}{\partial E}\sqrt{\frac{2E}{m\omega^2}-x^2}\,\mathrm{d}x=\int\frac{1}{\omega\sqrt{\frac{2E}{m\omega^2}-x^2}}\mathrm{d}x=\frac{1}{\omega}\arcsin\frac{x}{\sqrt{\frac{2E}{m\omega^2}}}.$$

代回式（10）求出 x 与 t 的关系

$$\frac{1}{\omega}\arcsin\frac{x}{\sqrt{\frac{2E}{m\omega^2}}}=t-t_0,$$

即

$$x=\sqrt{\frac{2E}{m\omega^2}}\sin\omega(t-t_0), \tag{11}$$

这就是欲求的谐振子的运动学方程，其中 E，t_0 为积分常量，由初始条件确定. 可看出振幅 A 与 E 的关系为 $E=kA^2/2$，初相 φ 与 t_0 的关系为 $\varphi=-\omega t_0$，于是式（11）成为我们熟悉的公式

$$x=A\sin(\omega t+\varphi).$$

相应的广义动量可从式（9）求出

$$p=\frac{\partial W}{\partial x}=m\omega\sqrt{\frac{2E}{m\omega^2}-x^2}=\sqrt{2mE}\cos\omega(t-t_0)=m\omega A\cos(\omega t+\varphi). \tag{12}$$

11-5 分析力学的普适性

一、相空间和刘维尔定理

对于自由度为 s 的力学体系，相空间是由 s 个广义坐标和 s 个广义动量张成的 $2s$ 维空间. 相空间中的任一点代表力学系统的一个确定的运动状态，这个点称为代表点或相点. 当力学系统随时间演化时，相点在相空间移动，其轨迹称为相轨道. 由于力学体系的演化是由初始相点以及哈密顿正则方程唯一确定的，因此对于自治系统两个相轨道不可能相交，否则交点处力学系统的演化就变成不确定的了.

一般说来，力学系统可以包含任意多个质点，但这将对问题的解决带来严峻的挑战，此时利用哈密顿表述对于复杂体系的统计研究是方便的. 由于系统含有大量质点，初始时刻某个质点在相空间中的确切位置是未知的，但可以用相点的一个集合充满整个相空间，其中每一个点代表一个可能状态. 定义相点密度为单位相体积中代表点的数量，即

$$\rho=\frac{\mathrm{d}N}{\mathrm{d}V}, \tag{11.5.1}$$

其中相体积应为

$$dV=dq_1dq_2\cdots dq_sdp_1dp_2\cdots dp_s. \tag{11.5.2}$$

如图 11.2 所示，相空间中的一对正则共轭变量 q_α 和 p_α 张成平面内的一个面元，其长和宽分别是 dt 时间内相点广义坐标 q_α 的变化 dq_α 和广义动量 p_α 的变化 dp_α. 因此，在单位时间内通过左侧边界进入面元内的相点数目为 $\rho\dfrac{dq_\alpha}{dt}dp_\alpha$，而单位时间内通过底边进入面元内的相点数目为 $\rho\dfrac{dp_\alpha}{dt}dq_\alpha$，因此单位时间内进入面元内的相点总数为 $\rho(\dot{q}_\alpha dp_\alpha+\dot{p}_\alpha dq_\alpha)$. 同理，单位时间内从该面元右侧和上侧流出的相点总数为 $\left[\rho\dot{q}_\alpha+\dfrac{\partial}{\partial q_\alpha}(\rho\dot{q}_\alpha)dq_\alpha\right]dp_\alpha+\left[\rho\dot{p}_\alpha+\dfrac{\partial}{\partial p_\alpha}(\rho\dot{p}_\alpha)dp_\alpha\right]dq_\alpha$. 因此，单位时间内面元中相点数目的净增加值为

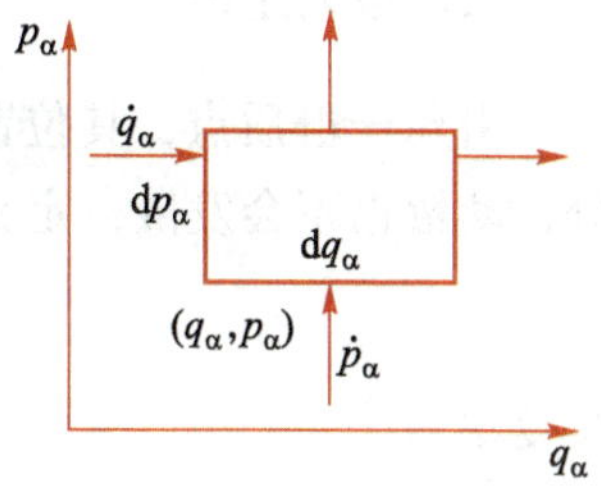

图 11.2　刘维尔定理示意图

$$\frac{\partial\rho}{\partial t}dq_\alpha dp_\alpha=-\left[\frac{\partial}{\partial q_\alpha}(\rho\dot{q}_\alpha)+\frac{\partial}{\partial p_\alpha}(\rho\dot{p}_\alpha)\right]dq_\alpha dp_\alpha,$$

整理得

$$\frac{\partial\rho}{\partial t}=-\left(\frac{\partial\rho}{\partial q_\alpha}\dot{q}_\alpha+\rho\frac{\partial\dot{q}_\alpha}{\partial q_\alpha}+\frac{\partial\rho}{\partial p_\alpha}\dot{p}_\alpha+\rho\frac{\partial\dot{p}_\alpha}{\partial p_\alpha}\right). \tag{11.5.3}$$

根据哈密顿正则方程，有

$$\frac{\partial\dot{q}_\alpha}{\partial q_\alpha}=-\frac{\partial\dot{p}_\alpha}{\partial p_\alpha}=\frac{\partial^2H}{\partial q_\alpha\partial p_\alpha}, \tag{11.5.4}$$

将上式代入式 (11.5.3)，得

$$\frac{\partial\rho}{\partial t}=-\left(\frac{\partial\rho}{\partial q_\alpha}\dot{q}_\alpha+\frac{\partial\rho}{\partial p_\alpha}\dot{p}_\alpha\right). \tag{11.5.5}$$

式 (11.5.5) 只考虑了一对正则共轭变量 q_α 和 p_α，当考虑到所有的 $2s$ 个正则变量构成的相空间时，式 (11.5.5) 应改写为

$$\frac{\partial\rho}{\partial t}+\sum_\alpha\left(\frac{\partial\rho}{\partial q_\alpha}\dot{q}_\alpha+\frac{\partial\rho}{\partial p_\alpha}\dot{p}_\alpha\right)=0, \tag{11.5.6}$$

即

$$\frac{d\rho}{dt}=0, \tag{11.5.7}$$

此即刘维尔定理，它表明相空间中相点的密度在运动中恒定. 这个结果在位形空间中不成立，因此哈密顿力学方便用于统计力学的研究，但拉格朗日力学则不行.

由于

$$\frac{d\rho}{dt}=\frac{\partial\rho}{\partial t}+[\rho,\ H]=0, \tag{11.5.8}$$

当体系达到统计平衡时，$\dfrac{\partial\rho}{\partial t}=0$，此时有

$$[\rho, H]=0. \tag{11.5.9}$$

二、位力定理

考虑一群质点，其位置矢量 $\boldsymbol{r}$ 和动量 $\boldsymbol{p}$ 都是有界的，即质点不会运动到无限远处，动量也不会发散，定义

$$S=\sum_i \boldsymbol{p}_i \cdot \boldsymbol{r}_i, \tag{11.5.10}$$

其变率为

$$\frac{\mathrm{d}S}{\mathrm{d}t}=\sum_i (\boldsymbol{p}_i \cdot \dot{\boldsymbol{r}}_i+\dot{\boldsymbol{p}}_i \cdot \boldsymbol{r}_i), \tag{11.5.11}$$

如果在时间间隔 T 内计算上式的平均值，则有

$$\overline{\frac{\mathrm{d}S}{\mathrm{d}t}}=\frac{1}{T}\int_0^T \frac{\mathrm{d}S}{\mathrm{d}t}\mathrm{d}t=\frac{S(T)-S(0)}{T}. \tag{11.5.12}$$

如果系统做周期性运动，而且 T 取运动周期的整数倍时，$S(T)=S(0)$，此时 $\overline{\frac{\mathrm{d}S}{\mathrm{d}t}}=0$. 即使系统做非周期运动，由于 $\boldsymbol{r}_i$ 和 $\boldsymbol{p}_i$ 有界，作为它们函数的 S 也有界，上式分子必然是个有限值，只要选取充分长的时间 T，$\overline{\frac{\mathrm{d}S}{\mathrm{d}t}}\to 0$. 因此，我们有

$$\overline{\sum \boldsymbol{p}_i \cdot \dot{\boldsymbol{r}}_i}=-\overline{\sum \dot{\boldsymbol{p}}_i \cdot \boldsymbol{r}_i}, \tag{11.5.13}$$

其中 $\boldsymbol{p}_i \cdot \dot{\boldsymbol{r}}_i$ 是动能 T_i 的两倍，$\dot{\boldsymbol{p}}_i$ 是第 i 个质点受到的作用力 $\boldsymbol{F}_i$，因此

$$\overline{\sum_i 2T_i}=-\overline{\sum_i \boldsymbol{F}_i \cdot \boldsymbol{r}_i},$$

即

$$\overline{T}=-\frac{1}{2}\overline{\sum_i \boldsymbol{F}_i \cdot \boldsymbol{r}_i}, \tag{11.5.14}$$

上式右侧的表达式被定义为均位力积，简称位力. 上式表明：质点组的平均动能等于其位力，称为位力定理.

如果力 $\boldsymbol{F}_i$ 是保守力，则位力定理可写成

$$\overline{T}=\frac{1}{2}\overline{\sum_i \nabla V_i \cdot \boldsymbol{r}_i}, \tag{11.5.15}$$

取两个质点间的相互作用势为 $V=kr^{n+1}$，则

$$\overline{T}=\frac{n+1}{2}\overline{V}, \tag{11.5.16}$$

特别地，当作用势为库仑势或万有引力势时，$n=-2$，$\overline{T}=-\overline{V}/2$. 这个结果可以用来估算天体物理中不同体系的能量和质量，小到行星、大到星系团，对星系团的研究可以揭示暗物质存在的必要性. 同时，要牢记对于以抛物线轨道和双曲线轨道运动的力学系统，它们不符合位力定理，此时位矢是无界的. 当作用势是谐振子情况时，$n=-1$，$\overline{T}=-\overline{V}$.

利用位力定理可以导出理想气体状态方程. 设理想气体系统由 N 个分子组成，

被封闭在体积 V 的容器内，温度为 T. 根据能量均分定理，每个分子的平均动能为 $\frac{3}{2}kT$，其中 k 为玻尔兹曼常量，此时整个系统的平均动能为

$$\overline{T}=\frac{3}{2}NkT. \tag{11.5.17}$$

每个分子受力 $\boldsymbol{F}_i$ 包括分子与容器壁之间的碰撞以及分子间的相互作用力，但在理想气体情况下后者可以忽略. 令器壁的单位法向矢量 $\boldsymbol{n}$ 指向容器的外部，器壁面元 $\mathrm{d}S$ 上分子受到的作用力为

$$\mathrm{d}\boldsymbol{F}=-f\boldsymbol{n}\mathrm{d}S, \tag{11.5.18}$$

其中 f 为单位面积受力的大小，即宏观的压强 P. 此时，位力为

$$-\frac{1}{2}\overline{\sum_i \boldsymbol{F}_i\cdot\boldsymbol{r}_i}=\frac{1}{2}\oint_S f\boldsymbol{n}\mathrm{d}S\cdot\boldsymbol{r}=\frac{P}{2}\oint_S \boldsymbol{r}\cdot\boldsymbol{n}\mathrm{d}S=\frac{P}{2}\iiint_V \nabla\cdot\boldsymbol{r}\mathrm{d}V=\frac{3}{2}PV, \tag{11.5.19}$$

上式推导过程中利用了高斯定理.

把式（11.5.17）和式（11.5.19）代入式（11.5.14），得

$$NkT=PV, \tag{11.5.20}$$

此即理想气体的状态方程.

三、定态薛定谔方程的建立

在哈密顿表述下，借助于一些关键性假设，可以导出量子力学中的定态薛定谔方程，其实当年薛定谔就是从哈密顿理论构建这个伟大的方程的. 一般量子力学教科书建立薛定谔方程时，以自由粒子波函数为平面波作为出发点，然后将这种简单情形所满足的波动方程拓展到有势场存在的形式.

以不含时的单粒子力学体系为例，其哈密顿量为

$$H=\frac{1}{2m}\boldsymbol{p}^2+V(\boldsymbol{r})=\frac{1}{2m}(p_x^2+p_y^2+p_z^2)+V(r), \tag{11.5.21}$$

相应的哈密顿-雅可比方程为

$$H=\frac{1}{2m}\left[\left(\frac{\partial W}{\partial x}\right)^2+\left(\frac{\partial W}{\partial y}\right)^2+\left(\frac{\partial W}{\partial z}\right)^2\right]+V(r). \tag{11.5.22}$$

薛定谔给出的第一个关键假设为

$$W=\hbar\ln\psi, \tag{11.5.23}$$

其中 ψ 无量纲，$\hbar$ 是与哈密顿特性函数 W 同量纲的一个比例因子. 将式（11.5.23）代入式（11.5.22），得

$$\frac{\hbar^2}{2m}\left[\left(\frac{\partial\psi}{\partial x}\right)^2+\left(\frac{\partial\psi}{\partial y}\right)^2+\left(\frac{\partial\psi}{\partial z}\right)^2\right]-[V(\boldsymbol{r})-E]\psi^2=0. \tag{11.5.24}$$

薛定谔给出的第二个关键假设是微观粒子并不直接满足方程（11.5.24），而是遵守式（11.5.24）对起点和终点的空间积分后的变分为零的条件，即

$$\delta\iiint_V\left\{\frac{\hbar^2}{2m}\left[\left(\frac{\partial\psi}{\partial x}\right)^2+\left(\frac{\partial\psi}{\partial y}\right)^2+\left(\frac{\partial\psi}{\partial z}\right)^2\right]+[V(\boldsymbol{r})-E]\psi^2\right\}\mathrm{d}V=0, \tag{11.5.25}$$

将变分运算作用到被积函数，并注意变分与微商运算交换顺序，整理得

$$\iiint_V \left\{\frac{\hbar}{2m}\left(\frac{\partial\psi}{\partial x}\frac{\partial\delta\psi}{\partial x}+\frac{\partial\psi}{\partial y}\frac{\partial\delta\psi}{\partial y}+\frac{\partial\psi}{\partial z}\frac{\partial\delta\psi}{\partial z}\right)+[V(\boldsymbol{r})-E]\psi\delta\psi\right\}\mathrm{d}x\mathrm{d}y\mathrm{d}z=0. \tag{11.5.26}$$

将式（11.5.26）中左侧被积函数表达式中第一项进行分部积分得

$$\begin{aligned}\iiint_V \frac{\hbar^2}{2m}\frac{\partial\psi}{\partial x}\frac{\partial\delta\psi}{\partial x}\mathrm{d}x\mathrm{d}y\mathrm{d}z &= \iint_V \frac{\hbar^2}{2m}\frac{\partial\psi}{\partial x}\mathrm{d}y\mathrm{d}z\delta\psi\,\Big|_{x_1}^{x_2}-\iiint_V \frac{\hbar^2}{2m}\frac{\partial^2\psi}{\partial x^2}\mathrm{d}x\mathrm{d}y\mathrm{d}z\delta\psi \\ &= -\iiint_V \frac{\hbar^2}{2m}\frac{\partial^2\psi}{\partial x^2}\mathrm{d}x\mathrm{d}y\mathrm{d}z\delta\psi,\end{aligned} \tag{11.5.27}$$

同理，对式（11.5.26）中左侧被积函数表达式中的第二项、第三项进行类似的整理，得

$$\iiint_V \frac{\hbar^2}{2m}\frac{\partial\psi}{\partial y}\frac{\partial\delta\psi}{\partial y}\mathrm{d}x\mathrm{d}y\mathrm{d}z=-\iiint_V \frac{\hbar^2}{2m}\frac{\partial^2\psi}{\partial y^2}\mathrm{d}x\mathrm{d}y\mathrm{d}z\delta\psi, \tag{11.5.28}$$

$$\iiint_V \frac{\hbar^2}{2m}\frac{\partial\psi}{\partial z}\frac{\partial\delta\psi}{\partial z}\mathrm{d}x\mathrm{d}y\mathrm{d}z=-\iiint_V \frac{\hbar^2}{2m}\frac{\partial^2\psi}{\partial z^2}\mathrm{d}x\mathrm{d}y\mathrm{d}z\delta\psi. \tag{11.5.29}$$

将式（11.5.27）、式（11.5.28）、式（11.5.29）代入式（11.5.26），得

$$\iiint_V \left\{-\frac{\hbar^2}{2m}\left(\frac{\partial^2\psi}{\partial x^2}+\frac{\partial^2\psi}{\partial y^2}+\frac{\partial^2\psi}{\partial z^2}\right)+[V(\boldsymbol{r})-E]\psi\right\}\delta\psi\mathrm{d}x\mathrm{d}y\mathrm{d}z=0, \tag{11.5.30}$$

由于 $\delta\psi$ 的任意性，我们有

$$-\frac{\hbar^2}{2m}\left(\frac{\partial^2\psi}{\partial x^2}+\frac{\partial^2\psi}{\partial y^2}+\frac{\partial^2\psi}{\partial z^2}\right)+V(\boldsymbol{r})\psi=E\psi, \tag{11.5.31}$$

此即哈密顿函数不显含时间时微观粒子所满足的基本方程，即定态薛定谔方程.

可见，量子力学的基本方程几乎可以完全在经典力学的哈密顿理论框架中建立起来，足以证明哈密顿表述的强大生命力. 究其原因，关键是哈密顿表述采用了能量的观点，而不是牛顿表述中的力，而能量的概念在各种尺度下都是有效的物理量.

不可否认的是，两个关键假设在薛定谔方程建立的过程中是至关重要的. 第一个假设的作用是将描述经典世界的宏观量 W 与描述量子世界的微观量 ψ 联系起来，其实式（11.5.23）自然会让人联想到一个形式上非常相似的统计物理中著名的玻尔兹曼关系

$$S=k\ln\Omega, \tag{11.5.32}$$

其中 S 为宏观量熵，k 为玻尔兹曼常量，Ω 为系统的微观状态数. 第二个假设表达的是量子体系与经典宏观体系的区别：后者中的 ψ 以式（11.5.24）的形式表述时将被强制为零，对应着经典性质的波；而前者的 ψ 解除了这种限制，代之以使这种表述形式具有稳定性，即式（11.5.25）的变分表达式为零.

薛定谔对这两个关键假设也表示难以理解，但结果却被证实是正确的. 事实上，科学的一些重大突破往往就是这样“不可理喻”，比如普朗克解释“黑体辐射”时引入的能量量子化假设，尽管现在看似寻常，但当时绝对是一个“疯狂”的想法，以至于他本人在相当长的时间内都感觉无法理解. 这一方面说明科学研究具有超时代

性，同时也表明科学研究有其独特的内在规律，并不总是“水到渠成”的！

分析力学的哈密顿体系，是在拉格朗日体系基础上的进一步抽象，它将广义动量提高到与广义坐标对等的地位，使得力学体系的数学表述有了比拉格朗日体系更大的选择空间. 此外，应用哈密顿理论，能够揭示经典力学与统计力学、量子力学等近代物理学科之间的千丝万缕的联系，从而也在一定程度上表明了近代物理学发展的必然性.

分析力学通过对牛顿力学形式上的变革，从以力为中心转到以能量、作用量为中心，从实在空间转到位形空间，再到相空间，进一步走向抽象和普适，充分展现了人类认知能力的强大和物理体系丰富的内涵. 回顾分析力学的诞生、成熟和延伸，可以深刻体会到自然科学体系所具有的连续性、创新性和开放性.

思考题

11.1. 在拉格朗日表述和哈密顿表述中，H 均为 $\sum_{\alpha=1}^{s} p_\alpha \dot{q}_\alpha - L$，在这两种表述中，$H$ 有何不同？将它们加以区分的意义何在？

11.2. 哈密顿函数在什么情况下为常量？在什么情况下为机械能？

11.3. 何谓泊松括号和泊松定理？泊松定理有何功用？

习　题

11.1. 一质最为 m 的质点，在半径为 R 的光滑固定球面上运动，试建立此质点的正则方程，并判断存在的守恒量.

11.2. 试建立复摆的正则方程.

11.3. 如题 11.3 图所示，质量分别为 m_1，m_2 的小球同串在一根光滑的水平杆上，两球用弹性系数为 k 的弹簧连接，弹簧原长为 l.（1）试从哈密顿函数判断是否存在广义能量积分和广义动量积分，并写出表达式；（2）应用正则方程，写出两小球的运动微分方程.

11.4. 如题 11.4 图所示，一质点用两弹簧连接，在一直线上运动. 已知质点的质量为 m，弹簧的弹性系数为 k，原长均为固定点间距离的一半，弹簧质量不计. 试写出系统的哈密顿函数，并用正则方程，求出质点的运动学方程.

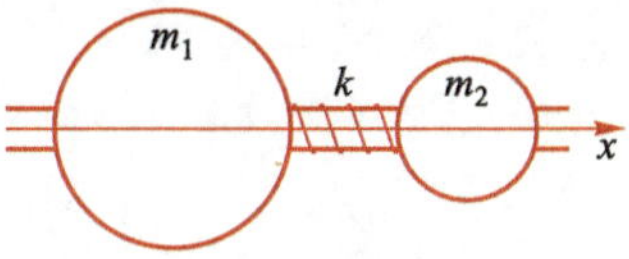

题 11.3 图

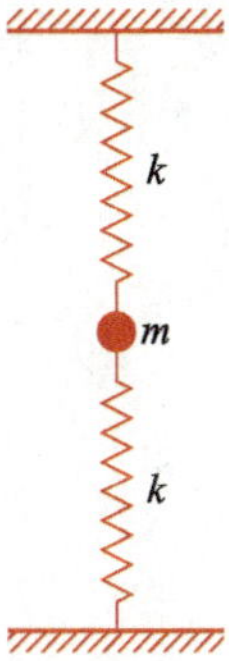

题 11.4 图

11.5. 试求由质点组的动量 p 和角动量 L 在直角坐标系中各个分量所组成的泊松括号.

习题参考答案

11.6. 求证:

(1) $\frac{\partial}{\partial t}[\varphi, \psi]=\left[\frac{\partial \varphi}{\partial t}, \psi\right]+\left[\varphi, \frac{\partial \psi}{\partial t}\right]$.

(2) $[\varphi, [\psi, \theta]]+[\psi, [\theta, \varphi]]+[\theta, [\varphi, \psi]]=0$.

第十二章

刚体定点运动的动力学

刚体动力学中最复杂、最困难的问题是刚体定点运动的动力学问题. 它的困难在于两个方面，一是动力学方程的建立过程需要克服一些困难，需要引入张量概念和运用一些技巧，这在前人的努力下已经解决了；另一方面是由于动力学方程组是非线性的，它的求解构成 19 世纪经典力学的另一个难题. 从理论上看，只要定点运动问题解决了，刚体的一般运动的动力学问题也就解决了，因而它又是刚体力学中最重要的核心问题.

课件资源

解决刚体定点运动动力学问题的理论和方法有两种：一是运用质点组的三大定理来解决，通过这种方法我们对角动量定理将会有一个更全面、更深刻、更直观的认识；二是运用更一般的分析力学方法建立其运动方程. 这两种方法各有优缺点，我们将根据情况选择使用.

刚体定点运动动力学理论对现代科学技术仍有重要作用，它是研究天体的转动，宏观物体的转动以及在某种意义上微观客体转动的理论基础；作为定点运动的典型实例——陀螺仪，对现代航天、航空、航海以及国防事业都有非常重要的作用；其次，高速旋转的物体具有的特性在日常生活、生产中有着巧妙而重要的应用.

12-1 欧拉角　欧拉运动学方程

微视频

在讨论刚体定点运动动力学之前，还要对其运动学问题作必要的补充.

一、欧拉角

刚体定点运动的自由度为3，如何选择3个变量，使它们既能简单、明确、单值地确定刚体位置，又能独立变化，这对简化定点运动的描述是非常重要的. 刚体力学的奠基者欧拉成功且巧妙地解决了这个问题，他选择 3 个角度，即著名的欧拉角，作为描述刚体定点运动的变量，具体选择方法如下：以固定点为原点建立静止坐标系 $O\xi\eta\zeta$，再以固定点为原点建立与刚体固连的动坐标系 $Oxyz$，如图 12.1 所示，确定刚体位置等价于确定动坐标的位置，他用两个角度确定 z 轴的位置，一个是 z 轴对 ζ 轴的倾角 θ 角，另一个是用来确定 z 轴的方位，它是 Oxy 面与 $O\xi\eta$ 面的交线 ON 与 ξ 轴的夹角 φ，交线 ON 称为节线；这两个角确定后，z 轴的位置就确定了，但动坐标系还可以绕 z 轴转动，若动坐标的 x 轴与节线的夹角 ψ 确定了，则动坐标的位置完全确定. 这样选取的 3 个角 θ，φ，ψ 称为欧拉角，它们的量度方向如图所示，变化范围分别为：$0\leqslant\theta\leqslant\pi$，$0\leqslant\varphi\leqslant2\pi$，$0\leqslant\psi\leqslant2\pi$.

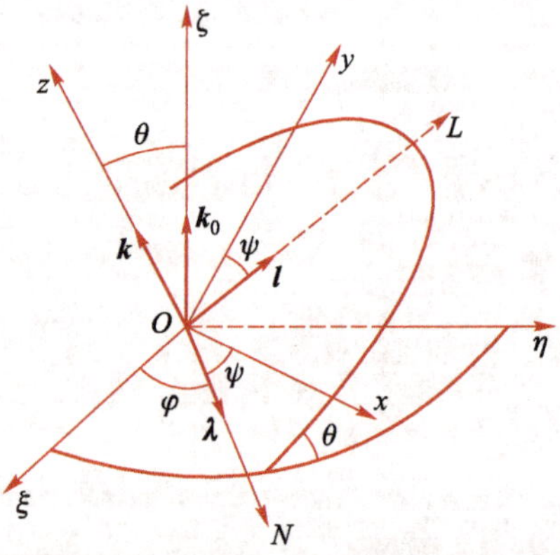

图 12.1　欧拉角

这 3 个角可以独立变化，即这 3 个变量是独立的，从运动学上它们之间不存在依赖关系. 最能说明其独立性的事实是：当任何一个角自由改变时，其他两个角可以保持不变，如以下三种情况是可能的.

（1）仅 φ 角改变，保持 θ，ψ 不变. 这种运动相应于 z 轴与 ζ 轴间夹角 θ 不变，z 轴在静止空间中沿一圆锥面运动，同时 ψ 角也保持不变，这种运动称为进动. 相应的角速度称为进动角速度，它的大小和方向为 $\dot{\varphi}\boldsymbol{k}_0$，$\boldsymbol{k}_0$ 为 ζ 轴的单位矢量.

（2）仅 θ 角改变，保持 φ，ψ 角不变. 刚体的这种运动称为章动，相应的角速度为章动角速度，它的大小和方向为 $\dot{\theta}\boldsymbol{\lambda}$，$\boldsymbol{\lambda}$ 为沿节线的单位矢量.

（3）仅 ψ 角改变，保持 θ，φ 角不变. 刚体的这种运动称为自转，相应的角速度为 $\dot{\psi}\boldsymbol{k}$，称为自转角速度，$\boldsymbol{k}$ 为 z 轴的单位矢量.

当 3 个角同时变化，三种运动同时存在时，刚体的角速度为 3 个分角速度的合成，即

$$\boldsymbol{\omega}=\dot{\varphi}\boldsymbol{k}_0+\dot{\theta}\boldsymbol{\lambda}+\dot{\psi}\boldsymbol{k}. \tag{12.1.1}$$

二、欧拉运动学方程

刚体角速度 $\boldsymbol{\omega}$ 的表达式（12.1.1）是一个矢量方程，为了方便计算，必须化为投影方程. 它既可以投影到静坐标 $O\xi\eta\zeta$ 上进行计算，也可以投影到动坐标 $Oxyz$ 上进行计算，由于动力学上的原因，我们需要把它投影到动坐标上去. 首先，$\dot{\varphi}\boldsymbol{k}_0$ 在动坐标上的投影可分两步进行，作辅助线 OL，它是 $zO\zeta$ 面与 Oxy 面的交线，并沿此线作单位矢量 $\boldsymbol{l}$，先将 $\dot{\varphi}\boldsymbol{k}_0$ 沿 $\boldsymbol{k}$ 和 $\boldsymbol{l}$ 方向分解，得

$$\dot{\varphi}\boldsymbol{k}_0=\dot{\varphi}\cos\theta\boldsymbol{k}+\dot{\varphi}\sin\theta\boldsymbol{l}.$$

其次，再将上式右端第二项沿 $\boldsymbol{i}$，$\boldsymbol{j}$ 方向分解，得

$$\dot{\varphi}\boldsymbol{k}_0=\dot{\varphi}\cos\theta\boldsymbol{k}+\dot{\varphi}\sin\theta\sin\psi\boldsymbol{i}+\dot{\varphi}\sin\theta\cos\psi\boldsymbol{j}. \tag{12.1.2}$$

章动角速度在动坐标上的分解为

$$\dot{\theta}\boldsymbol{\lambda}=\dot{\theta}\cos\psi\boldsymbol{i}-\dot{\theta}\sin\psi\boldsymbol{j}. \tag{12.1.3}$$

刚体角速度 ω 在动坐标上的分解为

$$\boldsymbol{\omega}=\omega_x\boldsymbol{i}+\omega_y\boldsymbol{j}+\omega_z\boldsymbol{k}. \tag{12.1.4}$$

将式（12.1.2）、式（12.1.3）和式（12.1.4）代入式（12.1.1）可得

$$\begin{cases}\omega_x=\dot{\varphi}\sin\theta\sin\psi+\dot{\theta}\cos\psi,\\ \omega_y=\dot{\varphi}\sin\theta\cos\psi-\dot{\theta}\sin\psi,\\ \omega_z=\dot{\varphi}\cos\theta+\dot{\psi}.\end{cases} \tag{12.1.5}$$

这组方程称为欧拉运动学方程，它将刚体角速度在动坐标上的投影与 3 个欧拉角及其随时间的变化率联系起来. 这组方程表面上显得复杂，实际上只要知道它的意义和推导过程，脑中有清晰的空间几何图像，无须死记就可准确地默写出来.

12-2 刚体定点运动的角动量和动能　惯量张量

欲把质点系的三个普遍定理应用于刚体定点运动，必须解决对于刚体定点运

动，3 个物理量——动量、角动量、动能的计算问题.

微视频

刚体的动量比较容易计算，它等于

$$\boldsymbol{p}=m\boldsymbol{v}_{c}, \tag{12.2.1}$$

只要知道总质量 m 和质心的速度 $\boldsymbol{v}_c$ 就行了. 最复杂、最重要的是刚体做定点运动时刚体对定点的角动量的计算，只要这个问题解决了，动能的计算也随之解决. 刚体最复杂的自由运动，可分解为绕质心的定点运动和随质心的平动，其角动量和动能的计算通过运动的这种分解都可以解决.

一、刚体做定点运动时对定点的角动量的计算

刚体绕 O 点做定点运动，瞬时角速度为 $\boldsymbol{\omega}$. 刚体是由无数质点组成的，其中第 i 个质点的质量为 m_i，速度为 $\boldsymbol{v}_i$，位矢为 $\boldsymbol{r}_i$，如图 12.2 所示，则刚体对 O 点的角动量为

$$\begin{aligned}\boldsymbol{L}&=\sum \boldsymbol{r}_i\times m_i\boldsymbol{v}_i\\&=\sum m_i\boldsymbol{r}_i\times(\boldsymbol{\omega}\times\boldsymbol{r}_i)\\&=\sum m_i[\boldsymbol{\omega}r_i^2-\boldsymbol{r}_i(\boldsymbol{\omega}\cdot\boldsymbol{r}_i)],\end{aligned} \tag{12.2.2}$$

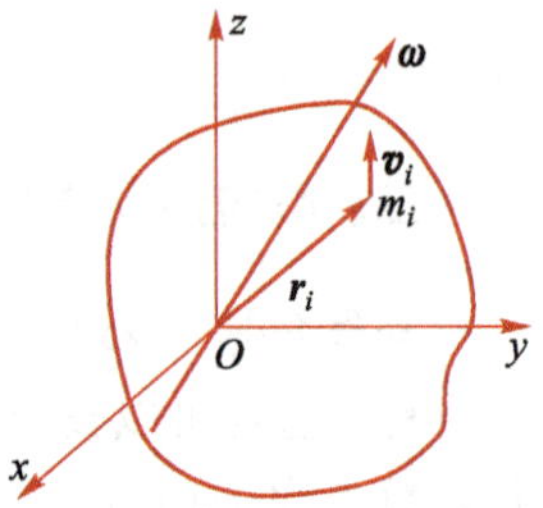

图 12.2　刚体定点运动角动量的计算

其中符号 $\sum$ 表示对刚体中所有质点取和.

为了进行投影计算，建立坐标系 $Oxyz$，它可以相对惯性系静止，也可以与刚体固连，不管何种情况，$\boldsymbol{\omega}$ 和 $\boldsymbol{r}_i$ 在其上的投影表达式都为

$$\boldsymbol{\omega}=\omega_x\boldsymbol{i}+\omega_y\boldsymbol{j}+\omega_z\boldsymbol{k},$$

$$\boldsymbol{r}_i=x_i\boldsymbol{i}+y_i\boldsymbol{j}+z_i\boldsymbol{k}.$$

将它们代入式（12.2.2）进行运算，经整理得

$$\begin{aligned}\boldsymbol{L}=&[\omega_x\sum m_i(y_i^2+z_i^2)-\omega_y\sum m_ix_iy_i-\omega_z\sum m_ix_iz_i]\boldsymbol{i}+\\&[-\omega_x\sum m_iy_ix_i+\omega_y\sum m_i(x_i^2+z_i^2)-\omega_z\sum m_iy_iz_i]\boldsymbol{j}+\\&[-\omega_x\sum m_iz_ix_i-\omega_y\sum m_iz_iy_i+\omega_z\sum m_i(x_i^2+y_i^2)]\boldsymbol{k}.\end{aligned} \tag{12.2.3}$$

现引入符号

$$\begin{aligned}&I_{xx}=\sum m_i(y_i^2+z_i^2),\ I_{yy}=\sum m_i(x_i^2+z_i^2),\\&I_{zz}=\sum m_i(x_i^2+y_i^2),\end{aligned} \tag{12.2.4}$$

$$\begin{aligned}&I_{xy}=I_{yx}=\sum m_ix_iy_i,\ I_{yz}=I_{zy}=\sum m_iy_iz_i,\\&I_{zx}=I_{xz}=\sum m_iz_ix_i,\end{aligned} \tag{12.2.5}$$

其中 I_{xx}，I_{yy}，I_{zz} 分别称为刚体对 x 轴、y 轴、z 轴的转动惯量，I_{xy}，I_{yz}，I_{zx} 称为惯量积，合在一起统称为惯量系数. 于是式（12.2.3）可写为

$$\begin{aligned}\boldsymbol{L}=&[I_{xx}\omega_x-I_{xy}\omega_y-I_{xz}\omega_z]\boldsymbol{i}+[-I_{yx}\omega_x+I_{yy}\omega_y-I_{yz}\omega_z]\boldsymbol{j}+\\&[-I_{zx}\omega_x-I_{zy}\omega_y+I_{zz}\omega_z]\boldsymbol{k}.\end{aligned} \tag{12.2.6}$$

角动量的 3 个投影为

$$\begin{aligned}&L_x=I_{xx}\omega_x-I_{xy}\omega_y-I_{xz}\omega_z,\\&L_y=-I_{yx}\omega_x+I_{yy}\omega_y-I_{yz}\omega_z,\\&L_z=-I_{zx}\omega_x-I_{zy}\omega_y+I_{zz}\omega_z.\end{aligned} \tag{12.2.7}$$

现对上述结果进行分析和阐述:

（1）惯量系数取决于刚体质量对坐标系的分布. 由于刚体可看作连续体，所以惯量系数定义中的取和应用积分代替，如

$$I_{xx}=\int(y^2+z^2)\mathrm{d}m=\iiint(y^2+z^2)\rho\mathrm{d}x\mathrm{d}y\mathrm{d}z,$$

$$I_{xy}=\int xy\mathrm{d}m=\iiint xy\rho\mathrm{d}x\mathrm{d}y\mathrm{d}z.$$

假如坐标系是静止的，而刚体是运动的，则刚体的质量对坐标系的分布随时间改变，惯量系数也将是时间的函数，意味着每一瞬时都需要计算一次 6 个体积分，这将带来难以克服的困难. 假如采用与刚体固连的动坐标，则刚体质量相对于它的分布不随时间改变，6 个惯量系数将成为常量. 因此，我们宁愿选用与刚体固连的动坐标系来计算刚体相对静止参考系的角动量，从而导致坐标系与参考系不一致的情况.

（2）式（12.2.6）或式（12.2.7）反映了角动量 $\boldsymbol{L}$ 和角速度 $\boldsymbol{\omega}$ 间存在一个线性变换关系. 只要给出一个 $\boldsymbol{\omega}$，通过这种变换机制就可求得一个新的矢量 $\boldsymbol{L}$，其大小和方向都不同于原来的 $\boldsymbol{\omega}$，这种线性变换称为仿射变换，如图 12.3 所示.

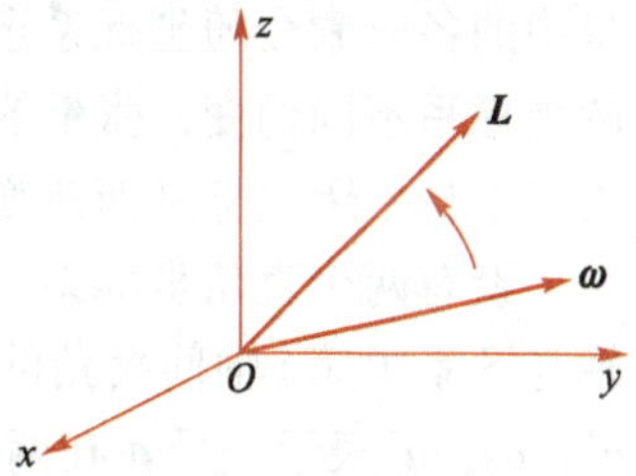

图 12.3　从 $\boldsymbol{\omega}$ 到 $\boldsymbol{L}$ 的仿射变换

式（12.2.7）通常可写成矩阵形式

$$\begin{pmatrix}L_x\\L_y\\L_z\end{pmatrix}=\begin{pmatrix}I_{xx}&-I_{xy}&-I_{xz}\\-I_{yx}&I_{yy}&-I_{yz}\\-I_{zx}&-I_{zy}&I_{zz}\end{pmatrix}\begin{pmatrix}\omega_x\\\omega_y\\\omega_z\end{pmatrix}\qquad(12.2.8)$$

实际上由 9 个惯量系数组成的矩阵是一个二阶张量 $\boldsymbol{I}$，它的元素在进行坐标变换时必须服从一定规律. 因此，刚体定点运动对定点的角动量的表达式应为

$$\boldsymbol{L}=\boldsymbol{I}\cdot\boldsymbol{\omega}.\qquad(12.2.9)$$

等式右端是张量 $\boldsymbol{I}$ 和矢量 $\boldsymbol{\omega}$ 的点积运算，运算方法与式（12.2.8）的矩阵运算方法相同. 另外，也可将张量写成并矢形式，即

$$\boldsymbol{I}=\boldsymbol{ii}I_{xx}-\boldsymbol{ij}I_{xy}-\boldsymbol{ik}I_{xz}-\boldsymbol{ji}I_{yx}+\boldsymbol{jj}I_{yy}-\boldsymbol{jk}I_{yz}-\boldsymbol{ki}I_{zx}-\boldsymbol{kj}I_{zy}+\boldsymbol{kk}I_{zz}.\qquad(12.2.10)$$

并矢由两个矢量并列组成，如 $\boldsymbol{AB}$，$\boldsymbol{ii}$，$\boldsymbol{jk}$ 等，两个矢量间无运算符号. 它的运算规则是以相邻的两个矢量按矢量运算规则进行运算，如一个并矢与一个矢量的点积为

$$(\boldsymbol{AB})\cdot\boldsymbol{C}=\boldsymbol{A}(\boldsymbol{B}\cdot\boldsymbol{C}),\ \boldsymbol{C}\cdot(\boldsymbol{AB})=(\boldsymbol{C}\cdot\boldsymbol{A})\boldsymbol{B},\qquad(12.2.11)$$

$$\left(\boldsymbol{i}\frac{\partial}{\partial x}+\boldsymbol{j}\frac{\partial}{\partial y}+\boldsymbol{k}\frac{\partial}{\partial z}\right)\cdot(\boldsymbol{AB})=\nabla\cdot(\boldsymbol{AB})=(\nabla\cdot\boldsymbol{A})\boldsymbol{B}.\qquad(12.2.12)$$

刚体定点运动对定点的角动量是一个比较复杂的量，与瞬时角速度的关系是仿射变换关系，如果现在还有“刚体定点运动对定点的角动量的方向是沿角速度方向”的认识，那就犯了简单化和想当然的错误.

二、惯量张量

微视频

我们用质量 m 描述质点运动的惯性，用转动惯量 I 描述刚体定轴转动的惯性，它们都是标量. 类似的，由 9 个惯量系数组成的矩阵实际上是描述刚体绕一点转动时的惯性的物理量，即惯量张量，为

$$\begin{pmatrix} I_{xx} & -I_{xy} & -I_{xz} \\ -I_{yx} & I_{yy} & -I_{yz} \\ -I_{zx} & -I_{zy} & I_{zz} \end{pmatrix}.$$

张量是一个数学概念，由 9 个元素组成的整体称为二阶张量，它既不是标量，也不是矢量，是比它们都要复杂的量. 自然界和物理学中一些复杂现象和状态需要用张量来描述，如刚体绕定点转动的惯性就无法用简单的量描述，因为瞬时轴相对刚体的位置在不断变化，刚体对各瞬时轴的转动惯量随之不同，惯量张量就是用来描述转动惯量对不同瞬时轴分布情况的物理量，这个量是不依赖坐标系的. 弹性体内一点的应力状态也是比较复杂的，因为通过一点有不同取向的面元，作用在每一面元上的应力都不同，需要用 9 个元素构成的应力张量来描述.

张量与矩阵不同，矩阵元是单纯的数，不随坐标变化而不同，张量则不同，张量中的各元素会随坐标系选择不同而不同. 为了使张量这个物理量不随用来描述它的坐标系不同而变，张量的元素就必须满足一定的坐标变换规则，正如矢量一样，矢量本身不因坐标系而改变，而它的投影必须满足一定的坐标变换规则.

设有两个直角坐标系：S 系（$Ox_1x_2x_3$）和 S' 系（$Ox_1'x_2'x_3'$），以 α_{ij} 表示 S' 系中第 i 轴与 S 系中第 j 轴间夹角的余弦（i，$j=1$，2，3），如表 12.1 所示. 以 a_1，a_2，a_3 和 a_1'，a_2'，a_3' 表示矢量 $\boldsymbol{a}$ 在两个坐标系上的投影，则它们应满足以下变换关系

表 12.1

	x_1	x_2	x_3
x_1'	α_{11}	α_{12}	α_{13}
x_2'	α_{21}	α_{22}	α_{23}
x_3'	α_{31}	α_{32}	α_{33}

$$a_i' = \sum_j \alpha_{ij} a_j. \qquad (12.2.13)$$

二阶张量在数学上的定义为：由 9 个元素组成的整体，它在两个坐标系中的表示分别为

$$\begin{pmatrix} A_{11} & A_{12} & A_{13} \\ A_{21} & A_{22} & A_{23} \\ A_{31} & A_{32} & A_{33} \end{pmatrix} \quad 和 \quad \begin{pmatrix} A_{11}' & A_{12}' & A_{13}' \\ A_{21}' & A_{22}' & A_{23}' \\ A_{31}' & A_{32}' & A_{33}' \end{pmatrix},$$

它在两个坐标系中的元素 A_{ij}，A_{ij}' 必须满足以下变换关系

$$A_{ij}' = \sum_l \sum_m \alpha_{il}\alpha_{jm}A_{lm}. \qquad (12.2.14)$$

可以证明，惯量张量的元素满足这一变换关系. 二阶张量的元素的个数由空间维数和阶数确定，现在空间维数是 3，阶数是 2，元素的个数应为 $3^2=9$.

用坐标变换来定义某一类物理量是最一般的方法. 张量的概念概括了各类物理量，如矢量为一阶张量，$3^1=3$，它由 3 个元素组成，它们满足式（12.2.13）的变换关系，这可看作矢量的另一种定义；标量为零阶张量，$3^0=1$，它只有 1 个元素，它不随坐标系变化而变化；除二阶张量外还可以有更高阶的张量.

若惯量张量的元素满足关系 $I_{ij}=I_{ji}$，这样的张量称为对称张量. 惯量张量是描述刚体绕某一定点运动的惯性的物理量，惯量张量应属于刚体某一点的.

三、惯量主轴

微视频

刚体定点运动对定点的角动量的表达式（12.2.8）能否进一步简化，取决于惯量张量的表达式能否简化. 惯量张量的元素由刚体质量相对坐标系的分布决定，可以证明通过适当选择坐标系可使惯量张量对角化，即所有惯量积为零，使张量的元素从 6 个减少到 3 个，这样的坐标系称为该点（刚体的固定点）的主轴坐标系. 对主轴坐标系，惯量张量成为

$$\begin{pmatrix}\lambda_1 & 0 & 0\\ 0 & \lambda_2 & 0\\ 0 & 0 & \lambda_3\end{pmatrix}.$$

根据此张量元素的意义可知 λ_1，λ_2，λ_3 代表刚体对主轴坐标系的 x，y，z 各轴的转动惯量，即 $\lambda_1=I_{xx}$，$\lambda_2=I_{yy}$，$\lambda_3=I_{zz}$. 此时刚体对定点的角动量的表达式为

$$\begin{pmatrix}L_x\\ L_y\\ L_z\end{pmatrix}=\begin{pmatrix}I_{xx} & 0 & 0\\ 0 & I_{yy} & 0\\ 0 & 0 & I_{zz}\end{pmatrix}\begin{pmatrix}\omega_x\\ \omega_y\\ \omega_z\end{pmatrix}, \tag{12.2.15}$$

即

$$\boldsymbol{L}=I_{xx}\omega_x\boldsymbol{i}+I_{yy}\omega_y\boldsymbol{j}+I_{zz}\omega_z\boldsymbol{k}, \tag{12.2.16}$$

其中 $\boldsymbol{i}$，$\boldsymbol{j}$，$\boldsymbol{k}$ 为主轴坐标系各轴的单位矢量，ω_x，ω_y，ω_z 为角速度在该坐标系上的投影.

寻找主轴坐标系在数学上属于求本征值和本征矢量问题，该数学问题在物理中也很重要. 主轴坐标系的每一个轴称为该固定点的主轴，可从式（12.2.15）或式（12.2.16）看出，它有这样的特性：若角速度沿某一主轴方向，则角动量的方向也沿此方向，即有

$$\boldsymbol{L}=\lambda\boldsymbol{\omega}, \tag{12.2.17}$$

其中 λ 为正的比例系数.

我们把式（12.2.17）作为主轴的另一定义，即若刚体绕过定点某轴以角速度 $\boldsymbol{\omega}$ 转动，而刚体对该点的角动量方向与角速度方向相同，则此轴就是该点的惯量主轴. 将式（12.2.17）展开得

$$\begin{cases}(I_{xx}-\lambda)\omega_x-I_{xy}\omega_y-I_{xz}\omega_z=0,\\ -I_{xy}\omega_x+(I_{yy}-\lambda)\omega_y-I_{yz}\omega_z=0,\\ -I_{xz}\omega_x-I_{yz}\omega_y+(I_{zz}-\lambda)\omega_z=0,\end{cases} \tag{12.2.18}$$

这组齐次的线性方程组有非零解的条件为

$$\begin{vmatrix}(I_{xx}-\lambda) & -I_{xy} & -I_{xz}\\ -I_{xy} & (I_{yy}-\lambda) & -I_{yz}\\ -I_{xz} & -I_{yz} & (I_{zz}-\lambda)\end{vmatrix}=0, \tag{12.2.19}$$

上式称为特征方程，它为 λ 的三次方程．根据由张量元组成的矩阵是实对称矩阵，此特征方程具有3个实根，它们是 λ_1，λ_2，λ_3，称为本征值；分别将本征值代回式（12.2.18），求出与之相应的角速度矢量 $\boldsymbol{\omega}_1$，$\boldsymbol{\omega}_2$，$\boldsymbol{\omega}_3$ 即为相应的本征矢量，它们的方向即3个主轴方向．3个本征值就是刚体对3个主轴的转动惯量，也称主转动惯量，这就证明了将惯量张量简化为对角形式是可能的．

实际上，对均匀对称的刚体，从刚体质量分布的对称性分析容易找出惯量主轴．让我们先从式（12.2.17）导出某轴为轴上某点的惯量主轴的充分必要条件．以此点为原点，以此轴为 x 轴建立直角坐标系（y，z 轴方向任意），并设刚体以角速度 $\boldsymbol{\omega}$ 绕此轴转动，则根据式（12.2.8）知刚体对原点 O 的角动量为

$$\boldsymbol{L}=I_{xx}\omega\boldsymbol{i}-I_{yx}\omega\boldsymbol{j}-I_{zx}\omega\boldsymbol{k}, \tag{12.2.20}$$

只要以下条件满足

$$I_{yx}=\sum m_i x_i y_i=0,\ I_{zx}=\sum m_i x_i z_i=0, \tag{12.2.21}$$

就有

$$\boldsymbol{L}=I_{xx}\omega\boldsymbol{i}=I_{xx}\boldsymbol{\omega}.$$

可见，式（12.2.21）是 $\boldsymbol{L}/\!/\boldsymbol{\omega}$ 的必要充分条件，即包含坐标 x 的所有惯量积都为零是 x 轴为 O 点的惯量主轴的充要条件．根据此条件，我们能得出这样的重要结论：匀质刚体的对称轴是轴上各点的惯量主轴．如图12.4所示，以对称轴任一点 O 为原点，对称轴为 z 轴建立 $Oxyz$ 坐标系（x，y 轴方向任意）．由于刚体具有轴对称性，所以刚体上若有一点（x_i，y_i，z_i），则必然存在另一点（$-x_i$，$-y_i$，z_i），都是成对出现的．由于刚体是匀质的，可以认为这两质点的质量是相同的，所以，对这对质点贡献的包含 z 坐标的惯量积有

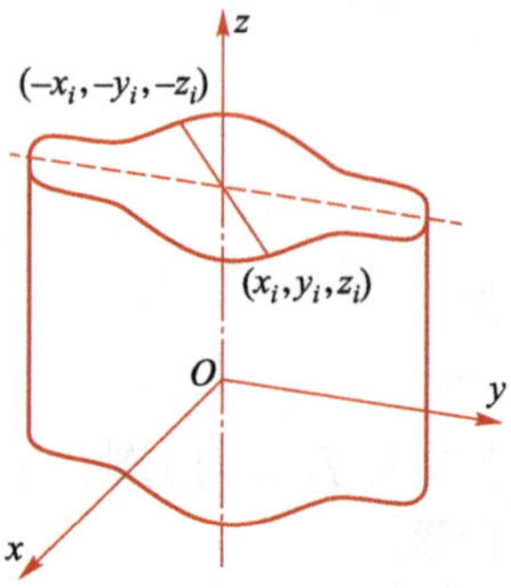

图12.4　刚体的对称轴为轴上各点的主轴

$$m_i z_i x_i+m_i z_i(-x_i)=0,$$

$$m_i z_i y_i+m_i z_i(-y_i)=0.$$

对整个刚体的相应的惯量积就是把上述运算遍及无数对质点，因而也有

$$I_{xz}=\sum m_i z_i x_i=0,$$

$$I_{yz}=\sum m_i z_i y_i=0,$$

即包含坐标 z 的所有惯量积为零，所以 z 轴为 O 点的惯量主轴．由于 O 点在轴上的位置是任意的，所以 z 轴也是轴上各点的惯量主轴．

四、刚体做定点运动时的动能

刚体做定点运动时的动能可利用定点运动时刚体一点的速度公式进行推导，即

$$T=\frac{1}{2}\sum m_i v_i^2=\frac{1}{2}\sum m_i\boldsymbol{v}_i\cdot\boldsymbol{v}_i=\frac{1}{2}\sum m_i\boldsymbol{v}_i\cdot(\boldsymbol{\omega}\times\boldsymbol{r}_i)$$

$$=\frac{1}{2}\boldsymbol{\omega}\cdot(\sum\boldsymbol{r}_i\times m_i\boldsymbol{v}_i),$$

因此

$$T=\frac{1}{2}\boldsymbol{\omega}\cdot\boldsymbol{L}. \tag{12.2.22}$$

当利用主轴坐标系时，上式可写成投影表达式

$$T=\frac{1}{2}(I_{xx}\omega_x^2+I_{yy}\omega_y^2+I_{zz}\omega_z^2), \tag{12.2.23}$$

其中 ω_x，ω_y，ω_z 为角速度在主轴坐标系上的投影，I_{xx}，I_{yy}，I_{zz}为 3 个主转动惯量.

刚体定点运动时的动能还可写成以下形式

$$T=\frac{1}{2}\boldsymbol{\omega}\cdot\boldsymbol{L}=\frac{1}{2}\omega L_\omega,$$

其中角动量在 $\boldsymbol{\omega}$ 方向的投影 $L_\omega=I\omega$，I 为刚体对瞬时轴的转动惯量，代入上式得

$$T=\frac{1}{2}I\omega^2, \tag{12.2.24}$$

此公式与刚体定轴转动的动能公式相同.

微视频

五、惯量椭球

考虑刚体对过定点的一个轴的转动惯量的表达式，这是属于质量几何问题，与刚体运动无关. 以刚体固定点为原点建立 $Oxyz$ 坐标系，过 O 点的 l 轴的方向余弦为（α，β，γ），如图 12.5 所示，则刚体对该轴的转动惯量为

$$\begin{aligned}I_l&=\sum m_i\rho_i^2=\sum m_i[r_i^2-(r_i\cos\theta_i)^2]\\&=\sum m_i[r_i^2-(\boldsymbol{r}_i\cdot\boldsymbol{l})^2]\\&=\sum m_i[(x_i^2+y_i^2+z_i^2)-(\alpha x_i+\beta y_i+\gamma z_i)^2],\end{aligned}$$

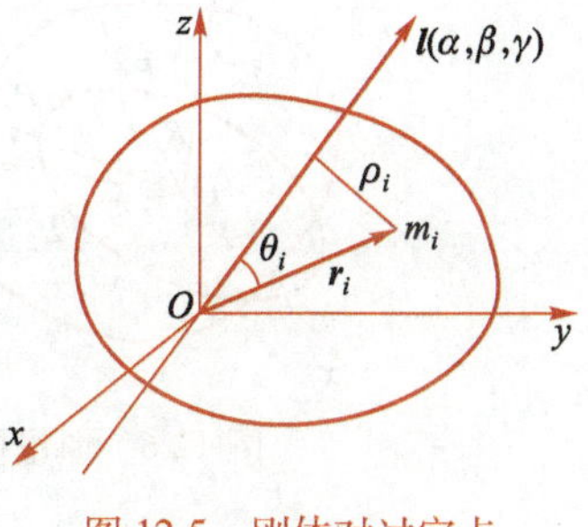

图 12.5　刚体对过定点某轴的转动惯量

其中一些符号的意义在图中已标明，并利用了 l 轴的单位矢量 $\boldsymbol{l}=\alpha\boldsymbol{i}+\beta\boldsymbol{j}+\gamma\boldsymbol{k}$，再将上式展开、整理，又考虑到 $\alpha^2+\beta^2+\gamma^2=1$，最后得到

$$\begin{aligned}I_l=&\sum m_i(y_i^2+z_i^2)\alpha^2+\sum m_i(z_i^2+x_i^2)\beta^2+\sum m_i(x_i^2+y_i^2)\gamma^2-\\&2\sum m_ix_iy_i\alpha\beta-2\sum m_iy_iz_i\beta\gamma-2\sum m_iz_ix_i\gamma\alpha,\end{aligned}$$

即

$$I_l=I_{xx}\alpha^2+I_{yy}\beta^2+I_{zz}\gamma^2-2I_{xy}\alpha\beta-2I_{yz}\beta\gamma-2I_{zx}\gamma\alpha. \tag{12.2.25}$$

此式还可写成

$$I_l=\boldsymbol{l}\cdot\boldsymbol{I}\cdot\boldsymbol{l}. \tag{12.2.26}$$

式（12.2.25）、式（12.2.26）反映了转动惯量随轴的方向变化而改变的规律，说明只要知道固定点的惯量张量，过此点的任何轴的转动惯量都可求得，因而更明确地说明惯量张量是描述刚体绕一点的转动惯性的物理量.

为了用几何图像直观地描述转动惯量随轴方向分布的情况，在该轴上取一长为 R 的线段 OP，如图 12.6 所示，并令 R 与该轴的转动惯量有如下关系

$$R=\frac{1}{\sqrt{I_l}}. \tag{12.2.27}$$

这样，线段 OP 的长度 R 就能直观地反映转动惯量的大小，转动惯量越大，线段长度越短. 过定点 O 有无穷多的轴，可用同样方法在其上截取一线段代表刚体对此轴的转动惯量，那么这些线段的末端连接起来会构成什么样的曲面呢？容易看出，线段末端 P 点的坐标为

$$x=R\alpha,\quad y=R\beta,\quad z=R\gamma. \tag{12.2.28}$$

将 α, β, γ 解出代入式 (12.2.25)，得

$$I_{xx}x^2+I_{yy}y^2+I_{zz}z^2-2I_{xy}xy-2I_{yz}yz-2I_{zx}zx=R^2I_l.$$

考虑到式 (12.2.27)，上式右端为 1，这些线段末端的坐标应满足以下方程

$$I_{xx}x^2+I_{yy}y^2+I_{zz}z^2-2I_{xy}xy-2I_{yz}yz-2I_{zx}zx=1, \tag{12.2.29}$$

这是一个二次曲面方程，只有三种可能，双曲面，抛物面或椭球面. 从物理上判断，因转动惯量为有限值，线段长度 R 不能是无穷大，所以此曲面不能延伸至无限远处，只能是椭球面. 因它反映转动惯量分布情况，故称为惯量椭球. 此方程是对原点对称的，固定点处于椭球的中心.

我们说明以下几点：

(1) 对刚体中不同固定点，有不同的惯量椭球，如图 12.7，与惯量张量一样，惯量椭球也是属于刚体中某一点的.

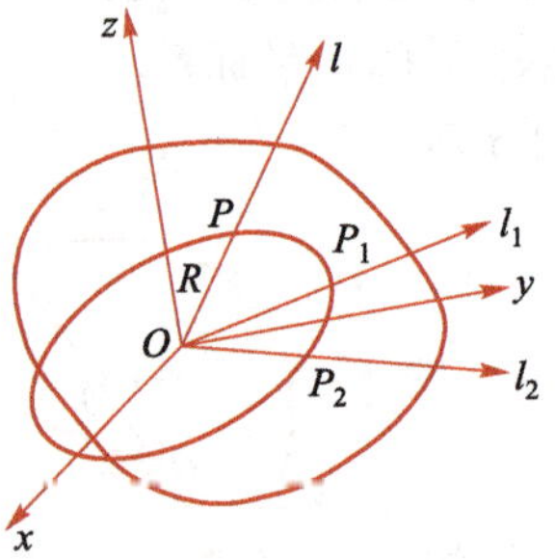

图 12.6　惯量椭球

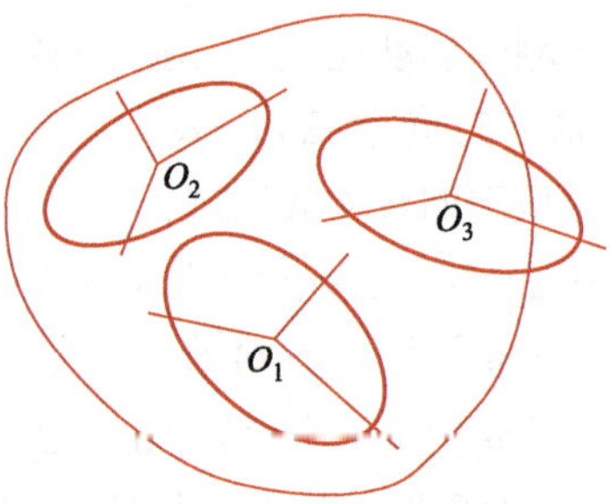

图 12.7　对刚体中不同点有不同的惯量椭球

(2) 椭球一定存在 3 个对称轴，若以它们为坐标轴，则椭球方程化为标准型，即

$$I_{xx}x^2+I_{yy}y^2+I_{zz}z^2=1.$$

此时，3 个惯量积都为零，可见惯量椭球的 3 个对称轴就是固定点的 3 个互相垂直的主轴. 惯量椭球存在的事实令人信服地从几何上证明了：不管刚体形状如何特殊，对体内任一点总能找到至少一套相互垂直的主轴. 如果有两个主转动惯量相等，例如 $I_{xx}=I_{yy}$，则惯量椭球是一个旋转椭球，此时过 O 点在 xy 平面内的任何一根轴都是 O 点的惯量主轴；如果 3 个主转动惯量都相等，即 $I_{xx}=I_{yy}=I_{zz}$，则惯性椭球变成圆球，此时过 O 点沿任何方向的轴都是 O 点的惯量主轴. 在后两种情况中，主轴坐标系就有无数套了.

(3) 利用惯量椭球可把角动量 $\boldsymbol{L}$ 的方向和角速度 $\boldsymbol{\omega}$ 的方向间的关系直观地表达出来. 设角速度矢量 $\boldsymbol{\omega}$ 与惯量椭球相交于 P 点，则此时刚体对 O 点角动量方向将沿过椭球面上 P 点的法线方向，如图 12.8 所示.

在主轴坐标系 $Oxyz$ 中，椭球面方程为

$$f(x,\ y,\ z)=I_{xx}x^2+I_{yy}y^2+I_{zz}z^2-1=0.$$

设椭球面上 P 点的坐标为 $(x_1,\ y_1,\ z_1)$，已知该点的法线方向 $\boldsymbol{e}_n$ 平行于函数 $f(x,\ y,\ z)$ 在 P 点的梯度方向，后者为

$$\operatorname{grad} f\big|_{P(x_1,\ y_1,\ z_1)}=2(I_{xx}x_1\boldsymbol{i}+I_{yy}y_1\boldsymbol{j}+I_{zz}z_1\boldsymbol{k}).\qquad(12.2.30)$$

因为 $\boldsymbol{\omega}/\!/\overrightarrow{OP}$，可写成

$$\boldsymbol{\omega}=k\overrightarrow{OP}=k(x_1\boldsymbol{i}+y_1\boldsymbol{j}+z_1\boldsymbol{k}),$$

其中 k 是有量纲的比例系数．于是

$$\omega_x=kx_1,\ \omega_y=ky_1,\ \omega_z=kz_1,$$

即

$$x_1=\frac{\omega_x}{k},\ y_1=\frac{\omega_y}{k},\ z_1=\frac{\omega_z}{k}.\qquad(12.2.31)$$

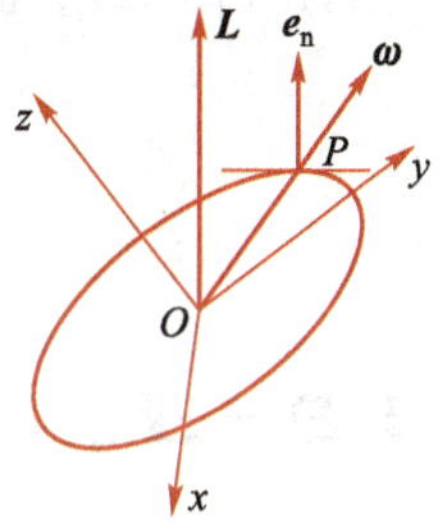

图 12.8　通过惯量椭球看角动量方向与角速度方向的关系

将式（12.2.31）代入式（12.2.30），得

$$\operatorname{grad} f\big|_{P(x_1,\ y_1,\ z_1)}=\frac{2}{k}(I_{xx}\omega_x\boldsymbol{i}+I_{yy}\omega_y\boldsymbol{j}+I_{zz}\omega_z\boldsymbol{k})=\frac{2}{k}\boldsymbol{L},\qquad(12.2.32)$$

从而 $\boldsymbol{e}_n/\!/\boldsymbol{L}$．

从几何上容易看出，只有当角速度方向沿椭球对称轴方向时才会有 $\boldsymbol{\omega}/\!/\boldsymbol{e}_n/\!/\boldsymbol{L}$．从几何角度容易证明：只有角速度方向沿惯量主轴方向时，才会有角动量方向平行于角速度方向．

例题 12.1

一匀质薄圆盘能绕其中心 O 做定点转动，其质量为 m，半径为 R．已知某瞬时圆盘绕过中心与盘面成 30°角的轴以角速度 $\boldsymbol{\omega}$ 转动，试求此时圆盘对中心的角动量和圆盘的动能，以及圆盘对此轴的转动惯量．

解　如图 12.9 所示，以过 O 点并垂直于盘面的轴为 z 轴，由角速度与 z 轴构成的平面与盘面的交线为 x 轴，再以右手关系确定 y 轴．由对称性可知，这样建立的坐标系是主轴坐标系．根据题设知：$I_{xx}=I_{yy}=(1/4)mR^2$，$I_{zz}=(1/2)mR^2$，$\omega_x=\omega\cos 30°$，$\omega_y=0$，$\omega_z=\omega\sin 30°$，圆盘对 O 点的角动量为

$$\begin{aligned}\boldsymbol{L}&=I_{xx}\omega_x\boldsymbol{i}+I_{yy}\omega_y\boldsymbol{j}+I_{zz}\omega_z\boldsymbol{k}\\&=\frac{1}{4}mR^2\omega\cos 30°\boldsymbol{i}+\frac{1}{2}mR^2\omega\sin 30°\boldsymbol{k}\\&=\frac{\sqrt{3}}{8}mR^2\omega\boldsymbol{i}+\frac{1}{4}mR^2\omega\boldsymbol{k}.\end{aligned}\qquad(1)$$

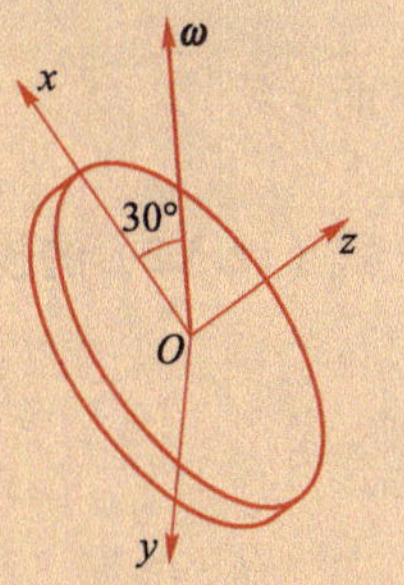

图 12.9　匀质薄盘的定点运动

角动量与盘面的夹角 α 为

$$\alpha=\arctan\frac{L_z}{L_x}=\arctan\frac{2}{\sqrt{3}}\approx 49°,\qquad(2)$$

可见角动量的方向与角速度方向不一致．

圆盘的动能为

$$T=\frac{1}{2}(I_{xx}\omega_x^2+I_{yy}\omega_y^2+I_{zz}\omega_z^2)=\frac{1}{2}\left(\frac{3}{16}mR^2\omega^2+\frac{1}{8}mR^2\omega^2\right)=\frac{1}{2}\cdot\frac{5}{16}mR^2\omega^2,\qquad(3)$$

圆盘对该瞬时轴的转动惯量为

$$I_l=\frac{5}{16}mR^2. \tag{4}$$

根据式（12.2.25），也可计算圆盘对转轴的转动惯量为

$$\begin{aligned}I_l&=I_{xx}\alpha^2+I_{yy}\beta^2+I_{zz}\gamma^2=I_{xx}(\cos 30^\circ)^2+I_{zz}(\sin 30^\circ)^2\\&=\frac{1}{4}mR^2\ \frac{3}{4}+\frac{1}{2}mR^2\ \frac{1}{4}=\frac{5}{16}mR^2.\end{aligned} \tag{5}$$

12-3 欧拉动力学方程

一、欧拉动力学方程

微视频

刚体定点运动是 3 个自由度的角运动，运用以定点为参考点的角动量定理足以确定其运动规律. 为了使角动量的表达式简化，必须采用刚体固定点的主轴坐标系 $Oxyz$，即以定点的 3 个惯量主轴为坐标轴，通常它是与刚体固连的动坐标系. 于是刚体对定点的角动量为

$$\boldsymbol{L}=I_x\omega_x\boldsymbol{i}+I_y\omega_y\boldsymbol{j}+I_z\omega_z\boldsymbol{k}, \tag{12.3.1}$$

为了简便，在上式中已将 3 个主转动惯量简写为 I_x，I_y，I_z.

由于采用动坐标，角动量的绝对变率应等于相对变率与牵连变率之和，所以角动量定理为

$$\frac{\mathrm{d}\boldsymbol{L}}{\mathrm{d}t}=\frac{\mathrm{d}^*\boldsymbol{L}}{\mathrm{d}t}+\boldsymbol{\omega}\times\boldsymbol{L}=\boldsymbol{M}. \tag{12.3.2}$$

根据定义

$$\frac{\mathrm{d}^*\boldsymbol{L}}{\mathrm{d}t}=I_x\frac{\mathrm{d}\omega_x}{\mathrm{d}t}\boldsymbol{i}+I_y\frac{\mathrm{d}\omega_y}{\mathrm{d}t}\boldsymbol{j}+I_z\frac{\mathrm{d}\omega_z}{\mathrm{d}t}\boldsymbol{k},$$

而

$$\boldsymbol{\omega}\times\boldsymbol{L}=-(I_y-I_z)\omega_y\omega_z\boldsymbol{i}-(I_z-I_x)\omega_z\omega_x\boldsymbol{j}-(I_x-I_y)\omega_x\omega_y\boldsymbol{k},$$

式（12.3.2）的投影方程为

$$\begin{cases}I_x\dfrac{\mathrm{d}\omega_x}{\mathrm{d}t}-(I_y-I_z)\omega_y\omega_z=M_x,\\[2ex]I_y\dfrac{\mathrm{d}\omega_y}{\mathrm{d}t}-(I_z-I_x)\omega_z\omega_x=M_y,\\[2ex]I_z\dfrac{\mathrm{d}\omega_z}{\mathrm{d}t}-(I_x-I_y)\omega_x\omega_y=M_z.\end{cases} \tag{12.3.3}$$

这组方程即欧拉于 1780 年建立并以他的名字命名的欧拉动力学方程，是求解刚体定点运动的基本方程. 关于这组方程，我们必须注意参考系与坐标系的区别. 这组方程是以惯性系为参考系的，角动量 $\boldsymbol{L}$、角速度 $\boldsymbol{\omega}$、力矩 $\boldsymbol{M}$ 都是在惯性系中的物理量，而它们的表示却利用了特殊的动坐标系，方程中的投影量都是相对惯性系的这些矢量在主轴坐标系上的投影. 其次，固定点的未知的约束力对固定点不产生力矩，所以 $\boldsymbol{M}$ 中的力不包含这个约束力.

主轴坐标系与刚体一起运动，它的位置是未知的，这给方程的求解带来困难．但主轴坐标系的位置由 3 个欧拉角决定，它们的变化与式（12.3.3）中的角速度投影由欧拉运动学方程联系着

$$\begin{cases}\omega_x=\dot{\varphi}\sin\theta\sin\psi+\dot{\theta}\cos\psi,\\ \omega_y=\dot{\varphi}\sin\theta\cos\psi-\dot{\theta}\sin\psi,\\ \omega_z=\dot{\varphi}\cos\theta+\dot{\psi}.\end{cases}\qquad(12.3.4)$$

实际上，求解刚体定点运动问题必须将式（12.3.3）和式（12.3.4）两组方程联合求解，这是 6 个非线性常微分方程，它的求解在数学上是十分困难的．

刚体定点运动的动力学问题解决之后，刚体最一般的运动——刚体自由运动的动力学问题也就迎刃而解了，因为自由运动可以分解为以质心为代表的平动和绕质心的转动．前者可用质心运动定理解决，后者是在质心坐标系中考察的刚体运动，即绕质心的定点运动，可用相对质心的角动量定理，仿照前述方法解决．平动与转动问题往往不能分开解决，需要解联立方程．

二、直接用角动量定理和质心运动定理处理比较简单的定点运动问题

求解具有固定点的刚体运动是比较复杂的，但如果已知刚体的运动，欲求作用在刚体上的约束力，则要简单许多，只需直接用角动量定理和质心运动定理建立方程就可解决．

例题 12.2

一匀质圆盘绕过其中心的竖直轴转动，由于安装不善，转轴与盘面法线成 α 角．已知圆盘质量为 m，半径为 r，圆盘中心至两轴承的距离均为 a，轴承处光滑，试求当圆盘角速度大小为 ω 时，轴承所受的压力．

解 定轴运动是定点运动的特例，此题可运用对圆盘中心 O 点的角动量定理和质心运动定理来解决．以圆盘和转轴为系统，系统所受外力为圆盘的重力和轴承 A，B 处的约束力．为了运用角动量定理，建立圆盘中心 O 点的主轴坐标系 $Ox'y'z'$，为了分解约束力的方便，再建立 $Oxyz$ 坐标系，x 轴与 x' 轴重合，z 轴沿转轴向上，y 轴由右手关系随之确定，如图 12.10 所示，这两个坐标系都是随圆盘一起运动的动坐标系．约束力的分解如图所示，共有 5 个未知分量，而上述两个定理能给出足够的方程．

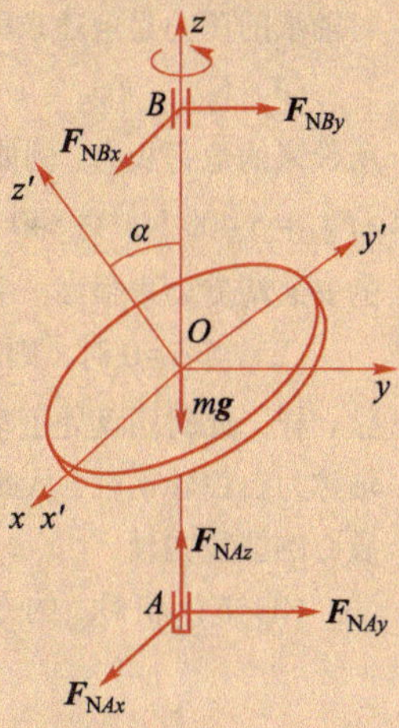

图 12.10 定轴转动时求轴承的约束力

由对 z 轴的角动量定理知，由于轴承光滑，对 z 轴的外力矩为零，圆盘绕 z 轴的转动规律是匀速转动．此角速度为

$$\boldsymbol{\omega}=\omega\boldsymbol{k}=\omega\sin\alpha\boldsymbol{j}'+\omega\cos\alpha\boldsymbol{k}',\qquad(1)$$

圆盘对 O 点的角动量为

$$\boldsymbol{L}=\frac{1}{4}mr^2\omega\sin\alpha\boldsymbol{j}'+\frac{1}{2}mr^2\omega\cos\alpha\boldsymbol{k}'.\qquad(2)$$

由于 ω，α 等都是常量，角动量在主轴坐标系上投影保持不变，$\mathrm{d}^*\boldsymbol{L}/\mathrm{d}t=0$，角动量矢量将保

持大小不变而与动坐标系一起绕 z 轴旋转扫出一个锥面，其矢端运动的速度，即

$$\frac{\mathrm{d}\boldsymbol{L}}{\mathrm{d}t}=\boldsymbol{\omega}\times\boldsymbol{L}=\left(\frac{1}{2}mr^2-\frac{1}{4}mr^2\right)\omega^2\sin\alpha\cos\alpha\boldsymbol{i}$$

$$=\frac{1}{8}mr^2\omega^2\sin 2\alpha\boldsymbol{i}. \tag{3}$$

角动量定理为

$$\frac{\mathrm{d}\boldsymbol{L}}{\mathrm{d}t}=\boldsymbol{M},$$

它在 x，y 方向的投影为

$$\frac{1}{8}mr^2\omega^2\sin 2\alpha=a(F_{NAy}-F_{NBy}), \tag{4}$$

$$0=a(F_{NBx}-F_{NAx}). \tag{5}$$

质心运动定理为

$$m\frac{\mathrm{d}\boldsymbol{v}_c}{\mathrm{d}t}=\sum\boldsymbol{F}^{(e)},$$

它在 x，y，z 方向投影为

$$F_{NAx}+F_{NBx}=0, \tag{6}$$

$$F_{NAy}+F_{NBy}=0, \tag{7}$$

$$F_{NAz}-mg=0. \tag{8}$$

由式（8）得

$$F_{NAz}=mg,$$

由式（5）和式（6）得

$$F_{NAx}=F_{NBx}=0,$$

由式（4）和式（7）得

$$F_{NAy}=-F_{NBy}=\frac{1}{16a}mr^2\omega^2\sin 2\alpha,$$

对轴承的压力是上述求得的约束力的反作用力. 从结果看出：

（1）F_{NAy}，F_{NBy} 与 ω 的平方成正比，说明高速运转的部件由安装不善造成的对轴承的动压力所带来的危害极大. 例如，$\alpha=1°$，$m=20$ kg，$r=0.2$ m，$a=0.5$ m，$\omega=12\ 000$ r/min，求得 $F_{NAy}=-F_{NBy}=5\ 400$ N，约 540 kg，若转速增1倍，约束力将为原来的4倍. 因此，当今高速运转的部件的安装精度要求很高，另外还要通过动平衡试验来消除这些动压力.

（2）当 $\alpha=0$ 时，则不管角速度多大，约束力只有 $F_{NAz}=mg$，其他约束力都为零，如同圆盘静止一样，此时圆盘处于动平衡状态，两个轴承都可以取消，只要有支承平面就可以了，这样的转轴称为自由转动轴. 从此例看出，一个轴成为自由转动轴的充分条件是：轴必须通过质心并且是质心的惯量主轴.

（3）$\boldsymbol{F}_{NAy}$ 和 $\boldsymbol{F}_{NBy}$ 的方向在动坐标系中是不变的，但对惯性空间则随着圆盘的转动在改变.

例题 12.3

如图 12.11 所示，碾盘重 P，半径为 R，可视为匀质圆盘，自转轴长为 l，碾盘绕竖直轴以匀角速度 $\boldsymbol{\Omega}$ 转动，并与磨底接触是无滑的. 试求碾盘对磨底的压力及固定点 O 处的约束力.

解 碟盘的运动是自转和进动的合成，总的是绕图中 O 点的定点运动. 由于碾盘具有轴对称性，我们可以建立与刚体（碾盘）半固连的主轴坐标系 $Oxyz$，z 轴与自转轴固连，x 轴始终保持竖直，y 轴保持水平，这样的坐标系只跟碾盘一起进动，不跟碾盘一起自转. 我们看到，刚体虽然对此坐标系有相对运动，但对此系的质量分布始终不变，x，y，z 三轴始终是 O 点的主轴.

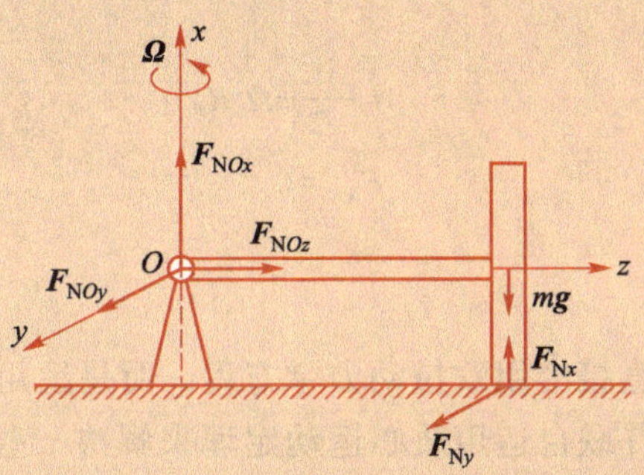

图 12.11 碾盘运动对磨底产生附加的压力

选碾盘连同转轴为系统，此系统所受外力有：碾盘的重力，O 点的约束力（它的 3 个分力为 $\boldsymbol{F}_{NOx}$，$\boldsymbol{F}_{NOy}$，$\boldsymbol{F}_{NOz}$）及磨底的反力（它有 2 个分力为 $\boldsymbol{F}_{Nx}$，$\boldsymbol{F}_{Ny}$）.

碾盘对 O 点的角动量为

$$\boldsymbol{L}=I_x\omega_x\boldsymbol{i}+I_y\omega_y\boldsymbol{j}+I_z\omega_z\boldsymbol{k}.$$

根据平行轴定理可知

$$I_x=I_y=\frac{1}{4}mR^2+ml^2=\frac{1}{4}m(R^2+4l^2).\tag{1}$$

根据无滑条件，即碾盘上与磨底的接触点速度为零，可求出自转角速度与进动角速度的关系为

$$-l\Omega-R\omega_z=0,\quad \omega_z=-\frac{l}{R}\Omega,\tag{2}$$

$$\boldsymbol{L}=\frac{1}{4}m(R^2+4l^2)\Omega\boldsymbol{i}-\frac{1}{2}mR^2\left(\frac{l}{R}\Omega\right)\boldsymbol{k}$$

$$=\frac{1}{4}m(R^2+4l^2)\Omega\boldsymbol{i}-\frac{1}{2}mRl\Omega\boldsymbol{k}.\tag{3}$$

由于角动量在动坐标上投影为常量，所以 $\dfrac{\mathrm{d}^*\boldsymbol{L}}{\mathrm{d}t}=0$，故

$$\frac{\mathrm{d}\boldsymbol{L}}{\mathrm{d}t}=\boldsymbol{\Omega}\times\boldsymbol{L}=\frac{1}{2}mRl\Omega^2\boldsymbol{j}.$$

角动量定理在 $Oxyz$ 系上的投影为

$$0=-F_{Ny}l,\tag{4}$$

$$\frac{1}{2}mRl\Omega^2=-mgl+F_{Nx}l,\tag{5}$$

$$0=-F_{Ny}R.\tag{6}$$

质心运动定理在 $Oxyz$ 系上的投影为

$$0=F_{NOx}+F_{Nx}-mg,\tag{7}$$

$$0=F_{NOy}+F_{Ny},\tag{8}$$

$$-m\Omega^2l=F_{NOz}.\tag{9}$$

从式 (5) 得出

$$F_{Nx}=mg+\frac{1}{2}m\Omega^2R, \tag{10}$$

可见有附加的动压力出现. 从式 (4) 和式 (6) 得出

$$F_{Ny}=0, \tag{11}$$

从式 (7) 和式 (8) 得

$$F_{NOx}=-\frac{1}{2}m\Omega^2R, \tag{12}$$

$$F_{NOy}=0, \tag{13}$$

F_{NOz}的值如式 (9) 所示.

这两个例题都没有直接套用欧拉动力学方程，而是运用了推导此方程的思想，灵活运用角动量定理，并联合运用质心运动定理来解决一些实际问题. 其中重要的有两点: (1) 不管何种情况，都要选择主轴坐标系来表达角动量，当刚体具有旋转对称时，主轴坐标系可半固连于刚体，这是一种重要情况，这样选择主轴坐标系，有利于问题的简化; (2) 角动量定理在什么坐标系的投影问题，可以根据情况另选一个动坐标系进行投影.

12-4 欧拉-潘索情况

微视频

欧拉-潘索情况是指刚体不受外力矩作用的定点运动，要求刚体不受外力，或外力通过固定点. 例如，一个刚体在重力场中，其质心正是它的固定点，而又无别的力的作用，此时刚体的运动就属于这种情况. 在此情况中，不仅刚体所受合力矩为零，所受合力也为零，作用在刚体上是一个零力系，因此刚体的运动完全是按照惯性运动. 然而，具有固定点的刚体的惯性运动比质点的惯性运动复杂得多，其复杂程度会出乎我们的预料. 假如把地球看作刚体，认为太阳和月亮对地球的作用力近似通过地心，则在地心坐标系中考察，地球绕地心的转动属于这一情况.

欧拉-潘索情况对刚体形状没有限制，可分两种情况讨论.

一、$I_x=I_y\neq I_z$ 的情况

此时固定点的惯量椭球为旋转椭球，地球就属于这种情况. 在这种情况下，由于刚体不受外力矩作用，刚体对定点的角动量守恒，$\boldsymbol{L}$ = 常矢量，可以 $\boldsymbol{L}$ 的方向为 ζ 轴，另两个轴与之垂直，建立静坐标系 $O\xi\eta\zeta$. 动坐标系可以这样选取: 以刚体对称轴为 z 轴，以节线为 x 轴，与节线垂直方向为 y 轴，如图 12.12 所示. z 轴与刚体固连，随刚体运动，当刚体绕 z 轴转动时，x，y 轴却不与刚体一起运动，这样的坐标系与刚体是半固连的，但依然是主轴坐标系，故称

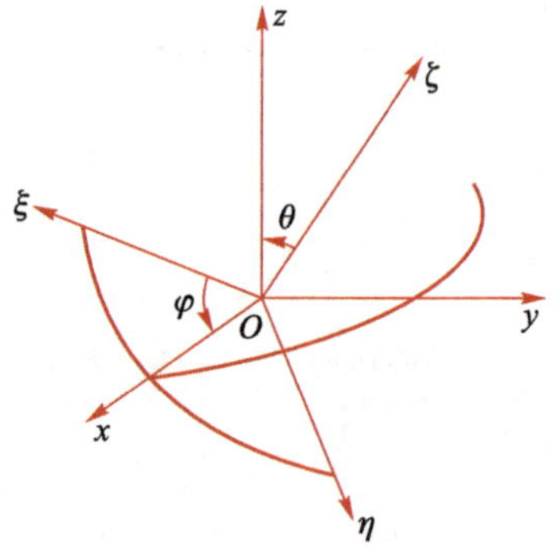

图 12.12　欧拉-潘索情况的坐标系

为半固连主轴坐标系.

在半固连主轴坐标系中欧拉运动学方程可简化为

$$\begin{cases}\omega_x=\dot{\theta},\\ \omega_y=\dot{\varphi}\sin\ \theta,\\ \omega_z=\dot{\varphi}\cos\ \theta+\dot{\psi}.\end{cases}\tag{12.4.1}$$

角动量的表达式为

$$\begin{aligned}\boldsymbol{L}&=I_x\omega_x\boldsymbol{i}+I_x\omega_y\boldsymbol{j}+I_z\omega_z\boldsymbol{k}\\&=I_x\dot{\theta}\boldsymbol{i}+I_x\dot{\varphi}\sin\ \theta\boldsymbol{j}+I_z(\dot{\varphi}\cos\ \theta+\dot{\psi})\boldsymbol{k},\end{aligned}\tag{12.4.2}$$

由于静坐标系的 ζ 轴选取在角动量方向，它又可写成

$$\boldsymbol{L}=L\sin\ \theta\,\boldsymbol{j}+L\cos\ \theta\,\boldsymbol{k}=\text{常矢量},\tag{12.4.3}$$

比较两式得出

$$\dot{\theta}=0\rightarrow\theta=\theta_0,\ \dot{\varphi}=\frac{L}{I_x},\ \dot{\psi}=\left(\frac{1}{I_z}-\frac{1}{I_x}\right)L\cos\ \theta_0,\tag{12.4.4}$$

式中 θ_0，L 是由初始条件确定的常量. 可见，刚体没有章动，而有均匀的自转和均匀的进动，这就是在 $I_x=I_y$ 条件下，刚体绕定点的惯性运动的图像，这种运动又称为规则进动.

由此可知，地球的自转轴相对于惯性空间不是固定不变的，在均匀自转的同时，自转轴还要绕 L 方向做均匀的进动. 虽然这一现象不是很显著，但已被观测证实.

二、$I_x\neq I_y\neq I_z$ 的情况

此时 3 个主转动惯量互不相等，主轴坐标系必须与刚体固连，而对静坐标系的建立没有特殊要求. 求解运动的欧拉动力学方程为

$$\begin{cases}I_x\dfrac{\mathrm{d}\omega_x}{\mathrm{d}t}-(I_y-I_z)\omega_y\omega_z=0,\\ I_y\dfrac{\mathrm{d}\omega_y}{\mathrm{d}t}-(I_z-I_x)\omega_z\omega_x=0,\\ I_z\dfrac{\mathrm{d}\omega_z}{\mathrm{d}t}-(I_x-I_y)\omega_x\omega_y=0.\end{cases}\tag{12.4.5}$$

通过以上 3 个方程的运算，或通过物理分析都可得出此问题中存在的两个第一积分：角动量守恒和能量守恒，即

$$I_x^2\omega_x^2+I_y^2\omega_y^2+I_z^2\omega_z^2=L^2,\tag{12.4.6}$$

$$I_x\omega_x^2+I_y\omega_y^2+I_z\omega_z^2=2E.\tag{12.4.7}$$

利用两个积分可以将其中两个变量，例如 ω_y 和 ω_z，表为第三个变量 ω_x 的函数，得到两个表达式，因此只要求出 ω_x 与时间 t 的函数关系，ω_y 和 ω_z 分别与时间 t 的函数关系也可求得. 为求 ω_x 与时间 t 的函数关系，只需将上述求得的两个表达式代入式（12.4.5）中的第一式，使之化为单变量方程. 解方程可用求积方法解决，但

都需用椭圆函数表达，方程组（12.4.5）虽是非线性的，但是可积的.

至于求 3 个欧拉角随时间的变化关系，还需利用欧拉运动学方程，虽然过程比较复杂，也已经彻底解决了. 这种情况下刚体的惯性运动更复杂了，不仅有自转和进动，还有章动.

例题 12.4

研究刚体绕主轴转动的稳定性.

解 研究刚体不受外力矩作用的情况下，绕过定点的某一主轴做均匀转动的稳定性. 设研究绕主轴 z 做均匀转动的稳定性，即

末扰运动为：$\omega_x=0$，$\omega_y=0$，$\omega_z=\omega_0$（常量）.

扰动运动为：$\omega_x=\omega_z'$，$\omega_y=\omega_y'$，$\omega_z=\omega_0+\omega_z'$.

初扰动 ω_{x0}'，ω_{y0}'，ω_{z0}'为小量，若以后扰动量都能保持为小量，则运动为稳定的，否则为不稳定的. 此时，作为研究此问题的基本方程仍为式（12.4.5），它的第一式乘（I_z-I_x）ω_x，然后减去第二式与（I_y-I_z）ω_y 的乘积，再积分可得

$$I_x(I_z-I_x)\omega_x^2+I_y(I_z-I_y)\omega_y^2=\text{常量},$$

即有

$$I_x(I_z-I_x)\omega_x'^2+I_y(I_z-I_y)\omega_y'^2=I_x(I_z-I_x)\omega_{x0}'^2+I_y(I_z-I_y)\omega_{y0}'^2=\text{常量}.$$

由于这个常量为小量，如果 I_z 是 3 个主转动惯量中最大的一个或是最小的一个，则上式第一个等号左端两项是同号的，或同为正，或同为负，所以任何时候 ω_x' 和 ω_y' 都必须是小量. 再利用能量守恒方程

$$I_x\omega_x'^2+I_y\omega_y'^2+I_z(\omega_z'+\omega_0)^2=2E=I_z\omega_0^2,$$

由于已证明任何时候 ω_x' 和 ω_y' 都是小量，所以上式又可改写为

$$I_z(\omega_z'+\omega_0)^2\approx I_z\omega_0^2.$$

因此任何时候 ω_z' 也必须是小量，从而证明绕主轴 z 轴的自由转动是稳定的. 如果上述条件不满足，I_z 不是 3 个主转动惯量中最大的一个或是最小的一个，而是取中间的值，则不能得出上述结论，因而这个转动是不稳定的. 这些结论可用向空中抛掷一个长方体的木块来证实：向空中抛掷木块的同时，使木块绕某一主轴转动，观察抛出后转动轴方向是否改变判断其稳定性.

12-5 拉格朗日-泊松情况

一、基本方程的建立

微视频

拉格朗日-泊松情况研究对称陀螺在重力场中的运动. 设陀螺质量为 m，其质心在动力对称轴上，距固定点的距离为 l，固定点的主转动惯量为 $I_1=I_2\neq I_3$. 此问题可以用欧拉动力学方程与欧拉运动学方程联立解决，但此问题是一个完整系在保守力场中的运动问题，用拉格朗日方程来解决更便捷.

取竖直轴为 ζ 轴建立静坐标系 $O\xi\eta\zeta$，以陀螺对称轴为 z 轴、节线为 x 轴建立半

固连的主轴坐标系 $Oxyz$，此坐标系只随陀螺进动，不随陀螺自转．以如图 12.13 所示的 3 个欧拉角为广义坐标，其中 ψ 角未画出．

陀螺的拉格朗日函数为

$$L=T-V,$$

其中陀螺的势能为 $V=mgl\cos\theta$，动能为

$$T=\frac{1}{2}(I_1\omega_x^2+I_1\omega_y^2+I_3\omega_z^2).$$

角速度的投影与欧拉角及其导数的关系为

$$\begin{cases}\omega_x=\dot{\theta},\\ \omega_y=\dot{\varphi}\sin\theta,\\ \omega_z=\dot{\varphi}\cos\theta+\dot{\psi},\end{cases}\qquad(12.5.1)$$

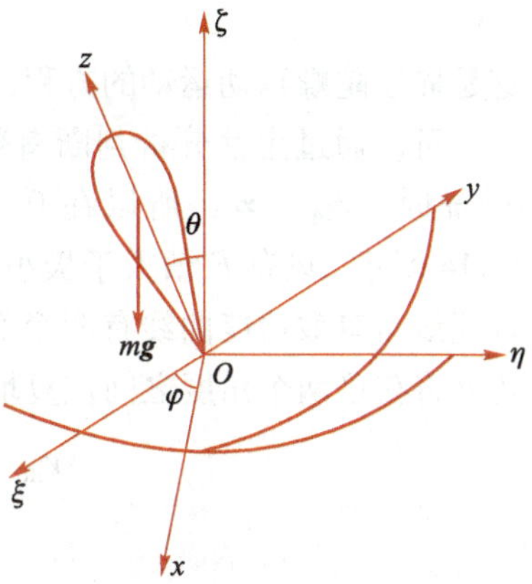

图 12.13　研究对称重陀螺的运动

把它们代入动能的表达式，然后再代入拉格朗日函数的表达式，可得

$$L=\frac{1}{2}[I_1\dot{\theta}^2+I_1\dot{\varphi}^2\sin^2\theta+I_3(\dot{\varphi}\cos\theta+\dot{\psi})^2]-mgl\cos\theta.\qquad(12.5.2)$$

从拉格朗日函数不显含时间 t，可得哈密顿函数守恒，计算表明在此情况下哈密顿函数守恒即机械能守恒；又从拉格朗日函数可知，φ，ψ 是循环坐标，从而广义动量 p_φ，p_ψ 守恒．它们相应的表示式为

$$\frac{1}{2}[I_1\dot{\theta}^2+I_1\dot{\varphi}^2\sin^2\theta+I_3(\dot{\varphi}\cos\theta+\dot{\psi})^2]+mgl\cos\theta=E,\qquad(12.5.3)$$

$$p_\varphi=I_1\dot{\varphi}\sin^2\theta+I_3(\dot{\varphi}\cos\theta+\dot{\psi})\cos\theta=a,\qquad(12.5.4)$$

$$p_\psi=I_3(\dot{\varphi}\cos\theta+\dot{\psi})=I_3s,\qquad(12.5.5)$$

其中 E，a，s 为积分常量．利用式（12.5.5），式（12.5.4）可写为

$$I_1\dot{\varphi}\sin^2\theta+I_3s\cos\theta=a.\qquad(12.5.6)$$

不难看出，p_φ 为陀螺对 ζ 轴的角动量，p_ψ 为陀螺对 z 轴的角动量．

二、陀螺运动的定性分析

微视频

从式（12.5.6）可解出

$$\dot{\varphi}=\frac{a-I_3s\cos\theta}{I_1\sin^2\theta},\qquad(12.5.7)$$

代入式（12.5.3），并考虑到式（12.5.5）得

$$\frac{1}{2}I_1\dot{\theta}^2+\frac{(a-I_3s\cos\theta)^2}{2I_1\sin^2\theta}+mgl\cos\theta=E-\frac{1}{2}I_3s^2.\qquad(12.5.8)$$

引入

$$V_{\text{eff}}(\theta)=\frac{(a-I_3s\cos\theta)^2}{2I_1\sin^2\theta}+mgl\cos\theta,\qquad(12.5.9)$$

$$E'=E-\frac{1}{2}I_3s^2,$$

V_{eff}为这个问题中的有效势，E'是新的常量，于是能量守恒方程可写为

$$\frac{1}{2}I_1\dot{\theta}^2+V_{\text{eff}}(\theta)=E', \tag{12.5.10}$$

这是描述陀螺章动运动的方程，与一个质点在势场中运动的方程类似.

可以通过定性分析判断有效势能曲线的形状. 从式（12.5.9）看出，当 $\theta\to0$ 和 $\theta\to\pi$ 时，$V_{\text{eff}}\to\infty$，所以在 $0\sim\pi$ 之间，V_{eff}有一极小值，曲线呈势阱形状，如图 12.14 所示. 只有 E'值大于极小值时，即等能线高于极小值时，运动才能真实存在，等能线与有效势能曲线有两个交点，它对应于两个角度 θ_1，θ_2，陀螺的对称轴的倾角 θ 将在这两个角度之间往复地、周期性地变化，θ_1，θ_2 是方程 $E'-V_{\text{eff}}=0$ 的根.

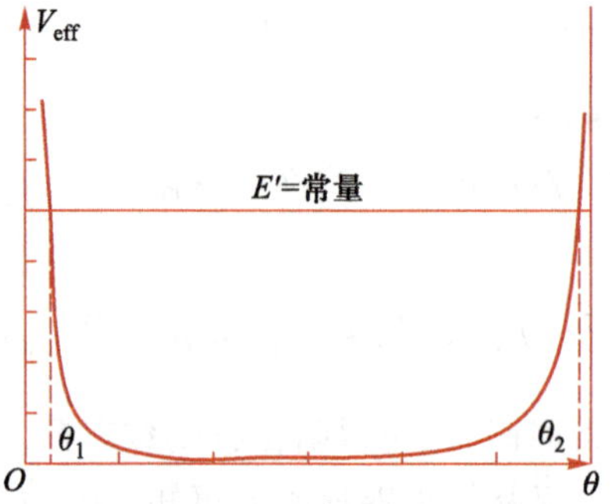

图 12.14　通过有效势能曲线分析章动情况

θ 的变化规律可从式（12.5.10）求得

$$t=\int\frac{\mathrm{d}\theta}{\sqrt{\dfrac{2}{I_1}[E'-V_{\text{eff}}(\theta)]}},$$

这是一个椭圆积分，θ 与 t 的关系需用椭圆函数表示. 求出这个积分后，通过式（12.5.7）和式（12.5.5），就能相继分别求出 φ 和 ψ 与 t 的关系. 方程组（12.5.3）~（12.5.5）虽是非线性的，但仍是可积的.

为了形象地表示陀螺的章动和进动的情况，以陀螺的固定点为球心，以单位长度为半径作一球面，陀螺的对称轴与球面的交点在运动过程中画出的轨迹，就能清晰地反映章动、进动的图像. 在不同初始条件下，运动图像如图 12.15（a）（b）（c）所示，在上纬圈，曲线出现尖端是由于此处 $\dot{\varphi}=0$，此时对应图 12.15（a）. 如果初始

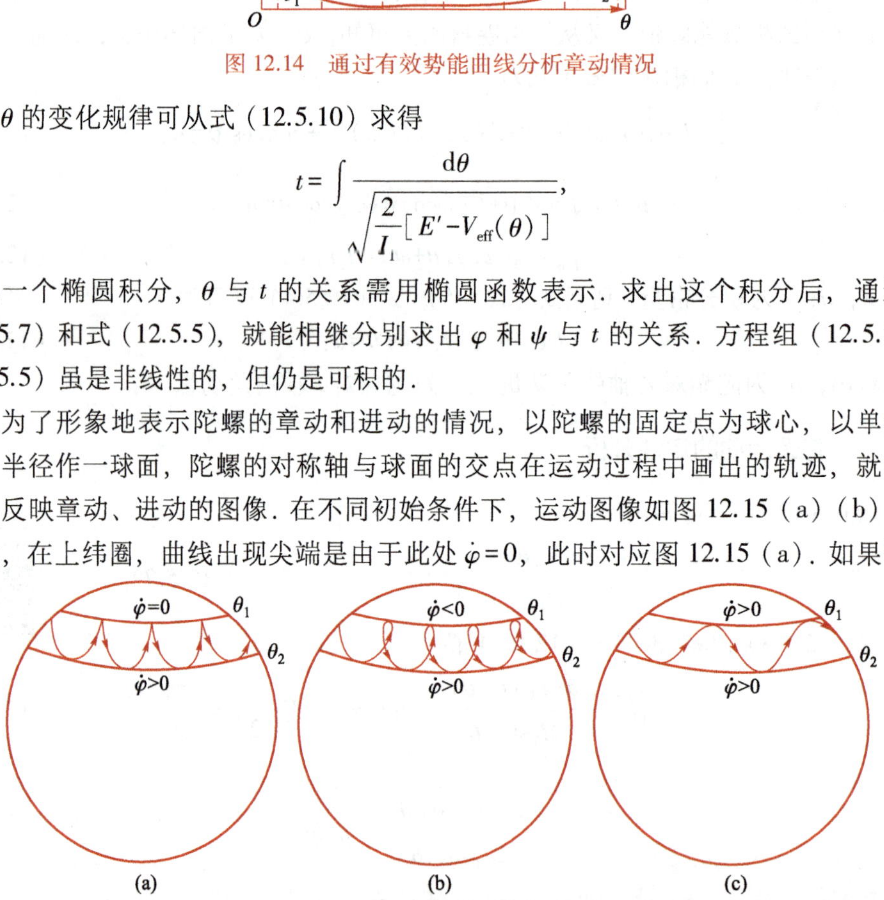

图 12.15　对称陀螺在重力场中章动和进动的情况

条件不同，对称轴与球面交点的轨迹还可以有如图 12.15（b）（c）两种情况. 在第一种情况中，$\dot{\varphi}$ 在运动过程中改变符号，轨迹将出现打圈的情况；在第二种情况中，$\dot{\varphi}$ 在运动过程中保持恒定符号且不等于零，而 $\dot{\varphi}$ 的值和符号由式（12.5.7）确定.

例题 12.5

试求对称陀螺绕竖直轴转动能保持稳定的条件.

解 由题意知，初始时，$\theta=0$，$\omega_z=\omega_0$（一个常量），因此，从式（12.5.5）和式（12.5.6）知两个运动常量为

$$s=\omega_0,\quad a=I_3\omega_0.$$

有效势的表达式化为

$$V_{\text{eff}}=\frac{I_3^2\omega_0^2(1-\cos\theta)^2}{2I_1\sin^2\theta}+mgl\cos\theta.$$

在小扰动条件下，即 θ 为小量时上式可近似为

$$V_{\text{eff}}\approx mgl+\left(\frac{I_3^2\omega_0^2}{8I_1}-\frac{mgl}{2}\right)\theta^2.$$

V_{eff} 取极小值的条件即转动稳定的条件，容易求出这个条件是

$$\omega_0^2>\frac{4I_1mgl}{I_3^2}.$$

12-6 高速回转器的近似理论

高速回转器是指绕动力对称轴高速自转而做定点运动的刚体，例如前面研究的高速自转的在重力场中运动的陀螺，以及如图 12.16 所示的用内、外悬架将其质心固定且具有 3 个转动自由度的高速自转的回转仪等都属于高速回转器.

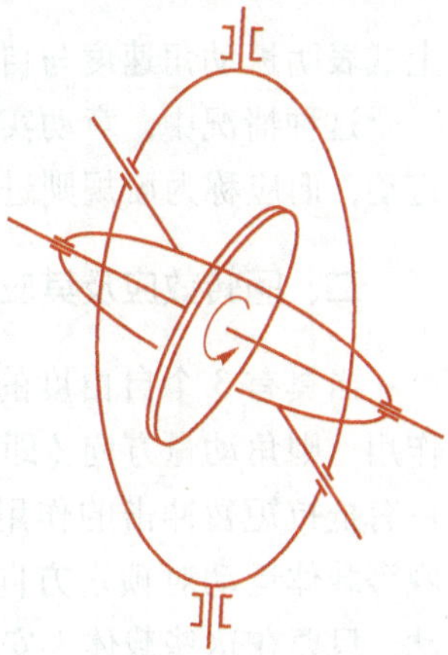

图 12.16 回转仪

一、近似理论

以高速自转的重陀螺为例，在高速自转情况下，陀螺运动如图 12.15 所示的基本图像不会改变. 然而，进一步计算表明：章动的范围随自转角速度的增大而迅速减少，当自转角速度 $\boldsymbol{\omega}$ 达到所谓高速情况，陀螺的章动很小，章动角速度近于零. 此外，进动角速度也远小于自转角速度. 因此，高速回转器的近似理论只研究章动角速度近于零、进动角速度远小于自转角速度，因而刚体的总角速度 $\boldsymbol{\omega}_{\text{T}}$ 近似等于自转角速度的情况，如图 12.17 所示. 此时有

$$\boldsymbol{\omega}_{\text{T}}=\boldsymbol{\omega}+\dot{\varphi}\boldsymbol{k}_0\approx\boldsymbol{\omega}. \tag{12.6.1}$$

由于总角速度可近似看作沿对称轴方向，故刚体对 O 点的角动量可近似表达为

$$\boldsymbol{L}\approx I_3\omega\boldsymbol{k}. \tag{12.6.2}$$

此时，刚体瞬时角速度、刚体的角动量和刚体的对称轴三者的取向在运动过程中始终重合，通过求解角动量矢量在空间的运动就可确定刚体对称轴的运动.

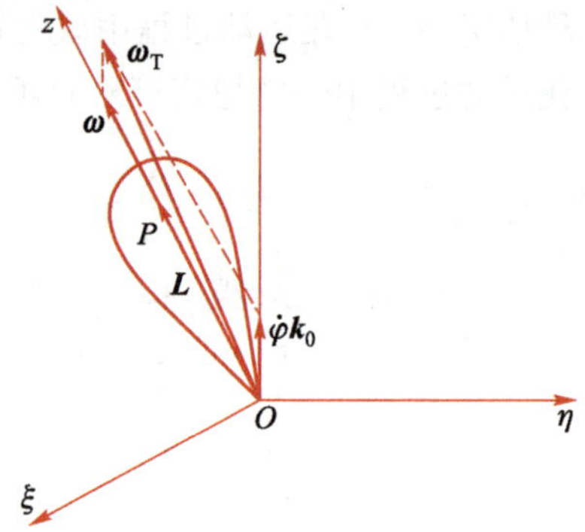

图 12.17　高速重陀螺近似理论示意图

陀螺运动遵守角动量定理

$$\frac{d\boldsymbol{L}}{dt}=\boldsymbol{M}. \tag{12.6.3}$$

这个定理可以直观地理解：角动量矢量矢端运动的速度等于刚体受到的对 O 点的外力矩. 若以一定比例尺沿对称轴作出 $\boldsymbol{L}$ 矢量，则 $\boldsymbol{L}$ 矢量末端运动的速度，和对称轴上与 $\boldsymbol{L}$ 矢量末端重合的 P 点的运动速度是相同的.

由于重力产生的力矩总是垂直于 $zO\zeta$ 面，所以轴上 P 点的速度方向也总是垂直于 $zO\zeta$ 面，从而使 $zO\zeta$ 面绕 ζ 轴不断旋转，这就是陀螺受重力矩作用为什么不向下倒，而保持章动角不变的道理. P 点的速度因而可写成

$$\frac{d\boldsymbol{L}}{dt}=\dot{\varphi}\boldsymbol{k}_0\times\boldsymbol{L}=\dot{\varphi}\boldsymbol{k}_0\times I_3\omega\boldsymbol{k}, \tag{12.6.4}$$

式（12.6.3）成为

$$\dot{\varphi}\boldsymbol{k}_0\times I_3\omega\boldsymbol{k}=\boldsymbol{M}, \tag{12.6.5}$$

写成标量形式得

$$\dot{\varphi}I_3\omega\sin\theta=mgl\sin\theta,$$

可得进动角速度为

$$\dot{\varphi}=\frac{mgl}{I_3\omega}, \tag{12.6.6}$$

上式表明进动角速度与自转角速度成反比，与 mgl 成正比.

这种情况中，章动实际是存在的，只是它很小，不易觉察，所以不能称为规则进动，而应称为赝规则进动.

二、回转效应及其应用

微视频

当具有 3 个自由度的高速回转器做高速转动时，若不受外力矩作用，则角动量方向（即对称轴方向）相对于惯性系将保持不变，并具有抵抗短暂冲击的作用，这一定向特性可以用来指示飞行器和船舰等载体运动对预定方向的偏离. 为了保持飞行器或船舰的定向运动，只要在这些载体上安装具有定向特性的高速回转器，初始时使回转器的对称轴与载体的纵向平行，并指向预定方向，航行中当载体的纵向对称轴与回转器的对称轴方向发生偏离时，就可以启动某些辅助机械进行纠正.

其次，高速回转器受外力矩作用时有着“奇特”的行为，它并不按照外力矩的“意志”运动，而是不折不扣地按角动量定理运动. 例如，高速自转的陀螺，如果没有高速自转，重力矩是要使它向下倒的，但实际上它下落的角度极小，却产生了进动，这种现象称为回转效应. 它有许多应用，现简述如下.

(1) 稳定作用. 例如为了防止子弹、炮弹在出膛后发生翻转，在出膛前必须使之获得高速自转，这样，它们在飞行中受到沿轨道切线方向的阻力 $\boldsymbol{F}_R$ 作用，阻力对质心的力矩不能使它们翻转，只能使它们围绕切线方向做微小的进动，如图 12.18 所示.

自行车在行驶过程中，车轮的高速转动也具有稳定作用. 如图 12.19 所示，当人的身体发生偏斜时，重力产生的欲使车子翻倒的力矩 $\boldsymbol{M}$ 是指向前方的，它不能使转动的车轮翻倒，而是使车轮轴产生进动——转弯.

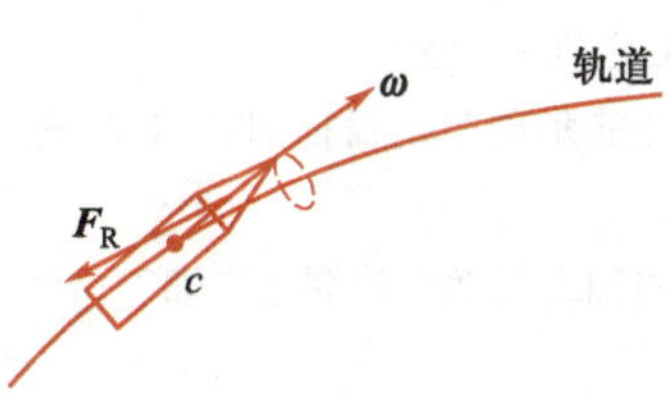

图 12.18　子弹、炮弹的进动

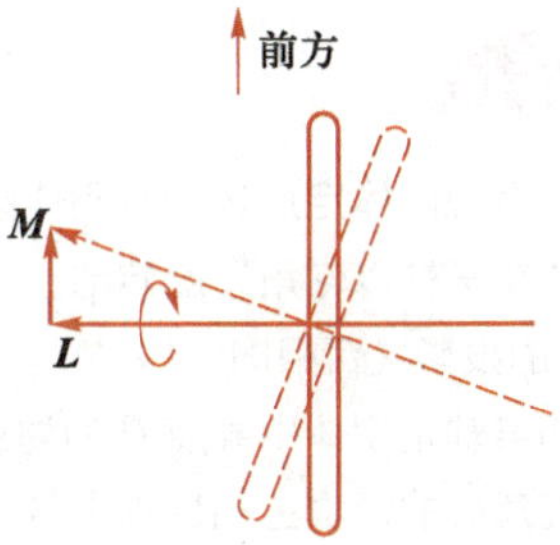

图 12.19　自行车前轮的转弯（俯视图）

如果在船上安装质量很大的高速回转器，如图 12.20 所示，则能起到抗摇摆作用. 设回转器的角动量的方向是竖直向上的，若有一水浪欲使船沿逆时针方向转动，其力矩方向沿船体纵向，在图上是由纸面指向外面. 按角动量定理，回转器的对称轴将保持在竖直面内绕 AB 轴转动，使 AB 轴保持水平，从而使船体不致摇摆. 可想而知，此时此轴必施于船体一个反向力矩，与水浪施加的力矩抗衡，使船体保持平衡. 这种抗摇摆的稳定器也安装在一些高级轿车和救护车、摩托车上.

(2) 回转力矩. 回转效应的另一表现是当迫使高速回转器绕某轴转动时会出现回转力矩. 如船上的涡轮沿船的纵向安装，涡轮以角速度 $\boldsymbol{\omega}$ 做高速转动，其角动量 $\boldsymbol{L}$ 方向如图 12.21 所示. 如果轮船以角速度 $\boldsymbol{\Omega}$ 转弯，则轴对轴承将产生一附加力矩，其原因是：高速转动的涡轮具有定向作用，当船体以角速度 $\boldsymbol{\Omega}$ 转弯时，轴承必对轴施加一个沿 $\boldsymbol{\Omega}$ 方向的力矩. 然而，按照角动量定理，转轴却要绕图中 x 轴反向转动，使轴的 A 端抬头，B 端下降，从而产生了轴对轴承的附加压力，即图 12.21 所示的 $\boldsymbol{F}_{NA}$，$\boldsymbol{F}_{NB}$，这两个力产生的力矩（实际是力偶）称为回转力矩. 这两个力的反作

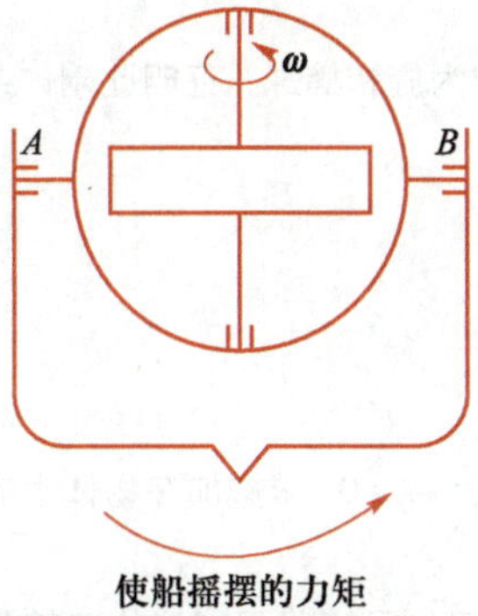

图 12.20　船的抗摇摆装置

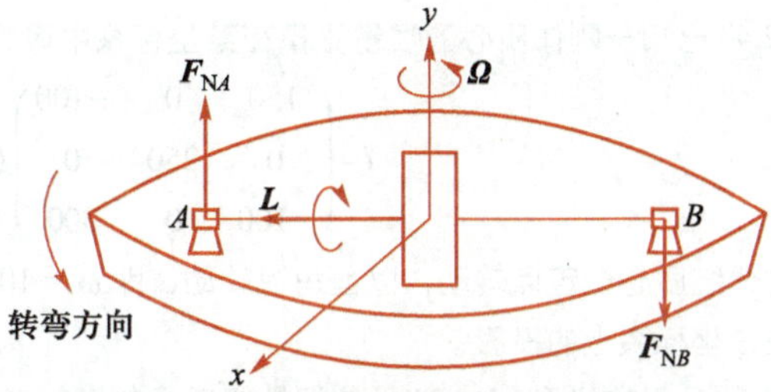

图 12.21　回转力矩示意图

用力作用在轴上，正是它们产生的力矩才真正使涡轮轴改变方向，实现船的转弯，通过计算可以证明对轴承的附加压力与转弯角速度 Ω 成正比，若 Ω 值过大甚至可以毁坏轴承.

（3）回转效应还被用来制造各种陀螺仪表. 如能指示北方的回转罗盘，它具有不受周围电磁场影响的优点；又如测量载体转动角速度的仪表等，它们在现代导航技术中是不可缺少的. 导航系统的核心设备是各种陀螺仪，因而现代陀螺技术在理论上、技术上都有许多新的发展.

思考题

12.1. 为什么说刚体定点运动是刚体动力学中最核心、最困难的问题？

12.2. 刚体绕某轴以匀角速度转动，问刚体对轴上不同点的角动量是否相同？ 对不同点的角动量在此轴上的投影是否相同？

12.3. 已知某轴是刚体中某点 O 的惯量主轴，此轴是否为轴上其他点的惯量主轴？

12.4. 试证质心的惯量主轴是轴上各点的惯量主轴.

12.5. 欧拉动力学方程采用的是动坐标系，为什么方程中没有惯性力？

12.6. 刚体动量定理能提供 3 个独立方程，能否用此定理确定刚体绕定点转动的规律？

12.7. 试用欧拉动力学方程建立对称重陀螺的运动方程，并导出 3 个第一积分.

12.8. 有人说“由于重力通过重陀螺的对称轴，它对此轴的力矩为零，陀螺对此轴的角动量守恒”，这样分析对吗？

习　题

12.1. 试求均匀立方体绕其对角线转动时的转动惯量. 设立方体的边长为 a，质量为 m.

12.2. 一个质量为 m，半径为 R，高为 h 的均匀圆柱体，它绕过其质心、偏离其对称轴角度为 α 的定轴以角速度 ω 转动，如题 12.2 图所示. 试求圆柱体的动能.

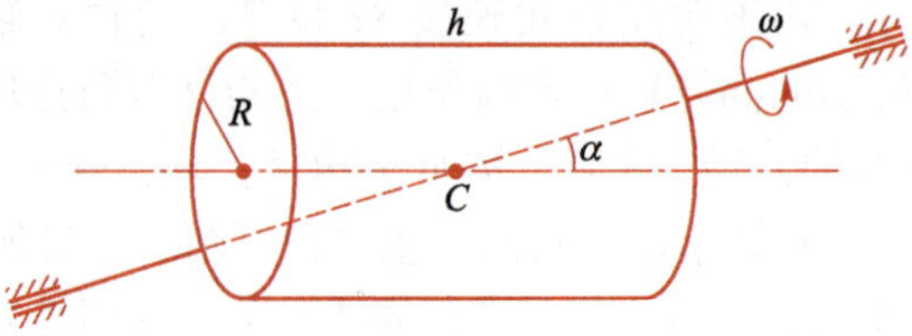

题 12.2 图

12.3. 若刚体对某点的主转动惯量 $I_x = I_y \neq I_z$，意即其惯量椭球为旋转椭球，证明此刚体绕该点转动时，$\boldsymbol{L}$，$\boldsymbol{\omega}$，z 轴三者必在同一平面，并讨论哪个量在中间.

12.4. 已知一刚体质心的惯量张量在某坐标系中可表示为

$$I=\begin{pmatrix}150 & 0 & -100\\ 0 & 250 & 0\\ -100 & 0 & 300\end{pmatrix}(\mathrm{kg\cdot m^2}).$$

刚体绕质心做定点转动，以恒角速转动，即 $\omega_x = 10\ \mathrm{rad/s}$，$\omega_y = \omega_z = 0$. 求施加在物体上的总外力矩在该坐标系上的投影.

12.5. 一回转仪 $I_1 = I_2 = 2I_3$，依惯性绕质心转动，并做规则进动. 已知此回转仪的自转角速度为 ω_1，并知其自转轴与进动轴间的夹角为 $\theta = 60°$，求进动角速度的大小.

12.6. 如题 12.6 图所示，一对称的重陀螺绕竖直轴 Oz_1 近似做规则进动，它绕 Oz 轴的自转角速度 ω 远较其进动角速度大，已知陀螺的质量为 m，由 O 点到陀螺重心之距离为 z_c，对 z 轴的转动惯量为 C，z 与 z_1 轴间的夹角为 θ. 试求：

（1）陀螺进动角速度；

（2）定点 O 处的水平反作用力之近似值.

12.7. 如题 12.7 图所示，回转仪在导航系统中有许多应用，例如可以用来测量速度. 设一回转仪以角速度 ω_s 高速自转，用万向轴承 P 固连于运载工具上. 运载工具沿垂直于回转仪自转轴方向以加速度 a（可以是变化的）做加速运动，回转仪将以加速度为轴进动. 设系统从静止开始加速，并测得总进动角 θ，试证运载工具最终速度可表示为

$$v=\frac{I_s\omega_s}{mL}\theta,$$

其中 $I_s\omega_s$ 为回转仪的自转角动量，m 为被支承部分的总质量，L 为支承部分质心到轴承的距离.（此题不考虑重力作用）

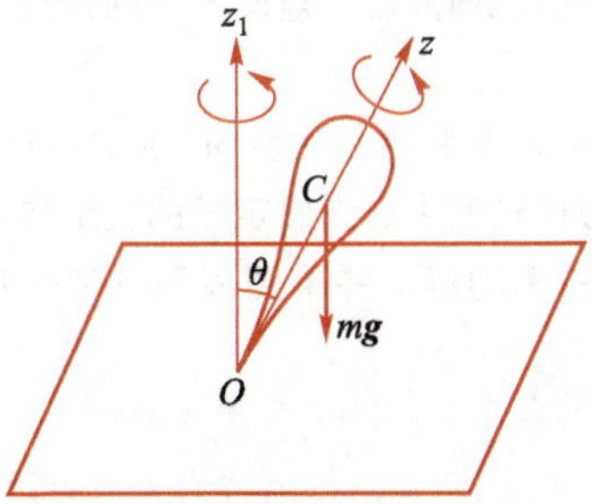

题 12.6 图

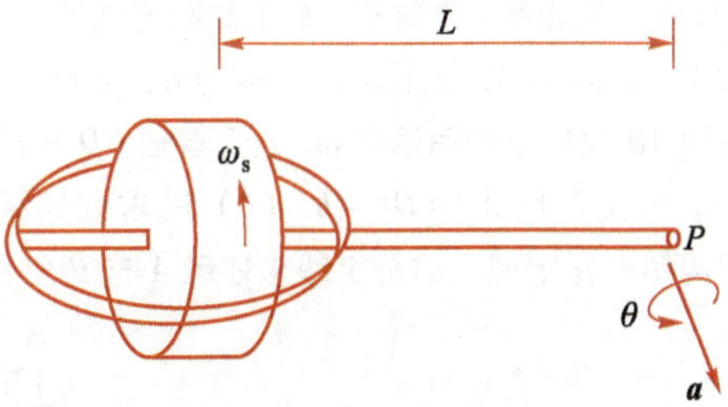

题 12.7 图

12.8. 如题 12.8 图所示，在长为 l 的轴的一端装上质量为 m 的轮子，轴的另一端吊在长为 L 的绳子上，使轮子转动起来，并且轮子在水平面上均匀进动. 已知轮子的自转角速度为 ω，对过质心的对称轴的转动惯量为 I，求绳子与竖直方向的夹角 β. 假设绳子和轴的质量可忽略，且 β 角很小，$\sin\beta\approx\beta$.

12.9. 如题 12.9 图所示，一质量为 m、半径为 R 的细圆环被一根细绳悬挂起来，绳的一端固定在环上，一端固定在高速转动的支柱上，角速度为 ω，带动环也转动起来，使环面近于水平，环的中心在转轴附近，绳与竖直方向成 α 角.

（1）近似找出环面与水平面的小夹角 β；

（2）近似找出环的中心绕轴运动形成的圆的半径.

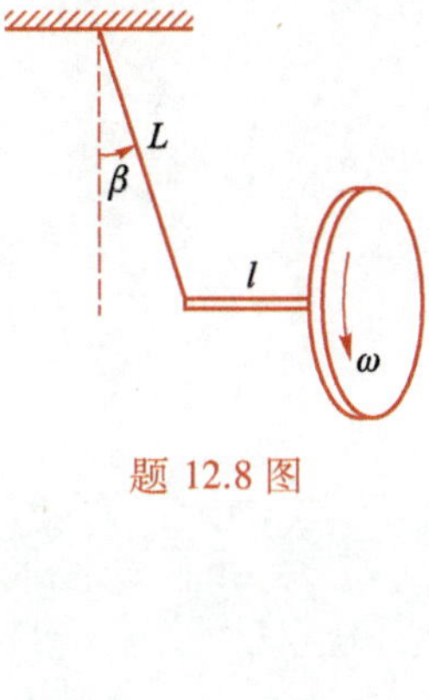

题 12.8 图

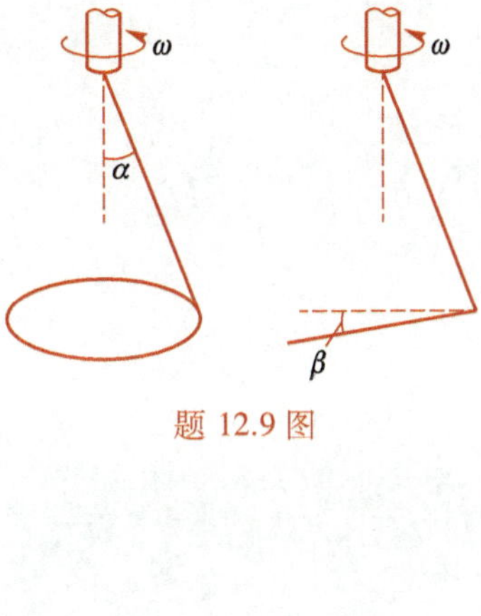

题 12.9 图

12.10. 当汽车在水平面内沿一曲线高速公路行驶时，当其内侧轮子的负重变为零时，将发生翻车. 为了避免事故，可在车上安装一个自旋着的大飞轮，应该在什么方向上安装？ 又应当使飞轮沿什么方向转动？ 并证明对于质量为 m，半径为 R 的均匀圆盘形飞轮，为使两车轮的负重相等，要求飞轮的角速度 ω 和汽车的速率 v 之间满足如下关系

$$\omega = 2v\frac{m_0 L}{mR^2},$$

其中 m_0 是汽车和飞轮的总质量，L 是汽车和飞轮的质心离地面的高度，并设质心到内、外两侧车轮的水平距离相等.

12.11. 假定自行车及骑车人的质心高于地面 $2l$，总质量为 m_0. 每一个车轮的质量为 m，半径为 l，对过质心的垂直轴的转动惯量为 ml^2. 自行车以速度 v 在半径为 R 的圆形路径上行驶，试证明自行车倾斜的角度

$$\tan\varphi = \frac{v^2}{Rg}\left(1+\frac{m}{m_0}\right).$$

12.12. 一质量为 m、半径为 a 的匀质圆盘在一平面上沿圆轨道滚动，盘面与平面保持一定倾角 θ，其质心的速率 v 为常量. 试求此圆的半径.

12.13. 如题 12.13 图所示，半径为 a、质量为 $2m$ 的轮子以不变的角速度 ω_1 绕水平轴 AB 转动，而轴 AB 又以不变角速度 ω_2 绕竖直轴 CD 转动，此轴通过轮的中心，假定轮的质量均匀分布在轮的边缘上，且 $AO=OB=h$.（1）试求此轮相对 O 点的角动量，并用图表示其变化情况；（2）试用角动量定理和动量定理求轴承 A 与 B 所受的压力.

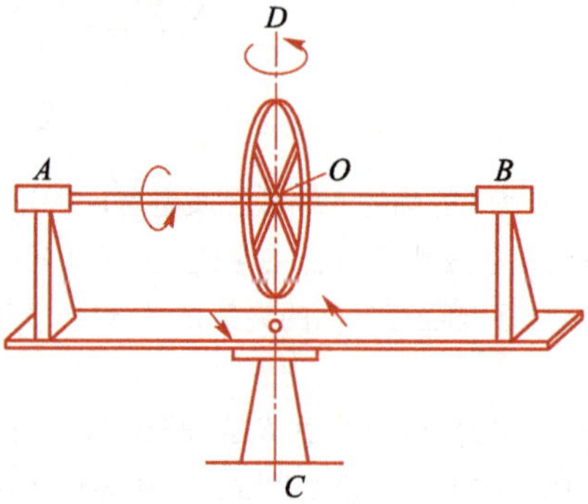

题 12.13 图

12.14. 试用微扰法求解例题 12.4. 即从方程（12.4.5）出发，利用线性化方法求出每一扰动量满足的微分方程，研究它们的解，确定其稳定性.

习题参考答案

主要参考书目

郑重声明

读者意见反馈

为收集对教材的意见建议,进一步完善教材编写并做好服务工作,读者可将对本教材的意见建议通过如下渠道反馈至我社。

咨询电话　400-810-0598

反馈邮箱　hepsci@pub.hep.cn

通信地址　北京市朝阳区惠新东街4号富盛大厦1座

　　　　　高等教育出版社理科事业部

邮政编码　100029

防伪查询说明

用户购书后刮开封底防伪涂层,使用手机微信等软件扫描二维码,会跳转至防伪查询网页,获得所购图书详细信息。

防伪客服电话　(010)58582300